U0113055

The Nature of
Prejudice

[美]戈登·奥尔波特◎著　　墨硝　刘可◎译

浙江人民出版社

图书在版编目（CIP）数据

偏见的本质 / (美) 戈登·奥尔波特著；墨硝, 刘可译 . —杭州 : 浙江人民出版社, 2024.5
ISBN 978-7-213-10520-3

Ⅰ.①偏⋯ Ⅱ.①戈⋯ ②墨⋯ ③刘⋯ Ⅲ.①人格心理学 Ⅳ.①B848

中国版本图书馆CIP数据核字(2022)第043247号

偏见的本质
PIANJIAN DE BENZHI

[美] 戈登·奥尔波特 著 墨硝 刘可 译

出版发行	浙江人民出版社 (杭州市体育场路347号 邮编 310006)	
责任编辑	祝含瑶	
责任校对	王欢燕 姚建国	
封面设计	胡椒设计	
印　　刷	河北鹏润印刷有限公司	
开　　本	700毫米×990毫米　1/16	
印　　张	31.25	
字　　数	486千字	
版　　次	2024年5月第1版	
印　　次	2024年5月第1次印刷	
书　　号	ISBN 978-7-213-10520-3	
定　　价	98.00元	

目录

第三部分　对群体差异的认知和思考

第四部分　社会文化因素

第五部分　习得偏见

前　言

生活在文明世界的人类已经在很大程度上掌控了能源、物质和无机自然界，同时正在迅速地研究并解决身体疾病和儿童早夭的难题。然而，在对人际关系的处理上，我们仿佛仍然停留在石器时代。我们在社会知识上的欠缺似乎令我们在物理知识上的每一次进步都落了空。人类通过对自然科学的应用而积累了过剩的财富，这些财富又在战争和军备竞赛中消耗殆尽。医学领域的成就则被战争带来的贫穷与仇恨和恐惧造成的贸易壁垒抵消了大半。

当东西方意识形态的对立所引起的恐慌使全世界备受煎熬时，地球上每一个角落的人都背负着自身特有的仇恨的重担。穆斯林不信任非穆斯林。从欧洲中部的种族大屠杀中逃脱的犹太人建立了以色列这个崭新的国家，却发现他们的国家周围充斥着反犹太主义。世界各地的众多有色人种遭受着白人的侮辱，白人则发明了一套异想天开的种族主义信条来为自己的傲慢辩护。在美国，到处可见的偏见也许最为错综复杂。在这些无尽的对抗当中，尽管有一部分是基于现实的利益冲突，但我们仍怀疑，大部分敌意是想象力带来的恐惧的产物。想象出的恐怖也能造成实际的伤害。

不同团体之间存在敌对与仇视算不上新鲜事。真正新奇的是，科技将这些团体过于密切地联系在一起。俄罗斯不再是一片遥远的干草原，它就在这里。美国与"旧世界"不再遥遥相望，美国的第四点计划①、电影、可口可乐和政治影响力使它变得近在眼前。曾经因水域和山地组成的天然屏障而彼此隔绝的国家如今被天空联系在一起。收音机、喷气式飞机、电视机、空降兵、国际贷款、原子弹、电影、旅游业——这一切都是现代的产物，它们把各种人类团体推向彼此的怀中。我们尚未学会如何

① 第四点计划：第二次世界大战结束后美国对不发达国家推行的所谓"援助"计划。

适应新的精神距离和道德距离。

但这种情况并非毫无希望。首先有一个简单的事实，整体而言，人类从本质上似乎更愿意看到善意和友爱，而非残酷的景象。世界各地的普通人在原则上都反对战争与毁灭。人们乐意与邻居和平相处，一起友善地生活；人们愿意选择爱与被爱，而不是恨与被恨。残忍不是一种受欢迎的人性特点。就连在纽伦堡接受审判的纳粹高级官员都假装不知道集中营里发生着不人道的暴行。他们不敢承认自己做过什么，因为他们也想被当作人类看待。在战争肆虐的同时，我们对和平充满渴望；仇恨盛行的时候，人心所向仍与友爱同行。只要这种道德困境依然存在，解决困境的希望便存在，终有一天，消除仇恨的价值观将被普遍地接受。

尤其鼓舞人心的是，近几年，很多人开始相信科学情报可以帮助解决冲突。宗教学一直把人类的毁灭本能与理想的人性之间的冲突视为原罪对救赎的抗拒。这一生动的判断或许有其道理，近来人们却越发相信人类可以并且应当发挥自身的才智进行自我救赎。人们说："我们要对文化和工业领域的冲突以及不同肤色和种族的人之间的冲突展开客观的研究，我们要找出偏见的根源并建立贯彻友善价值的具体方法。"第二次世界大战结束以来，世界各地大学中的各种学科进行着这一尝试：社会科学、人类发展、社会心理学、人际关系、社会关系。这些新兴的学科处于蓬勃发展之中。它们不仅在大学里备受追捧，在公立学校、教会、先进产业、政府部门和国际机构当中也颇受欢迎。

在过去的一二十年里，这一领域出现的发人深省的可靠研究比过去几个世纪还多。当然，有关人类行为的道德准则在千年前伟大的教义体系当中已经得以确立，所有宗教教义的基本原理都要求尘世的子民视彼此为手足兄弟。然而这些教义建立在小国寡民、田园牧歌的时代。若想在科技发达的原子时代加以应用，便需要对产生仇恨与包容的因素有更深刻的理解。人们以为科学应当关注物质领域的进步，人性本质和社会关系则归属于无法控制的道德观念，这是一种误解。现在我们知道，科技进步本身所引发的问题比它所解决的问题更多。

社会科学不可能一夜之间突飞猛进，也无法迅速修复盲目的科技造成的损失。解读原子的秘密耗费了人类经年累月的心血和数以亿计的美金。破解非理性的人性奥秘则需要更大的投入。有人曾说，击碎一个原子比打破一种偏见更容易。人际关系涵盖的主题范围极其广泛。相关研究必然从不同的起点展开，涉及人际交往的众多领域：家庭生活、心理健康、工业关系、国际谈判、公民教育——而这些只是冰山一角。

本书并不是从整体角度探讨人际关系的学问，而是致力于厘清一个基本问题——人类偏见的本质。这个问题之所以基本，是因为假如缺乏关于产生敌意的根源的知识，便不可能有效地运用智慧来控制敌意的破坏性。

说起偏见，我们便很容易想到"种族偏见"。这样的概念联想并不恰当，因为在历史上，人类的偏见很少涉及种族。种族的概念在近一个世纪才出现。偏见和迫害主要发生在其他领域，经常出于宗教原因。直到不久之前，犹太人主要是因为宗教信仰而长期受到迫害，不是因为种族差异。黑人之所以被奴役，主要原因是他们被当成经济资产，其中蕴含着宗教式逻辑：黑人是天生的异教徒，他们被视为诺亚（Noah）之子含（Ham）的后裔，因受到诺亚的诅咒而永远是"奴仆的奴仆"。如今流行的种族观念实际上早已过时。这种观念即使一度适用，但经过无数次种族融合的稀释后也不再成立了。

那么，种族观念是如何流行起来的？一则，宗教失去了劝诱改宗的热情，因而丧失了指定团体身份的价值。二则，"种族"一词简单明了地给出了迅速而明显的标记，因而被用来指定嫌恶的对象。于是，虚构的种族劣性仿佛为偏见提供了无可辩驳的理由。它带有生物特性的印记，使人们免于审视影响群体关系的复杂的经济、文化、政治和心理状况。

在大多数情况下，"族群"（ethnic）一词比"种族"（race）更可取①。族群指的是群体特征，其中也许涉及不同程度的身体、国籍、文化、语言、宗教或意识形态上的特性。"族群"与"种族"不同，它不暗指生物学个体，在现实中，生物学个体很少代表被歧视的群体。"族群"一词确实无法轻松地概括职业、阶级、种姓和政治团体，也无法覆盖两性——这些集群同样是偏见的受害者。

_____

① 作者进行如此区分是为了强调偏见的根源主要来自文化差异而非基因差异，为了便于阅读，我们有时仍用"种族偏见"来翻译作者所使用的 ethnic prejudice（族群偏见）。

不幸的是，描述人类群体的词汇是贫乏的。在社会科学对相关分支进行改善之前，我们无法进行足够准确的描述。但我们仍可以避免在不适用的场合错误地使用"种族"一词。正如阿什利·蒙塔古[1] 所坚持认为的，"种族"一词阻碍了社会科学的进步。我们在使用这一词时，应当格外谨慎，并加以适当的限制。对于以任意形式的文化凝聚而成的团体，我们应当使用"族群"一词加以描述，但这种做法有时会过度扩展这个内涵已经很宽泛的词汇的意义。

导致偏见的原因包括经济剥削、社会结构、风俗习惯、恐惧心理、侵略战争、性别冲突等，把偏见和歧视归因于任何单一的原因都是严重的失误。我们将看到，能够滋养偏见和歧视的包括但不局限于上述所有原因。

尽管我们强调多元归因，但读者也许仍会怀疑作者本人是否也带有某种心理倾向，这不无道理。作者是否公正地处理书中复杂的经济、文化、历史和环境因素，是否出于职业习惯而倾向于强调教育学习、认知过程和性格养成的重要性？

我确实相信只有在个性的关联之中才能发现历史、文化和经济因素的有效运作规律。风俗习惯只有进入个体生命的维度之后才会成为有效的动因，因为能够感受到敌意并进行歧视的只有个体的人。然而"动因"是一个宽泛的语词，我们可以（也应当）承认长期的社会—文化病原学和个体意见所蕴含的即时的动因。尽管我集中强调了心理因素的重要性，但我仍试图（尤其在第13章）呈现一种平衡了不同层面动因的观点。如果在我的努力之下，结果看起来依然是片面的，希望批评者不吝指出我的错谬。

本书中的研究和例证主要来自美国，但我相信书中对偏见动力学的分析具有普遍适用性。当然，偏见的表现方式具有国别的差异：被选中的受害者各不相同；人们对与受歧视的群体进行身体接触持有不同的态度；偏见内容和刻板印象也不尽相同。然而，我们从其他国家获得的证据显示，基本的因果关联在本质上是相同的。加德纳·墨菲[2] 通过对印度群体独立的调查得出这一结论。他在《人类心理》（*In*

---

① 阿什利·蒙塔古（Ashley Montagu）：英裔美国人类学家，著有《女性的自然优越性》（*The Natural Superiority of Women*）等。

② 加德纳·墨菲（Gardner Murphy）：美国社会心理学家。著有《近代心理学历史导引》等。

the Minds of Men ）一书中探讨了相关问题。联合国代表展开的其他研究同样支持这一观点。主题涉及巫术、部落忠诚和战争的人类学著作都提出尽管偏见的对象及其表现形式具有很大的差异，但偏见的潜在动因在世界各地都是相似的。虽然主导性假设是有根据的，但我们仍不应当视其为确定无疑的真理。未来的跨文化研究必将显示动因要素在不同地区的权重和分布有着巨大差别，除了目前的发现，也许还将出现其他重要的起因。

在写作这本书时，我考虑到了两类读者的阅读体验，我知道他们都对本书的主题有着浓厚的兴趣。其中一类读者包括各国的大学生，他们越来越关注人类行为的社会和心理基础，为改善群体关系而寻求科学的指引。另一类读者包括大多数老年公民和一般读者，他们同样对这一课题感兴趣，不过从整体来看，他们的兴趣更多集中于实用角度而非理论角度。考虑到这两类读者的需求，我会尽量用基础的形式阐述我的观点。我难免会对其中一些观点加以简化，但我希望这种简化没有造成任何科学上的误导。

这一领域的研究和理论发展得十分迅猛，某种意义上，我们的研究将很快过时。新的实验将取代旧的实验，各种理论构想不断发展进化。但我相信本书拥有一个会产生长期价值的特色，即它的组织原则。我尝试在书中提供了一个可以适应未来发展的框架。

虽然我的主要目标是厘清整体框架，我也尝试证明如何用日渐丰盈的知识来缓解群体间的紧张态势，尤其在第八部分当中。几年前，美国种族关系委员会展开的一项统计发现，在美国，有1350家机构专门致力于改善群体关系。这些机构运行的成功程度本身便需要通过科学评估来确定，我们在第30章里对此进行了详细的考量。如果不用实际行动来检验我们的理论，而是仅从学术角度进行考察，这种做法是荒谬的。与此同时，务实的人们不会把时间和金钱浪费在没有科学依据的补救措施上。人际关系科学的成功进展需要缩短基础研究和积极行动之间的距离。

本书的逐渐成形离不开两家机构所提供的关怀和激励：其一是哈佛大学社会关系部举办的长期研讨会；其二是对本书的创作提供经济支持和鼓励的一些组织。伸出宝贵援手的包括波士顿摩西·金伯尔基金会、美国犹太人大会社区关系委员会及大会其他友好成员、全国基督徒和犹太教徒大会、哈佛大学社会关系研究室，以及我的同事P.A.索罗金（P. A. Sorokin）教授领导的研究中心。这些捐助者使本书中的一些调查得以实现，同时帮助筛选了这一领域不断增长的研究文献。我十分感激他们的慷慨及鼓励。

　　参与群体冲突和偏见长期研讨会的我的学生们怀着兴趣付出了艰苦的劳动，最终确定了阐述的内容与形式。在研讨会中，我曾分别与塔尔科特·帕森斯（Talcott Parsons）、奥斯卡·汉德林（Oscar Handlin）和丹尼尔·J.莱文森（Daniel J. Levinson）合作教学。我相信他们对本书的观点产生了显而易见的影响。我的研究助理伯纳德·M.克雷默（Bernard M. Kramer）、杰奎琳·Y.萨顿（Jacqueline Y. Sutton）、赫伯特·S.卡洛（Herbert S. Caron）、里昂·J.卡明（Leon J. Kamin）和内森·阿特舒勒（Nathan Altshuler）也提供了有用的材料和重要的建议。这一领域的美国权威人物斯图尔特·W.库克（Stuart W. Cook）阅读了部分手稿并给出了珍贵的批评意见，还有乔治·V.科埃略（George V. Coelho）和休·W.S.菲利普（Hugh W. S. Philp），他们从遥远的国度带来新的视野。我向上述所有慷慨相助者致以感谢，特别感谢埃莉诺·D.斯普瑞格（Eleanor D. Sprague）女士在本项目各个阶段的试读。

戈登·奥尔波特
1953年9月

第一部分 偏向性思维

▽

第1章　问题所在

在罗德西亚①，一名白人卡车司机从一群悠闲的当地人身旁经过，他口中嘟哝着："偷懒的畜生。"几个小时后，他看到当地人一边喊着号子一边把粮食装进货车里，每袋粮食足有200磅②重。"一群野人，"他抱怨着，"你还能指望什么呢？"

在西印度群岛的一座岛屿上，曾经有一段时间，当地人在街上遇见美国人时，总要刻意捂住鼻子。第二次世界大战时期的英格兰人曾说过："美国佬唯一的问题就是见钱眼开、见色起意、无所不在。"

波兰人认为乌克兰人忘恩负义、报复心强、诡计多端、不值得信任，于是他们把乌克兰人称为"爬虫"，以此表达他们对乌克兰人的鄙夷。与此同时，德国人把东方邻国的国民称为"波兰牛"。波兰人则以"普鲁士猪"来回敬他们——他们认为德国人既粗鲁无礼又缺乏荣誉感。

据说，在南非，英国人讨厌阿非利卡人③，二者都讨厌犹太人；这三种人又都敌视印度人；这四种人联手对付当地的黑人。

在波士顿，一名身居高位的罗马天主教教士坐在车上，沿着市郊的一条偏僻的道路行驶。教士看到一个黑人小男孩艰难地跟在车后，于是他让司机停车，决定载小男孩一程。他们一同坐在豪华轿车的后座，教士向男孩搭话："男孩子，你是天主教徒吗？"男孩警惕地瞪大了眼睛，回答道："不，先生，做有色人种已经很难了。"

匈牙利有句俗语："反犹分子是对犹太人的憎恨超过了必要限度的人。"

---

① 罗德西亚（Rhodesia）：非洲东南部内陆国津巴布韦的旧称。

② 一磅约等于 0.454 千克。

③ 阿非利卡人：南非白人，大部人为荷兰裔，旧称"布尔人"。

世界上没有任何一个地方是免于群体歧视的。我们都受限于各自的文化，就像查尔斯·兰姆那样，我们也是众多偏见的集合。

两个案例

一名35岁左右的人类学家有两个孩子，苏珊和汤姆。由于工作需要，他要与一个美国印第安部落共同生活一年，他住在一个热情好客的印第安人家庭里。然而，他坚持让自己的家人住在印第安保留地几公里之外的一个白人社区里。尽管苏珊和汤姆不断央求他，他却极少同意他们来部落村庄里玩。孩子们偶尔过来时，他也坚决不同意让他们与亲切友善的印第安孩子们一起玩。

一些人（其中包括几个印第安人）抱怨这位人类学家没有忠于自己的职业准则——他表现出了种族偏见。

事实却并非如此。这位科学家知道结核病正在部落村庄里流行，他所寄居的家庭当中已经有4个小孩死于这种疾病。假如他的孩子和当地人接触，便有很高的概率染上疾病。理智告诉他不应当冒险。在这种情况下，他对印第安人的回避是基于理性和现实的原因，其中并不包含任何恶意。总的来说，这位人类学家并不反感印第安人。实际上他很喜欢印第安人。

既然这个例子无法证明我们所说的种族偏见或族群偏见，让我们再来看一个例子。

初夏时节，两家多伦多报纸上刊登了约100处不同度假村的广告。一位加拿大社会学家瓦克斯（S. L. Wax）做了一项有趣的实验。[1] 他在相同的时间给每一家酒店和度假村寄去两封信，信中要求在相同的日期预订一个房间。其中一封信署名"格林伯格 [2] 先生"，另一封信署名"洛克伍德 [3] 先生"。结果如下：

---

* 参考文献见每章末尾。

② 格林伯格（Greenberg）：一个犹太裔姓氏。

③ 洛克伍德（Lockwood）：一个英裔姓氏。

格林伯格先生	其中52%的度假村有回信； 其中36%愿意为他提供住宿。
洛克伍德先生	其中95%的度假村有回信； 其中93%愿意为他提供住宿。

由此可见，几乎所有度假村都乐意收到洛克伍德先生的信，也愿意招待这位客人；但有半数左右的度假村没有给格林伯格先生回信，只有略高于三分之一的度假村愿意接纳这位游客。

所有酒店的工作人员都不认识"格林伯格先生"和"洛克伍德先生"。"格林伯格先生"完全有可能是安静、有礼的绅士，"洛克伍德先生"或许才是酗酒的莽汉。显然，他们不是根据这两位先生自身的品德来做决定，而是根据"格林伯格先生"在群体当中被假定的身份。他之所以遭受无礼的排斥，仅仅是因为他的姓氏使酒店经理预先做出了好恶判断。

这个事件与第一个案例不同，其中包含族群歧视的两个基本构成。（1）这个事件中存在绝对的敌意和排斥。大部分酒店不想与"格林伯格先生"扯上关系。（2）这种排斥的基础具有范畴性。"格林伯格先生"没有被当作个体来看待，而是作为假定团体当中的一员而遭受冷眼。

到了这一步，思维缜密的人也许会问：人类学家和度假酒店的案例在"范畴排斥"上拥有哪些基本的不同点？人类学家不正是根据较高的传染概率做出决定，认为让自己的孩子与印第安儿童断绝接触是更安全的选择吗？酒店经理不也是依据概率认为格林伯格先生的种族身份意味着他更有可能是不受欢迎的客人吗？人类学家知道结核病的传染很猖獗；酒店经理不也知道"犹太人的恶习"很可怕，不能为此冒险吗？

这是一个合理的质疑。假如酒店经理基于事实（更准确地说，基于一名犹太人拥有不良品质的概率比较高）而提出拒绝，他们的行为便与人类学家的决定同样理性和值得拥护。但我们能肯定，情况并非如此。

一些酒店经理可能从未与犹太裔客人产生过不愉快的经历——考虑到在许多情况下，犹太裔客人根本不被酒店接纳，这种情况是有可能的。或者说，假如他们有过类似的经历，但并没有记录下这种不愉快事件发生的频率，也没有将其与非犹太裔客人的情况进行比较。当然，他们也没有参考过关于犹太人和非犹太人优缺点的科学比较研究。我们将在第6章学到，假如他们找出这些证据，他们会发现他们的排犹政策缺乏事实依据。

当然，经理本人可能并没有偏见。即便如此，他也反映了非犹太裔客人们的反犹倾向。无论是哪种情况，我们的观点都很明确。

定 义

"偏见"（prejudice）一词起源于拉丁语名词 praejudicium，自古典时代以来，它和许多词语一样，发生了意义的变更。它的词义转换经历了三个阶段。[2]

（1）对古人来说，praejudicium 表示一个先例——基于过去的决定和经验而做出的一种判断。

（2）后来，"偏见"一词在英语中代表未经适当考察或不考虑事实而做出的判断——不成熟的判断或草率的判断。

（3）最终，"偏见"一词拥有了如今的感情色彩，即伴随一种未经证实的预先判断所产生的好恶。

或许，在偏见的所有定义当中，最简单的定义是：在没有充分理由的前提下贬低他人。[3] 这句干脆的话里包含上述所有定义的两个基本组成——没有依据的判断和感情色彩。然而它由于过于简短而显得不够清楚。

首先，它只涉及负面的偏见。人们也许对他人抱有正面的偏见，在没有充分理由的前提下看好他人。《新编英语词典》（*New English Dictionary*）中的词条解释对正面和负面偏见都有涉及：

对人或事物的一种喜爱或厌恶的感觉，这种感觉发生在实际经验之前，或者不依据实际经验而产生。

偏见可以是赞成，也可以是反对，但基于族群的偏见大部分具有负面色彩。一群学生被要求描述他们对族群的态度。提问者没有给出任何诱使他们做出负面评价的暗示。尽管如此，但他们的回答中蕴含的敌对看法是友好态度的八倍之多。因此，本书主要关注这类负面偏见，而非正面偏见。

"对他人做出负面判断"显然是一种隐晦的表述，其中必然包含轻蔑、反感、恐惧和厌恶的感情，以及各种引起反感的行为：譬如说别人的坏话、歧视他们或使用暴力袭击他们。

同样，我们需要解释什么是"没有充分理由"。所有缺乏事实依据的判断都是没有根据的。一位智者将偏见定义为"对不熟悉的事物嗤之以鼻"。

很难说清楚要有多少事实才能做出合理的判断。一个怀有偏见的人总是信誓旦旦地声称他的观点拥有充足的证据支持。他会讲述难民、天主教徒或东方人带给他的痛苦经历。然而在大多数情况下，他所描述的事实显然有些牵强附会。他从自己仅有的少量记忆当中筛选出一部分，加之以道听途说和以偏概全。没有人能认识所有难民、天主教徒或东方人。因此，从严格意义上讲，任何针对这些族群整体的负面判断都是在没有充分理由的前提下对他人做出负面评价的例证。

有时，做出负面判断的人并没有可供参考的第一手经验。几年前，大部分美国人对土耳其人的印象十分恶劣——可是极少有人亲眼见过土耳其人的样子，他们也不认识真正见过土耳其人的人。他们持有偏见的理由完全来自道听途说的亚美尼亚大屠杀①和广为流传的"十字军东征"。他们基于这些证据而否定了一个国家的全体成员。

通常来说，人们在与受排斥群体当中的个体交往时，自身的偏见往往会暴露无遗。然而，当我们回避一位黑人邻居，或者拒绝"格林伯格先生"的房间预约时，我们的行为取决于对整个群体的普遍归类。我们不关心个体之间的差异，并忽略了

---

① 亚美尼亚大屠杀：1915 年至 1917 年，奥斯曼土耳其帝国针对境内亚美尼亚人基督徒进行的大屠杀。

一个重要的事实：我们的邻居黑人甲并不是足以令我们讨厌的黑人乙；彬彬有礼的格林伯格先生并不是引人侧目的布鲁姆先生。

这种心理太常见了，我们甚至可以这样定义偏见：

> 针对群体中的某位个体的反感或敌视态度，仅仅因为这位个体属于该群体，所以被推测拥有属于该群体的令人厌恶的特性。

这个定义强调的是，尽管日常生活中的族群偏见通常与个体之间的相处有关，偏见同样包含着对一个族群整体的无根据的观点。

让我们回到"充足根据"的问题上，我们必须承认在人类的判断当中，几乎没有一条判断拥有确定无疑的基础。我们有理由相信太阳明天会照常升起，相信总有一天沉重的赋税会压倒我们，相信死亡终会降临，但没有什么事情是绝对的。对于任何判断来说，充足的根据都是一种概率体现。相比于我们对他人的判断而言，我们对自然现象的判断通常更依赖于确切的、较高的概率。而我们对国家或民族的归类判断却很少获得较高概率的支持。

第二次世界大战期间，大多数美国人对纳粹抱有敌对态度。这是偏见吗？当然不是，因为有丰富的证据显示"纳粹党"在实行邪恶的官方政策。"纳粹党"内确实可能有一些善良的人，他们从心底反对那些邪恶的计划；然而纳粹是危险因素的概率太高，纳粹集团对世界和平与人性价值已经构成了实际的威胁，一场合理的现实冲突由此产生。较高概率的危机使得一种敌意脱离了偏见的范畴，进入现实社会冲突的领域。

我们对黑帮的敌意也不是偏见，因为黑帮的反社会行为是证据确凿的。可是这条界线很容易变得模糊。如何看待有犯罪前科的人呢？众所周知，有犯罪前科的人很难找到稳定的工作，而没有稳定的工作便无法自食其力，也失去了尊严。假如雇主得知此人有前科，自然会有所怀疑。可是雇主们的怀疑通常超出了事实的范围。假如他们进一步调查，也许会发现站在他们面前的这个人已经改过自新，甚至他本来就是被诬陷的。如果仅仅由于一个人有前科而拒绝雇用他，这种做法在一定程度上可以得到概率的支持，因为许多犯人从未改过自新；但其中仍包含了一种没有根据的预判。这确实是一个处于临界线上的例子。

我们永远无法在"充分"和"不充分"之间画出一条明确的界线。因此，我们并不总是能确定我们所面对的事例属于偏见还是非偏见。但没有人会否认我们经常根据较低的乃至不存在的概率来做判断。

过度归类（overcategorization）也许是一种最常见的思维谬误。我们时常根据少量的事实而进行大范围的概括。一个小男孩以为所有挪威人都是巨人，因为他对传说中的巨人始祖伊米尔（Ymir）的雕像记忆深刻，许多年来他一直害怕遇见真实的挪威人。一个人碰巧认识三个英国人，于是声称所有英国人都具有他在这三人身上观察到的共性。

这种倾向拥有自然的基础。生命如此短暂，我们需要不断适应现实的变化，不能让无知阻碍我们参与日常事务。我们必须通过分类来决定事物的善与恶。我们不可能单独权衡世上的每一个对象，只能参考简单快捷的评估准则，无论这些准则是多么地粗糙和宽泛。

不是所有过度概括（overblown generalization）都是偏见。其中一些只是谬见（misconceptions），我们只是组织了错误的信息。一个孩子以为所有住在明尼阿波利斯市（Minneapolis）的人都是"垄断者"（monopolists）。父亲告诉他垄断者是坏人。后来，当他发现自己混淆了这两个词语后，他便不再讨厌明尼阿波利斯市民了。

我们可以通过一个测试来区分普通的谬见和偏见。如果一个人在看到新的证据后可以修正错误的判断，那么他没有偏见。只有在面对新的知识却仍不改观时，预判才会成为偏见。偏见不同于单纯的误解，它会积极抵抗能够推翻自我的所有证据。当一种偏见面临矛盾的威胁时，我们很容易情绪激动。因此，普通的预判和偏见之间的区别在于是否可以心平气和地进行讨论并修正预判。

权衡了上述各种情况后，现在我们可以尝试对负面的种族偏见给出最终的定义——这也是贯穿全书的定义。这条定义中的每句话都凝结了我们讨论过的观点：

种族偏见是基于一种僵化的错误概括而产生的反感。它可以被体验，也可以被表达。它可以针对某个族群整体，也可以针对族群当中的某个个体。

根据上述定义，偏见的效果是将遭受偏见的对象置于不应有的不利地位，这种处境并非由其自身的行为不端所导致。

偏见是一种价值观吗？

一些作者在定义偏见时引入了其他内容。他们认为，只有违背了被一种文化所接纳的重要价值规范的态度才属于偏见。[4] 他们坚持认为偏见只是受到社会伦理谴责的预先判断。

一个实验显示，"偏见"一词的常见用法带有这样一种色彩。实验要求几名成年人根据含有"偏见"的程度对九年级学生说过的一些话进行分类。结果表明，无论一名男孩怎样说一群女孩的坏话，人们都不认为他的话中含有偏见，因为人们觉得刚进入青春期的孩子对异性表示轻蔑是很正常的现象。孩子们对老师们的负面评价也不被视为偏见的表现。这个年龄段的学生对老师抱有恶意似乎也是很自然的现象，从社会的角度来看无关紧要。然而，当学生们表现出对工会、社会阶级、种族或国家的仇恨时，便有更多人给出"偏见"的评价。[5]

简言之，评委们在评价带有偏见的发言时，会考虑到其中所包含的不公正态度的社会影响。就 15 岁的男孩而言，比起"讨厌"其他国家，"讨厌"女孩，在偏见的性质上是有差异的。

如果我们在这个意义上使用"偏见"一词，我们便不得不承认逐渐瓦解的印度种姓制度里并不含有偏见。这种制度只是社会结构当中一种方便的分层法，几乎所有公民都接受种姓制度，因为它厘清了劳动分工，定义了社会特权。几个世纪以来，甚至连"贱民"也接受了种姓制度，轮回转世的宗教理论令这种划分看起来完全合理。贱民之所以受到排斥，是因为他们在前世的所作所为使他们不配转生为更高等级的种姓，更不配获得永生。所以贱民的待遇是他们所应得的，他们同样有机会通过恭顺和虔诚的生活换取来世的种姓提升。假如这种各得其所的种姓制度标志了一定时期的印度社会状况，那么，其中便没有偏见的存在吗？

让我们再来看看犹太人居住区体制。在漫长的历史中，犹太人一直被隔离在特定的居住区域内，有时这些地区会被铁链封锁起来。犹太人只能在居住区里行动。这种方法可以避免不愉快的冲突，安分守己的犹太人可以在有保障的舒适状态下规划自己的人生。可能有人认为，这种犹太人居住区比现代世界更加安全和有规律。历史上曾经有过一段时期，犹太人和非犹太人对这种制度都没有感到愤慨。那么，偏见便不存在吗？

古希腊人（或早期的美国种植园主）对世袭的奴隶阶级有偏见吗？他们当然瞧不起奴隶们，也确实在利用错误的理论证明奴隶天生卑贱、奴隶的心智"像动物一样"；这一切听起来太过自然，也太过合理，以至于他们根本不会陷入道德困境。

就连如今，在美国一些州，白人与有色人种之间也达成了权宜的安排。人们建立了一种人际交往的惯例，大部分人不假思索地遵循着现实的社会结构。由于他们只是在按照习俗生活，他们不承认自己受到了歧视。黑人只是遵守自己的本分而已，白人也是一样。那么我们可以像某些作者那样，认为只有当某些行为比这种文化所认可的更加居高临下，并造成更多负面影响时，这些行为才构成偏见吗？偏见只是偏离了一般做法的行为吗？[6]

纳瓦霍人①和世界上的许多其他族群一样，都信仰巫术。由于在纳瓦霍人当中，"女巫拥有邪恶力量"这种错误的观点十分盛行，因此人们对女巫避之不及，任何被当作女巫的人都会受到严厉的惩罚。这种现象所涉及的偏见定义与上述例子相同，然而在纳瓦霍社会里，很少有人把这种现象当成道德问题。既然对女巫的排斥是一种被接纳的习俗，而不受到社会的否定，那么这种习俗可以被称为偏见吗？

我们应该怎样看待这些争论呢？一些批评家深深折服于这一论证，以至于把整体的偏见问题仅视为"自由派知识分子"发明的一种价值判断。自由主义者们一旦不赞同一种习俗，便称之为偏见。他们应该做的不是根据自己的道德观来表示愤慨，而是虚心请教这种文化的气质。假如文化本身陷入了冲突，它所持有的行为准则高

① 纳瓦霍人：美国印第安居民中的一支。

于大部分成员的实践水平，这时我们才能说这种文化当中存在偏见。偏见是一种文化对其自身的部分实践所进行的道德评估。它指出了不被认可的态度。

这种评价似乎混淆了彼此有别的两种问题。偏见仅仅是心理学上的负面概念，过度概括的判断存在于种姓社会、奴隶社会里，当然也存在于对民族问题敏感的社会里。至于偏见是否伴随着道德义愤，这又是另一个问题了。

当然，拥有基督教文化和民主传统的国家比没有这些文化传统的国家更倾向于反对偏见。"自由派知识分子"也许真的比大多数人更容易对这个问题感到义愤填膺。

即便如此，将偏见的客观事实与对这些事实的文化和民族判断混为一谈的做法依然找不到任何正当理由。我们不能被一个词语令人不悦的一面误导而相信它只代表价值判断。例如，"传染病"一词含有令人厌恶的成分，难怪攻克了许多传染病的法国化学家巴斯德（Pasteur）讨厌这个词，但他的价值判断丝毫没有影响他对客观事实的成功处理。"梅毒"一词在我们的文化里带有耻辱的印记，但它所蕴含的情绪色彩与梅毒螺旋体在人体内的运作没有任何关联。

一些文化致力于避免偏见；另一些则不然。然而，无论我们讨论的是印度人、纳瓦霍人、古希腊人还是美国米德尔顿市民，对偏见的基本心理分析都是相同的。每当错误的过度概括导致针对个体的消极态度时，我们便会从中发现偏见的症状。人们不见得会谴责这种症状。它存在于每个时代和每个国家。它构成了一个真实的心理问题。与随之产生的道德义愤的程度则并不相干。

功能性的意义

偏见的某些定义中包含它的另外一个要素。例如：

> 偏见是人际关系中敌意的一种形式，偏见针对整个族群，或者针对族群中的个体成员；偏见为它的持有者实现了一种非理性的特定功能。[7]

这一定义的最后一句暗示只有实现了自我满足的秘密目的的消极态度才是

偏见。

在随后的章节里，我们将无比清楚地看到，大量偏见的塑造和维持是出于自我满足的考量。在大部分案例中，偏见对持有者而言仿佛拥有某种"功能性的意义"。不过，情况并非一直如此。有很多偏见是盲目服从主流习俗的产物。第17章中的一些情况与个体的生活没有重要的关联。因此，坚持将"非理性功能"纳入偏见的基本定义似乎并不是明智之举。

态度与信念

我们已经提到过偏见的恰当定义中包含两种基本要素。其中一定包含喜好或厌恶的态度；并且一定与某种过度概括（因此是错误的）的信念有关。带有偏见的陈述有时表达了态度因素，有时传达了信念因素。在下列陈述当中，每组的第一句表达了态度，第二句传达了信念：

> 我受不了黑人。
> 黑人身上有臭味。

> 我不会跟犹太人住同一间公寓。
> 虽然有少数例外，可是总体来说，所有犹太人都差不多。

> 我不希望在我的家乡里有日裔。
> 日裔美国人性格奸诈狡猾。

有必要区分偏见中的态度与信念吗？对于某些目的而言，并不需要进行这种区分。二者通常是同时出现的。如果没有针对整个群体的普遍信念，便无法长期维持敌对的态度。现代研究显示，在偏见测试中表现出高度敌对态度的人也在很大程度上相信他们所歧视的群体的人品十分低劣。[8]

然而，出于另一些目的，则有必要区分态度和信念。例如，我们将在第30章看到，一些致力于减少偏见的项目成功地改变了人们的信念，却没能扭转人们的态度。信念可以在一定程度上受到理性的攻击而发生转变，但信念通常拥有一种狡猾的倾向，可以融入更难改变的负面态度当中。下列对话描述了这一点：

> 甲：犹太人的问题在于他们只关心自己人。
>
> 乙：可是社区公益活动的记录显示，按照人口比例，犹太人比非犹太人对社区慈善事业的贡献更大。
>
> 甲：这表示他们总是企图用钱买来好名声，还总是插手基督教的事务。他们的眼里只有钱，所以才有这么多银行家是犹太人。
>
> 乙：可是最近有一项调查显示，在银行业里，犹太人的比例与非犹太人相比是微不足道的。
>
> 甲：这就对了，他们才不会做体面的生意，他们只会投资电影或者开夜总会。

由此可见，信念可以自我调节以适应更加冥顽不化的态度。这是一种合理化的过程——通过信仰对态度的适应。

我们应当记住偏见的这两个方面，在接下来的讨论当中，我们会有机会运用这一区分。每当我们使用"偏见"一词而不加以区分时，读者可以认为其中同时涉及态度与信念的层面。

表现偏见

人们对不喜欢的族群的所作所为与他们对该族群的观点或感受并不总是有直接的联系。比如，两名雇主对犹太人的厌恶程度彼此相当。其中一人也许会隐藏这种感觉，并按照同等的标准雇用犹太员工——也许他这样做是为了在犹太社区里为自己的工厂或店铺赢得良好商誉。另一人或许会把对犹太人的厌恶转嫁到用人政策里，从而拒绝雇用犹太人。这两个人都抱有偏见，但只有一个人表现出了歧视（discrimination）。一般说来，歧视比偏见拥有更直接、更严重的社会影响力。

任何负面态度确实都倾向于在某些场合以某种方式表现在行动当中。很少有人能把反感彻底藏在心里。态度越是强烈，便越有可能以暴烈的敌对行为加以表现。

我们可以按照积极的程度进一步对负面行为加以区分，从最不积极到最积极。

（1）负面评价（Antilocution）。大部分人的偏见会在言谈当中表露出来。在志同道合的朋友之间，或是偶尔面对陌生人时，他们也会坦然地表达恶意。不过，很多人的负面行为仅仅停留在这一温和的程度上。

（2）回避（Avoidance）。偏见进一步加强后，会促使个体回避他所厌恶的族群当中的成员，即使这样做会带来很大的不便。在这种情况下，抱有偏见的人对他所厌恶的群体没有造成直接的伤害。他完全自行承担了适应与回避的后果。

（3）歧视（Discrimination）。到了这一步，抱有偏见的人开始进行激进而有害的差别对待。他开始在各个领域排斥这个群体的所有成员，包括就业、住宅、政治权利、教育和休闲、教会、医院及其他社会权限。种族隔离是一种制度化的差别待遇，并受到法律或习俗的强化。(9)

（4）人身伤害（Physical attack）。在强烈的情绪影响下，偏见可能导致暴力或伤害行为。一个不受欢迎的黑人家庭也许会被强行赶出社区，或者在恐怖的威胁之下主动逃离。犹太墓地里的墓碑可能受到亵渎。北区的意大利黑帮有可能给南区的爱尔兰黑帮设下埋伏。

（5）种族灭绝（Extermination）。私刑、惨案、屠杀和希特勒的种族灭绝计划标志着偏见最高程度的暴力表现。

上述五项尺度的构建并不精确，其用意是为了唤醒人们对偏见态度和偏见信念所导致的大量活动的注意。许多人仅仅停留在负面评价和回避的程度，而不会进一步发展下去。尽管如此，人们在一个等级上的活动确实会使他们更容易向下一个较严重的等级转化。导致德国民众与他们的犹太邻居和曾经的友人们划清界限的正是希特勒对犹太人的负面评价。这些措施为《纽伦堡法令》①的颁布进行了准备，歧视

----

① 纽伦堡法令：1935 年 9 月 15 日，德国议会在纽伦堡通过的种族法令，这些法令为"纳粹党"实行反犹太主义政策提供了法律基础。

性法令的实施又自然地引发了焚毁犹太教会和当街袭击犹太人的事件。这条恐怖序列的最后一步便是奥斯维辛集中营的焚尸炉。

从社会后果的角度来看，这些"礼貌的偏见"即使限制在闲谈的范围内也足以产生危害。不幸的是，这辆宿命般的列车在20世纪行驶得越来越快，由此导致了险恶的人类冲突。随着世界各民族相互依赖的程度逐渐加深，他们势必难以承受越发激烈的冲突。

参考文献

（1）S. L. Wax. A survey of restrictive advertising and discrimination by summer resorts in the Province of Ontario. Canadian Jewish Congress: *Information and comment*, 1948, 7, 10-13.

（2）Cf. A *New English Dictionary*. (Sir James A. H. Murray, Ed.) Oxford: Clarendon Press, 1909, Vol. VII, Pt. II, 1275.

（3）这一定义出自托马斯伦理学家的观点，他们认为偏见是"轻率的判断"。感谢尊敬的耶稣会牧师 J. H. Fichter 令作者注意到这种观点。关于这一定义的详细讨论，参见尊敬的耶稣会牧师 John Lafarge, *The Race Question and the Negro*, New York: Longmans, Green, 1945, 174 ff。

（4）Cf. R. M. Williams, Jr. The reduction of intergroup tensions. New York: *Social Science Research Council*, 1947, Bulletin 57, 37.

（5）H. S. Dyer. The usability of the concept of "Prejudice." *Psychometrika*, 1945, 10, 219-224.

（6）下文定义来自这一相对观点："偏见是普遍的负面态度，也是 / 或是针对任一特殊范畴或群体的负面行为，态度与行为二者之一或二者同时被所处社区判断为低于通常的可接受标准。"P. Black and R. D. Atkins. Conformity versus prejudice as exemplified in white-Negro relations in the South: some methodological considerations. *Journal of Psychology*, 1950, 30, 109-121。

（7）N. W. Agkerman and Marie Jahoda. *Anti-Semitism and Emotional Disorder*. New York: Harper. 1950. 4.

（8）不是所有衡量偏见的尺度都同时包含了反应态度和信念的项目。能够同时反映出态度和信念的关系的报告参见 Cf. Babette Samelson. *The patterning of attitudes and beliefs regarding the American Negro*. (Unpublished.) Radcliffe College Library, 1945. 以及 A. Rose, *Studies in reduction of prejudice*. (Mimeograph.) Chicago: American Council on Race Relations, 1947, 11-14。

（9）出于对世界范围的歧视问题的重视，联合国人权委员会准备了一份详细的分析：*The main types and causes of discrimination*. United Nations Publications, 1949, XIV, 3。

第2章　预先判断的常态化

人类为何如此容易陷入种族偏见当中呢？我们之所以会这样，是因为我们讨论过的两个必备要素——错误概括和敌对态度——在人类思维当中是自然而常见的组成。我们暂时不考虑敌意及其相关问题，只考虑人类生活与思考的基本条件，这些条件自然地导致错误而武断的预先判断的形成，从而把我们推向了种族对立与群体斗争。

读者需要注意的是，本书当中的任何一个单独的章节都无法概述偏见的全貌。每一章单独来看都是片面的。这是任何分析方法都难以避免的缺陷。从整体来看，问题是多方面的，读者在检阅问题的一个层面时，请记住还同时存在着许多层次的问题。因此，本章呈现的是对偏见的某种"认知的"考察。我们有必要暂时搁置许多涉及自我、情感、文化和个体的并存因素。

人类群体的疏离

在地球上的每个角落，我们都能发现群体之间彼此分离的状况。人们与自己的同类通婚。人们在同质的族群里饮食起居和休憩玩耍。人们拜访自己的同类，也愿意一起拜神。这种自发的凝聚力在很大程度上只是出于便利而已。人们没有必要向外部团体寻求友谊。既然周围已经有很多人可供选择，为什么要自找麻烦，去适应新的语言、新的食物、新的文化，以及不同教育程度的人？与背景相似的人打交道不需要耗费太多力气。同学聚会之所以欢乐畅快，原因之一便是所有参与者年龄相仿，拥有相同的文化回忆（甚至都喜欢相同的怀旧老歌），从根本上说，他们有着同样的教育背景。

所以，如果我们总是和自己的同类待在一起，那么生活中的大部分事情都会进行得更加顺利。异邦人带来压力。在社会阶级和经济水平上与我们程度不同的人也会带来压力。我们不会跟清洁工打桥牌。这是为什么？也许这是因为他更喜欢打扑克，但我们更肯定的是，他不会理解我们这群朋友内部的玩笑和八卦，不同习性的人混在一起一定会引发尴尬。我们并没有阶级偏见，我们只是在自己的阶级里感到更加自在和安逸。一般来说，总有很多人与我们阶级相同，种族一致，信仰同样的宗教，我们可以一起生活起居，也可以彼此通婚。

在工作中，我们更有可能不得不与外部群体的成员打交道。在层级化的工商业领域里，管理层必须面对工人，主管必须管理清洁工，销售人员必须与办事员相处。在机械生产线上，不同族裔的工人也许会并肩合作，尽管他们在休息时间里一定更乐意与自己的同类相处。工作时的交往并不足以克服心理上的隔阂。有时，层次过于分明的交往甚至强化了嫌隙的感觉。墨西哥工人也许会嫉妒享受更舒适生活的英裔雇主。白人劳动者也许会担心黑人雇员们随时准备争取晋升并抢走白人的工作。侨民团体被吸纳进工业层级里，他们从事着卑微的工作，而当他们开始提升自己的工作和社会层级时，却在主流群体当中引发了恐惧和嫉妒。

强迫少数群体保持隔离的并不总是主流群体。少数群体通常更愿意保持自己的身份特性，于是他们并不急于学习外语或者注意礼节。他们就像同学会上的老校友那样，可以和拥有相同传统的人们打成一片。

一场引人深思的研究表明，代表少数民族的美国高中生比土生土长的美国白人拥有更强烈的民族优越感。例如，黑人、华裔和日裔年轻人比白人学生更执着于从自己的族裔当中选择朋友、同事和约会对象。他们确实不会从自己的族裔当中挑选领袖，而是更倾向于选择白人。尽管他们同意应该让主流群体的成员担任班级干部，但他们还是会把亲密关系限定在自己人当中，并从中获得更大的舒适感。[1]

因此，首要的事实就是，人类群体倾向于彼此保持距离。我们不需要把这种倾向归因于群居的本能或同类意识，也不必归咎于偏见。舒适省力、意气相投和文化自豪的原则足以解释这一现象。

然而，一旦分离主义形成，各种心理上的细化便有了基础。相互隔绝的人们几乎没有沟通的渠道。他们很容易夸大不同群体之间的差异，也很容易误解差异背后的原因。也许，最重要的是，隔离会导致真实的利益冲突及许多想象中的冲突。

我们用一个例子来说明这种现象。得克萨斯州的墨西哥工人与英裔雇主之间泾渭分明。墨西哥工人住在别处，他们说着陌生的语言，遵循着迥异的传统，去不同的教会祷告。他们的孩子很有可能与雇主的孩子们上不同的学校；不同种族的孩子们也不会在一起玩耍。雇主对胡安①的了解仅限于他来上班，拿工资，然后离开。雇主注意到胡安经常迟到，好像喜欢偷懒，也不善于言辞。于是雇主自然而然地以为胡安的所有同胞都具有这些行为特点。他形成了对墨西哥人的刻板印象，认为他们懒惰、见识短浅、靠不住。假如胡安的不守时给他造成了经济损失，他便更有理由心怀不满，如果他相信他所支付的高额税金和财政上的麻烦都是墨西哥人导致的，那么他更会愤恨不平。

胡安的雇主现在认为"所有墨西哥人都爱偷懒"。当他遇见一个不认识的墨西哥人时，他在心里会记住这一点。这种预先判断是错误的，因为（1）所有墨西哥人并不都是同样的；（2）胡安并不是真的懒惰，他的这种表现是在许多个人价值的作用下形成的。他喜欢陪伴他的孩子们；他遵守宗教节日的要求；他需要修整自己的房子。雇主忽略了这一切因素。按照逻辑，他本应该说："我不知道胡安为什么这样表现，因为我既不了解他本人，也不了解他的文化。"但雇主却倾向于把复杂的问题简单化，给胡安和他的民族打上"懒惰"的标签。

然而，雇主的刻板印象却来自"真实的内核"。胡安确实是一个工作经常迟到的墨西哥人。这位雇主在接触其他墨西哥工人时可能也有过类似的经历。

我们很难准确地区分有根据的概括和错误的概括，这种区分对于进行概括的人本身则更加困难。让我们进一步审视这一问题。

---

① 胡安（Juan）：常见的墨西哥裔男子名。

归类过程

人类在思考时必须借助归类（"归类"一词在这里等同于"概括"）。范畴（categories）一旦形成，便成了正常的预先判断的基础。我们不可能避免这一过程。有条不紊的生活正依赖于此。

我们可以认为，归类的过程拥有五大特点。

（1）归类形成了大量的种类（classes）和群落（clusters），从而调节我们的日常生活。为此，我们在清醒时的大部分时间都用于回顾既有的范畴。一旦天色变暗，气压降低，我们便预先判断要下雨了。我们通过携带雨伞来适应这一系列偶然事件。当一只恶犬从街上跑过时，我们便会把它划入"疯狗"的范畴并躲避它。如果我们生病了，去看医生，我们总是希望医生能按部就班地问诊。在上述这些情况以及无数其他情况下，我们对一个事件进行"归类"，将它划进熟悉的标题之下，并采取相应的行动。即使没有下雨、那只狗不是疯狗、医生表现得很不专业，我们的行为依然是合理的。这些行为依靠的是较高的可能性。尽管我们进行了错误的归类，但我们已经尽力了。

由此可知，我们的生活经验倾向于形成群落（概念、范畴），尽管我们可能在错误的时机选择了正确的群落，或者在正确的时机选择了错误的群落，归类过程仍然支配着我们的整个精神生活。每一天都有无数的事件在发生，我们无法处理如此众多的情况。只有对这些事件进行归类，我们才有可能对它们加以考虑。

开明的思想被视为一种美德。然而，严格说来，这是不可能做到的。一场新的经历必须被纳入原有的范畴里。我们无法焕然一新地对待每一个事件。假如可以这样做，那么过去的经历又能发挥什么作用呢？哲学家伯特兰·罗素用一句话概括了这种情况："永远开放的思想也是永远空虚的思想。"

（2）归类这一行为会尽其所能地把更多事件纳入群落当中。我们的思维有一种奇妙的惰性。我们喜欢用轻松的方式去解决问题。假如我们可以把问题迅速纳入符合要求的范畴当中，并利用这一范畴预先找出解决方案，这样做无疑是最轻松的。有这样一个故事，一位药剂师把所有疾病分为两类：如果能看出病症，就在患处涂碘酒；如果看不出病症，就给患者开一剂盐。这位药剂师的生活很简单：仅有的两个范畴帮助他度过了整个职业生涯。

关键可以总结如下：思维倾向于根据行动需求将环境中的事件以最"粗略"的方式进行归类。假如故事里的药剂师因为过于原始的治疗方案而受到责备，他也许会改正自己的行医手段，学习运用更加有辨识性的范畴。然而，只要粗糙的过度概括可以"蒙混过关"，我们就会倾向于这样做。为什么呢，因为这样做更加省力，我们不喜欢做费力的事情，除非那是我们很感兴趣的领域。

在我们的问题中，这种倾向性一清二楚。英裔雇主用"墨西哥人很懒惰"这一概括描述来指导自己的日常行为，这样做比单独看待每一位工人并研究他们的举止背后真正的原因更加省力。假如我能用一个简单的公式来衡量1300万公民，"黑人是愚蠢、肮脏的劣等民族"，那么我的生活会获得极大的简化。我只需要彻底避免与黑人接触即可。还有什么能比这更简单呢？

（3）类别范畴使我们得以迅速地识别相关事物。 每个事件都带有某些标记，用以提示其所适用的预先判断的范畴。当我们看到一只知更鸟时，我们便会情不自禁地说"罗宾鸟"[①]。当我们看到一辆疯狂摇摆的汽车时，我们便会想"司机一定喝醉了"，并采取相应的行动。一个皮肤黝黑的人会激活我们脑海中对黑人的概念。如果占了上风的范畴中包含着负面的态度与信念，我们便会不假思索地回避这个人，或者采取最方便的排斥行为（见第1章）。

因此，范畴与我们的所见所闻、判断方式和行动对策有着密切而直接的联系。实际上，范畴的全部用途似乎正是为了辅助认知与行为，换言之，是为了让我们迅速、平稳、稳定地适应生活。尽管我们在对事件进行归类时经常犯错，并因此而惹上麻烦，但这一原则依然适用。

（4）类别范畴会对范畴内的内容给予相同的概念属性和感情色彩。 一些范畴几乎纯粹是理念性的。我们把这些范畴称为概念。"树"的概念是从我们

---

① 罗宾鸟：知更鸟的别名。

对几百种、上千棵树的经验中产生的，但它只有一种理念上的意义。许多概念（包括"树"）不仅拥有一个"意义"，还带有一种典型的"感情"。我们不仅知道"树"是什么，也知道我们喜爱树木。不同的族裔也是如此。我们不仅知道中国人、墨西哥人、伦敦人的含义，也可能对这些概念抱有喜欢或讨厌的感情色彩。

（5）某些分类范畴会比另一些更理性。通常说来，范畴起源于"真理的内核"并由此发展壮大。一种理性的范畴由此产生，并通过积累相关经验来发展和强化自己。科学法则便是理性范畴的实例。它们拥有经验的支撑。科学法则所适用的每一个事件都会产生一定的结果。即使法则并非十全十美，只要它们有较高的成功概率，我们也认为这些法则是符合理性的。

一些族裔的划分是合理的。一个黑人很可能拥有深色的皮肤（尽管事实并不总是如此）。一个法国人的法语很可能比德国人更流利（尽管这也会有例外）。可是，"黑人比较迷信""法国人道德上很随意"这些表述是正确的吗？这些情况的可能性很低，如果我们把这些族裔与其他民族进行比较，也许会发现二者的差异可以忽略不计。但当我们进行分类时，我们的思维却不加以区分，非理性的范畴与理性的范畴同样容易产生。

若想对群体中的成员进行理性的预先判断，便需要对该群体的特质拥有相当程度的了解。几乎没有人能用充足的证据证明，苏格兰人比挪威人更吝啬，东方人比白人更狡猾，可是这些信念与合理的信念同样广为流传。

在危地马拉的某个社区里，当地人对犹太人的敌视十分严重。当地的居民从未见过一个犹太人，那么"犹太人理应被敌视"的范畴是如何形成的呢？首先，该社区的大部分人信仰天主教。教师们曾告诉居民，犹太人屠杀过基督徒。当地碰巧流传着一个关于恶魔弑神的古老的异教神话。因此，这两种强烈的情绪概念相互融合，从而创造出对犹太人的敌对性预判。

我们已经说过，非理性范畴与理性范畴一样容易产生。也许非理性范畴的形成更加容易，因为强烈的情感就像海绵，被压倒性的感情所吞噬的理念更有可能屈从于情感而非客观证据。

非理性的范畴是在缺乏充足证据的情况下产生的一种范畴。当事人可能只是没有发现证据，误解便在这种情况下产生了，正如第1章中的定义。许多概念的形成依赖于传闻或二手情报，所以错误的分类往往难以避免。一个学生要形成对少数民族的概念，那么这个学生只能诉诸老师和课本教给他的内容，由此产生的印象也许是错误的，但这个孩子已经竭尽所能了。

漠视证据的非理性预判的产生则有更深刻也更令人困惑的原因。一位牛津大学的学生曾说过："我鄙视所有美国人，但我从未遇见过一个我不喜欢的美国人。"在这个案例中，范畴的划分甚至不符合他的亲身经历。即使一种预先判断不符合我们的认知，我们依然会固执地坚持它，这是偏见最奇怪的特征之一。神学家告诉我们，在因无知而产生的预判里不存在罪恶的问题，但刻意无视证据而形成的预判则关涉罪恶。

范畴与证据的冲突

我们有必要理解当范畴与证据产生冲突时所发生的情况。一个令人惊愕的事实是，在大多数案例当中，范畴顽固地抗拒任何变化。毕竟，我们之所以按现有的方式对事物加以概括，是因为这样做很适宜。何必为了包容每一条新的证据而改变现有的做法呢？假如我们已经习惯了一种型号的汽车，也感到十分满意，为什么还要承认其他型号的优点呢？这样做只会打破令我们满意的习惯。

我们有选择地接纳能够证实既有信念的证据。我们乐于见到一个吝啬的苏格兰人，因为他证实了我们的预先判断。人们得意扬扬地说："我的话果然不错。"可是，如果我们发现了违反偏见的证据，我们很容易产生抗拒心理。

一种常见的心理机制使人们可以在面对几乎相反的证据时依然保持原有的预判。这便是承认凡事都有例外。"确实有善良的黑人，但是……"或者"我有一些好朋友就是犹太人，可是……"这种机制可以令人解除戒备。尽管它排除了一些受到偏爱的特例，但其他所有个例依然原封不动地承受着负面评价。简言之，反面证据没有被采纳，也不能用于修改范畴；这些证据只获得了轻描淡写的认可，随即被抛在一边。

我们姑且称之为"二次防御"机制。当事实并不适用于某一思想领域时，人们便承认出现了例外，但这一领域将立即被重新固防，不容许任何危险侵入。

有关黑人问题的许多讨论中都出现过"二次防御"的案例。一个对黑人抱有强烈偏见的人在面对有利于黑人的证据时，总是立即提出那个老生常谈的婚姻问题："你愿意接受自己的妹妹嫁给黑人吗？"这种二次防御十分巧妙。只要对方的回答是否定的，或者稍有迟疑，这个抱有偏见的人便会说："你瞧，黑人就是有问题，他们就是跟我们不一样。"或者说："我说得没错吧，黑人从骨子里便惹人讨厌。"

在两种情况下，人们不会为了维持范畴而努力对精神领域实行二次防御。第一种情况是习惯性思维开放，这种情况较为罕见。一些人在生活中很少表现出对事物进行归类的倾向。他们对一切标签、范畴和以偏概全的陈述都抱有怀疑态度。他们习惯性地坚持为每一种笼统的概括寻找证据。他们意识到人性的复杂与多样性，对待涉及种族的概括尤其慎重。即使他们相信某种概括，但他们仍保持谨慎，愿意接受每一种相反的经验并调整既有的种族观念。

另一种容许修正概念的情况完全出于利己之心。一个人可以从痛苦的失败经验中得知自己相信的范畴是错误的，必须加以修正。例如，一个人也许不清楚可食用蘑菇的正确分类而吃下了有毒的蘑菇并因此导致中毒。他不会再犯同样的错误——他会修正心中的范畴。一个人也许以为意大利人是无知又吵闹的野蛮人，直到有一天，他爱上了一个拥有良好家教的意大利女孩。然后他发现修正过去的范畴对自己大有裨益，从此他会有更加正确的假设：意大利人的性格是千差万别的。

然而，维持预判的立场通常拥有合理的原因。这样做更加省力。并且，我们会发现自己的预判往往可以获得朋友和同伴的支持。如果一个住在郊区的居民反对犹太人加入当地的乡村俱乐部，他的邻居出于礼貌不会提出反对意见。我们对自身地位的感知依赖于邻居的好意，所以与邻居信仰同样的范畴会令我们感到安心。我的信念为我的生活奠定了基础，只要我和邻居都满足于这些基础，我又何必不断地重新衡量我的所有信念呢？这样做根本毫无意义。

作为范畴的个人价值

我们一直在探讨评估准则对精神生活的必要性，对准则的运用不可避免地导致了预先判断，而预判则可能逐渐转变为偏见。

一个人所拥有的最重要的范畴正是他自身的价值观。他凭借自身的价值观而生存，也为了价值观而生活。他很少想起这些价值，也很少衡量它们；他只是在感受价值、肯定价值并捍卫价值。证据和理性通常不得不遵循价值范畴，价值范畴的重要性可见一斑。在尘土飞扬的乡下，一个农民听见游客在抱怨这里的风沙。于是，农民为他所热爱的土地辩护："你知道吗，我喜欢沙尘，它们也算净化了空气。"他的推理很薄弱，却保护了他的价值。

作为自身生活方式的捍卫者，我们难免会采取游击队员的思考方式。在我们的推理当中，只有很小一部分是心理学家所说的"定向思维"，即完全受外在证据控制并聚焦于客观问题的解答。只要有感觉、情绪和价值的介入，我们便倾向于"自由的""一厢情愿的"或"虚幻的"思维。[2]这种偏颇的思维方式完全是自然的结果，因为我们以价值探寻者的身份而在世界上立足，过着完整而统一的生活。从这些价值中诞生的预先判断使我们得以度过这样的生活。

个人价值与偏见

显然，"肯定我们的生活方式"这一行为本身已令我们频繁地踩上偏见的边线。哲学家斯宾诺莎[①]给"爱的偏见"下了定义。他认为那是"基于爱而对某人做出过高的评价"。恋爱中的人过于泛化地看待爱人的优点。爱人的一举一动都被视为完美无缺。一所教会、一间俱乐部或一个民族的成员对所属对象也可能产生"超过正当程度的爱"。

现在，我们有足够的理由相信这种爱的偏见比它的对立面——恨的偏见（斯宾诺莎称之为"基于恨而对某人做出过低的评价"）更加触及人类生活的基础。在低估不喜爱的事物之前，人们一定会先高估喜爱的事物。我们之所以建造围墙，主要是为了保护我们珍惜的事物。

积极的依附是生活所必不可少的。如果失去了与抚养人的依赖关系，孩子便无

---

① 斯宾诺莎（Baruch de Spinoza, 1632—1677）：荷兰哲学家，近代西方哲学三大理性主义者之一。著有《笛卡尔哲学原理》《神学政治论》《伦理学》等。

法生存。一个孩子在学会憎恶之前，必须先学会爱，并建立与某个人或某种事物之间的认同感。孩子们在界定造成威胁的"他人团体"之前必须先建立由家人和朋友组成的舒适区。(3)

爱的偏见倾向于笼统地概括我们的依恋和情感范畴，为什么我们对此知之甚少呢？原因之一是这种偏见没有产生社会问题。即使我对自己的孩子异常偏爱，也没有人会反对——除非这种偏爱同时使我对邻居的孩子显露敌意，这种情况有时会发生。当一个人在捍卫自身的某种价值范畴时，他也许会侵犯他人的利益或安全。如果是这样，我们便会注意到恨的偏见，但我们没有察觉到，它与潜在的爱的偏见相辅相成。

我们以对美国人的偏见为例。在许多有教养的欧洲人当中，这是一种根深蒂固的偏见。早在1854年，一位欧洲人轻蔑地将美国形容为"一间大型疯人院，欧洲流氓和流浪汉的聚集地"。(4)这样的辱骂家喻户晓，在1869年，罗素·洛威尔①甚至有感而发，写了一篇文章谴责欧洲评论界，名为《论外国人的傲慢》。但这种类型的批评至今依然盛行。

它的根源是什么？首先，我们可以确定在批评之前先有自恋——这是一种爱国主义，是对祖先和文化的自豪，它代表着欧洲评论界赖以生存的积极价值。来到美国后，他们感觉自身的地位隐隐受到了威胁。他们可以通过贬低美国而获得更大的安全感。他们并非从一开始就厌恶美国，而是从一开始就热爱自己和自己的生活方式。对于旅居国外的美国人而言，这个公式同样成立。

马萨诸塞州的一位学生自认为待人宽容，却写道："除非那些愚蠢的南方白人的榆木脑袋终于开窍，否则黑人的问题永远得不到解决。"这位学生的积极价值是理想化的。然而讽刺的是，他那含有攻击性的"宽容"使他对一部分人做出了带有偏见的指责，他将这些人视为对他的宽容价值的威胁。

一位女士曾说过类似的话："我当然没有偏见。我亲爱的老保姆就是有色人种。我在南方长大并一直在这里生活，我理解这个问题。假如人们允许黑人可以安分守

---

① 罗素·洛威尔（Russell Lowell, 1819—1891）：美国浪漫主义诗人、评论家、作家。

己地生活，黑人会更快乐的。爱惹事的北方人根本不理解黑人。"这位女士（从心理学上讲）是在为自己的特权、地位和舒适的生活进行辩护。她并不讨厌黑人和北方人，她只是热爱既得利益。

假如一个人可以相信某个范畴内的一切都是好的，另一个范畴内的一切都是坏的，这样做会很方便。公司的管理层向工厂里的一名受欢迎的工人提供了一份办公室里的工作。工会的一名负责人对他说："不要做管理类工作，否则你会像所有经理那样变成一个浑蛋。"这位负责人的眼中只有两类人：工人和"浑蛋"。

这些例子表明，负面的偏见是一个人自身价值体系的反映。我们赞赏自身的存在形式，并且相应地看低（或积极抨击）被我们视为威胁的存在形式。西格蒙德·弗洛伊德[1] 已经描述过这种思想："人们在面对不得不接触的陌生人时会感受到无法掩饰的憎恶和反感，我们从中发现了自恋的表达。"

在战争时期，这种流程尤其一目了然。当敌人几乎威胁到我们的所有正面价值时，我们便会顽强抵抗并夸大反抗事业的价值。我们感到自己是彻底正确的，这是过度概括的又一例证。（假如我们不这样认为，便无法调动全部力量进行抗敌。）如果我们是彻底正确的，那么敌人一定是彻底错误的。由于敌人大错特错，我们应当毫不犹豫地消灭他们。然而，即使在战争年代的例子里，我们也能清楚地看到爱的偏见居于首位，恨的偏见则是一种派生现象。

对人生价值的威胁可能是真实的，必须进行反抗，在这个意义上可能存在"正义之战"，尽管如此，战争总是包藏着某种程度的偏见。严峻的威胁本身足以使人将敌对国家视为十恶不赦，并认为敌国的每个公民都在助纣为虐。保持平衡与明辨是非成了不可企及的能力。[5]

总　结

本章论证了人类易于形成偏见的倾向。这一倾向存在于进行概括并形成概念与

---

[1]　西格蒙德·弗洛伊德（Sigmund Freud, 1856—1939）：奥地利精神病医师、心理学家、精神分析学派创始人。著有《梦的解析》等。

范畴的天性里，这些概念和范畴代表了一种过分简化的经验世界。理性范畴与第一手经验密不可分，但人类可以同样轻松地形成非理性范畴。非理性范畴可能没有任何事实的支撑，而完全建立在小道消息、情感投射和奇思异想的基础上。

有一种范畴尤其容易令我们做出缺乏根据的预判，那就是我们的个体价值。这些价值是所有人存在的基础，它们很容易导致爱的偏见。恨的偏见是次要的发展结果，但它们经常伴随正面价值而产生。

归根结底，爱的偏见需要对恨的偏见负责，为了更好地理解爱的偏见的本质，接下来我们将把注意力转向内群体忠诚的形成。

参考文献

（1）A. Lundberg and Leonore Dickson. Selective association among ethnic groups in a high school population. *American Sociological Review*, 1952, 17, 23-34.

（2）在心理学的领域里，"定向思维"和"自由思想"在过去一直被独立看待。传统上所谓的"经验主义者们"研究了前者，"动态心理学家们"（如弗洛伊德学派）则研究了后者。关于前者，有一本书值得一读：George Humphrey, *Directed Thinking*, New York: Dodd, Mead, 1948; 关于后者，可参考：Sigmund Freud, *The Psychopathology of Everyday Life*. New York: Macmillan, transl. 1914。

近年来，"经验主义者"和"动态心理学家"的研究和理论产生了相互联系的趋势（见本卷第10章）。这是一个好的征兆，毕竟，偏见的思维不是反常或无序的。定向思维和一厢情愿的思想相互融合。

（3）见 G.W. Allport, A psychological approach to love and hate. Chapter 5 in P. A. Sorokin (Ed.), *Explorations in Altruistic Love and Behavior*. Boston: Beacon Press, 1950. 以及 M. F. Ashley—Montagu, *On Being Human*. New York: Henry Schumann, 1950。

（4）Merle Curti. The reputation of America overseas (1776-1860). *American Quarterly*, 1949, I, 58-82.

（5）战争与偏见的重要关系详见 H. Cantril. (Ed.), *Tensions That Cause Wars*. Urbana: Univ. of Illinois Press, 1950。

第3章　内群体的形成

"亲不敬，熟生厌"这句谚语与事实相距甚远。尽管我们有时的确会厌烦日常生活中朝夕相处的一些同伴，但是我们赖以生存的价值本身正需要从熟悉感当中汲取力量。并且，熟悉的事物很容易成为一种价值。我们会逐渐爱上从小接触到的饮食文化和风土人情。

从心理学上讲，问题的关键在于，熟悉感为我们的存在提供了必不可少的根基。既然生存是每个人的目标，那么生存的根基也是人们所需要的。儿童的父母、邻居、家乡和国籍都是生来便注定的——儿童的宗教、种族和社会传统同样如此。对一个孩子来说，这些归属关系都是理所当然的。既然儿童与他的归属关系密不可分，这些关系便是好的。

一个孩子早在5岁时便能理解自己从属于特定的团体。例如，他能够识别出不同的人种。但在9岁或10岁之前，孩子并不能理解他的身份意味着什么。他不理解犹太人和非犹太人的区别，也不明白贵格会教徒和循道宗教徒的区别，但他不需要理解这一切便能培养出强烈的内群体忠诚感。

一些心理学家认为孩子因为身份而受到"嘉奖"，这种奖励创造了忠诚感。也就是说，家庭供养孩子的衣食住行并照顾他的日常起居，邻居和同胞们给予他的礼物和关照令他感到愉快。因此他学会了去爱他们。他的忠诚是建立在这些奖励的基础上的。我们可以怀疑这种解释的充分性。黑人的孩子很少或从未获得过嘉奖——他的处境通常恰恰相反，但一般来说黑人的孩子在成长中也会养成对种族群体的忠诚。关于印第安纳州的回忆温暖着本土印第安人的心，这不一定是因为他在那里度过了幸福的童年，而只是因为那是他的故乡。在某种程度上，印第安纳仍然是他存在的基础。

奖励当然有助于忠诚的形成。在家庭聚会中度过大量欢乐时光的孩子可能会对家人产生更多眷恋之情。但无论如何，孩子通常都会依恋家人，这只是因为家人是他人生中不可避免的一部分。

所以，幸福感（如"嘉奖"）不是忠诚的唯一原因。我们的群体身份很少需要靠某个群体所提供的幸福感来维持——也许休闲活动的会员资格除外。忠诚感一旦形成，便需要遭受极大的不幸和长期的痛苦经历才能被打破。有时候，无论是怎样的惩罚也不能令我们放弃忠诚。

人类学习的"根基"原则至关重要。我们不需要用假定的"群居本能"来解释人类为什么喜欢群居生活，人们只是发现他人与自身的存在紧密地交织在一起。既然人们认为自身的存在是好的，他们便会断定社会生活是好的。我们也不需要假设一种"特定的意识"来解释人们为何依附于各自的家族、宗族和民族。失去了这些身份，个体也将不复存在。

很少有人想成为别人。无论一个人拥有怎样的生理缺陷或是感到如何痛苦，他都不愿与其他更幸运的人交换处境。他会抱怨自身的不幸，希望命运能得到改善；但他想要改善的是自身的命运和自身的性格。这种对自身存在的依恋是人类生命的根基。我可以说我嫉妒你，但我不想成为你，我只想把你的一些特质或财产据为己有。一个人所有基本的身份都伴随着挚爱的自我而产生。既然一个人无法改变自己的血统、传统、国籍和母语，那么他只能接受这一切。身份的印记刻在心上，也发于口舌。

奇怪的是，个体不需要直接了解自己的所有内群体。当然，一个人通常熟悉自己的直系亲属。（但一个孤儿可能对从未见面的父母怀有强烈的眷恋。）俱乐部、学校、邻里社区等团体是通过个体间的接触来建立关系的，但另一些团体主要依赖于符号或传闻。没有人能与他的整个族裔、社区的所有住户或所有教友建立直接的联系。年幼的孩子可以着迷地听曾祖父讲述自己作为船长、拓荒者或贵族而开拓基业的故事，这些故事树立了一种让孩子获得自我认同的传统。他所听到的话语为他的生活提供了根基，这与他的日常经验同样真实。人们通过符号学习家族传统、爱国主义和民族自豪感。因此，只通过语言定义的内群体依然牢不可破。

什么是内群体？

在静态的社会中，判断一个人会形成怎样的归属感——忠于哪个地区、氏族或社会阶级——是比较容易的。在这样的静态社会里，亲属关系、社会地位甚至居住场所都受到了严格的限定。

在古代中国的首都，居住安排与社交距离一度是完全重合的。一个人的居住地揭示了他所有的社会关系。一个地区最内侧的圈层是仅供政府官员居住的地方。第二个圈层是贵族的聚集地。在这之外是一圈受到保护的和平居住区，其中住着文人墨客和其他有名望的市民。更远的外层是外国人和被发配的罪犯所在地禁区。最后剩下的是蛮夷之地，只有蛮族和受到放逐的重罪犯生活在这里。[1]

我们所处的社会科技更加发达，流动性更强，不存在严格的圈层。

一切人类社会都有一条通用的法则，可以帮助我们进行重要的预测。在地球上的每个社会里，儿童都被视为父母所属群体当中的一员。儿童拥有与父母相同的种族、血统、家族传统、宗教、种姓和职业地位。当然，在我们的社会里，孩子长大后可以摆脱某些身份，但无法摆脱所有身份。人们通常期望孩子继承父母的忠诚和偏见，如果父母由于群体身份而成为偏见的对象，那么孩子也会自动成为受害者。

这条法则在美国社会当中也成立，在更加重视"家庭价值"的地区也更为坚固。虽然美国儿童通常强烈地认可自己是家族的一员，他们对父母原本的祖国、种族和宗教具有一定的忠诚性，但他们对家族身份的依赖却受到很大的限制。每个个体的情况都有着些许差异。一个美国儿童可以自由地继承父母的一部分身份，也可以拒绝继承某些身份。

内群体很难得到精确的定义。也许我们最多只能说内群体的所有成员对"我们"一词的定义都有着同样的基本含义。一个家族的成员是这样，一个学校的校友、一栋居民楼里的住户、一个工会的成员、一家俱乐部的会员、一座城市的市民、一个州的居民、一个国家的公民也是如此。一部分内群体是暂时的（如一场晚宴），另一部分是永久的（如家族或氏族）。

萨姆是一个只有平凡社交圈子的中年男子，他列举出了自己的内群体：

父系亲属

母系亲属

原生家庭（他在其中成长）

再生家庭（他的妻子和孩子）

童年朋友（如今只留下模糊的记忆）

文法学校（只停留在记忆里）

高中（只停留在记忆里）

整个大学时代（偶尔还有来往）

大学时的班级（得到同学会的巩固）

现今所属的教会（他在 20 岁时更换了教会）

职业（组织严谨，关系密切）

公司（尤其是他所在的部门）

"一伙人"（经常在一起消遣的四对夫妇）

第一次世界大战中某步兵团的幸存战友（逐渐变得模糊）

他所诞生的州（微不足道的身份归属）

如今生活的市镇（活跃的公民精神）

美国新英格兰地区（地域忠诚）

美国（一般程度的爱国精神）

联合国（原则上抱有坚定的信仰，但心理上并不确定，因为他不清楚这里的"我们"指的是什么）

苏格兰—爱尔兰血统（对同样血统的人感到些许亲切）

共和党（他在初选时登记为共和党支持者，除此之外几乎没有更强的归属感）

萨姆的清单可能并不完整，但我们可以根据这份清单很好地重建他所依赖的身份基础。

萨姆在清单里提到了童年的一个小圈子。他回忆起这个内群体曾经对他至关重要。他在10岁时搬到了新的社区，当时他没有可以一起玩耍的年纪相仿的小伙伴，他十分渴望获得友谊。其他男孩对他感到好奇，也有所怀疑。他们会接纳自己吗？萨姆能与这群男孩意气相投吗？由一些小事引起的斗殴是常见的考验。这种男孩之间的入伙仪式是为了快速地测试出陌生人的礼仪和斗志。他能在小团伙设定的限度内表现出足以匹敌其他男孩的勇气、坚强和自制吗？萨姆幸运地通过了考验，得到了他梦寐以求的内群体的接纳。也许他很幸运，他没有涉及种族、宗教或社会地位的其他不利因素。否则他的测试期将被延长，对他的考验也会更加严苛，或许这个小团伙会永远排斥他。

可见，一些内群体的成员身份是很难获得的。但许多身份是在出生时就自动获取的，或者通过家族传统取得。现代社会科学认为前一种身份反映了自致地位（achieved status），后一种身份反映了先赋地位（ascribed status）。

作为内群体的性别

萨姆没有提到他的性别身份（先赋地位）。这个身份一度十分重要，现在可能也是如此。

性别的内群体提供了有趣的案例研究。2岁的孩子通常对玩伴的性别没有偏好，在他眼中，一个小女孩和一个小男孩看起来是一样的。即使是一年级的学童，他们的性别意识也相对薄弱。一年级学童在被问到愿意跟谁一起玩时，平均至少有四分之一会选择异性玩伴。孩子们在升入四年级后，跨性别的选择几乎消失了：只有百分之二的孩子愿意与异性玩耍。当他们进入八年级后，男孩和女孩之间的友谊重新浮现，即便如此，也只有百分之八的学生愿意做出超越性别界限的选择。(2)

对一部分人来说（其中包括厌女者），性别分类在他们一生当中保持着重要性。女性被视为与男性完全不同的物种，她们通常被视为劣等人种。现有的第一性与第二性的区别被过分夸大，成为令歧视合理化的虚构的差别。占据一半人口的男性可能会对相同性别抱有一种内群体的团结，而与相反性别产生不可调和的矛盾。

查斯特菲尔德勋爵[①]经常在信中告诫儿子用理性而非偏见来主导自己的生活，但他对女性却发表了如下评价：

"女人只是发育得更加成熟的儿童；她们的闲言碎语令人忍俊不禁，有时她们也会展露聪明，但我在一生中从未见过一个女人表现出可靠的推理和正确的判断，或者在一天二十四小时里保持理性的言谈举止……

"一个理智的男人只会玩弄她们，与她们寻欢作乐，取悦并恭维她们，就像对待活泼好动的孩子那样；但他既不会咨询她们的意见，也不会将重要的事情交付她们；尽管他时常令她们以为自己得到了咨询和委任；这是她们最为骄傲的事情……[(3)]

"相较于男人们，女人们之间更相似。她们只信仰两种激情——虚荣与爱情，这是她们普遍的特性。"[(4)]

叔本华[②]的观点与查斯特菲尔德相似。他写到，女人在一生中都是长不大的孩子。女人性格中根本的弱点是缺乏正义感。叔本华坚持认为这是由于女人缺乏推理和思辨的能力。[(5)]

这些反女性主义思想反映了偏见的两种基本成分——诋毁贬损和严重的过度概括。这两位著名的男性知识分子都没有考虑到女性的个体差异，也没有探究他们所提到的特点在女性当中是否比在男性当中更加普遍。

这种反女性主义意味着自身性别身份的安全和满足。在查斯特菲尔德和叔本华看来，男人和女人之间的裂隙是被接纳的内群体与受排斥的外群体之间的鸿沟。然而，对很多人而言，这场"性别战争"看起来很不真实。他们无法从中找到偏见的根据。

---

① 查斯特菲尔德勋爵（Lord Chesterfield, 1694—1773）：英国政治家、外交家、文学家。著有《伯爵家书》等。

② 叔本华（Arthur Schopenhauer, 1788—1860）：德国哲学家，唯意志论者。著有《作为意志和表象的世界》等。

内群体的多变性

　　尽管每个人都有自己看重的内群体，但人们依然会受到时代的影响。在19世纪，国籍和种族身份的重要性变得越来越大，家庭和宗教身份尽管依然重要，其影响力却有所降低。苏格兰各部落之间强烈的忠诚与敌对几乎成了历史，而"优等民族"的概念却发展到危险的程度。西方国家的女性如今开始承担曾经被男性垄断的角色，这些事实似乎令查斯特菲尔德和叔本华的反女性主义变得过时。

　　美国人对移民态度的转变体现了国家内群体概念的变化。如今，土生土长的美国人很少用理想主义的眼光看待移民。他们不再把为受压迫的人们提供家园并接纳他们加入自己的内群体视为一种责任和荣幸。80年前，自由女神像上刻下的格言仿佛已经过时。

> 把你的疲惫和贫穷交给我，
> 渴望着自由呼吸的瑟缩身躯，
> 被繁华海岸抛弃的苦难灵魂。
> 把这些无家可归、饱受打击的人送给我。
> 我在金色大门旁高举灯火。[①]

　　1918年至1924年通过的"反移民法"几乎熄灭了女神的灯火。第二次世界大战之后，从未有这样多无家可归的可怜人渴求容身之地，但怀旧的情绪不足以令司法界充分放松紧绷的神经。从经济和人道主义的立场上都出现了强有力的论证，要求放松限制，但人们的心中已经充满恐惧。大量保守派人士担心激进思潮的输入；许多新教徒认为自身原本岌岌可危的主流地位可能被进一步削弱；一些天主教徒惧怕共产主义者的到来；反犹分子不愿意接纳犹太人；部分工会成员担心工作岗位不足以容纳新来者，他们自身的保障将受到威胁。

　　[①]　出自犹太女诗人爱玛·拉扎露丝（Emma Lazarus）的十四行诗《现代巨人》（*The New Colossus*）。

数据显示，在124年里，约有4000万移民来到美国，曾在一年里，移民人数就多达100万。在所有移民当中，85%来自欧洲。直到一个世代以前，人们很少听到反对移民的声音。但在今天，几乎所有移民的申请都被拒绝，支持"难民"的声音微不可闻。时代变了，每当时局恶化，内群体的界限便会收紧。陌生人成为被怀疑的对象而遭到驱逐。

在特定的文化里，内群体的力量及其定义随着时间推移而发生变化，不仅如此，一个单独的个体也可能在不同的时间隶属于不同的团体。赫伯特·乔治·威尔斯①在《现代乌托邦》里描述了这种有趣的随机应变。这段文字描写了一个势利小人，他对团体抱有狭隘的忠诚。然而，就连势利小人也具有一定的灵活性，他发现在不同的时间自称属于不同的内群体对自己更加有利。

这段文字写出了一个重点：内群体身份不是一成不变的。一个人可以出于某些目的而认可一种范畴，也可以为了其他目的而隶属于更大的范畴。这取决于他对提升自我地位的需求。

威尔斯这样描写一个植物学家的忠诚：

> 他热爱系统植物学家，却厌恶植物生理学家，他认为后者是一群无耻下流的恶棍；但他也热爱所有植物学家和生物学家，并讨厌物理学家和自称从事精密科学的人，他认为他们全都是迟钝呆滞、思想蹒跚的浑蛋；但他也热爱所有从事他所认可的科学的人，并瞧不起心理学家、社会学家、哲学家和文人，他认为他们是野蛮、愚蠢、道德败坏的无赖；但他热爱所有知识分子，鄙视工人，他认为他们是骗子、小偷、醉鬼、游手好闲的流氓；可是一旦工人阶级和其他阶层一起构成了英国人，他便认为英国人强于所有欧洲人……[6]

由此可见，归属感是因人而异的。即使是同一个内群体的两个成员对组织的构成可能有着迥异的看法。例如，两个美国人对国家内群体的定义，见图1。

---

① 赫伯特·乔治·威尔斯（Herbert George Wells, 1866—1946）：英国小说家、政治家、历史学家，创作了大量科幻小说。著有《时间机器》《莫洛博士岛》《隐身人》等。

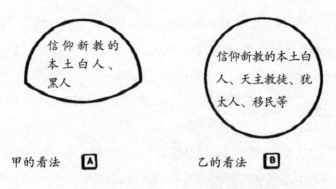

甲的看法 A   乙的看法 B

图1 两个美国人对国家内群体的看法

甲的狭隘认知是武断分类的产物，他发现这种分类十分便捷及有效。乙的认知范围更广阔，因此创造出一种完全不同的国家内群体概念。将二者划为同一个内群体的成员会使人产生误解。从心理上讲，他们并不志同道合。

每个人都从自己的内群体当中看到了他所需求的安全模式。最近，南卡罗来纳州民主党大会的一项决议提供了一个发人深省的案例。对与会人员而言，党派是一个重要的内群体。但他们很难接受党派在全国平台上的定义。为了捍卫内群体并让每个成员重获安全感，"民主党人"的范畴被重新定义为"信仰地方自治、反对强势的家长式中央集权政府的人，不包括受外国思潮影响的领导者，如国外势力、纳粹主义、法西斯主义、极权主义和公平就业委员会所激发的人"。

因此，内群体身份经常因个体的需求而获得调整，一旦个体需求如上述案例一般变得相当剧烈，内群体可能针对敌对的外群体而重新获得定义。

内群体和参照群体

我们从广义上将内群体定义为对"我们"一词有着相同认知的人群。但读者们已经发现，个体可以对自己的内群体身份产生各种不同的看法。第一代意大利裔美国人或许比他们的孩子——第二代意大利裔美国人——更加重视自己的意大利文化背景。青少年也许会把街头黑帮视为比学校更重要的内群体。在某些情况下，尽管个体无法摆脱自己的成员身份，却依然可能积极地批判某个内群体。

为了厘清这种局面，现代社会科学引入了参照群体（reference groups）的概念。谢里夫夫妇（Sherif and Sherif）将参照群体定义为"个体认为自己是其中一员的群体，或者个体内心渴望成为其中一员的群体"。[7]所以，参照群体是被欣然接纳的内群体，或者个体希望加入的群体。

一个内群体通常也是参照群体，但并非绝对如此。一个黑人可能希望加入在社区里占主流的白人群体。他想要分享这个主流群体的特权，也想被认为是其中一员。他可能极度渴望加入优势群体，甚至因此而排斥自己的内群体。库尔特·勒温①将这种状态称为"自我憎恨"（对自我所属的内群体的憎恨）。然而社区的惯例将他归入黑人群体，迫使他与黑人群体一起生活和工作。在这种情况下，他的内群体身份与参照群体身份并不一致。

我们再来看看一个新英格兰小镇上的亚美尼亚裔牧师的例子。他有着外国人的名字。小镇的居民把他视为亚美尼亚人。尽管他并不排斥自己的背景，他却很少想到自己的血统。他的参照群体（主要兴趣）是他的教会、家庭和他所生活的社区。不幸的是，镇上的其他居民固执地把他当作亚美尼亚人：他们比他本人更加看重他的民族身份。

上述黑人和亚美尼亚牧师在社区里扮演着微不足道的角色。他们很难将自己划入参照群体，因为社区的压力迫使他们永远与自己并不重视的内群体捆绑在一起。

所有少数群体在很大程度上都处于同样的边缘化状态，这种处境伴随着不安、冲突和愤怒等难以摆脱的后果。每个少数群体都会发现在他们所处的更广大的社会里，许多习俗、价值和行为都被事先加以规定。因此，少数群体的成员在某种程度上不得不将语言、礼仪、道德和法律上的主流群体列为参照群体。他可能完全效忠于自己的少数群体内群体，同时他总是需要遵守主流群体的标准并满足他们的期望。黑人的例子尤其清楚地展示了这种情况。黑人必须融入主流。然而，每当他想建立这种联系时，他总是很可能遭到拒绝。因此，对他而言，先天界定的内群体与文化界定的参照群体之间的冲突几乎无法避免。根据这种思路，我们便会明白为什么所有少数群体在社会中都处于边缘位置，为什么他们总是感到忧虑和怨恨。

---

① 库尔特·勒温（Kurt Lewin, 1890—1947）：德裔美国心理学家，拓扑心理学的创始人。代表作有《拓扑心理学原理》等。

内群体和参照群体的概念帮助我们区别两种不同层次的归属感。前者指代客观的成员身份；后者则暗示个体是否看重这一身份，以及个体是否希望从属于另一个群体。正如我们所讨论过的，在许多情况下，内群体与参照群体之间存在着一个虚拟的身份，但并非绝对如此。一些个体出于迫不得已或自主选择，不断地将自己与内群体之外的群体进行比较。

社会距离

内群体和参照群体的区别经常出现在有关社交距离的研究中。博加德斯①创造了一个耳熟能详的技巧，要求受访者在下列量表中指出他们愿意与不同民族和国籍的群体保持怎样的距离：

1. 通过婚姻而成为近亲
2. 成为同一间俱乐部的密友
3. 成为住在同一街区的邻居
4. 成为我的同事
5. 成为我国公民
6. 仅仅作为游客来访我国
7. 禁止进入我国

这种测量方式得出了最惊人的结果：美国各地表现出相似的取向，不同的收入、区域、教育、职业甚至民族所带来的差异十分微弱。无论身份如何，大部分人可以接受英国人和加拿大人成为本国公民、邻居、同等社会地位的人和亲戚。拥有这两种血统的人享有最近的社会距离。占据另一个极端的则是印度人、土耳其人和黑人。除了少量细微的调整之外，这个顺序大体保持不变。[8]

尽管不受青睐的群体倾向于优先选择自己的族群，但他们在其他方面依然选择

① 博加德斯（Emory S. Bogardus, 1882—1973）：美国社会心理学家，创立了社会距离量表。

主流的接纳顺序。例如,对犹太儿童的一项研究显示,大部分犹太儿童对犹太人的接受度很高,除此之外则呈现出社会距离的标准模式。[9] 类似的调查表明黑人与白人对犹太人的接受程度大致相同,而犹太人通常将黑人排在名单的尾部。

上述结果带来一个必然的结论:少数族裔的成员容易产生与主流群体相同的态度。换言之,主流群体是少数族裔的参照群体。主流群体对少数族裔施加强烈的影响,迫使后者采取一致的态度。然而,这种一致性很难使人否定自身的内群体。黑人、犹太人或墨西哥人通常会维护自身的内群体,但在其他方面却会根据参照群体的意见来做决定。因此,内群体和参照群体对态度的形成都很重要。

偏见的群体规范理论

现在,我们可以对一种主要的偏见理论进行解说。这一理论认为所有群体(无论是内群体还是参照群体)都会发展出一套生活方式,其中包括特有的法典和信仰、标准和敌人,以适应各个群体的需求。这套理论还认为明显的压力与无形的压力使每个成员安分守己。内群体的偏好必须成为个体的偏好,内群体的敌人也是个体的敌人。谢里夫夫妇发展了这套理论:

> 通常,导致个体形成偏见态度的因素并不松散。偏见的形成与成为群体当中的一员有着功能上的关联。成为群体的一员意味着接纳这个群体,并把群体价值(规范)作为调节经验和行为的主要基石。[10]

支持这一观点的一项有力的论证认为,企图通过影响个体来改变他们的态度是一种效率较低的做法。假设一个孩子在课堂上学习有关跨文化教育的课程。这堂课所产生的效果有可能被孩子的家庭、同伴和邻居所信奉的规范所掩盖,因为后者对孩子的影响更大。若想改变孩子的态度,必须改变对孩子更加重要的群体的文化平衡。家庭、同伴和邻居必须先更加包容,孩子才能变得宽容。

这一思路引申出一个道理:"改变群体态度比改变个体态度容易。"近期的一些研究为此提供了支持。在一些研究当中,整个社区、住宅区、工厂和学校系统都成了变革的目标。在领导层和普通成员的共同参与下，政策得到了调整，新的规范得以建立。变革完成后，人们发现个体的态度逐渐适应了新的群体规范。(11)

虽然我们无法质疑上述结果，但这一理论仍然带有一些不必要的"集体主义"色彩。偏见绝不仅仅是一种集体现象。读者不妨扪心自问，自己对社会的态度是否完全符合家庭、社会阶层、职业群体或教会的标准。也许答案是肯定的，但读者更可能回答由于这些参照群体的普遍偏见是矛盾的，因此他不可能同时拥有所有的偏见。读者也可能认为自身的偏见模式是独一无二的，与所属的群体都不尽相同。

该理论的支持者在意识到态度的个体差异之后，提出了"可接受的行为范围"，因此承认了任何群体规范系统只要求成员大致符合其规范。人们的态度可以在一定程度上有所偏离，但不能偏离太远。

然而，只要我们允许"可接受的行为范围"存在，我们便走向了更接近个体化的视角。我们不需要为了坚持每个人的独特性而否定群体规范和群体压力的存在。一些人将我们眼中的群体要求奉为圭臬。另一些人只是被动地服从规范。还有一些人不肯服从规范。我们所表现出的服从性是个体习惯、个体需求和个体生活方式的产物。

我们在面对态度的形成这一问题时，总是很难在集体路径和个体路径之间取得平衡。本书主张偏见在根本上是个性形成和发展的问题，不存在完全一致的两个偏见模式。没有人能完整地反映其所在群体的态度，除非他的个人需求或习惯导致了彻底的一致性。尽管如此，在内群体成员身份影响下形成的个体需求与习惯仍是常见的偏见来源，也可能是首要来源。我们可以坚持个人主义理论，而不必否定对个体的主要影响来自集体。

假如没有外群体，是否依然存在内群体？

每一段界线、围墙和边界都标志着内与外的分别。按照严格的逻辑，一个内群体总是暗示着相应的外群体的存在。但这种逻辑判断本身毫无意义。我们需要知道的是，一个人对内群体的忠诚是否自动意味着对外群体的不忠、敌视或其他形式的否定。

法国生物学家菲利克斯·勒·丹特克（Felix le Dantec）认为从家庭到国家的各种社会单元只有在拥有"共同的敌人"时才得以存在。家庭单元与威胁着每个家庭成员的众多势力进行斗争。高档俱乐部、美国退伍军人协会甚至美国本身的存在也是为了战胜成员的共同敌人。一个著名的阴谋诡计为丹特克的观点提供了支持，那就是为了加强内群体的凝聚力而创造一个共同的敌人。希特勒之所以提出"犹太人威胁论"，与其说是为了消灭犹太人，不如说是为了加强"纳粹党"对德国的控制。在世纪之交，没有共同敌人的加利福尼亚工党人心涣散、立场动摇，工党于是利用煽动反东方情绪来团结自身队伍。学校精神最强烈的时候是在校际运动会上与"老对手"交锋之时。这样的例子数不胜数，令我们很难不接受这个理论。苏珊·艾萨克斯（Susan Isaacs）研究了进入托儿所的陌生人对儿童产生的影响后写道："外来者的存在最初是令群体产生温馨与团结氛围的必要条件。"[12]

社会凝聚力的存在似乎以共同的敌人为前提，威廉·詹姆斯[①]深受此观点影响，他就这一课题发表了一篇著名的论文。他在《战争的道德等价物》中提出，冒险心、攻击性和好胜心是人际关系的标志，这些品质在年轻气盛的人群当中尤其显著。为了营造和平的生存环境，他鼓励人们找出一个不违背日益增长的人道主义倾向的敌人。他的建议是：对抗天灾，对抗疾病，对抗贫穷。

如今，没有人否认一个具有威胁性的公敌的存在可以凝聚一切有组织的人群。一个家庭（假如不是已经分崩离析）在逆境中会变得团结，一个国家在战争时期的凝聚力是前所未有的。但在心理层面上我们必须把重心放在对安全的渴求上，不应强调敌意本身。

一个人自己的家庭便是一个内群体，街道上的所有其他家庭在定义上都是外群体，但它们极少产生冲突。美国由上百个民族（ethic groups）构成，尽管偶尔发生严重的冲突，大部分民族可以和平相处。人们知道自己对住宅拥有独一无二的占有权，但人们不需要鄙视他人的住宅。

我们似乎可以这样描述这种情况：尽管我们只能在与外群体的对比中认识内群体，内群体依然在心理上占据首位。我们生活在内群体之中，也依赖于内群体的支持。内群体有时甚至是我们生存的目的。对外群体的敌视可以巩固我们的归属感，但那并非必要条件。

---

① 威廉·詹姆斯（William James, 1842—1910）：美国哲学家、心理学家，美国机能主义心理学派创始人之一，美国最早的实验心理学家之一。代表作有《心理学原理》等。

由于内群体对我们的生存和自尊至关重要，我们很容易发展出对内群体的盲目推崇和民族优越感。一群7岁的孩子被问道："这个镇上的孩子和邻镇的孩子，谁更好？"几乎所有孩子都回答："这个镇上的孩子好。"至于理由，孩子们通常回答："我不认识邻镇的孩子。"我们可以通过这个例子反思内群体与外群体的初始关系。人们更喜欢熟悉的对象。陌生的人被视为"不够好"，但不一定伴随恶意。

因此，尽管所有内群体成员都难免对内群体有所偏爱，与外群体互惠的态度也许更加深入人心。在一种极端情况下，为了保护内群体并强化内部忠诚，内群体成员可能将外群体视为共同的敌人。在另一种极端情况下，外群体的差异性或许能获得欣赏、容忍甚至喜爱。教宗庇护十二世（Pope Pius XII）在名为《人类团结》的教宗通谕中对此进行评价，认可了现存各文化群体的价值。他呼吁保持这种多元性，不要让它受到敌意的污染。他说，人类的团结是宽容与爱的结合，而非完全一致的同化。

人类是否可以形成一个内群体？

家庭通常构成最小而又最坚固的内群体。有鉴于此，我们通常认为随着范围的扩大，内群体的凝聚力逐渐减弱。图2显示出一个共识，即个体接触的距离越远，成员身份的效力越弱。为了避免问题的复杂化，下图中只涵盖了少量成员身份的实例。

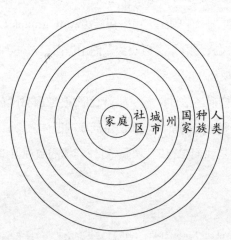

图2　假设随着成员范围的扩大，内群体力量逐渐削弱

上图暗示了对全世界的忠诚是最难实现的。这个结论有一定的道理。让全人类形成一个内群体似乎难以企及。就连"世界大同"的忠实信徒也很难实现这个理想。假设一个外交官在会议上与他国代表进行交涉，对方拥有与他不同的语言、礼仪和意识形态，即使这名外交官对"世界大同"抱有坚定的信念，他在面对对方时仍然无法摆脱一种陌生的感觉。他对礼仪和公正的理解来自他自身的文化。其他的语言和习俗难免显得怪异，即使算不上低劣，至少也带有一点荒诞无稽的感觉。

假设这名代表胸襟广阔，能够发现自己国家的不足之处，假设他真心希望建立一个能够包容多元文化优点的理想社会。即使在这种极端理想主义的情形下，他可能也只会做出细微的让步。他将诚心诚意地为自己的语言、宗教、意识形态、法律制度、礼仪风俗而抗争。毕竟，祖国的生活方式就是他的生活方式——他不能轻易瓦解自身存在的根基。

这种对熟稔的偏爱几乎成了本能反应，我们都受其影响。当然，一个见识广博的人或是拥有国际化品位的人对其他国家的态度相对而言更加友好。这样的人明白文化上的差异不一定意味着低劣。然而，对既缺乏想象力又缺少见识的人来说，人为的后盾是有必要的。他们需要符号以理解人类内群体的真实性，而符号在今天是罕见的。国家拥有旗帜、公园、学校、国会大厦、货币、报纸、节日、军队和历史文献。这些团结的象征当中只有少量在缓慢而低调地演变为国际性符号。"世界忠诚"这一概念的发展离不开精神的定位点，建立精神的定位点迫切需要国际性符号的支持。

关于最外层身份归属为何最为薄弱，我们找不到固有的理由。实际上，对许多人来说，种族自身已经成了最重要的忠诚对象，尤其是"雅利安主义"的狂热支持者和一部分被压迫的种族成员。如今，种族概念与世界大同的冲突（位于最外侧的两个圈层）似乎逐渐成为人类史上最严峻的问题。问题的关键在于，对全体人类的忠诚能够在种族战争爆发之前实现吗？

这个目标在理论上可以实现，因为有一条心理原则可以从困境中解救我们，只要我们能及时掌握这条原则，即同轴忠诚（concentric loyalties）不一定会产生冲突。忠于更广泛的圈层并不意味着破坏对较小圈层的依恋。[13] 相互冲突的忠诚几乎总是属于同一规模的圈层。建立了两个家庭的重婚者会给自己和社会带来灾难。效忠于两个国家的叛徒（一个是表面的效忠，另一个是实际的效忠）在承受巨大心理压力的同时也无法在社会中立足。几乎没有人能承认多所母校、皈依多种宗教或加入多个兄弟会。另一方面，支持世界联邦的人可以是顾家的人、热心的校友和真诚的爱国者。一些狂热的民族主义者对世界大同和爱国主义的共存有质疑，但他们的疑虑无法改变这条心理法则。温德尔·威尔基①和富兰克林·罗斯福②从世界大同的理念构想出联合国组织，这丝毫无损于他们的爱国心。

同轴忠诚的发展需要时间，当然，同轴忠诚在很多情况下根本无法产生。皮亚杰（Piaget）和韦伊（Weil）通过对瑞士儿童的一项有趣的研究发现儿童对不同忠诚之间彼此包含的概念存在抵触情绪。以下记录了一名7岁儿童的典型反应：

> 你知道瑞士吗？——知道。
>
> 那是什么？——一个行政区。
>
> 日内瓦又是什么？——一个镇。
>
> 日内瓦在哪里？——在瑞士。（但这名儿童画了两个并列的圆圈）
>
> 你是瑞士人吗？——不，我是日内瓦人。

年龄稍长（8岁至10岁）的儿童理解日内瓦在空间上位于瑞士之内，他们把一个小圆画在一个大圆之内。但他们依然难以理解同轴忠诚的概念：

> 你是哪国人？——我是瑞士人。
>
> 为什么？——因为我住在瑞士。
>
> 你也是日内瓦人吗？——不是。
>
> 为什么？——我现在是瑞士人，不能也是日内瓦人。

---

① 温德尔·威尔基（Wendell Willkie, 1892—1944）：美国政治活动家。1941 年与埃莉诺·罗斯福共同创建非政府组织"自由之家"。

② 富兰克林·罗斯福（Franklin Roosevelt, 1882—1945）：美国第 32 任总统。

10岁或11岁的儿童已经能理解这个问题了。

> 你是哪国人？——我是瑞士人。
>
> 为什么？——因为我父母是瑞士人。
>
> 你也是日内瓦人吗？——当然是，因为日内瓦在瑞士。

10岁或11岁的孩子也能对自己的国家做出感情上的评价。

> 我喜欢瑞士，因为这是一个自由的国家。
>
> 我喜欢瑞士，因为这是红十字会创始国。
>
> 瑞士是中立国，所以我们乐善好施。

这些感情上的评价显然来自老师和父母的教诲，孩子们只是接受了现成的说法。教学模式通常停留在这一步。在祖国的边界外只有"外国人"的领域——他们不是同胞。9岁半的米歇尔这样回答提问者：

> 你知道外国人吗？——知道，法国人、美国人、俄国人、英国人。
>
> 很好。这些人有什么不同吗？——有的，他们的语言不一样。
>
> 还有吗？说得越多越好——法国人不太严肃，他们什么也不担心，他们那里很脏。
>
> 你觉得美国人怎么样？——他们很有钱，也很聪明。他们发明了原子弹。
>
> 你觉得俄国人怎么样？——他们很糟，他们总是想发动战争。
>
> 你是怎么知道这些的？——不清楚……我听说的……人们都这样说。

大多数孩子的归属感局限于家庭、城市和国家。原因似乎是这些孩子身边的人们也是如此，孩子只是在模仿他们的判断。皮亚杰和韦伊写道："一切都在指出，儿童在发现亲密圈层的价值观后，认为必须接受亲密圈层对其他国家群体的观点。"[14]

尽管国家是大多数孩子学到的最大的忠诚圈层，但对圈层的认识却不必就此止步。研究者在一些十二三岁的孩子身上发现了高度的"互惠"意识，比如，他们愿意承认所有人拥有相同的价值和优点，尽管每个人都有自己喜欢的生活方式。在牢固地建立了这种互惠意识后，年轻人便可以接受更加广泛的人类群体概念，他们不需要失去早期的归属感便能忠于更多圈层。在学会这种互惠态度之前，一个人很难将其他国家纳入自己的忠诚轨道。

总而言之，内群体的成员身份对个体生存至关重要。这些身份编织成了一张习惯的网。我们在遇见遵守不同习俗的外来者时，会下意识地说："他打破了我的习惯。"打破习惯会使人不快。我们更喜欢熟悉的事物。当他人可能威胁甚至质疑我们的习惯时，我们忍不住感到警惕。对内群体或参照群体的偏爱不一定意味着对其他群体的敌视——尽管敌意通常可以巩固内群体的凝聚力。低层次的圈层可以被高层次的圈层和平地吸纳。尽管这一理想状态很难实现，从心理学角度来看，希望依然存在。

参考文献

（1）W. G. Old. *The Shu King, or the Chinese Historical Classic*. New York: J. Lane, 1904, 50-51. 另见 J. Legge (Transl.), Texts of Confucianism, in *The Sacred Books of the East*. Oxford: Clarendon Press, 1879, Vol. III, 75-76。

（2）J. L. Moreno. *Who shall survive*? Washington: Nervous & Mental Disease Pub. Co., 1934, 24. 这些数据有些过时。我们有理由相信如今儿童之间的性别界限不像过去那么明显。

（3）C. Strachey (Ed.). *The Letters of the Earl of Chesterfield to his son*. New York: G. P. Putnam's Sons, 1925, Vol. I, 261.

（4）Ibid., Vol. II, 5.

（5）E. B. Bax (Ed.). *Selected Essays of Schopenhauer*. London: G. Bell & Sons, 1914, 340.

（6）Reprinted by permission of Chapman & Hall, Ltd., from *A Modern Utopia*. London, 1905, 322.

（7）M. and Carolyn W. Sherif. *Groups in Harmony and Tension*. New York: Harper, 1953, 161.

（8）博加德斯在 1928 年发现了这个次序（E. S. Bogardus, *Immigration and Race Attitudes*,

Boston: D. C. Heath, 1928), Hartley 和 Spoerl 分别于 1946 年和 1951 年加以验证。(Cf. E. L. Hartley, *Problems in Prejudice*, New York: Kings Crown Press, 1946; and Dorothy T. Spoerl, Some aspects of prejudice as affected by religion and education, *Journal of Social Psychology*, 1951, 33, 69-76)。

（9）Rose Zeligs. Racial attitudes of Jewish children. *Jewish Education*, 1937, 9, 149-152.

（10）M. and Carolyn W. Sherif. *Op. cit.*, 218.

（11）此类研究可参考：A. Morrow and J.French, Changing a stereotype in industry, *Journal of Social Issues*, 1945, 1, 33-37; R.Lippitt, *Training in Community Relations*, New York: Harper, 1949; Margot H. Wormser and Claire Selltiz, *How to Conduct a Community Self—survey of Civil Rights*, New York: Association Press, 1951; K. Lewin, Group decision and social change in T. M. Newcomb and E. L. Hartley (Eds.), *Readings in Social Psychology*, New York: Holt, 1947。

（12）Susan Isaacs. *Social Development in Young Children*. New York: Harcourt, Brace, 1933, 250.

（13）这一空间隐喻有其局限性。读者或许会问，最内层的忠诚究竟是什么？答案并不总是图 2 所示的家庭。最内层的忠诚难道不是我们在第 2 章讨论过的对自我的爱吗？如果我们把自我视为中央圈层，那么从心理学上讲，扩展后的忠诚不过是自我的延伸。然而，随着自我的延伸，我们可能重新定位圈层，最初位于外侧的圈层可能成为心理上的焦点。一位宗教信徒可以相信人是根据上帝的形象被创造出来的，因此他对上帝和人类的爱可能存在于最内侧圈层。忠诚和偏见都是构成性格的特点，在上述分析中，每个组织都是独一无二的。尽管这种评价是合理的，图 2 仍适用于我们当前的目标，对许多人而言，社会体系越广泛，人们越难将其纳入自己的理解和关爱范围内。

（14）J. Piaget and Anne-Marie Weil. The development in children of the idea of the homeland and of relations with other countries. *International Social Science Bulletin*, 1951, 3, 570.

第4章 对外群体的排斥

我们已看到，对内群体的忠诚不一定暗示着对外群体的敌视，与内群体相对立的外群体甚至不一定存在。

一项未发表的研究对许多成年人进行了采访。受访者被要求列举出他们所属的所有群体。每个成年人都列举出很多身份。家庭是被最常提起也最受重视的身份归属。随后是地理区域、职业群体、社会群体（俱乐部和朋友）、宗教、民族和意识形态的归属。

受访者完成列表后，被要求列举出"你认为与你所属的群体直接对立或对其产生威胁的群体"。面对这个直截了当的问题，只有21%的受访者指认了外群体。79%的受访者没有列举出任何群体。被提到的外群体大多是由种族、宗教和意识形态所定义的。

这些外群体的形式各不相同。一位来自美国南方的女性将新英格兰人、未接受过高等教育的群体、有色人种、外国人、美国中西部人和天主教徒列为不友好的外群体。一位通识图书管理员认为专业图书管理员属于外群体。一名营养实验室员工认为楼上实验室里的血液学家们是不受欢迎的外人。

由此可见，我们的忠诚或许包含针对对立群体的敌对态度，但这不是必然的。我们在第2章中讨论了爱的偏见（尤其在受挫时），它与恨的偏见往往相辅相成。尽管这种推理思路是可靠的，但正面的忠诚显然不一定导致负面的偏见。

然而，许多人的确根据外部群体来定义自身的忠诚。他们经常想到外部群体并为此焦虑不安。对外部群体的否定对他们来说是一种迫切的需求。他们十分重视种族优越感。

这些人对外部群体的焦虑表现为不同的强度。我们在第1章中提出了五类不同强度的排斥行为：

1. 负面评价
2. 回避
3. 歧视
4. 人身伤害
5. 种族灭绝

在本章中，我们将详细探讨针对外群体的排斥层级，并把五类行为简化为三类：

1. 言语排斥（负面评价）
2. 差别待遇（包括隔离）
3. 人身伤害（涵盖各种强度）

上述列表省略了回避和退避行为，因为它们是对受害者伤害最小的偏见表现形式。我们还合并了个别的攻击和有组织的暴力。正如我们在第1章所指出的，大多数人只是在朋友之间用语言表达恶意，并不会做出更过分的举动。然而，一些人走到了积极歧视这一步。少数人甚至参与了破坏财产、暴动和动用私刑。[1]

口头排斥

语言很容易暴露内心的敌意。

两位有教养的中年女性在讨论鲜切花的高昂价格。其中一人提到一场犹太人婚礼上展示的奢华花卉，并说道："我不明白他们怎么能负担得起。他们一定在所得税申报表上动了手脚。"另外一人回答："是啊，一定是这样。"

这场闲谈反映了三个重要的心理因素。

（1）第一位发言者主动提到了对话中并未涉及的犹太人。她的偏见如此强烈，以至于侵入对话之中。她迫切需要释放对犹太人这个外群体的厌恶。说出自己的想法也许令她如释重负。

（2）对话本身并不重要，重要的是维持二位女士的友好关系。她们在努力维持友谊，因此她们尽量让每个话题都达成共识。找出一个外群体并对其进行抨击有助于凝聚这个二人内群体。正如我们所见，尽管针对外群体的恶意不是必须的，它确实可以加强内群体的团结。

（3）两名发言者都反映了她们所属阶级的态度。她们表现出一种阶级团结。二人似乎在告诫对方要做个良好的中产阶级者，并且告诫对方要坚持本阶级的观点和习俗。毋庸讳言，这些心理功能都是下意识的。并且，两位女士都不是狂热的反犹太主义者，二人都有很多犹太裔朋友。她们都不支持歧视，当然也不支持暴力。她们所怀有的是最低程度的偏见（负面评价）。但即使是最温和的偏见也暴露出问题的复杂性。

轻微的恶感时常导致带有玩笑和戏谑意味的负面评价。一些十分隐晦的负面评价甚至可以被当作善意的幽默。我在讲述关于小气的苏格兰人的笑话时，不一定带有恶意（苏格兰人也喜欢这些笑话）。但即使是看似友好的玩笑也可能真的暗藏着恶意，这些玩笑通过斥责外群体和讨好内群体而使人放松戒备。故事中描述黑人侍者的愚蠢、犹太人的精明或爱尔兰人的好斗。这些趣事本身很可笑，但它们是标签化的、典型化的（暗示着黑人、犹太人或爱尔兰人的特质），这表明这些笑话还具有额外的功能，那就是证明外群体劣于我们）。

更强烈的恶意反映在负面评价里。诸如"犹太佬"（kike）、"黑鬼"（nigger）、"意大利佬"（wop）之类修饰词通常来自长期而深刻的敌意。我们注意到有两种例外。儿童经常在无意间使用这些侮辱性词汇，他们隐约感觉这些词语"很强烈"，但他们并不真正理解这些词语究竟是什么意思。并且，当社会阶层"较低"的人使用这些侮辱性称谓时，产生的意义不及社会阶层"较高"的人，因为只要后者愿意，凭他们的表述能力完全可以避免使用这些词汇。

我们已经讨论过，负面评价越是无意识，其相关性越低，其中蕴含的恶意就越强烈。

　　一名游客在缅因州的一个村庄里与理发师聊天，谈论当地的家禽产业。他想了解更多有关家禽养殖的情况，于是自然地打听母鸡的平均饲养时间。理发师狠狠地挥了一下剪刀，回答道："养到落进犹太人的口袋里为止。"

这位理发师的情绪爆发很突然也很强烈，并且与话题无关。当地家禽产业与犹太人唯一合理的联系仅仅是有一些犹太商人来到附近采购家禽以供出售。如果农民不愿意把禽类卖给犹太商人，他们大可不这么做。理发师的回答与游客的问题没什么关系。

一个类似的例子也表现了明显的恶意。

　　马萨诸塞州的一名虔诚的罗马天主教徒正在派发宣传册，劝说选民投票反对放宽生育控制的法案。一名路人拿起一本册子，把它扔在地上，说："我不会投票反对生育控制。这么做只会让犹太佬医生的生意变得更红火。"

这种突然爆发的、针对不相关话题的偏见可以用来衡量敌对态度的强度。在上述案例中，针对外群体的复杂心态深深烙印在个体的精神生活中，使他忍不住在不相关的情况下表达他的敌意。这种情绪十分饱满，甚至可以在不甚相关的影响下突然爆发。

当负面评价积累到很强的程度后，便很有可能涉及公开而主动的歧视，甚至可能引发暴力。某位参议员在国会发言中反对一项资助学校午餐的联邦法案。他在发言中喊道："我们当然情愿饿死，也不愿让白人和黑人一起上学。"[2] 这种强烈的负面评价几乎总是伴随着歧视行为。

歧 视

我们通常会回避那些不友好的人。只要是我们主动远离他们，这就算不上歧视。**只有当我们否定个体或群体获得他们所期待的平等待遇时，歧视才会发生。**[3] 当我们采取行动将外群体的成员从我们的社区、学校、职场或国家驱逐出去时，歧视便发生了。限制令、抵制、社区压力、某些州颁布的隔离法令、"君子协定"，这些都是歧视的手段。

我们必须进一步扩充对歧视的定义。罪犯、精神病人、卑劣的人可能也想得到"平等的待遇"，我们大概会心安理得地拒绝这种要求。基于个体素质的差别待遇也许不应当被归入歧视。本书只讨论基于种族范畴的差别待遇。联合国官方备忘录对这一问题的定义是："歧视包括基于自然范畴或社会范畴的差异而采取的任何行为，这些行为与个体的能力或美德无关，与个体的实际行动也无关。"[4] 这种有害的区别没有考虑到个体本身的特性。

联合国列出了在世界各地上演的歧视形式：

> 法律认可的不平等（否定特定群体的权利）
>
> 个体安全的不平等（基于身份的干扰、逮捕和诋毁）
>
> 迁移和居住自由的不平等（犹太人居住区、禁止旅行、限制入境、宵禁）
>
> 思想自由、信仰自由和宗教自由的不平等
>
> 通信自由的不平等
>
> 和平结社的不平等
>
> 婚姻自由和组建家庭的不平等
>
> 择业自由的不平等
>
> 所有权的不平等
>
> 著作权保护的不平等
>
> 教育机会和技能发展的不平等
>
> 文化共享机会的不平等

社会服务的不平等（医疗保障、休闲设施、住房供给）

享有国籍权利的不平等

参与政府事务的不平等

获得公职机会的不平等

强迫劳动、奴役、特殊税制、强迫佩戴区别标志、限制消费、公开诽谤

除了这些公开的侮辱行为，人们在私下做出的侮辱行为也许更多。就业、晋升和贷款机会也许并不平等。我们经常看到居住机会和住宅设施的不平等，以及酒店、咖啡店、餐厅、剧院和其他娱乐场所的限制。在传媒行业里，某些群体有时会遭受不平等的新闻待遇。一些群体无法获得平等的教育机会，并经常在教会、俱乐部和社会组织中受到排斥。上述清单可以大量补充。[5]

隔离是通过建立某种空间限制以强化某个外群体成员不利处境的一种歧视形式。

一位黑人女孩申请了联邦政府办公室的职位。她在求职的每个阶段都遭遇了歧视。一名官员告诉她这份工作已经有了合适的人选，另一名官员却说她在白人的办公室里不会感到自在。她的坚持不懈使她最终"争取"到了这份工作。在她入职后，主管将她安排在办公室的一个角落里，并在她的办公桌周围放置了屏障。她已经多次战胜了针对她的歧视企图，却还是一头撞进了隔离区。[6]

针对居住权的歧视尤其普遍。在美国，黑人住在隔离区域已经成了一种规定。这不是出于黑人的意愿，也不是因为这些地区的房租更便宜。通常，"白人区"的居民支付更低的租金便可以住进同等条件甚至更好的房子。限制性契约体现了阻止黑人分散居住的社会压力。黑人不是唯一受到影响的群体。有时，契约中含有以下条款：

……此外，任何土地不得出售、出租给非白种人，也不得供非白种人使用。

……此外，受让人不得向黑人出售房产或供其使用，雇用黑人佣工除外。

……不得供黑人、印度人、叙利亚人、希腊人或其支配的公司使用。

……本区域禁止向拥有黑人血统或超过四分之一闪米特血统者出售或供其使用……包括亚美尼亚人、犹太人、希伯来人、土耳其人、波斯人、叙利亚人和阿拉伯人……[7]

美国最高法院在1948年的一项历史性决议中裁定法院不得强制实施上述条款，但最高法院无法阻止它们成为"君子协定"，实际情况便是如此。多种公共舆论研究显示，约四分之三的白人反对黑人住在附近。于是，歧视成了普遍共识。

教育领域的歧视和许多种歧视一样，通常很隐秘。但是，美国南部某些州公然在越来越多的中小学校和大学实行彻底的隔离政策。北方各州的隔离则更加隐蔽和多样。许多教育机构在招生时不考虑种族、肤色、宗教和国籍的影响，尤其是依赖税收支持的教育机构。另一些教育机构有时会限制特定群体的招收比例，还有一些教育机构彻底拒绝招收这些群体。相关数据很难获得，但我们可以引用一项研究来说明一个州的情况。

康涅狄格州的1300名高中应届毕业生在调查问卷中描述了他们申请大学的经历。

我们只考虑优秀毕业生的情况，即毕业成绩位于前30%的学生。

私立大学（非教会学校）接受了超过70%的新教和天主教学生的申请（意大利裔除外）。在犹太裔申请者当中，只有41%被录取；而意大利裔申请者只有30%获得录取。（由于案例太少，黑人和意大利裔之外的移民群体没有被统计。）

被拒绝的申请人可以做什么呢？（1）他们可以通过申请多所学校来增加录取概率，通常会有学校愿意录取他们。意大利裔学生似乎不了解这个办法，但犹太裔学生会这样做。后者平均申请2.8所学校；信仰天主教或新教的学生平均申请1.8所学校。意大利裔学生平均只申请1.5所学校，因而可能无法被私立大学录取。（2）他们可以申请公立大学，那里几乎不存在歧视（至少在康涅狄格州是如此）。犹太裔和移民学生之所以大量就读于市立和州立大学，是

因为他们在申请私立大学时没有被公正对待。⁽⁸⁾

职场歧视也是一个敏感的话题。研究这个问题的一种方法是统计日报上刊登的招工广告对外群体成员的排斥次数："仅限非犹太裔""新教徒优先""招收基督徒""招收非有色人种"等。一项研究表明在65年里，招工广告里的歧视随着少数群体人口比重的增加而日趋严重。其他研究显示招工广告中的歧视程度是反映时代趋势的晴雨表：在普遍恐惧外来者的大萧条时期上升，当经济逐渐恢复后便随之下降。⁽⁹⁾然而，这种特殊的晴雨表很难用于未来的社会学研究。一些报纸自发地禁止了带有歧视的广告，越来越多的州政府也立法取缔这种歧视。

我们不需要在此总结美国的职场歧视情况。梅德尔（Myrdal）、戴维（Davie）、森格尔（Saenger）等人已经对此做过研究。⁽¹⁰⁾歧视的非经济层面已经被揭露过很多次。譬如，即使只有一名黑人乘客，南方的铁路公司也会为此多加一节车厢，这样白人乘客便不需要在有意识或无意识的情况下与一名黑人一起度过几小时的旅程。只要一个人拥有黑色的皮肤，或者碰巧是犹太人、天主教徒或移民，即使他是所有应聘者当中最优秀的，许多公司也不愿雇用他。有些人的工作能力和效率是白人竞争者的两倍，却不被聘用。为黑人和白人准备不同的学校、候车室、医院同样是一种浪费，他们本可以共用同样的设施；让整个族群生活在贫困中，使他们无法通过消费来促进生产，这也是浪费。歧视最严重的几个州的生活水平也是最低的，而包容性最强的州拥有最高的生活水平，这恐怕并非巧合。⁽¹¹⁾

歧视会导致各种奇特的模式。我愿意在旅行时坐在犹太人旁边，如果我来自北方，我也会愿意坐在黑人旁边，但我也许不愿意与犹太人和黑人成为邻居。作为雇主，我或许会雇用犹太人，但不会雇用黑人；而在家里，我也许会雇用黑人厨师，而不是犹太裔厨师，但我会邀请犹太人来家中做客，却不欢迎黑人。在学校里我可以对所有人友好，却会阻止部分人参加校园舞会。

红十字会是致力于以科学知识辅助人权服务的组织。然而在第二次世界大战期间，许多地区的红十字会将黑人和白人献血者的血液隔离存放。科学无法区分这两种血液，但社会神话可以。无论对错，一些红十字会办事处认为在战时最好尊重这种神话，将科学和效率置于偏见之下。⁽¹²⁾

形式各异的偏见虽已普遍存在，却仍不及负面评价常见。两个例子可以说明恶毒的话语经常比歧视的行为更能伤人。一个常见的例子是，由于员工的强烈抗议，许多工厂、商店或办公室的雇主不敢雇用黑人或其他少数族裔。如果他们迫于法律压力（针对就业平等的立法）而不得不雇用少数族裔，反对的声音便会消失。人们总是假设制止歧视，便会导致严重的后果，也许会引发罢工或暴动。但这些情况极少发生。在现实中，人们的歧视更多表现为口头抗议而非实际行动。

拉皮耶（La Piere）构想的一项巧妙的实验揭示了温和的歧视行为与严重的语言排斥现象。这位美国调查员和一对中国夫妇一起环游美国。他们曾在66所旅馆和184间餐厅停留，只有一次被拒绝服务。随后，这些旅馆和餐厅的经营者收到了询问是否愿意接待中国游客的调查问卷。93%的餐厅和92%的旅馆回答不愿意。由调查员未前往的场所构成的参照组给出了相似的回答。至于哪一组代表了经营者真正的态度，这个问题当然是愚蠢的。拉皮耶的研究显示了二者都是在两种不同情况下的"真实的"态度，这正是该实验的巧妙之处，"语言"情境引发的恶意比现实情境更严重。威胁实施歧视的人不一定会这样做。[13]

拉皮耶的发现得到了库特纳（Kutner）、威尔金斯（Wilkins）和雅罗（Yarrow）的证实。[14] 这些研究者在纽约的一处时髦郊区预订了11家餐厅和酒馆。最先赴约的是两名白人女孩，她们被安排在三人的座位上。一名黑人女孩随即到来并准备加入她们。她没有被拒绝入内，也没有被服务生怠慢。后来，每位经营者都收到一封预约信，信中写道："由于部分客人是有色人种，我想知道您是否欢迎他们。"没有一位经营者回信。在随后的电话调查里，有八位经营者否认收到了预约信，所有人都以拖延时间来避免同意预约要求。

我们看到的似乎是一种常见的情况。第二项研究的作者们总结道："差别对待在直接面对面的情况下很少发生。"显然，经营者和许多人一样，在面对直接的挑战时不会采取歧视行为，却会在不引人注意也不必当面侮辱别人的情况下尝试采取歧视行为。我们注意到，这两个实验在法律禁止歧视的美国北方和西部各州进行。因此，我们可以大胆地进行以下总结：当法律和良知与习俗和偏见产生明显的冲突时，歧视主要以间接而隐秘的形式存在，这主要是为了避免当面冲突引发的尴尬。

造成人身伤害的条件

暴力总是从温和的精神状态发展而来。尽管大多数语言（仇恨言论）不会引发暴力行为，但暴力不会脱离仇恨言论而单独存在。在希特勒政权颁布带有歧视性的《纽伦堡法案》之前，针对犹太人的语言攻击已经在政坛存在了整整70年。法案颁布不久后，种族灭绝的暴力行动便开始了。[15]语言攻击—差别待遇—人身伤害，这一发展过程并不罕见。语言攻击在俾斯麦时期相对而言比较温和，在希特勒时代则变得猛烈。犹太人受到了从"变态的性欲"到"毁灭世界"的各种公然指责。

然而，就连这场批判运动的德国支持者也对运动的最终结果感到震惊。在纽伦堡审判中，罗森堡[①]和施特莱歇尔[②]为自己推卸责任，他们声称"不知道"他们的宣传会导致奥斯维辛集中营的250万犹太人惨遭杀戮。然而负责执行大屠杀的奥斯维辛纳粹军官霍斯上校（Colonel Hoess）清楚地指出，正是不断的宣传洗脑使他和其他刽子手相信犹太人是一切罪恶的元凶，应当被灭绝。[16]显然，在某些情况下，语言攻击会逐渐转变为暴力行为，谣言会变成暴动，流言蜚语会带来种族灭绝。

我们几乎可以确定，暴力事件在发生之前已经经历了以下几个步骤。

（1）受害群体经历了长期的预先判断后，已经被定型。人们不再有能力把外群体的成员视为独立的个体。

（2）针对受害群体的言语抱怨流传已久。怀疑和指责的习惯已根深蒂固。

（3）差别待遇越来越明显（如《纽伦堡法案》）。

（4）受害群体受到外部压力。他们长期忍受着贫困的经济状态、较低的社会地位、政治局势的刺激——战时的限制和失业的威胁。

（5）人们受够了压力，随时有可能爆发。他们再也无法忍受失业、物价上涨、耻辱和迷茫。反理性主义开始获得共鸣。人们不再相信科学、民主和自由。他们同

---

① 阿尔弗雷德·罗森堡（Alfred Rosenberg, 1893—1946）：纳粹党内的思想领袖，也是"纳粹党"最早的成员之一，1946 年 10 月 16 日被执行绞刑。

② 施特莱歇尔（Streicher, 1885—1946）：纳粹运动思想领袖和宣传头目之一，反犹刊物《先锋报》主编。

意"知识越多，忧伤越多"。一遍遍地呐喊："打倒知识分子！""打倒少数群体！"

（6）有组织的运动吸引了这些心怀不满的人。他们加入"纳粹党""3K 党"或"黑衫党"。如果正式的组织不存在，一群暴民形成的非正式组织也能满足他们的需求。

（7）个体从这样的正式或非正式社会组织中获得勇气和支持。他发现自身的不满和愤怒得到社会的支持。他的暴力冲动因组织的标准而变得合理——至少他是这样认为的。

（8）导火索事件的产生。过去微不足道的挑衅如今可以引起轰动。这种事件也许是彻底的想象，或因谣言而被夸大。（对1943年底特律种族暴动的许多参与者来说，导火索事件似乎只是流传甚广的谣言：一名黑人抓住一位白人妇女的婴儿并将婴儿扔进底特律河。）

（9）暴力事件发生时，"社会催化"对维持破坏活动起着重要的作用。看到他人陷入同样狂热的状态也会激起自身的兴奋。通常，一个人的冲动得到提升，压力也会随之释放。

这些都是打破语言攻击和暴力行为之间壁垒的必要条件。当两个对立的群体密切接触时，这些条件便可能被满足，例如在海滨浴场、公园或居民区的交界处。导火索事件更容易发生在这些交界点上。

炎热的天气也容易引发暴力，这不仅是由于燥热使人易怒，也因为炎热使人们走出家门，从而相互接触和产生冲突。星期日下午的闲逛刚好提供了现成的舞台。实际上，严重的暴动似乎更容易发生在炎热的星期日下午。夏季是私刑迫害的高发季节。[17]

在上述情况下，恶毒的话语可能导致暴力，这一事实引出了言论自由的问题。在美国这样一个重视言论自由的国度，立法机构通常认为试图控制针对外群体的口头和书面诋毁是不明智的，也是不切实际的。这种做法会限制人民进行批评的权利。美国的原则是允许彻底的言论自由，除非出现煽动暴力、破坏公共安全的"明显而实在的"威胁。但这条法律界线很难界定。只要时机成熟，即使是轻微的语言攻击也可能引发一连串的暴力行为。在"正常"时期，大量的语言攻击也能被容忍，因为这些攻击不仅要面对外界的反驳，也受到内在的压抑。大多数人通常不在意针对外群体的诋毁。我们看到，进行诋毁的人们通常仅限于做出积极的歧视行为，而不会付诸暴力。然而在紧张的局势下，歧视的程度往往会升级。这一事实让新泽西和马萨诸塞等州颁布了反"种族诽谤"的法律，然而这些法律至今难以实施，其合宪性也尚未明确。[18]

我们注意到，参与打架、斗殴、破坏财物、暴动、私刑、屠杀的人大部分是年轻人。[19]年轻人不太可能比年长者承受更大的生活压力，他们的抗压能力似乎更弱。由于缺乏长期社会化的抑制作用，年轻人更有可能倒退回婴儿般易怒的状态，他们更容易从情绪的释放中获得快感。年轻人也拥有实施暴力所需要的敏捷、体力和冒险精神。

在美国，暴动和私刑是种族冲突最严重的两种形式。二者最大的区别在于暴动的受害者可以反抗，而私刑的受害者无力反抗。

暴动和私刑

大多数暴动发生在主流社会形式产生迅速变化的地区。黑人"入侵"了某个居民区，某个种族的成员破坏了产业动荡地区的罢工运动。这些情况本身不会引发暴动，还需要具备针对特定群体的早已形成的敌意和"威胁感"。正如我们所提到过的，暴动发生之前总是伴随着持续而强烈的语言暴力的。

我们注意到，暴动者的社会经济地位通常较低，主要由年轻人构成。这在一定程度上是由于这些阶层在家庭教育中放松了对自律（自我控制）的要求，还有就是，较低的受教育程度使他们无法正确认识导致自身悲惨处境的真正原因。当然，拥挤、不安和谋生手段的剥夺充当了直接的刺激。一般来说，暴动者是由边缘群体构成的。

可想而知，暴动与任何形式的种族冲突一样，可以建立在现实的利益冲突之上。当大量的贫困黑人和同样贫穷的白人竞争有限的工作岗位时，我们很容易从中看到真实的对抗。然而，即使在如此现实的处境中，我们仍注意到只把对立种族的成员视为威胁是不合逻辑的。黑人可以抢走白人的工作，白人同样可以抢走白人的工作。同一地区的不同种族之间的冲突也许不完全是基于现实的。在种族竞争的意识取代了个体间的对立之前，内群体与外群体的对抗意识一定早已存在。

因此，暴动起源于早已存在的偏见，这些偏见经过本章列举的一系列情况而得到强化和释放。[20]暴动发生后，其引发的混乱是毫无逻辑的。1943年哈莱姆暴动的导火索是一名白人警察"不公正地"逮捕了一名黑人。然而，这场种族抗议采取了非种族的方式进行。狂热的黑人反抗者陷入了疯狂。他们抢劫、焚毁、破坏了黑人的店铺，给黑人和白人的财产都造成了损失。在所有形式的暴力行为中，暴动是最盲目、最混乱、最无逻辑的。它只能让人联想到乱发脾气的小孩。

暴动这种暴力形式主要发生在美国的北方和西部地区，私刑则主要发生在南方各州。这项事实意义重大。首先，它意味着南方的黑人通常不会反击。当危险来临时，他们只能寻找避难所，等待风暴平息。这一模式显然来自严格的"白人至上主义"。黑人不得不接受卑微的身份，无论受到何种待遇都绝不能报复。这要么是因为黑人接受了这种地位，要么是因为他们生活在恐惧之中，这使他们在面对挑衅时只能放弃反击。所以，在过于压抑的环境下，暴动很难发生。

作为比较，让我们来看看伦敦报纸在1943年10月报道的一起事件：

> 在康沃尔郡的一个小镇里，一群美国黑人士兵正在泡酒吧。白人宪兵武断地限制他们的行动。黑人士兵返回营地取枪，然后回到镇上质问宪兵为什么他们不能拥有和白人士兵一样的权利。经过一番争执和交火，他们被宪兵制服，但也打伤了两名宪兵。

这场特殊的暴动也许被称为"反叛"更合适。我们从中注意到以下几点：（1）黑人士兵感受到强烈的歧视，他们知道英国提倡平等，这使得被歧视的感觉变得更强烈。（2）与许多种族暴动不同的是，少数族裔最先发起暴力行为。（3）与作为反抗焦点的深刻的歧视背景相比，这起事件相对而言是微不足道的。（4）军人身份增强了黑人争取公正待遇的意识。（5）白人士兵的反应取决于早已养成的预先判断：即使在外国领土，黑人也不应拥有平等的权利。（6）黑人所接受的军事训练令他们变得英勇无畏，并使他们相信武器是解决冲突的合理方式。我们再一次看到，任何暴动的产生都只能从对立双方的背景来理解。

正如我们所言，私刑主要发生在歧视和隔离根深蒂固的地区，受害者通常面临着严厉的威胁。其发生还有一个必要条件——社区的执法能力较低。私刑没有被阻止，即使私刑被曝光，施暴者也很少被逮捕，更不会受到惩罚，这一事实反映了警方和法院对此的默许。因此，私刑成了"社会规范"的一部分，不能完全用施暴者的心理活动来解释。

私刑可以分为两类。第一类是所谓的波旁式，我们也可称之为义警私刑。一个被认为犯了罪的黑人可能被一小批有组织的公民逮捕，甚至被秘密地处以私刑，这些公民是有影响力的重要人士。这类私刑被理解为黑人与白人之间固有壁垒的强化，它提醒黑人必须温顺驯服，并对白人上级保持敬畏。这类"彬彬有礼的私刑"主要发生在历史悠久的黑人聚居区，那里的种族和阶级差异已经根深蒂固。

另一类则是暴徒私刑，主要发生在社会结构不稳定的地区，在那里，白人和黑人有可能竞争同一份工作。也许二者都是生计不稳的佃农。他们没有寻求共同解决问题，而是将彼此视为竞争对手，白人将自身卑微的地位和不安全感归咎于黑人。由于白人本身对黑人抱有敌意，再加上执法能力的低下，我们不难理解白人只需轻微的借口便能动用私刑。人们经常以为黑人对白人女性的性犯罪是私刑的主要原因，然而研究显示，在65年间，南方只有1/4的私刑与性犯罪有关。[21] 暴徒私刑时常是野蛮而残酷的。当许多暴徒聚集在一起时，每个人都想对受害者施暴，受害者遭受的折磨和尸体受到的毁损往往令人触目惊心。

我们说过，这些残暴的行为在很大程度上取决于文化习俗。在部分地区的社会边缘群体和未受教育的人群当中流传着黑人狩猎的传统（与浣熊狩猎不无相似之处）。狩猎黑人成了被许可的行动，这也是一种现实的责任。对于这种传统，执法部门有时会表现出一种宽大或放任的态度。随着私刑者变得越来越兴奋，黑人的家和店铺遭受打劫和破坏被视为理所当然的事情。黑人的家具经常被用作焚烧受害者尸体的柴火。这么做似乎是为了"给所有黑鬼一个教训"。

到了20世纪，私刑的频率已经有了显著的降低。在19世纪90年代，每年平均发生154起私刑事件；到了20世纪20年代，每年平均发生31起；在20世纪40年代，每年平均只有两三起。[22] 私刑减少的一部分原因是大众舆论给执法部门施加了新的压力。在过去的30年里，国会不断致力于推行反私刑的联邦法律。南方国会议员坚持认为这项立法是北方人对南方事务毫无根据的干预。他们声称州立法机构足以解决这一问题，并且州立法机构已经取得了成功。私刑数量的下降也被视为历史变迁的例证。在美国早期殖民地时代，法院寥寥无几。社会治安时常需要依靠义务警员来维持，他们追捕违法者并对其施加惩罚。林奇法官（他的名字将以不幸的方式永远流传）是一名弗吉尼亚贵格会教徒。在独立战争期间，保守党人因盗窃马匹而被捕。担任地方法官的林奇在自己的家中设立了法庭，他当机立断地对窃马贼判处40下鞭刑。他的宗教信仰禁止他剥夺他人的生命。在美国历史上，被判处私刑的白人比黑人的数量更多。但近年来，针对黑人的私刑事件举国震惊。

谣言的关键作用

我们可以确定地说，暴动和私刑离不开谣言的煽动。在暴力的四个阶段里，往往都能发现谣言的影子。[23]

（1）在暴力发生之前，有关外群体种种恶行的传说使仇恨逐渐累积。人们会时常听到外群体正在图谋不轨和准备武器弹药的传言。关于种族的谣言在传播过程中通常会随着压力的累积而突然爆发。评估压力等级的最佳方案是搜集并分析社区里的种族谣言。

（2）初步的谣言完成任务后，新的谣言继续煽动暴乱和私刑的参与者。谣言成了集结势力的号角。"今晚在河边将有事发生。""今晚他们会抓住那个黑鬼，然后把他打死。"假如警方对形势保持警觉，便能利用这些谣言提前阻止暴力。在1943年夏天的华盛顿，据说大批黑人正计划在持续几天的游行当中组织起义。这样的谣言几乎必然令敌对的白人形成一支反对军。然而警方提前表明了立场，为黑人游行者提供了适当的保护，因此预先阻止了一场冲突。

（3）谣言经常成为暴力的导火索。一些刺激的故事在大街小巷流传，每一次的转述都使故事变得更加尖锐和扭曲。哈莱姆暴动是由一则故事的夸大引起的，据说一名白人警察从背后射杀了一个黑人，而真相则远比谣言温和。散布在底特律的谣言使狂热的情绪一触即发。然而在注定要发生暴动的星期日的几个月前，底特律已经到处流传着种族谣言。一个故事说，一车又一车全副武装的黑人正从芝加哥驶向底特律，这个故事甚至出现在电台广播中。[24]

（4）在暴动的高潮阶段，谣言可以使人们保持兴奋。最令人费解的是这些故事建立在幻觉之上。李（Lee）和汉弗莱（Humphrey）讲述了在底特律暴动的高潮，警方接到电话报警，一个女人声称亲眼看见一名白人被一群黑人杀害。警车抵达现场后，警察发现一群女孩正在玩跳房子，现场没有任何暴力的痕迹，也没有证据可以支持这位女性的故事。其他同样兴奋的市民却对这个故事深信不疑并到处传播。

让我们再来回顾一下"谣言是群体压力的晴雨表"这一推测。当然，谣言本身只是用语言表达的恶意。谣言可以针对天主教徒、黑人、难民、政府官员、大企业、工会、武装部队、犹太人、激进分子、外国政府和许多其他的外群体。谣言毫无例外全都带有恶意，并将一些讨厌的特质作为恶意的理由。比如这个例子：

> 在一家生意兴旺的连锁餐厅里，一名顾客在柜台点了一碗炖牛肉和一杯咖啡。店员将炖牛肉放在托盘上，转身去倒咖啡。当她回来后，发现牛肉里有一只死老鼠。同时，顾客也看到了这令人反胃的一幕，并为此大发脾气。他离开了餐厅，很快向这家餐饮公司提起诉讼。不幸的是，证据显示老鼠没有被煮熟，并且另一名顾客看到他在店员转身后从口袋里掏出死老鼠放进碗里。故事结束了，"当然，这个人是犹太人"。

类似的反犹谣言在战争时期大量传播。许多故事都有类似的模式：

> 在纽约、费城和华盛顿被犹太征兵委员会延迟入伍的犹太男孩全部入伍之前，西海岸征兵委员会拒绝征召任何人入伍。
> 韦斯托弗的所有官员都是犹太人。非犹太人几乎不可能在那里担任高级职位。
> 美联社和联合出版社都受犹太人控制，所以我们不能相信与德国或希特勒相关的任何报道，只有希特勒才真正知道该怎么对付犹太人。

贬低黑人的谣言较少。在1942年收集和分析的1000则谣言里，有10%涉及反对犹太人的内容，3%涉及反对黑人的内容，7%涉及反对英国人的内容，2%涉及反对工商界的内容。有关武装部队的谣言占20%，关于行政机构的谣言占20%。约有三分之二的谣言针对某个外群体。剩下的大部分谣言表达了对战争进程的深刻恐惧。（25）

因此，谣言似乎成了衡量群体敌意的敏感的指标。谣言的瓦解或许可以作为控制群体敌意的一种方法，但这只是杯水车薪。在战争年代，报纸上的"辟谣板块"曾尝试承担这项任务，这确实让人们认识到沉湎于谣言的危险。然而，谣言的暴露很难改变根深蒂固的偏见。这样做最多只能提醒一些偏见不深的人，让他们意识到无论在战争时期还是和平年代，蛊惑人心的谣言都对国家无益。

参考文献

（1）毫无疑问，根据古特曼的可接受态度标准，这种简单的三级体系拥有很高的"再现系数"。没有人在参与暴力行动时不会同时表达歧视性话语。更高的等级中包含了较低等级。Cf. S. A. Stouffer, Scaling concepts and scaling theory, Chapter 21 in Marie Jahoda, M. Deutsch and S. W. Cook (Eds.), *Research Methods in Social Relations*, New York: Dryden, 1951, Vol. 2。

（2）Quoted from the Congressional Record as reported in the *New Republic*, March 4, 1946.

（3）*The main types and causes of discrimination*. United Nations Publication, 1949, XIV, 3, 2.

（4）Ibid., 9.

（5）Ibid., 28-42.

（6）详见 J.D. Lohman, *Segregation in the Nation's Capital*. Chicago: National Committee on Segregation in the Nation's Capital, 1949. 这份报告是对华盛顿市住房、就业、医疗、教育和公共设施的全面记录。

（7）Elmer Gertz. American Ghettos. *Jewish Affairs*, 1947, Vol. II, No. 1.

（8）H. G. Stetler. *Summary and Conclusions of College Admission Practices with Respect to Race, Religion and National Origin of Connecticut High School Graduates*. Hartford: Connecticut State Interracial Commission, 1949.

（9）A. l. Severson, Nationality and religious preferences as reflected in newspaper advertisements, *American Journal of Sociology*, 1939, 44, 540-545;J.X.Cohen,*Toward Fair Play for Jewish Workers*,New York;American Jewish Congress, 1938; D. Strong, *Organized Anti-Semitism in America: the Rise of Group Prejudice During the Decade 1930-40*, Washington: American Council on Public Affairs, 1941.

（10）尤其注意：G. Myrdal, *An American Dilemma: the Negro Problem and Modern Democracy*, New

York: Harper, 1944, 2 vols.; M. R. Davie, *Negros in American Society*, New York: McGraw-Hill, 1949; G. Saenger, *The Social Psychology of Prejudice*, New York: Harper, 1953。

（11）有关偏见的经济成本，详见 Felix S. Cohen, The people vs. discrimination, *Commentary*, 1946, 1, 17–22. 在 1940 年的经济爆发时期，就业歧视最严重的几个州（密西西比、阿肯色、亚拉巴马、路易斯安那、佐治亚、田纳西和卡罗来纳）的平均收入为 300 美元。从对多元种族和信仰的移民的接纳程度以及立法和国会记录来看，最宽容的几个州（罗德岛、康涅狄格、纽约、新泽西、特拉华、伊利诺伊、犹他和华盛顿）在 1940 年的平均收入为 800 美元。

这份统计报告没有清楚地指出不经济的歧视政策是不是低人均收入的一项原因，也没有指出出于其他原因导致贫困的州是否将歧视作为宣泄贫困压力的出口。第三种可能是就业歧视和贫困都是由更深层的条件决定的。

（12）Actions lie louder than words–Red-Cross's policy in regard to the blood bank. *Commonweal*, 1942, 35, 404–405.

（13）R. T. La Piere. Attitudes versus actions. *Social Forces*, 1934, 13, 230–237.

（14）B. Kutner, Carol Wilkins, Penny R. Yarrow. Verbal attitudes and overt behavior involving racial prejudice. *Journal of Abnormal and Social Psychology*, 1952, 47, 649–652.

（15）P. E. Massing. *Rehearsal for Destruction: a Study of Political Anti-Semitism in Imperial Germany*. New York: Harper, 1949.

（16）G. M. Gilbert. *Nuremberg Diary*. New York: Farrar, Straus, 1947, 72, 259, 305.

（17）*Lynchings and What They Mean*. Atlanta: Southern Commission on the Study of Lynching, 1931. 另参见 M. R. Davie, op. cit., 344。

（18）总统公民权利委员会认为这种方法过于危险而未予以认可，因为一旦开始进行审查，便有可能威胁到所有反对意见的表达。详见委员会报告 To secure these rights. Washington: Govt. Printing Office, 1947。

（19）见 L. W. Doob, *Social Psychology*. New York : Henry Holt, 1952, 266,291。

（20）O. H. Dahlke 给出了一份类似的清单，其中列举出导致暴动的情形。这份清单更加强调历史和社会因素。O. H. Dahlke, Race and minority riots—a study in the typology of violence, *Social Forces*, 1952, 30, 419–425。

（21）M. R. Davie. Op. cit., 346.

（22）关于私刑事实的总结，参见 B. Berry, *Race Relations: the Interaction of Ethnic and Racial Groups*. Boston: Houghton Mifflin, 1951, 166–171。

（23）这些内容总结自 G. W. Allport and L. Postman, *The Psychology of Rumor*. New York: Henry Holt, 1947, 193–198。

（24）A. M. Lee and N. D. Humphrey. *Race Riot*. New York: Dryden, 1943, 38.

（25）G. W. Allport and L. Postman. Op. cit., 12.

第5章 偏见的模式和广度

排斥某一个外群体的人也会倾向于排斥其他外群体，这是我们最确定的事实之一。假如一个人反对犹太人，他也可能同时反对天主教徒、黑人和任何外群体的成员。

作为普遍态度的偏见

哈特利（E. L. Hartley）通过对大学生的调查巧妙地证明了这一点。[1] 他调查了大学生对32个国家和种族的态度，要求他们对照博加德斯社会距离量表（Bogardus Social Distance Scale）里的项目对每个国家和种族做出判断。除了众所周知的国家和种族，他还加入了一些虚构的民族——"达尼利安族"（Daniereans）、"皮雷族"（Pireneans）和"瓦龙族"（Wallonians）。学生们上当了，他们以为这些虚构的民族是真实存在的。哈特利发现，对熟悉的民族抱有偏见的学生也对虚构的民族抱有偏见。他们对32个真实民族的打分与三个虚构民族分数的相关性约为 +0.80，二者的相关性的确很高。[2]

一个学生无法容忍许多真实存在的民族，他在纸上写下了自己对三个虚构民族的态度："我丝毫不了解他们，因此我不允许他们进入我的国家。"与此同时，另一个基本没有偏见的学生写道："我完全不了解他们，所以我对他们没有偏见。"

这两名学生的回答带给我们启示。对第一名学生而言，任何陌生的群体都代表着潜在的威胁，所以他在获得经验和证据之前便排斥他们。第二名学生并没有这种焦虑感，他在获得事实依据之前会保留判断。例如，他会对"达尼利安族"持保留意见，除非他们被证明有罪，否则他便相信他们是无辜的，并对他们表示欢迎。显然，让学生整体倾向于偏见或宽容的是一种普遍的思维方式。

我们从哈特利的研究中还发现了下列特定的负面态度之间的相关性：

黑人——犹太人 0.68

黑人——天主教徒　　0.53

天主教徒——犹太人　　0.52

虚构民族——犹太人　　0.63

虚构民族——工会成员 0.58

为什么一个不相信工会的人同样不会信任"皮雷族"，这确实是个心理学谜团。

在煽动人心的演讲中也存在同样的倾向。一名演说者发表了一番猛烈的抨击："究竟要到何时，平凡、朴素、真诚、善良的美国人才能清醒地认识到，他们的公共事务正在被外来者、疯子、难民、叛徒、害群之马和卖国贼操控？"[3]

在1952年的德国大选中出现了类似的情况。法西斯政党发行了要求选民放弃投票的宣传册，他们宣称：

犹太人是民主的权威者，连同布尔什维主义和罗马教皇，共同统治着所有人。你们难道没有发现吗？德国人要坚定立场。不要投票，等待时机。我们终将崛起。

对这些狂热的德国人来说，一切外群体共同构成了无差别的威胁。

既讨厌黑人也厌恶联邦政府的人们有时将他们的恨意凝缩成一句话"偏爱黑鬼的官僚"。"犹太国际银行家"这一类似的表述反映了两种相互交融的负面态度——尽管这与事实相悖，只有极少犹太人是国际银行家，国际银行家当中的犹太人也寥寥无几。在盛行天主教的拉丁美洲，据说"犹太人—新教徒联盟"正威胁着全世界。然而在反天主教和反犹情绪都很普遍的地方，受到一致诘责的却是"罗马教皇和犹太人"。不同种类的替罪羊时常被相提并论，这个事实说明重要的是偏见的整体，而非谴责具体的每一个族群。

很多研究表明，偏见很容易成为普遍的人格特质。⁽⁴⁾这里，我们只引用加利福尼亚大学一组研究人员的一项研究结果，其中的数据来自大学生和其他不同群体的成年人。⁽⁵⁾

研究对象需回答内容广泛的调查问卷，问卷要求他们指出对一系列陈述的赞同或反对的程度。他们可以采用下列打分制：+1，轻微支持或同意；+2，一般支持；+3，强烈支持。负分表示不同意：-1，轻微反对；-2，一般反对；-3，强烈反对。

调查问卷的内容如下。

族群中心主义量表

A. 犹太人

1. 犹太人的一个问题在于他们喜欢抱团，这令其他人失去了公平竞争的机会。

2. 我无法想象自己与犹太人结婚。

3. 除了个别例外情况，犹太人大抵差不多。

4. 如果让犹太人住进好的社区，他们就会逐渐把那里变成典型的犹太氛围。

5. 终结针对犹太人偏见的第一步是让犹太人真心改正那些令人反感的缺点。

6. 犹太人很奇怪，我们很难看出他们在想什么，在算计什么，也很难弄清楚他们的动机。

B. 黑人

1. 黑人也有人权，但他们最好待在自己的居住区和学校里，不要和白人有太多接触。

2. 让黑人领导白人绝对是错误的。

3. 有些黑人音乐家和白人音乐家同样优秀，但不应该让黑人和白人共同组建乐队。

4. 无须技能的体力劳动比技术性工种更适合黑人的心智和能力。

5. 那些争取让黑人拥有平等权利的人大多是想要挑起纷争的激进分子。

6. 大部分黑人一旦脱离控制，就会不守本分。

C. 其他少数群体

1. 爱穿佐特装的人（Zootsuiters）一旦拥有太多的钱和自由，就会找机会制造麻烦。

2. 对于那些拒绝向国旗致敬的宗教派系，我们必须强迫他们服从这种爱国行为，否则这样的教派应当被废除。

3. 菲律宾人只要安分守己就好，但如果他们打扮得花里胡哨并和白人女孩们约会，就过分了。

4. 每个人都认为自己的家比别人的好，这是自然的事情。

D. 爱国主义者

1. 在过去的50年里，对美国精神最大的威胁是外国思想及其鼓吹者。

2. 在新的世界秩序建立之后，美国必须确保自身的独立和主权完整。

3. 美国或许并不完美，但美国社会已经无限接近于人类所能建立的完美社会。

4. 美国国家安全最好的保障就是拥有全世界最庞大的陆军和海军，以及掌握原子弹的秘密。

我们注意到，这份加利福尼亚族群中心主义量表含有四个分量表。对我们来说重要的是不同项目所表现出的高度相关性。表1展现了近似的结果。[6]

表1　E分量表各项数值与E总数的统计

	黑人	少数群体	爱国主义者	E总数
犹太人	0.74	0.76	0.69	0.80
黑人		0.74	0.76	0.90
其他少数群体			0.83	0.91
爱国主义者				0.92

（数据摘自《威权人格》第113页和122页）

这张表中最引人注意的仍是排外的普遍性。认为爱穿佐特装的人"制造麻烦"（C—1）的人们通常也认为犹太人"很奇怪"（A—6），或者黑人不应当"领导白人"（B—2），这也许是个奇怪的现象。

更奇怪的是"爱国主义"和排外之间高度相关，这也是最引人深思的。

乍看之下，这种高度相关性似乎缺乏逻辑基础，尤其是"爱国主义"和排外之间的相关性。然而，这种精神联结一定能用某种心理上的一致性来解释。这些陈述当中的"爱国主义"显然指的不是忠于美国精神，而是带有"孤立主义"（也许这个标签比"爱国主义"更加准确）的色彩。排斥外群体的人对祖国的理解往往较为狭隘（参见图1，P36）。这是"安全岛屿"心态在作祟。人的整个世界观需要建立防御以抵挡威胁。"安全岛民"能感受到来自四面八方的威胁——外国人、犹太人、黑人、菲律宾人、喜欢穿佐特装的人，"某些宗教派系"；这样的人在家庭关系中相信"每个人都认为自己的家比别人的好，这是自然的事情"。（C—4）

加利福尼亚大学的这项研究还发现，正如我们所料，这些"安全岛民"倾向于对他们的教会、联谊会、家庭和其他内群体保持高度的忠诚。他们用怀疑的眼光看待所有位于安全的中心圈层以外的人。同样的限制性也体现在中心主义与社会和政治上的"保守主义"的相关性为 +0.50。作者更愿意把这种政治态度定义为"伪保守主义"，因为排外者并不愿意捍卫美国传统的核心。他们是有选择的保守主义者。

> 他们强调竞争的价值，却支持经济力量集中在大公司手中——这正是目前对参与竞争的个体企业家最大的威胁。他们强调经济的灵活性和"小霍雷肖·阿尔杰①"式童话，但他们也支持极大地限制了大量人口的能动性的各种歧视政策。他们还可能支持扩充政府的经济职能，但这不是出于人道目的，而是为了遏制工人和其他团体的力量。[7]

我们在其他研究中发现了一种互惠倾向，这使对现状不满的自由主义者变得更

---

① 小霍雷肖·阿尔杰（Horatio Alger Jr., 1834—1899）：美国儿童文学家，擅长描写穷孩子通过勤奋和诚实获得成功的故事。

加宽容。[8]在第二次世界大战期间，一项调查发现"对工会的态度越友好，对黑人、宗教和苏联的态度就越包容"。[9]

我们看到的案例有力地证明了偏见基本上是一种人格特质。当偏见在一个人心中扎根后，便会长成一个整体。偏见的特定对象或多或少是无关紧要的。偏见真正影响的是整个精神生活；敌意和恐惧相辅相成。尽管本书用许多章节来阐述这一观点（尤其是第25章和27章），但这并不意味着深层的性格结构是形成偏见唯一值得考虑的因素。

什么是不完全相关

我们应当注意上述数据中的矛盾之处。表1显示了排斥犹太人和排斥黑人情绪的相关性为 +0.74。这一系数尽管很高，却依然为这两种偏见形式留有余地。至少一些人排斥犹太人却不排斥黑人，反之亦然。[10]

因此，尽管偏见在很大程度上是一种普遍的精神特质，但我们不能局限于此。在一些特殊地区可能存在着特殊的种族中心主义的形成偏见的理由。

普洛斯罗（Prothro）对近 400 名路易斯安那州成年人进行了一项调查，比较了他们对黑人的态度和对犹太人的态度。二者的相关性为 +0.49。[11]现在，我们看到加利福尼亚的调查结果为 +0.74，在对南部之外的各州进行的多项研究中，二者的相关性同样很高。

在路易斯安那州的样本中，只有一部分排斥黑人的情绪可以归因于普遍的种族中心主义特质（对少数族裔整体的厌恶）。整整三分之一的样本对犹太人表现出友好态度，却反对黑人。我们只能从这些案例中得出这样的结论：不能只从一般人格结构的层面来理解偏见。环境、历史和文化因素同样重要。

这一重要事实令种族歧视的问题变得更加复杂。假如所有偏见都完全相关（系数为 +1.00），我们便不需要寻找特殊的因素来解释这一问题。人格当中将只有一个同质的偏见矩阵：人们将永远以同样的程度宽容或排斥所有外群体。这样一来，偏见的原因将只存在于人格结构和功能中。

现在，出现了另一个人格之外的因素。即使是一个充满偏见的人，也更可能将犹太人而非贵格会教徒视为憎恨的对象——尽管二者都是对商界和政府拥有巨大影响的少数群体。偏执的人并不同等程度地憎恨所有外群体成员。这样的人对北方邻国加拿大的态度也许会比对南方邻国墨西哥的态度更宽容。仅仅关注人格动力学 ①不足以解释这种有选择的偏见。

尽管心理构造是问题的核心，社会学分析对理解问题同样必不可少，我们将在第6章至第9章对其进行探讨。

偏见有多普遍?

这个问题当然没有固定的答案，但我们仍能看到一些富有启示的现象。

若想回答这个问题，需要清楚怎样界定偏见和非偏见。从第2章来看，我们每个人都难以避免地抱有偏见。我们都倾向于偏爱自身的生活方式。由于我们在本质上等于我们所相信的价值，我们难免会骄傲地捍卫这些价值，并排斥反对这些价值的群体。

但"每个人都有偏见"这样的结论并没有意义。假如我们只统计抱有根深蒂固的偏见的人，这个结论也不严谨。我们有可能做这样的统计吗?

一种方案是梳理民意调查的结果。尽管偏见的话题会令大部分人感到尴尬，勇敢的调查员们依然成功收集到了有启发性的数据。(12)

调查包含许多不同种类的问题。比如:

你认为犹太人在美国的影响力过大了吗?

美国不同地区的人群多次回答过这一问题，各个人群做出了较一致的回答：约50%的肯定答复。那么，我们可以说有一半人是反犹太主义者吗?

这显然是一个诱导性问题，它令受访者产生了原本可能没有的想法，更中立的问题可以是:

在你看来，对美国产生威胁的宗教、国家或种族有哪些?

---

① 人格动力学（The dynamics of personality），即研究个体特性行为的内在原因的科学。——译注

这句话里的"威胁"一词带有强烈的负面色彩,犹太人没有在问题中被直接提及。在这种情况下,只有10%的受访者主动提到了犹太人。那么,反犹太主义者占人口的十分之一吗?

让我们来试试第三种方法。这一次,我们给受访者几张卡片,上面写有新教徒、天主教徒、犹太人、黑人,然后向他们提问:

你认为其中任何一个群体在美国的政治权力是否可能对国家不利?

这一次,约有35%的受访者选择了犹太人(约12%的受访者选择了天主教徒)。

让我们再一次用卡片提出以下问题:

你认为其中任何一个群体在美国的政治权力是否可能对国家不利?

这一次约有20%的受访者选择了犹太人。

我们由此发现反犹太主义者的比例为10%到50%。如果问题的语气更强烈或更委婉,两极化的程度也许更深。

我们从这一研究方法中可以得知,如果问题中含有对犹太人的负面评价(比如第一个问题),许多人会表示赞同;如果犹太人只是几个群体当中的一种选择,负面回答便没有那么多;如果人们需要自己思考,便很少有人会提到犹太人。然而,我们可以确定,主动提起犹太人的人群抱有强烈的敌意。他们的敌对态度十分强烈,迫切需要表达。其他研究同样证明了在10%的人口中存在自发而强烈的反犹情绪。例如,在第二次世界大战时期,有同样比例的人口赞同希特勒的反犹政策。第二次世界大战之后驻扎在德国的美国士兵当中有22%的人认为德国人有理由"讨厌犹太人",还有10%的人表示犹豫。[13]

排斥黑人的情绪同样因问题的不同而有所变化,也与受访的地区有关。在大部分调查当中都有许多人支持某种类型的种族隔离。参加过第二次世界大战的美国白人士兵约有五分之四认为白人士兵和黑人士兵应当有各自的随军商店。同样有大量白人士兵支持设立不同的服务社,并支持黑人和白人在不同的部队服役。[14]

平民的态度与之相似。[15]

1942 年：你认为在城镇和城市中应当有隔离的黑人居住区吗？肯定的回答占 84%。

1944 年：假如你与黑人家庭成为邻居，你的生活会有变化吗？肯定的回答占 69%。

支持职场歧视的态度则没有这么强烈：

1942 年：你认为你的老板应当雇用黑人吗？否定的回答占 31%。

1942 年：你认为黑人和白人应当拥有平等的就业机会吗，或者你是否认为白人在所有岗位都应当有优先权？白人优先占 46%。

人们对教育机会的态度更加友好：

1944 年：你认为本地的黑人应当拥有和白人一样的教育机会吗？肯定的回答占 89%。

表2反映了从态度到信念、从成年人到高中生的变化，在后者当中，约三分之一表现出明显的反对态度。[16]

民意调查的数据引人深思，我们可以清楚地看到调查结果取决于提问的方式。

表2　来自美国各地的3300名高中学生回答问题的百分比（%）

"黑人是劣等人种吗？"		
	是	否
男生	31	60
女生	27	73
"你认为黑人对社会的贡献能与其他种族一样多吗？"		
	是	否
男生	65	35
女生	72	28

对芝加哥150名退伍军人的深度调查令我们更有效地评估了偏见的程度。研究员贝特尔海姆（Bettelheim）和贾诺威茨（Janowitz）对退伍军人进行了长时间的采访。他们没有直接询问老兵们的种族态度，而是先让他们自发地表达了大量的观点。这种方式让调查员可以仔细评估恶意的强度。其中涉及对犹太人和黑人的态度。表3呈现了调查结果。[17]

表3 针对犹太人和黑人的态度类型

表达出的态度类型	受访者比例（样本数量=150）	
	针对犹太人	针对黑人
强烈反感（自发）	4	16
坦率反对（回答问题时）	27	49
刻板印象	28	27
容忍	41	8
总数	100	100

显然，退伍军人对黑人的敌意比对犹太人更强烈。表中区分了四种敌意等级。主动针对少数群体的人被归入敌意很强的等级。他们自发地提出"犹太人问题"或"黑人问题"，同时鼓吹严重的敌对行为（"把他们赶出国门"，"采取希特勒的手段"）。我们注意到，贝特尔海姆和贾诺威茨的研究发现的极端反犹太主义者比其他研究更少。

坦率的偏见指的是受访者在回答关于少数群体的问题时表现出发自内心的恶意。刻板印象指的是受访者在回答问题时或在合适的机会表达关于少数族裔的一般偏见。他们认为犹太人排斥外人、见钱眼开——尽管他们没有直接表达恶意。他们认为黑人是肮脏和迷信的——但他们没有提出限制性措施。"容忍"指的是受访者在采访过程中没有表达刻板印象或恶意观点。

到目前为止，我们的证据只涉及黑人和犹太人。我们已经在本章证明了对一些群体抱有偏见的人很可能也会歧视其他群体。尽管如此，上述问题可能仍然无法涵盖所有人的偏见。为了将他们纳入我们的"偏见调查"当中，我们提出的问题必须包含天主教徒、波兰人、英国人、政党、工会、资本家等领域。这些额外的问题会提高我们对社会中怀有偏见的人口比例的估计。

　　大学生们在一项未发表的研究中就"我与少数族裔交往的经验以及我对少数族裔的态度"这一课题完成了数百篇文章。人们经过分析发现有80%的文章清楚地表达了对群体偏见的认可。

　　在对400名大学生进行的一项类似的调查中，学生们需要回答他们"不喜欢"的群体名称。只有22%的学生没有提出任何少数族裔。不受欢迎的群体包括华尔街金融人士、工会、农民、资本家、黑人、犹太人、爱尔兰人、墨西哥人、日裔美国人、意大利人、天主教徒、新教徒、基督教科学派成员、新政拥护者、军官、保守派、激进派、瑞典人、印度教徒、格林威治村民、南方人、北方人、教授和得克萨斯人。虽然"不喜欢"不等同于偏见，但二者依然十分接近。所以，约78%的大学生表达了排斥的态度。[18]

　　这些研究令我们估计约五分之四的美国人对少数群体的敌意达到了影响日常生活的程度。这与支持对黑人实行种族隔离的人口比例相似。

　　偏见对象的多样性具有重要的社会意义。当恶意被广泛分散时，一个特定群体遭受"围攻"的可能性会大大减小。本章的确展示了偏见的普遍性——对一个群体抱有恶意的人很可能对其他群体抱有同样的态度。即便如此，在利益交织的情况下，有组织地迫害一个特定群体似乎不太可能发生。例如，反对天主教的黑人不会加入同样反对天主教的"3K党"，因为"3K党"也迫害黑人。住在郊区的盎格鲁 - 撒克逊人可以容忍意大利邻居，因为如果不这样做，犹太人可能会取代意大利人成为他们的邻居。总而言之，不同群体之间维持着表面的平静。

　　假如群体偏见存在于80%（甚至更少比例）的人口当中，我们就有理由为相对平静的社会生活感到惊讶。崇尚平等和民族大融合的传统无疑有助于遏制排外的情绪（参见第20章）。相互交织的立场在一定程度上中和了恶意，对民主信条的绝对服从也起到了进一步的约束作用。

偏见的人口变量

我们一直在讨论普遍现象，并没有涉及美国的地理区域、教育水平、宗教信仰、年龄层次或社会等级对偏见程度的影响。

有大量研究涉及这些领域，但它们往往相互矛盾。一项研究信誓旦旦地宣称女人比男人的偏见更大。同样证据确凿的另一项研究却断定男人比女人的偏见更大——但这两项研究选取了不同的样本。一项研究发现天主教徒比新教徒更容易抱有偏见，另一项研究却得出了相反的结果。目前，我们只能认为这些研究的结果只具有特殊性，不具备普遍性。

也许我们可以大胆地提出三个证据最充分的一般性结论。首先，一般来说，比起北部和西部，美国南部对黑人的态度更不友好。并且，反犹太主义在美国北部和中西部比在南部和西部更加严重。

其次，在教育领域的研究发现，受过大学教育的人比只有中小学教育的人更加宽容一点（至少他们回答问题的方式更加宽容）。

最后，很多证据表明，社会经济水平较低的白人一般比位于更高层次的白人更加排斥黑人。但反犹太主义的情况则相反，位于更高社会经济水平的白人对犹太人的排斥更显著。

除了上述假说，我们似乎很难估计宗教、性别、年龄、区域和经济水平与偏见的关系。在之后的几章里，我们将看到在特定条件下的每个变量与偏见程度的联系。现在，我们只能认为在美国尚未有充分的证据可以支持人口结构和偏见之间的固定关系。

参考文献

（1）E. L. Hartley. *Problems in Prejudice*. New York: Kings Crown Press, 1946.

（2）本书有时会借助相关性来表达变量之间的相关程度。对于不熟悉这种简单的统计学工具的读者，只需要了解相关性的范围在 +1.00 到 -1.00。前者代表彻底的正相关，后者代表彻底的负相关。分数越接近两极，相关性越强。零（或接近零的系数）表示没有显著的相关性。

（3）这位煽动者的言论见于 Leo Lowenthal and Norman Guterman in *Prophets of Deciet*, New York: Harper, 1949, 1。

（4）在众多已发表的研究中，有确凿证据支持偏见正相关性的包括：G. W. Allport and B. M. Kramer, Some roots of prejudice, *Journal of Psychology*, 1946, 22, 9–39; E. L. Thorndike, On the strength of certain beliefs and the nature of credulity, *Character and Personality*, 1943, 12, 1–14; G. Murphy and R. Likert, *Public Opinion and the Individual*, New York: Harper, 1938; G. Razran, Ethnic dislikes and stereotypes: a laboratory study, *Journal of Abnormal and Social Psychology*, 1950, 45, 7–27。

（5）T. W. Adorno, E. Frenkel-Brunswik, D. J. Levinson and R. N. Sanford. *The Authoritarian Personality*. New York: Harper, 1950.

（6）之所以得出"近似"结果，是因为结果建立在早期的种族中心主义和反犹太主义量表上。这里列出的项目是作者精简后的"最终形式"，项目间的相关性不明确，但很可能与早期的相关性差别不大。

（7）Ibid., 182.

（8）G. Murphy and R. Likert. *Public Opinion and the Individual*. New York: Harper, 1938.

（9）F. L. Marcuse. Attitudes and their relationships—a demonstrational technique. *Journal of Abnomal and Social Psychology*, 1945, 40, 408–410.

（10）例如一些证据显示，本身怀有反犹情绪的犹太人（这种现象并不罕见）却很少歧视其他群体。他们的心理问题与犹太人身份有特殊的关系。Cf. N. Ackerman and M. Jahoda, *Anti-Semitism and Emotional Disorder*, New York: Harper, 1950。

（11）E. T. Prothro. Ethnocentrism and anti-Negro attitudes in the deep south. *Journal of Abnormal and Social Psychology*, 1952, 47, 105–108.

（12）这里引用的调查数据来自 E. Roper 发表于《财富》杂志的文章（1946 年 2 月、1947 年 10 月和 1949 年 9 月增刊），另见 B. M. Kramer, Dimensions of prejudice, *Journal of Psychology*, 1949, 27, 389–451; 另见 G. Saenger, *Social Psychology of Prejudice*, New York: Harper, 1953。

（13）S. A. Stouffer et al. *The American Soldier*. Princeton: Princeton Univ. Press, Vol. II, 571.

（14）Ibid., Vol. I, 566.

（15）这些调查结果摘自 H. Cantril (Ed.), *Public Opinion, 1935—1946*. Princeton: Princeton Univ. Press, 1951。

（16）World Opinion, *International Journal of Opinion and Attitude Research*, 1950, 4, 462.

（17）B. Bettelheim and M. Janowitz. *Dynamics of Prejudice*. New York: Harper, 1950, 16 and 26.

（18）G. W. Allport and B. M. Kramer. Op. cit., 9–39.

第二部分 群体差异

▽

第6章　群体差异的科学研究

先生：

……没有人比我更渴望见到您所呈现的证据，即大自然赐予我们的黑人同胞与其他肤色的人同等的才能，他们之所以看起来缺乏才干，只是由于他们在非洲和美国都陷入了恶劣的处境……

托马斯·杰弗逊① 致本杰明·班纳克② 的信　1791年8月

心怀偏见的人几乎总是将自己对某个群体的负面态度归咎于该群体具有某种令人厌恶的品质。他们认为整个族群都有奇怪的体味、智力低下、生性狡猾、好斗或懒惰。相反，较宽容的人（如托马斯·杰弗逊）则希望看到能证明群体差异微不足道或者不存在的证据。偏执的人和宽容的人都应当在获得科学依据之前保留判断，暂且搁置自己的想法。

就连学者也很难在研究国家和种族差异时严格地保持客观。学者也有自己的偏见需要克服，包括偏爱和歧视。他们不知道这些偏见在多大程度上影响着他们对证据的理解。但如今的社会科学家比过去更加深刻地意识到偏见的危险，这是充满希望的信号。

几年之前，就连声望很高的社会学家也可能发表充满粗心的概括和下意识的偏见的言论并免于惩罚。一名学者在1898年出版的书中这样形容波士顿的黑人：

---

① 托马斯·杰弗逊（Thomas Jefferson, 1743—1826）：美国第三任总统，《独立宣言》的主要起草者。

② 本杰明·班纳克（Benjamin Banneker, 1731—1806）：美国数学家、天文学家、发明家，第一位被美国总统委任公职的非洲裔美国人。

一些黑人拥有成为绅士的潜能……但大多数黑人表现出这个种族常见的特性：他们既吵闹又粗鄙，时常暴露动物本能，在他们身上很难看到可贵的精神。即便如此，他们本性善良而温顺，当然也经常怀有原始的宗教虔诚。[1]

尽管作者承认存在例外，他仍然武断地谈论"黑人种族常见的特性"，当今的社会学家绝不敢这样做。

同样，在19世纪末20世纪初，杰出的政治家詹姆斯·布莱斯①在牛津大学发表了题为"先进与落后人种"的演讲。他在演讲中用达尔文进化论来为"适应环境的"强大种族对弱者的征服辩护。他指责美国印第安人的顽固，因为他们拒绝遵循白人设立的规则。大屠杀是无法避免的结果（并且他暗示这是合理的）。他认为黑人生性唯唯诺诺，并对此很欣慰。黑人"因为服从而得以存活"。他们知道自己是劣等人种。当然，黑人应当拥有好的工作和教育机会，但这些机会必须与他们"较低的智力"相符。因此，黑人只适合做卑微的工作。他认为大部分黑人不适合投票，这不仅是因为他们的无知，还因为他们会"突然产生非理性的冲动"，这令他们很容易被收买。他认为与黑人通婚是可怕的事情。除了对这种行为的本能厌恶之外，他还发现了有力的证据，足以证明一项未经证实的假说：混血儿即使身体健康，性格也是软弱的。

布莱斯真诚地希望实现"优等"人种和"劣等"人种之间的协调，但他对种族状况的分析对此毫无帮助。尽管他没有意识到，他的分析是建立在自身偏见的基础上，而非以事实为依据。[2]

我们不需要退回20世纪初，也能看到科学是如何被偏见瓦解的。德国心理学家和社会学家在希特勒主义的影响下发现的"法则"便是很近的例子。他们无比严肃地宣称："每一种人类研究都以种族为基础。"他们在研究的过程中发现，1940年的德国14岁学童的身体素质比1926年的同龄儿童更好。他们将这一发现完全归功于"元首政策的执行"。他们完全没有提及一个事实：在所有实施现代营养和卫生标准的文明国家里，儿童的身体素质都获得了相应的提升——无论这些国家是否执行元首的

---

① 詹姆斯·布莱斯（James Bryce, 1838—1922）：英国自由党政治家、外交家、历史学家。

政策。这些"科学家"还将违法犯罪归因于种族遗传，并宣称"不是贫民窟孕育了罪恶，而是作恶多端的人导致了贫民窟的产生"。[3]非种族主义的社会学家大多持有相反的观点。

通过对比，我们发现一些社会学家过于草率地否定了种族、国籍和任何群体之间存在差异的可能性。其中一些社会学家出于善意而这样做，但他们提供的证据通常是残缺不全的。

群体差异如果存在，是否能使排斥合理化？

这个问题的答案是"不一定"。一家人经常会产生外貌、能力、性格上的明显差异。泰德长相英俊，性格开朗；他的兄弟吉姆却相貌平凡、木讷无趣；他的姐妹梅性格外向却很懒惰；他的另一个姐妹黛博拉"个性古怪"。这群兄弟姐妹虽然并不相像，却能接纳彼此，互相友爱。差异本身不会造成敌对。

然而怀有偏见的人几乎总是自称某些差异导致了他们的偏见。他们似乎永远不会考虑宽容的可能性，更不用说关爱外群体的成员，即使他们可能对同样不受欢迎的家人或朋友表示关爱。他们认为外群体成员是迟钝、狡猾、好斗甚至臭烘烘的。

与此同时，现实的利益冲突也不容忽视。一个群体有可能在密谋攻击或战胜另一个群体，他们想限制对方的自由或给对方造成其他的伤害。更准确地说，我们可以想象假如一个群体具有强烈的攻击性或危险性，那么这个群体的特定成员很可能具备这些特质。

一个有关"应得"的理论

通常，抱有偏见的人会这样解释自身偏见的来源："只要看看他们就知道了。难道你看不出他们的讨厌之处吗？我没有偏见。他们的不受欢迎是他们应得的。"[4]

尽管我们已经说过，"应得"理论可能是正确的，但它无法回答这两个问题：（1）这种名声是否建立在无可争辩的事实之上（至少拥有较高的概率）？（2）如果是，为什么这种特质引起了厌恶的情绪，而不是冷漠、同情或善意的情绪？除非这些问题能得到令人满意的理性的回答，否则我们可以确定"应得"理论实际是对偏见的掩饰。

反犹太主义便是一个例子。反犹太主义者总是宣称犹太人的某些特殊品质导致他们被针对。为了证明这种说法，我们必须（1）确认犹太人拥有和非犹太人完全不同的品质，（2）证明这些不同之处是排斥犹太人的合理原因。[5]

如果这样的证据即将出现，那么我们只能认为反犹太主义代表一种现实的社会冲突，并不符合我们对偏见的定义。在第1章中，我们讨论了针对德国"纳粹党"和任何国家的犯罪分子及其他反社会因素的敌视并不属于歧视，而是现实的价值冲突。我们还指出，有时我们会面对一半是名副其实的恶名、一半是偏见的情况。有前科的人便是这样的例子。战争时期也有很多情况符合这些条件。尽管现实的价值冲突可能突然引发战争，但随之而来的谣言、暴行、对敌国的仇恨以及对敌国后裔的报复，这一切展示了偏见如何被施加在理性的内核之上。

当今世界格局提供了一个很好的例证。毫无疑问，很多国家之间存在着许多现实的价值对立。如何解决这种冲突是这个时代最严肃的问题。但这个理性的内核周围包裹着一层厚重的偏见。诸如，人们普遍相信美国是热爱侵略的国家，美国教授的演讲是由华尔街准备好的。而在美国，许多人相信自由主义者和知识分子都是叛国者，尤其是那些从事国际研究和种族平等工作的知识分子。这种非理性影响了整个社会进程，以至于我们很难掌握亟待解决的核心问题。

群体差异的研究方法

由于人们总是用群体差异来解释自己的恶意，我们必须知道哪些差异是真实存在的，哪些只存在于想象中。更严谨地说，除非刺激领域（群体特质）的属性是已知的，否则便不可能判断非理性扭曲的性质和程度。[5]

我们最好从一开始就开诚布公：有关差异性的社会心理学研究还很落后。目前，我们的问题无法获得正面的答复。当然，有关群体差异的研究数不胜数，但这些研究所取得的发现很难令人满意。[6]一个难点在于可以相互比较的群体数量过多，导致研究精力过于分散。另一个难点在于目前的研究方法尚且有待改善。许多情况下，对同一群人进行调查的研究员会得出彼此矛盾的结果。最后，对调查结果的解释尤其困难，研究者很难知晓他所发现的差异究竟来自先天因素、早期教育、文化压力还是其他原因。

开展调查的一种方式是探讨哪些群体可以被有效地比较。答案似乎有无数种可能。让我们来看看已知存在偏见的群体，它们至少可分为十几种类别：

种族	国籍
性别	意识形态
年龄	种姓
民族	社会阶级
语言	职业
宗教	教育水平

各种利益集团（如美国矿工协会、美国医学协会、扶轮社、兄弟会等）

每个主题都可以进行大量的研究：法学院和医学院的学生有何区别？佛教徒和浸礼宗教徒有何区别？说法语的人和说芬兰语的人有何区别？

然而这种社会学罗列不能令人满意。一方面，我们注意到最容易产生偏见的人往往会交叉使用这些类别。例如，犹太人可以被归入文化族群、语言或宗教群体；黑人可以被标记为种族、种姓、阶级和职业差异。

成为偏见对象的群体很少只属于种族、民族、意识形态等单一类别。"种族偏见"（race prejudice）仍然是老生常谈，但随着我们逐渐认识到犹太人等被歧视的对象并不属于种族类别，黑白混血儿拥有的白人血统和黑人血统一样多，"种族偏见"这一术语逐渐产生了科学争议。"族群"是一个更宽泛的词语，它涵盖了文化、语言和传统的差异，但很难用来描述性别、职业和利益集团。

让我们暂且搁置这个问题，转而探讨群体差异研究所采用的方法。这个问题本质上要求用同样的方法对至少两组群体进行研究。下面是一些有效的方法：

1. **旅行报告**（包括人类学家、记者、传教士的记录）

这是历史上最常见的信息来源。旅行者基于自身的文化背景来感受、阐述和报告吸引他的异国风光。这位观察者可能训练有素，机智而敏感，也可能天真可欺，很容易陷入想象。好的报告也许永远是我们理解外群体的最佳渠道。尽管有些报告在刻意进行比较，⁽⁷⁾大部分报告的比较性只是由于记录者暗中以自身的文化作为参考框架。旅行印象的缺点很明显：旅行者所报告的差异没有经过量化，他所拜访的对象也未必代表他所观察人群的典型。他自身的利益、道德标准和所接受的训练都会影响他的印象。令他印象深刻的品质也许在他人看来是微不足道的。

2. 重要（及其他）统计数据

近年来，国际组织（如国际联盟、国际劳工局、联合国及其专门机构）从成员国收集到大量数据，但他们没有收集到关于各国相对智力水平、种族性格、民族精神的数据。然而，他们收集到的一些数据仍对我们的问题有所帮助。例如，了解瑞典、荷兰和意大利的平均教育水平有助于分辨哪个国家拥有较高的教育水平，而不是全凭想象。联合国教科文组织（UNESCO）的一项职能是编写有关各国生活方式的报告。联合国提供的比较数据发挥了作用。⁽⁸⁾各国发布的数据也提供了帮助。美国人口普查和国税局列举了很多重要数据。例如，人们可以根据官方发布的内科医生平均收入数据对自己原本的预判进行有益的修正。

3. 测试

每个美国学生都对心理测试感到熟悉。在理想情况下，心理测试可以帮助我们解决一些最令人困惑的问题。它们可以用来比较原始人和文明人的感官敏锐程度；也可以用来比较任何群体的智力水平；还可以用来比较不同职业的人群进行抽象思考的能力。简言之，心理测试可以提供"一切答案"。尽管我们有时需要依赖针对不同群体展开的不同测试的结果，我们仍要注意它们的局限性。

①一些人对测试很有经验（如大学生），另一些人从未接受过测试。对测试的熟悉程度将对测试结果产生很大影响。

②测试者经常需要建立求胜的心理状态。在一些文化中不存在这样的竞争心理。接受测试的人也许不理解为什么不能让家人或朋友一同回答问题，或者他不理解答题速度的要求。

③一些群体很容易被调动努力准备测试的积极性，另一些群体则不容易被调动积极性。

④测试环境往往很难比较。喧嚣的纳瓦霍村庄与一些文化中安静的测试环境大不相同。

⑤一些群体的读写能力较差。他们无法像其他人那样轻松地阅读和理解问题。

⑥测试中的问题几乎总是"与文化相关"。美国乡村的孩子可能无法回答偏向于城市孩子生活经验的问题。

⑦大部分测试由美国心理学家设计并定型。美国的整个文化模式汇聚在他们所打造的工具里。对于不受这种文化预设影响的人来说，测试的一切细节可能都是陌生、不公平并带有误导性的。假如心理学家本人接受由班图人①根据自己的智力、性格和态度所设计的测试，他也会抱怨的。

幸运的是，社会学家很快意识到了这些局限性，至少近年来，他们很小心地解释来自不同群体的测试结果，他们甚至过于小心，以至于没有人明白这些结果究竟代表什么。也许关于智力测试的主要发现是：测试内容与文化的相关性越小，群体差异就会越小。例如，在跨文化对比中，让孩子画出人的图像比直接的口头测试更加公平，对白人儿童和印第安儿童进行画人像测试的结果只有微小的差异，有时印第安儿童略胜一筹。(9) 这一发现没有证明不同人群之间不存在智力的差别；它意味着只有与文化完全无关的测试才能发现这种差别。

4. 观点和态度研究

近年来，民意调查这种研究方法已经走向世界。我们可以通过这种合理而精确的技巧来比较来自不同国家的典型样本对于各种问题的观点，如政治问题、宗教观念与和平之路。(10)

这种方法当然只能应用于拥有可靠的调查机构的国家，并且需要不同机构之间的合作。民意调查与测试具有同样的问题，即来自不同文化背景的群体对问题的理解不同。经过翻译后的问题通常有细微的变化，因此得到的回答也会受到影响。

---

① 班图人：非洲最大的民族，主要居住在赤道非洲和非洲南部。

詹姆斯·吉莱斯皮（James M. Gillespie）对民意调查方法进行了更自由的调整。[11]

这位调查员从10个国家的大量年轻人当中收集到两份文件。一份是未来的目标，"我从现在到公元2000年的人生"。另一份是含有50多道问题的标准问卷。

调查结果呈现出明显的国别差异。美国年轻人比其他国家的年轻人更加关心自己的私人生活，他们不太在意政治和社会发展。在被调查国家当中，最接近美国年轻人的是新西兰年轻人。但与美国年轻人不同的是，他们认为自己的命运与公共服务息息相关，他们很可能成为公务人员。大多数美国年轻人似乎没有意识到他们对国家的依赖，以及他们可能为国家做出的贡献。公共事务和国际事务很难引起他们的兴趣。

如果不采用国际比较方法，我们很难发现美国年轻人的"自私自利"倾向。这应当如何解释？美国年轻人在个人主义的传统中长大，他们相信每个人都要为自己负责。国家的富强令年轻人将未来的保障视为理所当然。对物质生活的强调使年轻人在规划未来时以最大限度提高自身生活水平为目的，而不是为了集体利益而牺牲自己。因此，一种对公共生活的疏离感或"自私自利"的精神主宰了年轻人的未来规划。

但我们不能因此判断当国家陷入危机时，美国年轻人会缺乏爱国主义精神，或者不愿牺牲自己的私人财产。报告中所反映的自我中心主义在危机时将被深层意识形态中的信仰所抵消，这也是美国人的"民族精神"。

5. 官方意识形态的比较研究

从马克思、列宁的文字中，斯大林提炼出了共产主义的原则性要义，与之对照的可以是美国纲领性文献（"宪法""独立宣言"等国家文件）。我们可以从这种比较中得出部分结论：

共产主义者相信自然主义的宇宙物质基础；他们相信对立冲突产生螺旋式进步（辩证唯物主义）；他们视集体的统一行动为美德；认为生产和实践本身就等同于理论。

美国人相信犹太教—基督教传统所确立的基本价值观和英美法系；相信历史在社会共同理想引导下的非线性发展；相信理性的力量（真理终将胜利）；

欢迎两党制或多党制下不同观点的碰撞和自由表达；认为政府是不同利益集团的仲裁者；认为个体的自发道德应当获得保障。

比较宗教学领域的意识形态研究也许更加清晰，宗教经典的地位极高，对信徒有很强的约束力。

尽管这种解读方法有一定的作用，我们绝不能忘记官方信条不一定总能代表其支持者的真实观点或行为。它们与其说是刻画成就，不如说是描绘理想。但它们在支持者心中依然占据重要的地位，它们一旦形成，便为群体成员指明共同的方向，并从童年时期开始持续规范成员的行为。

6. 内容分析

为了适应现代社会科学对准确性的要求，一种新的量化技巧出现了。这种技巧不仅可以用来分析官方文件，还可以应用于任何社会通信手段。例如，我们可以对电台节目进行录音和分析，从而发现其中传达的信息。电影、报纸、杂志、戏剧、广告、笑话和小说都能用同样的方式进行研究。一个特定主题的重复是值得注意的现象。其他调查员可以通过独立分析来检查记录的准确性，从而确立某个调查员工作的可靠性。这种方法的主要应用难度在于最初的决策：应当统计哪些对象？我们应该对主题进行分类，还是仅仅统计某个话题涉及多少情绪化的词语？我们应当按照字面意思来理解对话，还是探寻文字背后的内涵？我们应当将整段对话视为一个单元，还是将每一个词组、句子或想法视为一个单元？这些不同的可能性产生了不同形式的内容分析。[12] 它们各自发挥着作用。我们在后文中描述了民族精神的一种分析方法。

7. 其他方法

上述六种方法并不是分析群体差异的所有可靠工具。它们只是一些实例。特殊的问题需要用特殊的技巧进行分析。例如，一位物理人类学家也许会在实验室里比较不同人种的骨骼。生理学家可能会分析血型。在精神病院工作的精神病理学家或许会用不同的种族、国籍和社会经济水平对精神疾病的发生频率进行分类。

差异的类型和程度

我们已经说过，关于群体差异的研究有上千种之多。有时我们用下列组合对研究结果进行分类：

解剖学差异

生理差异

能力差异

特定群体成员的"基本性格"

文化习俗和信仰

这样的列表没有太大的价值，尽管它能制造互不相关的信息碎片，却不能按照严谨的理论方案来理解群体差异问题。

我们应当采取不同的模型。这套方案用四个类别涵盖了所有已知的群体差异类型，同时帮助我们理解群体差异的基本逻辑。这套方案将每一种已知的群体差异纳入以下四种类型当中：

1. 与 J 曲线保持一致的行为

2. 稀有零差

3. 重合正态分布曲线

4. 范畴差异

下面我们将对每一种类别进行解释。

1. 与 J 曲线保持一致的行为

许多群体的主要特征是规定了每个成员因其成员身份而采取特定的行为方式。美国的官方语言是英语，几乎每个美国人都接受了这项规定。只有少数人没有服从，也许他们坚持使用自己祖辈的语言。图3显示了服从这一特定群体属性的人群分布。实际上，图中的百分比只是估计数值，但足以说明问题。这个柱状图的频率曲线看起来很像字母"J"。

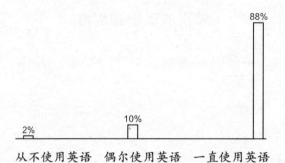

88%

2%　　　　　　10%

从不使用英语　偶尔使用英语　一直使用英语

图3　假设使用英语的美国人百分比——服从性的表现

我们很快想到许多符合这一类型的群体差异。天主教徒应该在每个周日做礼拜，大多数天主教徒确实如此。少数教徒不这样做。在美国，汽车司机看到红灯应当停下来；大部分司机能够做到，少数司机只是减速，极少数司机根本不会停下。如果使人们遵守规定的压力增加（红灯，加上停止标志，加上十字路口的交通警察），服从度也会变高（J曲线变陡）。在我们的社会中，员工应当按时上班。守时成了美国人的特质。让我们来看看从一项研究中选取的实际数据，见图4。[13]

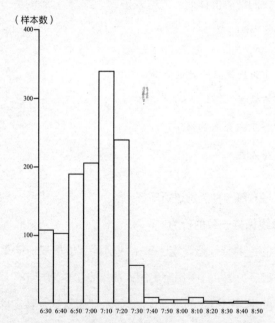

图4　以10分钟为间隔的员工打卡表——J曲线上的变量

（摘自F. H. Allport, *Journal of Social Psychology*, 1934, 5, 141–183）

如果说美国人很守时，这表示大部分美国人比其他国家的人更遵守 J 曲线的时间要求。

　　一名德国游客被问到美国生活给他留下最深的印象时，他回答："如果一名女主人邀请 12 名客人在 7 点钟赴约，所有客人都会在 7 点前后的 5 分钟之内到达主人家。"

在这个国家，剧院和音乐会几乎总是准时开始，火车和飞机几乎完全按照时刻表运行，人们甚至严格遵守牙医的预约时间。美国人对守时的强调是其他文化中（甚至包括欧洲）所罕见的。

图4不仅体现了人们对守时这一要求的服从，还表现出过度服从的现象。许多人提前抵达岗位，他们过于守时了。但柱状图的高峰分布在文化规定的时间上（准时到岗）。

J 曲线的特征只适用于特定群体的成员。它对非成员是无效的。某个工厂的员工会遵守团体规则，但他们的妻子不会，因为她们并不是工厂的一员。天主教徒会遵守做礼拜的 J 曲线，非天主教徒则不会。大多数美国绅士会遵守女士优先的规则，其他一些文化中则不会这样做。

我们可以这样描述 J 曲线的逻辑：只要一个群体中存在严格的规定行为，其成员便会因群体身份而服从该行为。

不同群体之间的显著区别正源于此。荷兰人说荷兰语；男人穿裤子，女人穿裙子（除了少数例外）；大部分学龄儿童需要每天上学。这样的例子数不胜数。能够界定一个群体的本质特性，往往遵循 J 曲线的分布，这是一项法则。

一些案例存在偏差，它们可能大致遵循 J 曲线的分布，但不像上述例子那样明显。美国人本应遵守本国的一切法律，但许多人没有做到。对规定行为的破坏被视为不祥的征兆。当群体成员开始违背界定了群体身份的必要服从时，这个群体便会走向衰落。根据犹太教的要求，犹太人应当每周集会一次。由于许多犹太人没有遵守教规（而且甚至有很多犹太人叛教），整个群体的凝聚力被削弱，至少群体的本质发生了变化。群体服从度与 J 曲线的重合性降低。当遵守规定行为的成员越来越少时，群体的特性将逐渐消失。

2. 稀有零差

在一个群体中，会有少数人具有其他群体所没有的一些特质。我们常说土耳其人奉行一夫多妻制，但即使在古代土耳其，一夫多妻也是罕见的情况。可是在欧洲其他国家根本不存在合法的一夫多妻制。有一种方言叫"下缅因州口音"。缅因州当地有少数人使用这种方言，但在其他各州则没有说这种方言的人（除非这个人来自缅因州）。一部分（但并非全部）贵格会教徒用"汝"（thee）代替"你"（you）来指代其他成员。由于没有其他团体这样做，这种习俗被称为"贵格会特质"。少数美国人是亿万富翁。其他国家的人有时会错误地以为"在美国到处都是亿万富翁"，而其他国家并没有亿万富翁。

显然，讨论稀有零差的危险在于我们所认为的稀有特质可能在外群体成员中普遍存在。很少有荷兰儿童穿木鞋，很少有苏格兰高地男人穿方格呢短裙，很少有印第安人用弓箭打猎，很少有爱斯基摩人交换妻子，很少有匈牙利农民穿色彩鲜艳的当地服装。每个例子都体现了群体特性，但它们全都十分罕见。

在一些例子当中，我们看到的是下降的 J 曲线。曾经有一段时间，强烈的制度与文化压力迫使所有苏格兰高地男人穿方格呢短裙，图5体现了这些特质在假设中的分布。然而，将普遍存在的群体差异视为 J 曲线的特殊分布是不可靠的，因为在有些情况下（如土耳其人的一夫多妻制，"下缅因州口音"），这些特例并不是曾经普遍存在的群体差异的残余。

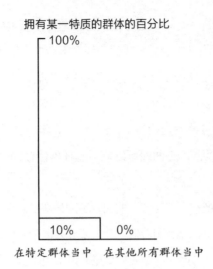

拥有某一特质的群体的百分比

100%

10%　　　0%

在特定群体当中　在其他所有群体当中

图5　稀有零差的大致情况

3. 重合正态分布曲线

一部分群体差异的最佳代表是我们所熟悉的两条重叠的正态分布曲线。我们可以由此得知某种特质在两个群体当中的比例。我们以智力测试为例，赫希（Hirsch）对马萨诸塞州移民家庭的孩子和田纳西州一所黑人学校的孩子进行了同样的测试。[14] 图6为三组测试结果。我们从图6中得知，在这项调查中，俄罗斯 - 犹太后裔的平均得分比爱尔兰后裔略高；二者的得分都高于田纳西黑人学生。实际平均分如下：

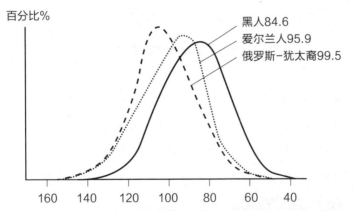

百分比%

黑人84.6
爱尔兰人95.9
俄罗斯-犹太裔99.5

160　140　120　100　80　60　40

图6　爱尔兰裔、俄罗斯-犹太裔和黑人儿童的智力测试分数分布

当然，我们立即提出一个问题：造成分数差异的原因是什么？是固有能力，学习机会，还是取得好成绩的动力？我们已经在本章指出了用测试作为探查群体差异的方法是不可靠的，虽然最不适用的领域是国别和语言，但测试同样不适合衡量美国人口中的亚群体。

我们暂且不讨论这些差别的意义，至少我们可以说这种方法确实暴露出群体之间的平均差异。图7重合正态曲线可以应用于任何能在两个或多个群体中被由低到高连续测量的特质。

这种曲线之所以被称为"正态"曲线，是因为许多人性特质呈现出这种对称的分布模式。很少有人处于最高点和最低点，大多数人位于中央。这种"钟形分布"在生物属性（身高、体重、力量）当中尤其常见，也常用于测量能力（智力水平、学习能力、音乐能力等）。它也适用于大部分人格特质。在群体当中，只有少数人十分优越（支配者），少数人极端顺从（屈服者），大多数人是平凡的普通人。[15]

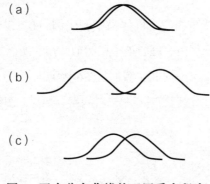

图7 正态分布曲线的不同重合程度

正态分布曲线存在多种重合形式。图7展示了三种变体。图7（a）呈现了高度重合，图7（b）呈现了轻微重合，图7（c）呈现了中等重合。许多研究者在比较两个种族或文化群体的"智力"时所发现的曲线与图7（a）很接近，图7（b）明确地暗示存在与群体相关的特质。例如：它可以用来对比侏儒和英国人的身高。图7（c）可以代表黑人和白人鼻孔的宽度。

如果将重合曲线变为一条单独的分布线，我们便得到了一条双峰曲线。当双峰曲线出现时，其中很可能隐藏着某种群体差异。例如，在图8智力测试分数的分布中，我们首先会被两个峰值所迷惑，直到得知这意味着两种人群的得分被绘制在一起。[16]

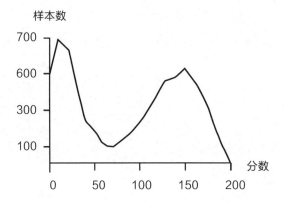

图8　将两个极端群体合并得到的双峰分布图：约2770名四年级教育程度的士兵的测试成绩和约4000名大学教育程度的军官的测试成绩（摘自Anastasi and Foley，*Differential Psychology*, p. 69.）

我们在图7（a）中只能看到轻微的重合。在一组样本中只有约51%的人高于另一组样本的平均值。这种轻微的差异在图6中得到了体现，通过比较俄罗斯-犹太裔和爱尔兰裔的智力测试得分。

图7(c)的差异性更大，尽管我们在这里仍注意到群体差异重合的一条普遍规律：同一群体内的差异比两个群体之间的平均差异更大（范围更广）。例如在图6中，我们注意到许多犹太儿童的分数比黑人儿童的平均分数更低，还有一些黑人儿童的分数比犹太儿童的平均分数更高。我们不可能因此断言所有犹太人都聪明，所有黑人都愚笨。甚至连犹太"群体"是聪明的、黑人"群体"是愚蠢的这样的判断也是错误的。

4. 范畴差异

还有一种量化差异的类型。它指的是同一个属性在不同群体之间产生的偏差。我们以酗酒为例。爱尔兰裔美国人比犹太裔美国人更容易酗酒。这是真实存在的群体差异，尽管这不代表所有爱尔兰裔美国人都会酗酒。正如稀有零差那样，这项特质在两个群体中都不是普遍现象，但与稀有零差不同的是，范畴差异在两个群体当中都存在。

我们研究了第二次世界大战时期被取消兵役的理由，结果发现精神疾病在犹太应征者当中概率较高，在黑人应征者当中相对较低。只有7%的黑人因精神疾病而被征兵署拒绝，在白人当中这个比例为22%。[17]

霍曼（Hohman）和沙夫纳（Schaffner）研究了21岁至28岁未婚男子保持童贞的比例：[18]

新教徒	27%
天主教徒	19%
犹太人	16%
黑人	1%

自杀率也是一个不离散的变量[19]，它不能通过重合正态分布曲线进行测量。在1930年，每十万起死亡事件中的自杀率为：

日本	21.6%
美国	15.6%
爱尔兰	2.8%

如果只看美国的死亡人口，相应比率如下：

白人	15.0%
华裔	54.6%
日裔	27.2%
黑人	4.1%

在这个特例当中，我们面对的是极其罕见的群体倾向。但这种倾向无法被列入稀有零差之下，因为在上述所有群体里都存在自杀的现象。

让我们从民族性格领域举出最后一个例子。[20]一些美国和英国保险推销员被要求填写完整下列句子："我最欣赏的品质是……"他们的回答各不相同，许多人并没有表现出国别差异。例如，来自两个国家的推销员以同样的频率提及幽默感。但是有31%的美国人提到了控制和探索环境的能力（"野心"），提到这一品质的英国人只有7%。另一方面，有30%的英国人提到控制本能冲动的能力，只有8%的美国人提到这一点。我们似乎由此得到了关于美国人的自信和英国人的内敛的一点证据。然而，同样重要的是，二者的差异不足25%，我们应当小心不要沉溺于过度概括。英国人不都是沉默的，美国人也不全都有野心。

差异的解释

群体差异达到多大程度才算是真正的差异？我们注意到在大部分样本结果中，差异是很细微的。也许根本不存在能将每一个群体成员与非群体成员区分开来的差异。即使我们说"白人是白皮肤的人，黑人是黑皮肤的人"，这种概括也是错误的。许多高加索人的肤色比黑人的肤色更深——此外，还有一些黑人是白化病患者，皮肤中没有色素沉淀。也许你会说："每个天主教徒当然都信仰同样的教义。"事实却并非如此，并且我们发现许多非天主教徒也支持天主教神学。也许你又会说："那么，至少主要性征一定可以区分男性和女性。"但即使这样非黑即白的表述也有例外，一些人是雌雄同体。也许没有一个群体的所有成员都拥有其所在群体的所有特性，也没有一种特性只存在于一个群体当中，而不出现在其他群体内。

当然，J曲线代表的是大概率的特质。重合正态分布曲线所代表的差异并不显著，这是它的规律。稀有零差和范畴差异都可用来表示显著的差别，但它们的量级通常不会很大。严格地说，关于"群体差异"的每一种表述都是一种夸大（除非有合适的依据）。

或许，这一话题在日常讨论中的主要错误来源于人们以为所有群体差异都遵循J曲线。所以人们总是说美国人好胜心强、热爱竞争、金钱至上、生活富裕，并且过于重视爱情关系。其中一些属性完全出自想象（这些性质在其他国家同样存在），一些属性符合稀有零差或范畴差异。但它们都高度依赖J曲线。这些品质被视为美国人特有的精神。对于任何人的刻板印象通常也被视为整个群体的象征，这和J曲线有些相似，但这也是一种夸大的描述，并且可能是完全错误的。

事实是一回事，人们对事实的看法则是另一回事。一个重视文化多元性的人通常乐于见到差异的存在，他认为差异增添了生活的色彩。一个排外的人会将差异视为威胁。在1890年的一场普鲁士大会上，一名成员强调普鲁士男性中有1.29%是犹太人，在大学生当中有9.58%是犹太人。[21] 群体差异是真实的，但它所代表的意义则完全取决于人们对其的阐释。

读者们也许注意到，我们所讨论的差异很少涉及恶劣的品质（可能令敌意合理化的品质）。理由是缺少相关数据。性格和道德的差异比其他种类的差异更难理解。然而，我们应当继续研究这些差异，因为我们需要掌握所有能够掌握的事实，这样才能评价一个群体是否值得被敌视——它的恶名是否罪有应得。

最重要的是，科学界应当继续探究群体差异的真相。只有了解事实之后，我们才有立场区分错误的过度概括和理性的判断，才能分清"名副其实的恶名"和偏见。本章提出了对这项科学任务有所帮助的一些原则。

参考文献

（1）R. A. Wood. *The City Wilderness*. Boston: Houghton Mifflin, 1898, 44 ff.

（2）*The Relations of the Advanced and Backward Races of Mankind*. Oxford: Clarendon Press, 1903.

（3）E. Lerner. Pathological Nazi stereotypes found in recent German technical journals. *Journal of Psychology*, 1942, 13, 179-192.

（4）Cf. B. Zawadski. Limitations of the scapegoat theory of prejudice. *Journal of Abnormal and Social Psychology*, 1948, 43, 127-141.

（5）一些心理学家不愿意探讨认知或信仰的扭曲。他们同样不愿意讨论幻觉。如果一个人感知到了什么，那么他的确感知到了。认为他陷入错觉和误解，便是对真实和虚幻进行判断。

然而，至少在应用心理学的两大领域内，心理学家必须判断观念的真假。例如，在精神病理学中，必须弄清楚病人是否真的听见邻居在说自己的坏话，病人是否产生了幻觉。因此，在群体偏见的领域里，我们必须分清针对某个群体的恶意究竟来自"罪有应得的恶名"还是来自人们自己也不清楚的微妙的功能性理由。

（6）下列资料对群体差异研究进行了简要的回顾：L. E. Tyler, *The Psychology of Human*

Differences, New York: D. Appleton-century, 1947; Anne Anastasi and J. P. Foley, *Differential Psychology*, New York: Macmillan, 1949; T. R. Garth, *Race Psychology*, New York: McGraw-Hill, 1931; O. Klineberg, *Race Differences*, New York: Harper, 1935; G. Murphy, Lois Murphy, and T. Newcomb, *Experimental Social Psychology*, New York: Harper, 1937。

（7）Cf. A. Inkeles and D. J. Levinson. National character: a study of modal personality and sociocultural systems. In G. Lindzey (Ed.), *Handbook of Social Psychology*. Cambridge: Addison-Wesley, 1954.

（8）*Preliminary report on the world situation*. New York: United Nations, Department of Social Affairs, 1952.

（9）Cf. C. Kluckhohn and Dorothea Leighton. *Children of the People*. Cambridge: Harvard Univ. Press, 1947.

（10）参见 H. Cantril (Ed.). *Public Opinion 1935—1946*. Princeton: Princeton Univ. Press, 1951。

（11）J. M. Gillespie, unpublished investigation.

（12）Cf. B. Berelson. *Content analysis*. In G. Lindzey (Ed.), op. cit.

（13）F. H. Allport. The J-curve hypothesis of conforming behavior. *Journal of Social Psychology*, 1934, 5, 141-183.

（14）N. D. M. Hirsch. A study of natio-racial mental differences. *Genetic Psychological Monographs*, 1926, 1, 231-406. Data from p. 290 f.

（15）Cf. G. W. Allport. *Personality: A Psychological Interpretation*. New York: Henry Holt, 1937, 332-337.

（16）Anne Anastasi and J. P. Foley. Op. cit., 69.

（17）W. A. Hunt. The relative incidence of psychoneuroses among Negroes. *Journal of Consulting Psychology*, 1947, 11, 133-136.

（18）L. B. Hohman and B. Schaffner. The sex lives of unmarried men. *American Journal of Sociology*, 1947, 52, 501-507.

（19）L. I. Dublin and B. Bunzel. *To Be or Not to Be-A Study of Suicide*. New York: Harrison Smith & Robert Haas, 1933.

（20）M. L. Farber. English and Americans: a study in national character. *Journal of Psychology*, 1951, 32, 241-249.

（21）P. W. Massing. *Rehearsal for Destruction*. New York: Harper, 1949, 293.

第7章　种族和民族差异

人类学家克莱德·克拉克洪（Clyde Kluckhohn）曾写道：

> 尽管种族这一概念足够真实，却没有哪个科学领域像种族这样，令受过教育的人们也经常有严重的误解。

克拉克洪所指的误解之一是种族（racial）与民族（ethnic）概念的混淆。前者指的是遗传基因的联系，后者指的是社会和文化上的关联。

这种混淆为何会引起严重的后果呢？因为"种族"一词带有一种斩钉截铁的感觉。遗传基因被认为是不可改变的，它赋予群体一种无法回避的本质。"种族"一词带来了一系列扭曲的观念：东方人天生腼腆；犹太人永远受到犹太人特质的影响；由于进化中的不可抗力，黑人仍然带有祖先猿猴的旧习。这些人种的后代天生带有其所属种族的倾向，即使他是混血儿。如果一个只有少量黑人血统的男性和白人女性结婚，那么他们将生下一个肤色黝黑的孩子，这个孩子也会拥有黑人的"心智"。这些令人担忧的可能性直接来自种族与民族概念的混淆。

种族为何被强调

一些理由解释了为什么在过去几百年里，种族概念成了对人类差异进行分类的核心概念。

（1）达尔文主义将物种分为不同的类别（如犬、牛、人）。尽管存在混种犬、牛和混血人类，但依然有许多人相信纯种是最优良的品种。

一些作家自称从达尔文主义里发现了神圣的法则，那是对种族主义的终极认可。阿瑟·基思爵士（Sir Arthur Keith）认为我们对同类的偏爱是与生俱来的，它来自"远古时代的部落精神"。大自然为阻止种族融合付出了巨大的努力："为了确保人类按照她所设计的规则繁衍生息，她将人类分为了不同的肤色。"基思继续说道：

> 大自然在原始人的心中同时种下了爱与恨的种子——这是为什么呢？假如，她只赐予人类爱的能力，会发生什么呢？那么全世界的人类都会视彼此为兄弟，亲密地生活在一起。那么人类就不会分化为部落，而部落才是大自然进化的摇篮……没有进化，人类便不会进步。[1]

这段话显示了达尔文主义如何被用作种族主义和偏见的借口。基思的论证当然得不到大部分社会学家的认可，但依然有少数学者受其吸引。

（2）家族遗传使人深信不疑。种族也是拥有共同血统的群体，如果身体、生理、心理和性格特质可以在家族中代代相传，为什么人种不会继承这些特质呢？这种思考方式忽略了一个事实：一些家族特质并不是遗传的结果，而是学习的结果。它还忽略了一个事实：尽管在一个生物学上的家庭中，基因可以直接被继承（当然，每一代婚姻都将造成基因的变化），种族却是由众多家庭组成的，种族的基因构成也更加复杂。

（3）一些种族（如黑人、蒙古人和高加索人）在外形上即表现出一致性的特征。儿童教科书上用白色、棕色、黄色和黑色来代表不同的人种，这并非偶然。肤色似乎是种族的基本因素。

然而，专家认为色素的传递很少涉及基因遗传，尽管肤色等外貌特征可被视为种族的特点，它们却不能代表任何人的整体遗传特性。据说，在参与遗传的基因当中，只有不超过1%的基因与种族有关。[2]肤色的确与遗传有关，但没有证据显示决定肤色的基因与决定智力水平或道德品质的基因有关。

（4）然而，即使只能看到一点迹象，人们也会认为一切都与这一点迹象有关。人们认为性格与斜视的眼睛有关，或者黑皮肤的人具有攻击性。这个例子体现了一种常见的倾向，即夸大一种吸引我们注意的特质，并将尽可能多的视觉类型纳入其中（参见第2章）。

同样的倾向也存在于性别分类当中。在人的特性里，只有一小部分具有性别差异。当然，存在由基因决定的第一性征和第二性征的差异，但大部分身体、生理和心理素质与性别无关。尽管如此，在大部分文化里，女性与男性的地位拥有巨大的差异。女性居于劣势，被困在家庭之内，穿着与男性不同的服装，也无法享受许多男性特有的权利。男女的差异远远超过了基因差异的合理范围。种族问题也是如此。也许存在少量由基因导致的差异，但社会地位的差别远远超过了基因的限度。显著的外表差异如磁铁一般吸引着各种虚构的归因。

（5）大多数人不了解种族和民族、种族和阶级、养成和自然这几组概念的区别。人们很容易将独特的外表、习俗和价值观上的特征归因于种族差异。用遗传来解释差异确实比衡量差异赖以存在的复杂社会背景更简单。

这种错误在美国黑人的情况中表现得很明显。没有什么比判断一个人是不是黑人更容易，但一位人类学家估计，只有不到四分之一的美国黑人拥有纯种血统，关于所谓的黑人身体特征，普通的美国黑人与纯种黑人的区别和他们与普通白人的区别一样大。[3] 简而言之，一般的美国黑人同时具有黑人和白人的特质。在我们给黑人贴上的标签当中，至少有一半是纯粹的社会偏见。很多时候，被我们贴上黑人标签的人其实拥有更多的白人血统。

犹太人也面临类似的状况。将复杂的民族、宗教、历史和心理因素用"种族"标签加以简化的做法虽然方便，却是错误的。人类学家认同犹太人并不是一个种族的观念。

（6）"血统"概念的神秘吸引力。这个概念代表着确定性、亲密感和仪式感。大部分家族和种族都对"血统"感到自豪。这种象征主义缺乏科学依据。严格地说，所有血型都出现在所有人种当中。为"血统"而得意的人们不知道自己在谈论一种隐喻，他们以为自己正在讨论科学现实。贡纳·梅德尔（Gunnar Myrdal）在研究美国黑人与白人的关系时准确地发现这一神秘符号产生的严重后果。[4]

（7）种族问题是危言耸听的政治宣传的焦点。那些有利可图的人和心怀莫名恐惧的人最喜欢把种族问题塑造成假想敌。种族主义者似乎在利用自身的焦虑创造"种族"这个魔鬼。这令我们想起戈宾诺[①]、张伯伦[②]、格兰特[③]、洛特罗普等人。他们成功地引起人们的恐慌，将人们的注意力引向对世界问题的虚幻的诊断。希特勒等人则发现种族主义可以分散人们对自身不幸的关注，并为他们提供一个身边的替罪羊。煽动家们通常也会制造"共同的敌人"，从而团结自身的追随者。一个模糊的"敌对种族"尤其能发挥作用。

　　一个想象力丰富的人几乎可以随意扭曲种族概念，并用它来塑造和解释自身的偏见。例如，在美国内战爆发时，肯塔基州的一名编辑出于党派偏见而将事态定义为两个互不相容的种族——纯洁而理智的盎格鲁人（南方人）和颓废而空想的诺曼人（北方人）之间的生死之战。

真正的种族差异

　　尽管我们认为种族的概念被极大地滥用和夸大了，但这无法改变存在种族差异的事实。现阶段的科学研究还无法告诉我们这些差异究竟是什么。调查和解释都面临着很大的困难。我们在上一章中看到心理测试不能解决种族遗传特质的问题，除非存在平等的社会和经济机会，除非语言障碍被克服，除非种族隔离被彻底废除，除非存在平等的教育机会，除非对测试者的恐惧被克服，除非其他条件成为常量。因此，心理测试目前并没有多少价值。

　　也许实验是最好的方法。如果我们选择十个刚出生的婴儿（他们的父母为纯种的蒙古血统），将他们放进恒温箱，空运到美国，交给十个善良的美国家庭抚养，尽可能让他们在与白人儿童一样的环境下长大，那么我们也许可以获得关于种族差异的有用信息。或者将十个纯种挪威婴儿与十个纯种非洲班图族婴儿交换。不断重复这种交换方式，直到所有主要人种的样本都在不同民族的环境中长大。最后，对

---

　　① 约瑟夫·阿瑟·戈宾诺（Joseph Arthur Comte de Gobineau, 1816—1882）：法国外交官、作家、人种学者，提倡种族决定论。

　　② 阿瑟·尼维尔·张伯伦（Arthur Neville Chamberlain, 1869—1940）：英国首相，因绥靖政策下台。

　　③ 尤里西斯·辛普森·格兰特（Ulysses Simpson Grant, 1822—1885）：美国第 18 任总统。

他们进行心理学测量，以确定他们是否仍保留着种族特质，以及测试被交换的孩子的智力比周围的同龄人高还是低。当然，这个实验并不完美，因为一个有着"外国人"长相的孩子永远不会受到与当地人相同的待遇。尽管这项研究存在缺陷，但它仍然可以带给我们很多新的认知。

在确定存在哪些种族差异之前，我们必须先确定人种的数量和类型。不幸的是，人类学家对此各持己见。他们所划分的人种数量少则两种，多则200种。通常至少包括三个人种：蒙古人种、高加索人种和黑色人种。库恩（Coon）、加恩（Garn）和博塞尔（Birdsell）将这三者称为"基本血统"，他们认为是气候条件导致了这种分组。蒙古人的体格适合生活在极端寒冷的环境里，黑人十分耐热，高加索人则不适应极端的气候。[5]

这些作者还在他们的种族清单里加入了三个非常古老、独特的血统：澳大利亚土著、美洲印第安人和波利尼西亚人。随后他们推测在区域隔离的基础上，约有30个"种族"拥有明显的外貌特征差异。在被如此定义的种族里，他们列举了阿尔卑斯人、地中海人、印度人、北美有色人种、南非有色人种、中国北方人、印度尼西亚裔、蒙古人、拉迪诺人（拉丁美洲体格的人）。我们注意到即使是在这样细致的人种列表里也没有包含犹太人。他们几乎存在于已知的所有种族类别里。

林顿（Linton）更愿意将血统分支称为"类型"（types）而非"种族"（races）。这样一来，人们可以像常见的做法那样，根据细化程度的需要，将高加索人种分为北欧人、阿尔卑斯人、地中海人等。林顿还提出了比其他类型更纯粹的第三种遗传学分组——"种类"（breed），"一种同质化的人类群体，通常规模较小，其成员彼此十分相似，以至于可以推测他们在不太遥远的过去拥有相同的祖先"[6]。对"种类"的研究甚至比对血统和类型的研究更少。只有与世隔绝的地区才能满足这类研究对纯粹性的要求。例如：一个爱斯基摩部落也许可以构成一个"种类"。

如今，人类学家用来区分血统、类型、种族、种类的特征仅限于身体层面——肤色、发质、胫骨的平坦度等。无论如何定义种族，他们几乎从不认为性情、心理和道德品质是"种族"固有的特性。

一位人类学家在一项调查中根据北欧人、阿尔卑斯人、地中海人、凯尔特人、迪纳里克人等"类型"对美国男大学生进行了仔细的测量和分类。经过大量的测试后，人类学家按照评分标准对男大学生的能力和性格进行了研究。几乎所有差异都不显著。每种"类型"的能力和品质大致相似。偶尔出现的统计学差异往往缺乏一致性，也没有意义。[7]

人类学家没有发现任何确切的证据可以证明白人比其他人种"进化"得更完整。假如颅骨容量是"智力"的标志（实际并非如此），一些人种的平均智力将超过白人，其中包括日本人、波利尼西亚人，甚至还有尼安德特人。[8]尽管乍看之下，黑人的面部特征似乎与猿猴相似，实际上白人的薄嘴唇和茂密的体毛等特征比黑人更接近猿猴。并且，大部分猴子拥有白色的皮肤；就连类人猿的肤色也比黑人浅，反而更接近白人的肤色。[9]

一些研究人员试图通过对新生儿的比较研究来解决固有的"种族"差异问题，以此排除环境和文化的影响。

帕萨玛尼克（Pasamanick）采用耶鲁成长时间表对纽黑文市的50名黑人婴儿和同等数量的白人婴儿进行研究。他发现"纽黑文市的黑人婴儿与白人婴儿的行为发展程度完全相同"。即使存在任何显著的差异（这是值得怀疑的），黑人儿童的运动行为发展也比白人儿童更迅速。[10]

其他学者在对学龄前儿童的研究中得到了有趣的发现：住在隔离区的黑人儿童学习语言的速度比白人儿童更缓慢。但住在种族融合社区的黑人儿童与白人儿童的语言发展程度相似。同样的研究显示，黑人和白人通过古迪纳夫画像测试（Goodenough Draw—a—Man Test）所得到的智商数据是相当的。显然，学龄前儿童的非语言智力水平没有差别，但早期的语言能力会受到社会因素的影响：隔离区儿童可能有教育水平比较低的父母，或者因缺乏社交自由而无法灵活、充分地发展语言能力。[11]

古德曼（Goodman）在黑白混合的托儿所里发现一般的黑人儿童与一般的

白人儿童同样活泼好动。她还发现黑人儿童比白人儿童更早理解种族观念。他们因自身的不利处境而隐约感到不安。尽管他们年龄太小，还不能理解问题的本质，但其中一些儿童已经表现出很强的戒备心，容易反应过度和精神紧张。[12]

无论如何，黑人儿童并不冷漠、呆滞和懒惰，这是很明确的。如果黑人长大后变得比白人更冷漠，这不是由种族差异引起的。更可能的原因是较低的健康水平、灰心失意以及对歧视的防御机制。

当人们混淆种族和族群特质时，他们也混淆了与生俱来的天性和后天习得的特质。它使人们过于相信人性是一成不变的，这将导致严重的后果。与生俱来的天性只能缓慢地改变。后天习得的特质至少在理论上可以在一代人之内彻底发生转变。

在人类学家对族群的研究当中，有两点尤其引人注意。（1）除了在偏远地区，很少有人拥有纯粹的血统，大多数人是种族混血儿，因此种族的概念不太实用。（2）被认为与种族有关的大部分人类特质毫无疑问是由文化多样性导致的，所以应被视为民族特性而非种族特性。

即使是有着单一祖先的黑人也属于不同的民族。波兰人和捷克人同源同种，却属于差异显著（包括语言差异）的不同民族。另一方面，在同一个民族当中也有不同的类型（瑞士）。不同民族可以从属于同一个国家（美国）。

族群特性都是后天习得的，人们通常在童年便牢固地养成这些特质，因此可以持续一生（如早年习得的方言口音使人很难在成年后学习另一门语言）。人们也会用同样的方式教育自己的孩子，让传统延续下去。

在20世纪中叶，一些人类学家（尤其是受弗洛伊德影响的那些人）发展出"基本性格结构"理论，用来解释民族群体的差异。[13]这套理论过于强调儿童如何学习适应基本的生活要求。如果儿童在婴儿时期被紧紧包裹住，他的心理习惯可能因此永远受到影响。如果像一些东方人那样过于重视如厕训练，孩子长大后可能变得十分挑剔、有审美眼光，但性格残暴。如果像一些巴厘岛母亲那样经常戏弄孩子，并且偏爱弟弟妹妹，孩子可能会形成强大的"抗压能力"，并学会隐藏自己的愤怒和真实情感。尽管美国社会和英国社会在民族上有许多相似之处，有一处差别仍吸引了不少注意。据说，美国人喜欢夸大其词，而英国人则以沉默低调著称。根据基本性格结构理论，产生这种差别的原因可能是美国父母鼓励孩子表达自己的意见，并奖励孩子所取得的成绩；而英国家庭却训练孩子自我克制，强调"小孩只能被看见，不能被听见"这句格言，英国父母会奖励谦虚低调的孩子，而不是自我夸耀的孩子。

由于一个民族抚养孩子的方式大体一致，"基本性格"因此被视为常见的族群特性。没有人能否定这个概念的价值。它唯一的问题是过于高估特定群体的普遍模式，并且过于强调这一模式对儿童一生的影响。

令人吃惊的是，许多族群特质在现实中往往具有很强的灵活性。人们在国外旅行时会很快学会当地的习俗，并在许多方面改变自己的行为以适应新的族群要求。关于各族群手势模式的一项著名研究描述了某些习惯的暂时性：

> 埃夫隆（Efron）对纽约市的意大利人和犹太人进行了研究。他发现这些群体的成员生活在密集的居民区内，他们在谈话时会伴随着统一的手臂动作。然而，在他们搬出聚集区并与其他美国人混居后，便不再使用这些习惯性的手势——他们的手臂动作变得与其他美国人别无二致。[14]

无论习俗和价值观等族群模式是否一成不变，它们往往都很微妙，难以用量化的方式进行研究。

> 美国的社会工作者经常面临族群价值观的挑战。比如，在希腊客户看来，philotimo（爱荣誉）是一个重要的概念，它所代表的品格令希腊人很难向外族人求助。新墨西哥州说西班牙语的人群比起考虑未来，更愿意享受当下。西南部的墨西哥年轻人在接受完义务教育后便不愿继续升学。在他们看来，"为将来做准备"似乎没有什么价值。其他一些群体不愿意奖励孩子的良好表现，尤其是东欧的犹太人。在他们看来，这种做法有鼓励贿赂的嫌疑。孩子在做好事时不应带有其他目的。美德本身便是奖励。[15]

文化相对性

民族差异种类繁多，并且难以捉摸，以至于有人认定世界各种文化之间不存在统一性。"文化相对性"的主张可以得到进一步发展。"习俗令一切变得合理"的说法暗示着所有行为标准都只是一种习惯。正确的标准是习得的。良心只是群体的呼声。一种文化可以允许人们杀死自己的祖母，另一种文化可能认为人可以随意虐待动物。然而，人类学家提醒我们要警惕对群体差异的草率理解。实际上，所有人类群体都发展了一些"具有同等功能的"活动。尽管细节不同，但每个社会的成员都会赞同许多目标和习俗。

根据默多克（Murdock）的研究，每个在历史上或民族志里存在过的文化都有一些相同的习俗。他将这些人类共有习俗列举如下：

> 年龄层次、体育运动、身体装饰、历法、清洁训练、社区组织、烹饪、集体劳动、宇宙论、恋爱、舞蹈、装饰艺术、占卜、解梦、教育、末世论、伦理、民族植物学、礼仪、信仰治疗、家庭聚餐、取火、民间传说、食物禁忌、葬礼、游戏、手势、送礼、政府、问候、发型、待客、住宅、卫生、乱伦禁忌、继承规则、玩笑、亲戚、亲属关系、命名法、语言、法律、幸运迷信、魔法、婚姻、用餐时间、医药、对自然功能的忌讳、哀悼、隐约、神话学、数字符号、助产术、刑罚、姓名、人口政策、产后护理、怀孕、财产权、对超自然现象的敬畏、青春期习俗、宗教仪式、居住规定、性限制、灵魂概念、地位差异、手术、制造工具、贸易、访问、断奶和气候控制。[16]

这个清单因过于杂乱而很难派上用场。但它指出在当今世界，社会学家对族群统一性与差异性的研究将大有裨益。对差异的强调将使世界分崩离析。对共性的强调可以让人们注意到全人类共有的基础，不同族群之间的合作将在这一基础上展开。

国民性格

国家并不等同于民族，尽管在有些情况下（芬兰、希腊、法国）二者十分接近。通常，几个国家可以使用同一种语言（从而塑造了一个民族）；相反，也有许多国家使用多种语言（俄罗斯、瑞士）。

尽管国家与民族不总是互相对应，我们仍可以用国籍和民族对人群进行分类，并探寻他们之间的差异。"国民性格"这一概念暗示了一个国家的成员之间尽管存在民族、种族、宗教和个体差异，却仍在某些基本的信仰和行为模式上拥有比他国成员更高的一致性。

我们以美国国民性格为例。李思曼（Riesman）发现，旁观者往往认为美国国民性格的特点是友善、慷慨、肤浅和摇摆不定的价值观，这些特点令美国人渴望获得外界的认同。[17]

无论这种形象是否准确，它依然十分典型。尤其在近年来，全世界民族主义情绪高涨，国家形成了确定的形象。与此同时，社会学家对这一问题的兴趣与日俱增。[18]

上一章提到的所有方法都适用于对国民性格的科学研究。我们只引用一项采取内容分析法的研究（p. 94）。

麦格拉纳汉（McGranahan）和韦恩（Wayne）对国家艺术产出的一小方面进行了分析，即20世纪20年代至30年代中期在德国和美国舞台上演的成功的戏剧，[19]结果发现德国戏剧中典型的主人公（几乎总是男性，很少是女性）是一个凌驾于社会之上或游离于社会边缘的人物；是一个追求梦想的人，也许是一个比臣民更有远见、思想更开放的王子，也许是一个被社会抛弃的人。美国主人公（时常是女性）是社会当中的普通人。

德国戏剧更多触及哲学、意识形态和历史主题，美国戏剧更喜欢描述私人生活当中的问题（主要关于爱情）。

以悲剧结尾的德国戏剧数量是美国戏剧的三倍。在美国戏剧里，正义的一方获胜的原因通常是某位关键人物改变了想法。他改变了心意，或者说"他想通了"。改变剧情走向的通常是一些琐碎的小事，例如一个巴掌、妻子离家出走、婴儿诞生或时来运转。美国人相信个人努力、性格转变和幸运的力量。相比之下，德国戏剧认为人类是坚忍不拔、绝不妥协的，德国人相信人本性难移。实现目标的唯一手段是实力甚至强取豪夺。

美国和德国戏剧都涉及反抗社会的主题，但美国反抗者崇尚个人主义，他们以个人有权追求幸福为名义进行反抗。德国反抗者追求的或许不是个人利益，而是理想和事业，他们受到了权威势力的极力阻挠。在这种情况下，由于主角无法获胜，却又不愿屈服，德国戏剧常以主人公的失败而告终。而美国戏剧中的反叛者通常会被命运的转折所拯救，美国戏剧经常以喜剧收场。

尽管材料有限，但这项研究依然带来很多启示。它告诉我们对报纸、电台节目、笑话、广告和其他传媒形式更深入的研究有助于更广泛地发掘国民性格差异。

现实中的国民性格应当通过客观手段（内容分析、民意调查、谨慎的测试等）加以确认。调查发现的国民性格差异将符合上一章所提到的模式。结果将出现 J 曲线偏差（对国王、旗帜和传统的忠诚）；稀有零差（皇室头衔、农民服装、一夫多妻制）；如果测量方式恰当，也许会出现许多重合的特质分布（竞争力、对音乐的兴趣、道德）；最后，还将出现范畴差异（自杀率、民意调查中回答相同问题的人口百分比、接受高等教育的年轻人比例等）。

客观发现是一回事，人们对国民性格的"印象"则是另一回事。

在第二次世界大战期间，人们注意到美国士兵喜欢英国人的友善、好客、勇敢和"坚忍"，却不喜欢英国人的保守、自负、落后的生活水准、伤风败俗和等级制度。

首先需要注意的是，这种对英国人性格的分析显然带有士兵的主观偏好。士兵们主要以美国为标准进行判断。比如，习惯了浴室和集中供暖的美国人认为英国在这些方面是"落后的国家"。来自意大利或中国的士兵可能不会这样认为。

我们知道，日本人往往认为美国人是伪君子（嘴上说得好听，实际却做不到的人），认为他们见钱眼开、粗俗不堪、自我放纵、爱慕虚荣。我们必须从日本人对"坚

110

守本心"（彻底奉献于唯一的一项事业，甚至不惜付出生命）的重视来理解这些负面评价。根据日本人所受的教育和思维习惯，一个人可以违背初衷而生活下去，这样的概念是陌生的。美国人的不拘礼节和顺其自然在日本人看来是野蛮无理和自我放纵，因为在日本社会里，礼貌、谦逊、负责，以及对"耻辱"的恐惧是十分显著的特征。

总而言之，人们对国民性格问题的兴趣日渐浓厚。这种分类与民族差异类型有所重合，但并不完全相同。二者适用同样的研究方法，研究发现的差异可以用相同的方式进行分类。迄今为止，客观的研究数量仍然很少，但未来可能迅速地增多。我们必须注意不要混淆真实的国民性格与人们对此的印象。正如所有感知和记忆那样，人们的印象是对事实与预设的参考和价值框架的混合。印象是重要的研究对象，因为人们根据印象而采取相应的行动。一个迫切的问题是探寻纠正错误印象的方式。即使在没有误解和夸大的前提下，国民性格的真实差异也引发了大量冲突。

谁是犹太人

作为偏见对象的许多群体不能单纯用种族、族群、民族、国家、宗教或任何单一的社会学类型来进行分类。犹太人便是一个绝佳的例证。全世界大约有1100万犹太人。尽管他们的足迹几乎遍布全世界，但大部分犹太人生活在俄罗斯、以色列和美国。他们是一个古老的群体，但我们很难界定他们。伊奇瑟（Ichheiser）对此进行了如下尝试。

> 犹太人大致（存在许多例外）可以通过体貌特征或类体貌特征（手势、语言、习惯、体态、表情等）来界定；他们在具有典型"犹太氛围"的家庭中长大；因此大部分犹太人具有某些特殊的感情和智力特征，即使这些特征很难掌握；他们被视为"犹太人"，这个身份的所有内涵显著地塑造了他们的性格；奇怪的是，犹太人自身并不清楚这个身份究竟属于宗教、国家、种族或文化当中的哪一种分类……[20]

这个复杂的定义主要侧重于犹太人的社会概念。少量"体貌或类体貌"核心特质存在于一些人身上，并且通常作为家族传统而代代相传；只要满足其中一个条件便可以被称为犹太人，这个标签不断规范着族群并赋予它这一身份。伊奇瑟认为，当人们被称为犹太人并受到相应的对待时，他们经常会形成与差别待遇相对应的特征。

这是一个更简单的历史性的定义：犹太人是犹太教徒的后代。起初，犹太人属于一个宗教派别，由于他们在生活中也紧密地团结在一起，因此形成了一种文化（民族）同质性。犹太人当然不应被视为一个"种族"。他们甚至算不上高加索人里的一个"亚型"。他们所拥有的体貌特征是因为犹太人的发源地也有很多类亚美尼亚人。但这个亚型涵盖了许多非犹太民族。从犹太教皈依的早期基督徒当然和犹太人一样拥有类亚美尼亚人的外貌特征。如果不考虑礼仪和服饰的差异，即使在今天，我们也很难仅凭体貌特征来区分类亚美尼亚人和犹太人。

也有其他体型的民族（包括黑人）信奉犹太教，几个世纪以来，犹太人和非犹太人通婚是很常见的现象。这种普遍的融合令人很难仅从外貌准确地分辨出犹太人。之所以有许多犹太人被辨认出来（见第8章），是因为具有类亚美尼亚人特征的犹太人内部通婚更加普遍。每当人们看见具有这些外貌特征的人，就会猜测"大概是犹太人"。如果这个人既不是亚美尼亚人也不是叙利亚人，那么他很可能是犹太人，因此这样的判断有时是准确的。

除了共同的宗教起源，与宗教相关的民族传统和部分外貌特征之外，犹太人在一定程度上也是一个语言群组。他们的语言是希伯来语，但在现代社会只有少数犹太人懂得这门语言，大概没有人只使用希伯来语进行交流。意第绪语是希伯来语和德语相融合的产物，只有一小部分犹太人会说这门语言。

最后，犹太人曾经属于一个民族群体，如今他们在一定程度上依然如此。民族需要一个祖国。犹太历史上最大的悲剧就是失去祖国——从巴比伦囚禁开始的犹太人大流散使"漂泊的犹太人"只能尽力在世界各地建立家园。一些反犹太主义理论认为由于犹太人几个世纪以来一直没有自己的国家，因此当他们身处异国他乡时时刻感觉自己是"外来者"。犹太复国主义者渴望重新建立一个拥有独立政府的真正的国家。经过几个世纪的渴望,他们终于在巴勒斯坦实现了梦想,那里也是他们原本的家园。但并非全世界的犹太人都想搬到以色列生活。他们之中的大部分人不认为自己是犹太国民,而是他们目前所居住的国家的公民。

从心理学上讲,这些历史因素对大部分犹太人来说无法造成强烈的影响。犹太人被弱化,除了少数正统派之外,大部分犹太人不认为自己的身份主要由宗教仪式来定义。锡安主义运动虽然原则上赞同复国,实际却并未对复国主义抱有很大热情。语言上的统一也不复存在。

随着犹太教的影响力逐渐下降,犹太人是上帝的"选民"这一《圣经》当中的传统也随之衰落。一种反犹太主义理论认为这种说法是犹太人内部凝聚力的基础,必然为犹太人带来氏族荣耀感,同时使他们产生"被宠坏的孩子"的复杂情结。犹太人自认为是全能上帝的选民,这种心理令他们容易仇视其他群体。主张该理论的人曾说:"如果一个自视甚高的独生子拒绝与他人交往,那么他最终也会被友好的社交圈排斥,因为是他令自己变得不受欢迎。"[21]尽管这一理论有些道理,却存在着两个弱点。(1)它忽视了一个普遍趋势,许多群体都认为自己是"被选中的",或者掌握着唯一的宗教真理。没有必要因此而歧视这些群体。(2)它忽略了一个事实,在现代,很少有犹太人特别强调自己的选民身份。

经过对犹太人复杂性的简短而不充分的讨论后,让我们回到主要问题上——犹太人的特性。这个问题也拥有大量令人眼花缭乱的证据和观点。

许多品质据说是区分犹太人与非犹太人的标志。我们的问题是尽可能准确地找出与群体差异相关的证据。由于美国的数据更容易获得,为了简单起见,我们只探讨美国犹太人。

1. 犹太人大部分生活在城市里

这个说法很容易通过范畴差异来证实。犹太人约占美国人口的3.5%,但在人口超过25000人的城市里,犹太人约占8.5%。40%的美国犹太人生活在纽约市,其余大部分生活在其他大城市里。[22]造成这种城市化趋势的因素有许多,例如:(a)大部分中欧和东欧移民在工厂工作,因而生活在城市里,但犹太人的城市化程度似乎比其他群体更高。(b)大部分犹太人在原本的国家里不能拥有土地,因此他们往往不具备农耕的传统和技能。（c）正统犹太教义不允许在礼拜日长途旅行，所以遵守教义的犹太人不得不生活在犹太会堂附近。

2. 犹太人大多从事特定的职业

范畴差异的方法在此依然适用。1900年，60%的城市犹太人从事制造相关工作（他们大部分是工人——主要从事服装贸易）；但到了1934年，只有12%的犹太人继续在工厂工作。与此同时，从事贸易（包括零售店店主）的犹太人口从20%上升至43%。许多曾经的工人后来拥有了自己的生意（通常从事裁缝或服装零售）。[23]

如今，犹太人似乎集中在贸易和文职岗位中，而在制造、运输和通信行业则很少见到他们的身影。约有14%的犹太人从事专业领域工作，而这些职业在总人口当中只占6%。纽约市拥有28%的犹太人口，他们在当地内科医生、牙医和律师当中的比例分别为56%、64%和66%。与一般观点相反的是，从事金融行业的犹太人数量很少。占美国人口3.5%的犹太人在银行业只占据0.6%的席位。他们对金融业的控制力很微弱；他们在华尔街和证券交易所的代表人数都很稀少，在犹太人当中几乎不存在"国际银行家"。

犹太人的就业趋势发生了改变。一些近期发生的变化尚未得到准确的记录。然而，近几十年来，犹太人在政府部门所占的比例可能有所提升（部分原因是私有企业的歧视），他们在娱乐业（戏剧、电影、电台）的影响也在扩大。

人们有时注意到犹太人在高风险私人企业（贸易、娱乐、专门领域）所在的比例相当高。这种情况令他们进入了公共视野。犹太人很少从事不起眼的、单调而保守的工作（农耕、金融）。

犹太人倾向于聚集在上升性强、引人注目的职业领域内，一种反犹太主义理论正是建立在这个明显的趋势上。该理论认为这些职业处于"保守价值的边缘"。小心谨慎的人们不太认同如此高风险的领域，尤其不认可新兴行业。"价值边缘"理论还认为犹太人在历史上占据着类似的位置。他们曾经被迫成为放债者（基督教认为放高利贷是一种罪），他们一直处于宗教价值的边缘，并且至今依然明显偏离了可靠的保守主义，因此不值得信任。

3. 犹太人野心勃勃、勤劳工作

没有直接的方法可以用来测量这种关联。我们缺乏有关整体野心的测试，我们也很难通过人员、时间和岗位的对比来证明犹太人比非犹太人更勤奋。我们也没有确切的证据可以证明犹太人取得的成就超过了非犹太人，尽管要列举出大量的犹太天才并不困难。

4. 犹太人拥有较高的智商

以心理测试为标准，我们可以说一些犹太人确实智商很高，另一些犹太人则没有高智商。我们还可以确定犹太儿童的平均智商经常比非犹太儿童略高。但这种差异既不够明显，也不够普遍，不足以证明存在任何先天的能力差异。这种细微的差别可以用学习动力和犹太文化传统对学习的重视来解释。

5. 犹太人热爱学习，也尊重知识

一般观点似乎认同这一说法，尽管许多其他民族的移民家庭对孩子的教育抱有同样强烈的热情。这一领域的大部分相关统计来自大学录取率。尽管有证据显示一些私立大学歧视犹太学生，但犹太人的入学率依然很高。[24]我们在第6章里引用的1890年普鲁士案例也表现出同样的趋势。最熟悉犹太文化的人们一致认为几个世纪以来，犹太人一直十分强调培养儿童的学业和技能。

6. 犹太人十分热爱家庭

关于这一点，少量证据显示犹太家庭比其他家庭更加团结，尽管如今犹太人和非犹太人的家庭关系都在变得疏远。[25]据说，因哺乳问题而就医的犹太儿童比非犹太儿童更多。这一事实说明犹太母亲更加担心孩子的健康——这大概是一种顾家的表现。

7. 与之相关的表述还有"犹太人喜欢拉帮结派"

这一指责可以有多重含义。假如它指的是犹太人擅长组织慈善机构，国内外有需要的犹太人都能从犹太群体获得慷慨的帮助，那么这种说法是有根据的。假如它指的是犹太人不喜欢和非犹太人来往，那么证据并不充分。[26]

一项社会学研究要求一所著名男子预科学校里的男生指出他们所选择的室友。研究发现，喜欢单独居住的犹太学生比非犹太学生多。他们没有选择其他犹

太男孩做室友，尽管他们不排斥这种可能性。就此而言，这项研究没有证明犹太人喜欢拉帮结派，反而体现了犹太人担心因为这种误解而被非犹太人排挤。[27]

8. 犹太人同情受压迫的人

将犹太人与非犹太人对偏见的态度进行研究，得到的对比可以作为群体宽容性差异的证据。400名大学生接受了针对黑人的偏见程度的调查，其中包含63名犹太裔学生。只有22%的犹太学生偏向于歧视黑人。78%的犹太学生对黑人更加宽容。[28]其他类似的偏见研究发现，犹太人似乎明显比天主教徒和新教徒更加宽容。

9. 犹太人很有经济头脑

这种说法很难证实，尤其在大部分公民都有竞争意识并看重金钱价值的国家。然而，一项研究报告，犹太学生与来自新教或天主教家庭的学生相比，并没有对"经济价值"表现出更浓厚的兴趣。[29]当然，仅此一项研究不足以证实这个说法，也无法证实任何假说。

10. 其他差异

犹太人还可能拥有很多特质。然而，如果我们继续探讨下去，很可能发现证据变得越来越少。[30]原则上，没有理由不能用直接调查来测试更多相关特质，譬如下列常见说法：

> 犹太人十分情绪化，很容易冲动。他们喜欢炫富。他们对歧视十分敏感。他们在经营中不够诚信。

然而，在可靠的证据出现之前，我们只能认为这些指控是没有根据的。

为了展示定义少数群体和发现其客观特质（与其他群体对他们的看法不同）的复杂性，我们用很长的篇幅对犹太群体进行了讨论。之所以选择犹太人这一群体，是因为他们长期以来面临着恶意和偏见。到目前为止，我们的发现不足以支持这些恶意。即使存在一些细微的族群差异，它们也不足以证明任何犹太人都拥有这些特定品质。

结　论

正如我们在第6章和第7章中所证明的那样，群体差异应当获得更深入的研究。迄今为止的调查结果为我们提供了关于"刺激对象本质"的些许事实。我们的确发现这些群体之间存在少量真实的差异。简而言之，我们对群体的武断观点有时可以反映出真相。

与此同时，我们还发现除了少量 J 曲线差异之外，永远不能高估某些被认为是群体特质的属性在成员当中的普遍性。我们也没有发现 J 曲线和其他差异类型在本质上是错误的。

道德品质和个人品质是最难衡量的属性，但从目前的情报来看，我们经常对整体人群产生的强烈恶意几乎不可能获得证据支持。我们所厌恶的群体特质并不是所有（甚至大多数）成员的特质。

换言之，目前为止的群体研究没有证明针对群体的恶意是建立在"名副其实的恶名"之上。假如真是这样，正如我们在第1章所说，我们应当面临现实的利益冲突。但事实却是我们所掌握的群体差异事实不足以支持我们的偏见。我们的印象和感觉远远超过了证据。

下一步，我们必须评估可见性和怪异性对感知者的心理影响。因为现在我们知道偏见是一种复杂的主观意见，其中发挥主要作用的是差异感，即使差异只是一种想象。

随后，我们将重新回归群体差异的问题。偏见的受害者也会采取行动，他们也有思想和感情，也会做出回应。每一种人际关系都是相互的。每个挑衅者都对应着受害者，每个势利小人都对应着厌恶他的傲慢的人，每个压迫者都对应着反对压迫的人。因此，我们可以合理推测，受害者可能会发展出某些特质。

参考文献

（1）Sir Arthur Keith. *The Place of Prejudice in Modern Civilization*. New York: John Day,

1931, 41.

联合国教科文组织意识到肤浅的种族观念的危险，无论是像基思一样温和的观点，还是像希特勒一样粗暴的态度，该组织于近期召开了优秀人类学家的国际会议来对这一问题进行讨论。会议结果得到了广泛发表——人类学家没有发现种族理论的科学依据。Cf. A. M. Rose. *Race Prejudice and Discrimination*, New York: Knopf, 1951, Chapter 41 (Race: What it is and what it is not). 对该问题的更流行的分析参见联合国教科文组织手册：*What is race? Evidence from scientists*, Paris: Unesco House, 1952。

（2）C. M. Kluckhohn. *Mirror for Man*. New York: McGraw—Hill, 1949, 122 and 125.

（3）M. J. Herskovitz. *Anthropometry of the American Negro*. New York: Columbia Univ. Press, 1930.

（4）G. Myrdal. *An American Dilemma*. New York: Harper, 1944, Vol. I. Chapter 4.

（5）C. S. Coon, S. M. Garn, J. B. Birdsell. *Races: A Study of the Problems of Race Formation in Man*. Springfield, III: Charles C. Thomas, 1950.

（6）R. Linton. The personality of peoples. *Scientific American*, 1949, 181, 11.

（7）C. C. Seltzer. Phenotype patterns of racial reference and outstanding personality traits. *Journal of Genetic Psychology*, 1948, 72, 221—245.

（8）M. F. Ashley—Montagu. *Race: Man's Most Dangerous Myth*. New York: Columbia Univ. Press, 1942.

（9）关于不同人种的相对原始性问题，参见 O. Klineberg in *Race Differences*, New York: Harper, 1935, 32—36。

（10）B. Pasamanick. A comparative study of the behavorial development of Negro infants. *Journal of Genetic Psychology*, 1946, 69, 3—44.

（11）Anne Anastasi and Rita D'angelo. A comparison of Negro and white preschool children in language development and goodenough Draw-a-man IQ, *Journal of Genetic Psychology*, 1952, 81, 147—165.

（12）Mary E. Goodman. *Race Awareness in Young Children*. Cambridge: Addison—Wesley, 1952.

（13）A. Kardiner. The concept of basic personality structure as an operational tool in the social sciences. In R. Linton (Ed.), *The Science of Man in the World Crisis*. New York: Columbia Univ. Press, 1945. 另见 A. Inkeles and D. J. Levinson, National character, in G. Lindzey (Ed.), *Handbook of Social Psychology*. Cambridge: Addison—Wesley, 1954。

（14）D. Efron. *Gesture and Environment*. New York: Kings Crown Press, 1941.

（15）Dorothy Lee. Some implications of culture for interpersonal relations. *Social Casework*, 1950, 31, 355—360.

（16）G. P. Murdock. The common denominator of cultures. In R. Linton (Ed.), op. cit., 124.

关于不同文化之间共同性的研究参见 A. L. Kroeber (Ed.), *Anthropology Today*, Chicago: Chicago Univ. Press, 1953, 507−523。

（17）D. Riesman. *The Lonely Crowd*. New Haven: Yale Univ. Press, 1950, 19.

（18）参见 O. Klineberg. *Tensions affecting international understanding*. Social Science Research Council, Bulletin No. 62, 1950; 以及 W. Buchanan and H. Cantril. *How Nations See Each Other*. Urbana: University Press, 1953。

（19）D. V. Mcgranahan and I. Wayne. German and American traits reflected in popular drama. *Human Relations*, 1948, 1, 429−455.

（20）G. Ichheiser. Diagnosis of anti−Semitism: two essays. *Sociometry Monographs*, 1946, 8, 21.

（21）A. A. Brili. The adjustment of the Jew to the American environment. *Mental Hygiene*, 1918, 2, 219−231.

一些罗马天主教学者对反犹太主义根源的理论提出了异议。他们认为，正如《圣经》所记载的，犹太人的确是上帝的选民。正因如此，当他们否认了弥赛亚时才应受到严厉的惩罚。除非他们接受上帝对以色列命运的新的安排，否则他们注定生活在水深火热之中。神学家们还认为，这种解释并不能让基督徒的反犹太主义行为合理化。

（22）F. J. Brown and J. S. Roucek. *One America*. New York: Prentice−Hall, rev. ed., 1945, 282.

（23）N. Goldberg. Economic trends among American Jews. *Jewish Affairs*, 1946, 1, No. 9. 另见 W. M. Kephart, What is known about the occupations of Jews, Chapter 13 in A. M. ROSE (Ed.), *Race Prejudice and Discrimination*, New York: A. A. Knopf, 1951。

（24）Cf. E.C. Mcdonagh and E. S. Richards, *Ethnic Relations in the United States*, New York: Appleton−Century−Crofts, 1953, 162−167.

（25）Cf. G. E. Simpson and J. M. Yinger, *Racial and Cultural Minorities: An Analysis of Prejudice and Discrimination*, New York: Harper, 1953, 478 ff.

（26）A. Harris and G. Watson. Are Jewish or gentile children more clannish? *Journal of Social Psychology*, 1946, 24, 71−76.

（27）R. E. Goodnow and R. Tagiuri. Religious ethnocentrism and its recognition among adolescent boys. *Journal of Abnormal and Social Psychology*, 1952, 47, 316−320.

（28）G. W. Allport and B. M. Kramer. Some roots of prejudice. *Journal of Psychology*, 1946, 22, 9−39.

（29）Dorothy T. Spoerl. The Jewish stereotype, the Jewish personality, and Jewish prejudice. *Yivo Annual of Jewish Social Science*, 1952, 7, 268−276. 这项研究同样包含有关其他犹太特性的证据。

（30）针对相关犹太特性的调查，详见 H. Orlansky, Jewish personality traits, *Commentary*,

1946, 2, 377-383。这位作者还发现确切的证据极其罕见，因此总结道，"或许犹太性格不是确切无疑的，犹太人和非犹太人并没有明显的区别——尤其在城市居民当中"。

第8章　可见性和陌生性

我们一直在探讨真实的群体差异问题——无论是种族、族群还是民族差异。现在，让我们转换立场，开始思考这些差异是如何被感知到、如何成为焦点的。我们注意到，人们对族群差异的印象很少与实际的差异完全吻合。

之所以出现这种情况，原因之一是一些（数量不多的）群体差异十分显著。黑人、东方人、女人、穿制服的警察，都容易成为预先判断的目标，因为他们具有可以被纳入特定范畴的显著特征。

换句话说，除非一个群体具有某种显而易见的特征，否则我们很难形成有关这一群体的范畴概念，当我们遇见该群体的成员时也很难回忆起相关范畴。可见性和可识别性有助于归类。

当我们第一次遇见一个陌生人时，我们不知道应当如何对他进行归类，除非他碰巧拥有显著的特征。因此我们通常会对他保持警惕。

有这样一个故事，一群农民聚在一间乡村商店里，这时店里来了一个年轻的陌生人。"好像要下雨了。"陌生人试探道。没有人说话。过了一会儿，一个农民问道："你叫什么名字？""吉姆·古德温，我的祖父曾经住在离这里1.6公里的地方。""哦，原来你是埃兹拉·古德温的孙子——确实好像要下雨了。"在某种意义上，陌生感本身就是可见的标志。它象征着"在对陌生人归类之前不要轻举妄动"。

对陌生人的接纳似乎遵循着一个规则：陌生人的待遇取决于他对内群体价值的

实现究竟是帮助还是障碍。[1]有时候，他的作用仅仅是提供陪伴。在田纳西州的山地流行着一套规范陌生人行为的法则。陌生人在接近住宅之前应当提前呼喊，除非这家人的狗已经发出警示的叫声。他应该把枪放在门口。如果他做到了，就会受到热情的欢迎，因为山地的居民喜欢可以帮助他们打发无聊生活的陌生人。

如果内群体需要招募新人，并且陌生人符合内群体的要求，他将得到永久的欢迎。但这通常伴随着一段试用期。在一些紧密结合的社群里，新来者可能需要几年、一代人甚至更久的时间才能彻底被接纳。

幼 童

假如群体偏见拥有任何先天的基础，那么它一定存在于人类面对陌生事物的犹豫中。我们注意到婴儿看到陌生人时经常表现出受惊的反应。6至8个月的婴儿在被陌生人抱起来或者看到陌生人接近时经常会放声大哭。如果善意的陌生人突然靠近，即使是两三岁的孩子通常也会躲闪和哭泣。对陌生人的羞怯通常会持续到青春期。在某种意义上，这种反应永远不会消失。由于我们的安全取决于及时发现环境的变化，我们对陌生的面孔十分敏感。当我们回家后，可能注意不到家人正坐在那里，可是如果有陌生人在，我们立刻便会发现，并感到警惕。

但恐惧的"本能"和对陌生人的怀疑并不持久。这种反应通常很短暂。

在一项针对11至21个月婴儿的实验中，每个婴儿都离开了熟悉的育婴室，被单独放置在一个陌生的房间里。研究员通过单向玻璃对他们进行观察。尽管他们身边堆满了触手可及的玩具，但所有婴儿一开始都会放声大哭，他们显然对环境的转变感到恐惧。5分钟后，他们被送回了育婴室。每隔一天，他们再次被单独送进新的房间。哭泣的婴儿迅速变少了，重复几次之后，陌生感逐渐消失，所有婴儿都开心地玩着玩具，不再用哭声进行抗议。[2]

我们在第3章中得知熟悉感会培养"好感"。如果熟悉的事物是好的，那么陌生的东西一定是坏的。然而，所有陌生事物在一段时间后都会变得熟悉。因此，在其他条件不变的情况下，随着熟悉感的逐渐形成，陌生人会从"坏人"变成"好人"。在这种情况下，我们不能过于相信"对陌生人的本能恐惧"是偏见的理由。即使在几分钟内培养的熟悉感也能缓解幼童对陌生人的恐惧反应。

可见差异暗示着真实差异

回到可见性的问题上来，首先，我们的所有经验告诉我们，看起来不一样的东西通常真的不一样。天空里的一朵黑云与一朵白云看起来完全不同。臭鼬不是猫。我们的舒适，甚至生命依赖于学会在面对讨厌的事物时采取不同的行动。

所有人都有外表上的差异。人们可以区分出小孩和大人、男人和女人、外国人和本地人。黑色人种、黄色人种与白色人种有着显而易见的不同。这并不是什么奇怪的事情，也算不上偏见。[3]

在第二次世界大战期间，黑人部队时常抱怨先于他们来到欧洲的美国白人部队散播了不利于黑人的谣言。他们之所以这样认为，是因为他们来到欧洲后，当地人总是用奇怪的目光盯着他们。真相更可能是因为欧洲白人过去很少或从未见过黑人，所以才仔细观察他们，想要知道他们与自己的差异是否像肤色所表现的那样明显。

尽管人们之间的一些可见差异是独一无二的（每张面孔都有独特的形态和表情），仍有许多差异可以被归类。性别和年龄显然是这样的例子。外群体特有的许多差异也是如此。其中包括：

肤色	举止
面部特征	宗教信仰
手势	饮食习惯
常见表情	姓名
口音	居住地

其中一些差异是天生的身体特征，另一些则是后天习得的，或者是族群身份的象征。没有人必须在领口佩戴老兵徽章，也没有人必须佩戴兄弟会的别针或戒指。一些群体成员有时会试图消除自身的"可见性"（一些黑人会将脸涂白或者把头发拉直），另一些人则会强调自己的身份（通过穿着独特的服装和佩戴徽章）。无论是哪种情况，重点在于看起来（或听起来）不同的群体给人的感觉也是不同的，这种感觉经常比他们的真实差异更强。

这条规律可以推导出奇特的结论：人们认为不同的群体应该看起来不同。在纳粹德国，人们发现犹太人可见的差异并不适合辨认他们的身份，因此犹太人被迫戴上了黄色的袖章。教皇英诺森三世（Pope Innocent III）因无法区分基督徒和异教徒而感到苦恼，于是他宣布所有异教徒应当穿着特殊的服装。同样地，许多白人试图提高黑人的"可见性"，于是声称黑人有特殊的体味和外貌。

总之，可感知的差异是区分内群体与外群体成员的基础。一个范畴需要有可见的标志。这一要求无比迫切，以至于在缺乏可见性的情况下，人们依然会想象可见性的存在。许多东方人在以肤色辨别白种人的同时也认为白人拥有独特的体味。许多年来，美国人曾一直以为布尔什维克党人全都留着络腮胡。近年来，如何分辨令美国人闻风丧胆的外部群体——共产主义者，这一问题深深困扰着州立法机关和联邦立法机关。政府投入了大量预算用于"揪出"共产主义者，有一种方法是用名字来识别他们，这样可以使共产主义者更容易被辨认出来。

当可见性存在时，人们几乎总是以为它与深层品质有关，实际却未必如此。

可见程度

人类学家基思提出了根据可辨认成员所占比例（种族、血统、类型、种类），为可见性提供进行分类的依据。[4]

全部可见（Pandiacritic）＝每个个体都可以被识别

多数可见（Macrodiacritic）=80% 以上可被识别

中度可见（Mesodiacritic）=30% ～ 80% 可被识别

少数可见（Microdiacritic）=30% 以下可被识别

根据这个方案，我们可以说犹太人属于中等区别类型。利用照片进行的实验指出约有55%的犹太人可以仅通过外表特征被辨认出来。[5] 类亚美尼亚人的外形特征和犹太人习惯性的面部表情为准确辨认犹太人与非犹太人提供了帮助。假如实验要求是辨认犹太人和叙利亚人，那么成功率一定不会如此之高。

令人惊讶的是，怀有偏见的人比没有偏见的人更容易辨别出他们讨厌的对象。上述研究证明了这一点。这个事实从心理学角度不难解释。对抱有偏见的人来说，他们需要了解"敌人"的特征才能识别他们，于是他变得善于观察和疑神疑鬼。既然他认为他所遇见的每个犹太人都是潜在的威胁，他会对所有犹太人的特征都变得敏感。相反，群体身份的问题对没有偏见的人来说不值得关注。如果问他某个朋友是不是犹太人，他可能真诚地回答，"我不知道。我从没想过这个问题"。除非一个人思考过种族差异的问题，否则他不太可能学会观察和识别这些特征。

大部分东方人或黑人容易被辨认出来，但不是所有人都具有明显的特征。所以，这些人种之间的差异也许属于宏观区别，而不属于广泛区别。看起来像白人的黑人（这当然指的是拥有大部分白人血统、只有少量黑人血统的人）一直令歧视黑人的人们感到焦虑。他们似乎觉得这是一个严重的问题。一个肤色较浅的黑人可能被误认为是西班牙人或意大利人，甚至被当成肤色较深的盎格鲁 - 撒克逊人，他可能彻底失去黑人群体的特征。粗略估计，每年约有2000至30000名黑人失去原有的族群身份而被视为白人。[6] 2000人的估计可能更接近事实。

区分属于同一人种的两个外群体的任务通常比较困难，尽管经验和熟悉程度可以为完成任务提供帮助。一名研究员要求斯坦福大学和芝加哥大学的白人学生对在美国念大学的中国学生和日本学生的照片进行区分。从整体来看，这项实验的结果并不理想——人为辨认的准确性几乎不比随机区分的结果更好，不过斯坦福大学拥有更多东方学生，因此斯坦福大学的学生比芝加哥大学的学生平均得分略高一筹。[7]

　　肤色对认知的影响如此强烈，以至于我们很难超越对面孔的第一印象。东方人就是东方人——至于究竟是中国人还是日本人，则无法判断。我们也分辨不出每张面孔的独特性。我们总是坦率地承认自己无法分辨东方人的长相，然而当我们得知东方人同样会抱怨"美国人看起来都差不多"时，我们却会感到愤慨。一个有关黑人和白人长相的记忆实验显示，对黑人偏见较深的人无法像分辨白人的照片那样清楚地分辨黑人的照片。[8]

　　尽管通常来说，我们对个体差异的感知无法突破肤色或民族类型的印象，但当我们区分可见性与我们相近的人群时，这一趋势有可能发生逆转。高加索人也许无法从外表区分中国人和日本人，这两个群体却十分了解彼此的特征，他们自然可以识别出对方。弗洛伊德曾提到"对细微差别的自我陶醉"。我们很仔细地将自己与那些很像我们却在细节上有所差异的人们做比较。根据弗洛伊德的理论，细微差别暗示着对自身潜在的不满。因此，我们很关注这些差异（正如在一起打桥牌的两位郊区淑女会仔细打量对方的装扮），通常还会从对自己有利的角度来评估这些差异。我们认为这些与我们相似的"双胞胎"其实并不如我们。宗教派系之间的对立恰好反映了"对细微差别的自我陶醉"。在外人看来，路德宗信徒没有什么特殊之处，但在自己人眼中，这个信徒隶属于哪个教派却很重要。

　　一名印度女性在美国南方旅行时，因为她的深色的皮肤而被旅馆拒之门外。于是，这名女性摘下了头巾，露出笔直的头发，这才获准入住。旅馆员工的第一反应取决于肤色带来的印象。印度女性出于对"细微差别"的执着而强迫员工改变印象，并重新对她进行定位。

　　我们在这里使用的肤色、发质和面部特征当然只是可见性的几个表现形式。例如，犹太人拥有其他的可见性特征——去犹太会堂做礼拜、过犹太人的节日、遵守斋戒、执行割礼和拥有犹太姓氏。正如我们在第1章所指出的那样，一个犹太姓氏足以成为身份识别的线索并引发一系列差别待遇。无论线索的多寡和可靠与否，它们都会吸引注意力并促使人做出范畴判断。

　　移民美国的清教徒在看到"罗马天主教"的可见标志时尤其感到痛苦。弥撒曲和尖顶教堂上的十字架令他们感到警觉和不舒服。即使在最近几年，一些严格的新教徒依然禁止在圣诞树上摆放蜡烛，因为这看起来像天主教的风格。在这些情况当中，可见标志与事物本身混淆在一起。也就是说，标志被禁用是因为它令人们联想到它所代表的整个范畴。清教徒真正痛恨的是专制的宗教权威。但符号本身也会激起他们的怒火，令他们唯恐避之不及。

凝聚在可见差异周围的态度

我们把对符号及其象征的合并的倾向称为凝聚。凝聚有多种表现形式，也会造成许多后果。我们以肤色为例。关于"黄祸"的警告一直层出不穷，尤其在过去的一个世纪里。与此同时，"白人的责任"成了人们迫切关心的问题。一种理论认为，欧洲企业家和官僚在中国、印度、马来西亚和非洲实行的剥削和暴行令他们良心不安。白人听说有色人种应当复仇的谣言后变得十分恐惧，这种恐惧逐渐令他们无法忍受。

无论理由是什么，肤色在白人眼中一直是显著的特征，就像流星一样明显可见，并带有重要的象征意义。总的来说，全世界的有色人种不太看重肤色。肤色对他们而言与基本的生活问题不太相关。一起限制契约案的原告是一名黑人妇女。辩护律师问她："你的种族是什么？""人类。"她回答。"你的皮肤是什么颜色？""自然色。"她回答。

黑皮肤本身并不令人讨厌。许多白种人其实非常喜欢较深的肤色。所有正常人的下层表皮中都含有黑色素（melanin，在希腊语中代表"黑色"）。住在北方国度的数百万人通过度假和美黑乳液极力增加皮肤中的黑色素。拥有"坚果般的棕色皮肤""印第安人般的红色皮肤"，甚至"黑人般的黑色皮肤"是夏日假期的绝佳纪念。晒日光浴的人们都渴望拥有黑人般的肤色。

那么，为什么天生拥有黑皮肤的人却受到唾弃而非备受追捧？这不是因为他们的肤色，而是因为他们的社会地位比较低。他们的肤色代表的不仅是黑色素，还暗示了地位的低下。一些黑人在意识到这个事实后便努力改变自己的外表。他们以为美白化妆品可以帮助他们摆脱污名，或许还能摆脱肤色所象征的不利因素。他们反对的不是自己天生的肤色,而是肤色带来的卑劣地位。他们也是混淆了符号及其象征的凝聚作用的受害者。因此,可见性对双方而言都是十分重要的标志,它能激活与可见性本身关系不大的社会地位。

感官厌恶

因此,视觉变成了维系所有联结的锚点。在这些联结当中,还包含一系列感官体验。我们很快从感官印象联想到不同肤色的人的血液、体味和本能冲动一定也有差异。于是,我们发展出感官、本能和"动物学"理论来解释负面态度。

这一过程是符合自然的,因为感官厌恶实际上是普遍的经验。所有人都经历过几乎是本能的厌恶反应——或许是对桃子的手感,对大蒜的气味,对粉笔划过黑板的声音,对头发油腻和有口臭的人,对变质的食物,对棉花糖的味道,或者对和宠物狗说肉麻话的女人。一名研究者要求1000个人列举出他们讨厌的事物,发现平均每人列出21种讨厌的感官或类感官形式。此外,其中约有五分之二的感官形式与人体的特质、举止和衣着有关。[9]

其中一些感官厌恶也许是天生的,但大部分是后天形成的。无论它们如何形成,都令人感到不舒服,并促使我们远离刺激源或用其他方式保护自己。它们本身不构成偏见,但它为偏见提供了现成的理由,并再次导致了符号和态度的凝聚。即使我们会为其他原因而对外群体产生厌恶,我们也会以感官厌恶为借口。

大多数人讨厌汗臭味。假如一个人听说黑人有奇怪的体味,这种(他几乎从未证实过的)语言"信息"将他的感官与偏见联系在一起。当他想起汗味时便会联想到黑人,当他想起黑人时也会联想到汗味。这种关联概念形成了一个范畴。很快,他将做出一个"动物学"诊断——他之所以讨厌黑人,是因为他们的体味。他说,这是一种自然的本能厌恶,因此只有加强种族隔离才能解决黑人问题。

"气味争议"十分常见,值得我们进一步加以解释。[10]心理学家告诉我们关于人类嗅觉的三个重要特征。

(1)嗅觉很容易受到影响——气味很少是中性的。臭味令人恶心和反感。香水之所以畅销是因为它能带来浪漫的感觉。因此,一个特定群体的独特体味很可能令人产生喜爱或厌恶的感觉。东方人有时会说白人独特的体臭来自他们对肉食的偏爱。

在接受关于偏见的气味理论之前，我们必须证明难闻的体味是真实存在的，而非想象出来的，并且这种体味是（令我们厌恶的）外群体成员所特有的，或者比在（令我们喜爱的）内群体成员身上体现得更显著。对体味进行研究是很困难的，但我们将在后文中描述一种初步的尝试。

（2）气味具有很强的联想性——一种特定的香味可能让我们突然回想起小时候去过的复古花园。麝香的气味可能让人想起祖母的客厅。同样地，如果我们把大蒜的气味与我们接触过的意大利人联系在一起，或者把廉价香水味和移民联系起来，或者将臭味和拥挤着居住的房客关联，那么当我们闻到这些气味时，便会想起意大利人、移民和贫穷的租客。当我们遇见一个意大利人时，可能会联想到大蒜的气味，并以为自己真的"闻到"这种气味。（由这种联想引起的）嗅觉的错觉经常发生。正因如此，已经形成嗅觉联想的人们才会信誓旦旦地宣称所有黑人或所有移民都有难闻的体味。

（3）人们很快就会适应气味。即使在确实气味很浓的地方（体育馆、出租房、化学室），人们也能迅速习惯。几分钟后，我们便闻不到这些气味了。这一事实本身便能极大地削弱我们对某个群体的讨厌源于他们的体味这一说法。正如害怕陌生人的婴儿很快就适应了陌生人的存在，我们不能用如此短暂的现象作为偏见理论的基础。然而，正如我们说过的那样，迅速养成的习惯会被气味所形成的长期联想所抵消。

那么，事实究竟是什么呢？黑人到底有没有所谓的特殊气味呢？我们还不能确切地回答这个问题。然而，莫兰（G. K. Morlan）的实验提供了一些证据。

这项调查要求 50 名实验者对彻底隐藏身份的两名白人男性学生和两名黑人男性学生的体味进行区分。在上半场实验里，四个男孩刚洗完澡；在下半场实验中，他们刚经过 15 分钟的剧烈运动而汗流浃背。大部分实验者无法区分体味的差异，或者做出了错误的判断。少数正确判断也极有可能完全是巧合。[11]

这场实验令实验者感到很不舒服，但两个种族的汗臭味造成的不愉快感似乎是同等的。

体味带来的联想是一种奇特的心理现象。它冲击着私密的主观感受（和偏见），但它的主要功能似乎是成为一种"客观"借口，或者合理化一些难以理解和分析的过于私密的情感状态。

讨 论

现在我们明白为什么"可见性"（真实存在的肤色差异，通常会联系上假想中的体味等其他"感官"特性）成为一种核心象征。如果一个群体的成员被认为拥有独特的能被感知的特性，那么这些特性可能成为"冷凝棒"，凝聚关于这个群体的一切想法和感觉。这种冷凝棒的存在使我们可以将外群体视为一个整体。我们在第2章中已经指出范畴会尽可能地吸纳所有相关特质。

让我们再次回顾性别差异问题。这个问题当然拥有很高的可见性。但在所有文化里，性别差异都在扭曲人们的思想。女性不仅与男性有外貌上的差异，还被认为在智力、理性、诚实、创造力上具有先天的不足，一些文化甚至认为女性没有灵魂。一种真实的身体差异被视为整体的范畴差异。因此，人们不仅认为黑人有着黝黑的皮肤，也认为他们有着黑心、卑劣和懒惰——尽管这些品质全都与肤色无关。

总之，可见差异为族群中心主义的发展提供了很大帮助。但它们只是提供了帮助，并不足以解释一切。我们的反感只有一小部分来自可见差异，倒不如说，我们感受到的一些差异正是反感引起的错觉。

可见性的问题在灾难时期变得尤其重要。一场经济大萧条让俄罗斯人和波兰人冲进犹太居住区袭击他们看得见摸得着的犹太"敌人"。在种族冲突的高发期，任何黑人随时都有可能成为暴力的靶子。在1923年的大地震时期，日本人曾在疯狂的恐惧下歇斯底里地攻击无辜的朝鲜人。

我们有必要明确区分相互冲突的群体。在分清敌人之前，我们不能贸然发动攻击。低可见性会造成令人困惑的结果。我们可以再次参考美国由难以辨认的共产主义者所引发的内讧局面。由于缺乏辨认的标准，国会和州立法机构耗费了大量的时间和金钱进行排查。教授、神职人员、政府员工、自由主义者和艺术家都被卷入了"麦卡锡主义"的旋涡。

我们对可见性的一个微妙的心理作用依然缺乏认识。一位敏锐的自我观察者在这段文字里描述了它的本质。

最近，当我在纽约市的街头散步时，我和一位上了年纪的有色人种女性擦肩而过。她的脸上长满痘疮，而且还在吐痰。我见过处于类似状态的白人，当时我只感觉到同情和遗憾，因为我自己也曾因严重的痤疮感染而困扰多年。然而，看到类似处境的有色人种女性却令我感到恶心……假如一个犹太人或黑人做出违反社会习俗的事情，他所受的处罚将比犯下同样错误的非少数族裔严重得多。

在上述例子里我们看到，即使是"宽容"的人也会倾向于将反感的真实原因与不相关的可见特质联系在一起。当我们之中的一员犯下一个不严重的错误时，我们往往视而不见，然而同样的错误在外群体成员身上却显得令人无法忍受。这也是凝聚的例子。激起义愤的真实原因与不相关的可见线索彼此联结，两种力量相互融合。

假如可见性永远对应着真正的威胁，那确实很幸运。社会上的一些成员像寄生虫和水蛭一般对其他人构成威胁。但这些人很少被发现。仅从外表不可能判断谁才是社会的公敌。假如他们都有绿皮肤、红眼睛或塌鼻梁，那么就会方便许多。我们便可以理性地将仇恨与可见线索联系起来。然而事实并非如此。

参考文献

（1）Margaret M. Wood. *The Stranger: A Study in Social Relationships*. New York: Columbia Univ. Press, 1934.

（2）Jean M. Arsenian. Young children in an insecure situation. *Journal of Abnormal and Social Psychology*, 1943, 38, 225–249.

（3）G. Ichheiser. Sociopsychological and cultural factors in race relations. *American Journal of Sociology*, 1949, 54, 395–401.

（4）A. Keith. The evolution of the human races. *Journal of the Royal Anthropological Institute*, 1928, 58, 305-321.

（5）G. W. Allport and B. M. Kramer. Some roots of prejudice. *Journal of Psychology*, 1946, 22, 16 ff.

一些关于面孔识别的实验结果不可避免地取决于群体中包含了多少犹太面孔，以及涉及哪些类型的犹太面孔。因此最好从不同的实验结果中总结证据。卡特（L. F. Carter）基于自己的调查对文中列举的结果提出质疑（The identification of "racial" membership. *Journal of Abnormal and Social Psychology*, 1948, 43, 279-286）。然而 G. Lindzey 和 S. Rogolsky（Prejudice and identification of minority group membership, *Journal of Abnormal and Social Psychology*, 1950, 45, 37-53）证实了同样的发现。这里提到的准确的百分比（55%）在后续实验中没有成立，但在基思提出的范围之内，犹太人也许可以被视为"中等区别"群体。

（6）J. H. Burma. The measurement of Negro "passing." *American Journal of Sociology*, 1946-47, 52, 18-22; E. W. Eckard, How many Negroes "pass"? *American Journal of Sociology*, 1946-47, 52, 498-500.

（7）P. R. Farnsworth. Attempts to distinguish Chinese from Japanese college students through observations of face-photographs. *Journal of Psychology*, 1943, 16, 99-106.

（8）V. Seeleman. The influence of attitude upon the remembering of pictorial material. *Archives of Psychology*, 1940, No. 258.

（9）C. Alexander. Antipathy and social behavior. *American Journal of Sociology*, 1946, 51, 288-298.

（10）两个世纪前，托马斯·布朗爵士（Sir Thomas Browne）认为必须打破犹太人有特殊体味的说法。他明智地提醒我们，"将不变的属性施加于任何国家"都是不恰当的。*Pseudoxia Epidemica*, Book IV, Chapter 10。

（11）G. K. Morlan. An experiment on the identification of body odor. *Journal of Genetic Psychology*, 1950, 77, 257-265.

第9章　受害者特质

> 自然、偶然或命运给我们带来的痛苦，都不如他人随意施加于我们的痛苦更强烈。

> ——叔本华

假如有人不断对你重复这些话：你是个懒惰的人，你天生头脑简单，你将来会成为小偷，你拥有劣等人的血统，那么你会形成什么样的性格？假设你的大部分同胞都这样对待你，假设你无论做什么都无法改变他们的态度——这一切都是因为你碰巧拥有黑色的皮肤。

或者假设你每天都听到有人说你会成为一个精明能干的有钱商人，俱乐部和旅馆不欢迎你入内，你只能和犹太人来往，如果你真的这样做，反而会受到严厉的指责。假设你无论做什么都无法改变这一切——只因为你碰巧是犹太人。

一个人的名声，无论是真是假，在被日复一日反复捶打进人的脑海时，都会对人的性格造成影响。

一个无论做什么都会被批评的孩子不太可能形成自尊和自信的良好品质。相反，他会变得充满戒备。就像一个侏儒生活在充满可怕巨人的世界里，他不能和他们进行公平的较量。他不得不忍受对方的嘲笑并屈服于对方的淫威。

内心像侏儒一样的孩子为了自我防御可以做出许多事情。他也许会自我封闭，永远不向巨人们袒露心扉。他可以与其他侏儒团结在一起，为彼此提供安慰和尊严。他可以尽可能地欺骗巨人，以此获得复仇的快感。在绝望的情况下，他可以利用一些机会偷袭巨人，或者在自暴自弃中扮演巨人期待的角色，逐渐接受巨人对侏儒的贬低。在永无止境的蔑视下，他天生的自爱之心可能会转变为奴颜婢膝和自我厌恶。

自我防御

渴望正义的宽容的人们经常否定少数群体成员拥有任何特殊品质。他们认为少数群体"与其他人一样"。从广义上讲，这个判断是合理的，因为我们已经看到群体差异不像人们以为的那样明显。群体内部的差异几乎总是比群体之间的差异更显著。

没有人可以对他人的侮辱和期待无动于衷，所以我们必须预料到那些容易受到羞辱、轻蔑和歧视的群体成员会经常启动自我防御机制。这是必然的结果。

然而，关于因迫害而产生的特质，我们需要记住以下两点：（1）它们不全都是令人讨厌的特质——其中一些是友好和有益的品质。（2）自我防御带来的结果是因人而异的。每一种自我防御机制都能在被迫害的群体成员身上得到体现。一些人可以轻松地对待自己的少数群体成员身份，从他们的性格中几乎看不出这种身份产生的影响。另一些人会同时表现出好的和不好的补偿机制。一些人对不利因素的逆反心理过于强烈，以至于发展出很多不堪的防御机制。这些可怜的人会不断招致他们所憎恶的指责。

一个人对自我身份的反应取决于自身的生活环境：他所受的训练、他受到的迫害有多严重、他的人生哲学。由于某些特定情况，某些自我防御机制在一个不受欢迎的群体中比在其他群体中更常见，但这种程度并不明显。我们将在后续讨论里指出几个这样的例子。

过度忧虑

在美国的任何地区，一个黑人公民都很难在不需要担心是否会遭受攻击和侮辱的前提下坦然地进入一个场所，无论是商店、餐厅、电影院、旅馆、游乐园、学校，还是火车、飞机、轮船，更不用说进入白人的家了。当他在旅行时，这种挥之不去的焦虑当然更加强烈，因为他不知道哪些地方是黑人可以安全出入的。从早到晚，这种种族思维框架一直固定在他的脑海中。他无法摆脱这些想法。

第二次世界大战期间，陆军研究机构对黑人和白人进行的一项调查很好地反映了种族思维框架在黑人当中的普遍程度。"如果你可以与美国总统对话并向他提出关于战争和自身义务的三个问题，你最想问哪些问题？"一半的黑人回答他们想问关于种族歧视的问题，但没有一个白人这样回答。问题的表述各不相同，但它们都有一个共同的主题："战争结束后，我作为黑人也能享受到所谓的民主吗？""南方各州会把黑人当作平等的人来对待吗？""为什么黑人部队不能像白人部队那样经常参与作战？""既然白人和黑人士兵为了共同的目标而战斗和牺牲，我们为什么不能在一起进行训练？"[1]

不安全感是作为偏见对象的少数群体成员的基本感觉。三名犹太学生以不同的方式表达了同样的观点：

> 我怀着恐惧的心情等待听到反犹太人的言论。我的心中的确感到不安：我无时无刻不感到无助、焦虑和恐惧。
>
> 反犹太主义是犹太人生命中挥之不去的一股势力……
>
> 我很少亲身遭遇明显的反犹太主义。尽管如此，我总能注意到它在暗处的存在，它仿佛随时准备出现，我却永远不会知道是什么令它现形。我总是隐约预感灾难即将到来。

在东部一所大学里，约有一半的犹太学生在类似的文章里提到对"即将到来的灾难"的预感，这种感觉一直停留在犹太人的心里。

因此，警惕性是自我防御的第一步。自我必须时刻处于戒备之中。这种神经过敏有时会发展为过于强烈的猜疑心，任何风吹草动都令他们心惊胆战。很多犹太人对"eu"（犹）这个音节特别敏感。

> 20 世纪 30 年代末的某一天，一对难民夫妇正在新英格兰的一间乡村杂货店买东西。丈夫买了几个橙子。
>
> "这些橙子要用来榨果汁吗？（for juice）"店员问。

"你听见了吗?"女人小声对丈夫说,"他说'给犹太人的吗?(for Jews)'你瞧,这里也开始针对我们了。"

少数群体成员不得不比主流群体成员更频繁地调整自身的状态。假如墨西哥裔美国人占某市人口的二十分之一,那么他们遇见英裔美国人的次数是英裔遇见他们的20倍之多。当然,由于人们更愿意与自己的族群相处,这个比率有待调整。但基本趋势依然不变:少数群体的自我意识更强,面临着更大的压力,不得不做出更多调整。

少数群体很容易过于担忧自身处境,以至于他们每次面对主流群体时,心中都抱有很深的怀疑。结果将导致"自卑感"。他们可能会有这样的态度:"我们总是受到伤害,所以我们学会了保护自己,我们不能相信频繁伤害我们的群体当中的任何人。"因此,少数群体的自我防御可能同时包含警戒心和高度敏感。

否认身份

受害者能做出的最简单的回应也许就是否认自己是被歧视的群体当中的一员。对于没有明显的肤色、外貌、口音差异的成员,以及对群体没有任何忠心和依恋的成员来说,这么做并不困难。也许他们在血统上只继承了一半、四分之一或者八分之一的族群传统。一个肤色很浅的黑人也许看起来像白人一样。既然他的白人血统多于黑人血统,从逻辑上讲他完全有理由这样做。否定群体身份的人或许会成为"种族同化主义者",并认为所有与众不同的少数群体都应当尽可能地摆脱自己的身份。但否认身份的成员也经常忍受巨大的矛盾。他可能成为族人眼中的叛徒。

一名犹太学生懊悔地承认,为了不被当作犹太人看待,他有时会"在对话中开犹太人的玩笑,尽管这些笑话并不恶毒,却足以给人造成我不是犹太人的印象"。

另一名学生写道:

当我和讨厌犹太人的人们在一起时,我会保持沉默并尽快离开。我通常没有勇气告诉他们我是犹太人。我经常为此感到愧疚。

当一个人改变信仰后，或者成功被主流群体接纳后，他对身份的否认可能持续一生。否认身份也可能只是暂时的情况，就像使徒彼得迫于压力而否认自己是基督的追随者。人们可以只否认一部分身份，就像一些移民发现把听起来像外国人的名字改成英式姓名会更加方便。一个把头发拉直的黑人不是真的想成为白人——而是因为摆脱一项不利的身份特征可以令他得到某种安慰。

刻意否定自己的身份有时很难与为了适应主流社会而必须做出的调整相互区分。一个学习英语的波兰移民不一定是在否认自己的移民身份，但他的确想要减少这一身份在他生命里的比重。他正在从一种群体身份走向另一种身份。即使他不想抛弃过去的同伴，被主流同化的每一步实际上都是一种"否认"。

回避与被动

从远古以来，奴隶、囚犯、社会边缘人物一直用被动服从的表象来隐藏他们的真实情感。他们将仇恨彻底隐藏起来，以至于在监视者的眼中，他们仿佛对自身的处境心满意足。满足的面具是他们赖以生存的手段。

在第二次世界大战期间，陆军研究机构对士兵们进行了多项调查。针对白人士兵的一个问题是："你认为这个国家的大部分黑人对生活是否感到满意？"有十分之一的南方人和七分之一的北方人回答"大部分黑人并不满意"。[2]

这项结果说明黑人为了保护自己而隐藏真实情感，也揭露了主流白人群体对舒适的待遇感到心满意足。真相是大部分黑人对现实感到不满。四分之三的黑人相信"白人在竭力打压黑人"。[3]

对于受到严重威胁的少数群体来说，被动接受有时是唯一的生存之道。暴力反抗必将遭受严厉的惩罚，群体成员也可能在长期焦虑和愤怒的影响下精神崩溃。通过向对手屈服，他可以不再那么显眼，也不需要感到恐惧，他可以平静地过着双重生活：一种是（更主动地）与自己人相处，另一种是（更被动地）与外界相处。在这种冲突之下，大部分黑人仍能保持精神健康——服从也许是一种有益的自我防御。采取沉默和消极态度的人可以获得一定程度的保护。

消极回避可以分为不同的程度。保有尊严的沉默会给人留下沉着冷静的印象。大部分人欣赏这种姿态，这在美国黑人和东方人群当中是很常见的态度。

另一种回避类型是沉湎于幻想。受轻视的人在现实生活中可能无法获得满意的地位。但他可以想象一种更好的生活状态，也可以与同伴进行讨论。他就像一个幻想自己四肢健全的残疾人。在幻想中，他是强壮、英俊、富有的。他穿着时髦的衣服，开着豪车，拥有社会地位和影响力。白日梦是人们在落魄时的常见反应。

回避也可能以不太光彩的形式存在，比如谄媚和奉承。一些偏见的受害者在面对主流人群时可能会努力抹除自我。主人如果开玩笑，奴隶就捧腹大笑；主人如果发怒，奴隶就瑟瑟发抖；主人如果想听奉承话，奴隶就会满足他。

插科打诨

如果主人需要取乐，奴隶有时候会殷勤地扮演小丑的角色。舞台上的犹太人、黑人、爱尔兰人、苏格兰人喜剧演员可能会开自己人的玩笑来取悦观众。演员因观众的掌声而获得满足。理查德·赖特[1] 在《黑孩子》一书中描写了黑人电梯操作员通过夸张的黑人口音和刻意表现乞讨、懒惰、说大话等黑人的刻板印象而获得好处。乘客们给他小费，把他当成宠物。黑人儿童有时会学着模仿傻乎乎的乞丐，因为这样一来他们就能获得（态度有些傲慢的）好心人的关注和几个硬币。

插科打诨的防御机制可以蔓延到群体内部。黑人士兵在自己的部队里有时会故意用"黑人俚语"说话，并且越夸张越好。打破语法规则令他们感到有趣，这也是发泄挫折感的一种方式。他们以"幽灵"（spooks）自称，这不仅是开玩笑。幽灵不会受伤，不会失望，不会反驳，但也不会受到强迫。无论你做什么，幽灵都能直

---

① 理查德·赖特（Richard Wright, 1908—1960）：美国黑人小说家、评论家。代表作有长篇小说《土生子》、自传《黑孩子》等。

接穿墙而出；幽灵沉默而又我行我素，并且刀枪不入。少数群体在开自己的玩笑时经常带着一丝痛苦。他们正如拜伦①所说的那样："如果我嘲笑俗世的一切，这是为了不再哭泣。"

加强内群体纽带

我们在第3章得知，尽管共同敌人的威胁不是人类团结的唯一基础，它却仍是重要的纽带。一个国家在战争时期最有凝聚力。学者们对经济大萧条时期的失业家庭进行研究后发现，这一时期的家庭内部往往十分团结。当然，一些早已摇摇欲坠的家庭在危机中瓦解，正如一些脆弱的少数群体在迫害下被彻底毁灭。这令人联想到美国历史上无法抵御反对势力攻击的一些理想主义者、激进分子或宗教团体。还有一种可能是，某些民族（如一些印第安部落）缺乏抵御迫害的力量，因此分崩离析。

通常，我们可以说拥有同样苦恼的人在一起时可以互相得到安慰。威胁令他们团结在共同的身份下寻求保护。第二次世界大战期间，西海岸的人们普遍相信"日本人本性难移"，这令第一代和第二代日裔移民紧密地团结在一起，尽管他们在受到迫害之前彼此并不和睦。

"小团体主义"可能是迫害的结果，虽然在迫害者的眼中，这正是他们实施迫害的理由。在加利福尼亚州，很少有人将日裔移民的团结归咎于歧视性法律和差别待遇。他们不知道这些群体在面对隔离法、禁止通婚法、剥夺公民身份、失去许多工作机会、被社区驱逐时注定会凝聚起来。他们反而把"小团体主义"视为日本人的"本性"，就像"犹太人的本性"那样。然而当少数群体的成员在职场、住宅区、旅馆、度假村都遭受排挤时，究竟是谁在一致排外？

本能的"族群意识"很可能并不存在。儿童的部落成员身份是后天形成的。一个5岁的孩子可能会否认自己是黑人，尽管他知道其他人属于这个被轻视的族群，

---

① 拜伦（George Gordon Byron, 1788—1824）：英国19世纪初伟大的浪漫主义诗人。代表作有《怡尔德·哈罗尔德游记》《唐璜》等。

这种情况并不罕见。犹太儿童可能会用"肮脏的犹太人"来称呼别人，却没有意识到其中包含的讽刺。少数群体的父母经常争论究竟是应该向年幼的孩子解释他的身份将带来的痛苦，还是让孩子享受几年无忧无虑的时光，尽管这意味着通常在8岁时，孩子便会受到现实的打击。

一名儿童无论是否做好了接受打击的准备，他都会很快从无法摆脱的身份当中找到安慰。父母会教给他祖辈所取得的一切荣耀。令人欣慰的传说可以抵消"劣等人种"的指控带来的伤害。孩子对自己说："我们才是真正的高等人种，你们不是。"进一步合理化后，主流群体也许会被视为粗鲁愚笨的野蛮人，或者被视为一群充满偏见的人。歧视的受害者则可以从族群内部获得满足：受到孤立是对族群重要性的认可。自以为是的态度在受害者身上与在加害者身上一样常见，因为没有人真的认为自己不如别人。

所以，少数群体可能形成特殊的凝聚力。他们可以在群体内部嘲笑迫害者，庆祝自己的英雄和节日，愉快地生活在一起。只要团结，他们便不会为艰难的处境而过于痛苦。我们在第2章提到少数群体的种族中心主义或许比主流群体更强烈。现在我们终于明白了其中的缘由。

优待自己的同类只是举手之劳。由于个人的安全与内群体的兴亡息息相关，人们往往会偏爱自己的同伴。犹太人可能更愿意帮助他的同胞。如果是这样，拉帮结派的指控便有了依据。黑人有句谚语："不要在你不能工作的地方消费。"这句话代表着同样的意思——这很容易理解。许多黑人被问到为什么不去真心欢迎他们的"白人"教堂做礼拜时，他们通常会回答："我们很乐意去做礼拜，可是这些教堂愿意给黑人牧师提供平等的就业机会吗？"支持自己的同类是面对外来歧视时的自然反应。

奸诈狡猾

有史以来，在世界各地，奸诈狡猾一直是最常见的针对外群体的指控。欧洲人这样形容犹太人，土耳其人责备亚美尼亚人，亚美尼亚人用同样的话回敬土耳其人。这种争议的根源是自古以来一直存在于民族之间的双重标准。人们认为对待自己人应当比对待外人更加公正。原始人对欺诈的制裁通常只适用于受害者是部落内部成员的情况。欺骗外人是公平的行为，甚至是值得称赞的举动。即使在文明社会，依然存在着这种双重标准。本地人可以对游客滥收费，出口商心安理得地把劣质商品销往海外。

一旦涉及生存问题，这种狡猾的倾向便会加剧。假如犹太人没有用诡计欺骗迫害者，那么他们很可能无法在历史上的多次大屠杀中幸存下来。这个道理同样适用于沙皇俄国、希特勒德国和所有被纳粹占领的国家。在亚美尼亚人、美洲印第安人和许多被迫害过的民族与宗教团体的历史中，我们都能找到大量的例证。

少数群体为了报复，有可能做出"卑鄙"的举动。弱者只能偷袭强者：从主人的厨房里"顺手牵羊"的黑人厨师之所以这样做，不仅是为了食物本身，也是为了报复主人。其中包含各种各样的伪装。人们之所以巴结奉承、骗取信任、装疯卖傻、不断破坏人际交往的伦理，既是为了生存，也是为了报复。

偏见受害者的这种反应完全符合逻辑，我们甚至不明白为什么没有更多人这样做。

对主流群体的认同：自我厌恶

还有一种更微妙的心理机制：受害者没有假装认可那些地位优越的人，而是真心认同他们，并从他们的角度去看待自己的族群。这种心理是种族同化主义的基础，一旦个体的财产、习俗和语言与主流群体别无二致，个体将彻底在主流群体当中迷失自我。但更难以理解的是，当个体无法被主流群体接纳时，却依然认同他们的习俗、观点和偏见。他接受了自己的处境。

一些失业者的案例可以解释这种情况。在20世纪30年代的大萧条时期，研究发现这些失业者感到巨大的耻辱。他们将贫困的处境归咎于自己的无能。在大部分情况下，没有人会怪罪他们，但他们依然感到羞愧。导致这种情况的主要原因是西方文化对个体责任的强调。我们相信每个人都需要塑造自己的世界。当不好的事情发生时，个体便要为此负责。因此，移民为自己奇怪的口音、笨拙的举止和不足的教育而感到羞愧。

一名犹太人也许会讨厌自己的宗教传统（假如没有这种传统，自己就不会受到迫害）。他或许会责怪某一类犹太人（正统派、不讲卫生的人、商人等）。他也可能讨厌意第绪语。由于他无法摆脱自己的族群，因此他真心讨厌自己——至少讨厌自己身上的犹太人特性。更糟糕的是，他可能因为这种感觉而更加厌恶自己。他陷入了深刻的矛盾之中。由于"紧张"和长期缺乏安全感，他可能会变得鬼鬼祟祟和局促不安。这些不良特质又会增加他对自身犹太血统的仇恨，从而加剧这种矛盾。这是一场永无止境的恶性循环。[4]

一个多世纪以前，托克维尔[①]描述过黑人奴隶的自我厌恶情绪。这段文字十分尖锐，但他错误地以为所有黑人都具有这种精神状态。实际上，这种自我防御形式恐怕并不普遍存在。它当然不能反映所有奴隶的心理，在今天的黑人当中也不常见。

> 黑人千方百计想要融入不愿接纳他们的人群之中，却一无所获。他们迎合压迫者的品位，采纳他们的观点，并希望通过模仿他们来建立自己的社群。他们从一开始就被告知自己天生比白人低劣，他们同意这种说法，并对自己的出身感到羞愧。他们从自己的每个特征里都发现了奴隶的痕迹，如果可以，他们愿意放弃自己的一切，变成另一个人。[5]

有关纳粹集中营的研究反映了只有在其他自我防御机制全部失效后，受害者才会以认同压迫者的形式来保护自己。囚犯们一开始试图保持自尊，他们在心中蔑视压迫者，努力用巧妙而隐蔽的方式保护自己的安全和健康。然而，经过两到三年的极端折磨后，他们发现努力取悦看守会使人在精神上投降认输。他们会模仿看守的举动，穿他们的衣服（那是权力的象征），欺负新来的囚犯，变得仇视犹太人，在整体上接纳了压迫者的阴暗心理。[6]

每一种性格都有突破点。托克维尔所描述的奴隶和经历了长期监禁的集中营囚犯展示了群体压迫可以彻底摧毁自我，颠覆原有的自尊心，创造卑躬屈膝的形象。

不是所有身份认同或自我厌恶的例子都如此极端。北方黑人士兵用一半玩笑一

---

① 德·托克维尔（de Tocqueville, 1805—1859）：法国历史学家、政治家、政治社会学的奠基人。代表作有《论美国的民主》《旧制度与大革命》等。

半严肃的态度打趣南方黑人尊重自身的"劣性"。白人之间盛行的判断标准也经常被黑人用在自己身上。他们不断地被告知黑人懒惰、无知、邋遢、迷信，以至于自己也有些相信这些指控。由于这些是西方文化所共同唾弃的特质，黑人当然也具有这样的一面，于是对内群体某种程度的厌恶几乎是无法避免的。例如，如果黑人不知不觉认可了白皮肤是更高级的进化象征，那么肤色浅的黑人可能会瞧不起肤色深的同胞。

对自己所属群体的攻击

我们用"自我厌恶"来形容人们对拥有所属群体的特质而产生的耻辱感——无论这些特质是真实存在的还是想象建构的。我们也用它来描述人们对所属群体内拥有这些特质的其他成员的仇视。这两种自我厌恶的形式都可能存在。

当一个人的仇恨清楚地局限于所属群体的其他成员时，我们可以预料群体内部将会接连发生各种冲突。一些犹太人称其他犹太人是"犹太佬"（kikes），并认为反犹太主义全是他们导致的。群体内部的阶级差异往往是由试图摆脱所有成员遭受的不利影响而导致的。住在别墅里的爱尔兰人瞧不起住在棚屋里的爱尔兰人。富有的西班牙和葡萄牙犹太人一直认为自己是希伯来民族的中流砥柱。拥有较深文化底蕴的德国犹太人以贵族自居，经常瞧不起奥地利、匈牙利和巴尔干地区的犹太人，并认为波兰和俄罗斯犹太人位于族群的底层。不是所有犹太人都接受这样的排序，尤其是波兰和俄罗斯犹太人，这是不言而喻的。

黑人之间的阶层差异尤其显著。肤色、职业和教育程度是阶层划分的依据。上层黑人很容易将自身处于不利处境的大部分责任转嫁到底层黑人身上。在亲密而又艰苦的军队生活里，肤色较深的黑人经常挑衅那些肤色较浅的黑人战友，因为他们认为后者看起来很像奴役他们的人种；而肤色较浅的黑人也会刻意刁难皮肤黝黑的"幽灵"，因为他们认为后者"懒惰"而又"无知"。

因此，在长期处于不利状态的族群内部，成员之间的关系经常很紧张。采取了某一种防御机制的成员可能对采取另一种防御机制的同伴感到厌恶。迎合白人的黑人被鄙夷地称为"汤姆叔叔"①。身穿长袍的正统派犹太人可能受到现代犹太人的排斥，后者有时和非犹太人一样持有反犹太主义态度。几乎在所有群体当中，想要抛弃成员身份并融入主流文化的成员都会遭受其他同伴的敌视。他们被当作"势利鬼"和"马屁精"，甚至被视为叛徒。

正如我们所见到的那样，残酷的迫害确实可以让所有内群体成员放下彼此之间的成见并团结在一起。然而当偏见只有"普通"程度时，我们可能会发现内群体成员之间的争执也是一种自我防御机制。

对外部群体的偏见

偏见的受害者当然也可能会将他们所遭受的不公待遇施加在别人身上。被剥夺了权力和地位的人往往渴望感受权力和地位。受到地位更高的人欺凌的人可能像谷仓前的鸟一样欺负比自己更弱小、更卑微的人。

一项研究采用博加德斯社会距离量表对佐治亚州两所大学的白人学生和黑人学生进行了偏见上的比较。结果发现，黑人学生对列表中所有 25 个国家和民族群体的平均态度比白人学生更不友好（只有对黑人群体的态度例外）。[7]

其他研究也为这项发现提供了支持，黑人的种族偏见比白人更强烈。但用偏见回应偏见的群体不是只有黑人，其他少数群体也会这样做，尤其是认为自己因族群身份而受到伤害的人们。[8]

一名犹太学生表达了这种心理状态：

我之所以不够宽容，是因为我从小便成了偏见的受害者。我所形成的仇恨和偏见是防御机制的产物。如果有人恨我，我自然会用同样的方式回敬他。[9]

① 汤姆叔叔：美国作家哈里特·比彻·斯托夫人的长篇小说《汤姆叔叔的小屋》里的角色，是一个善良、温顺、对主人忠心耿耿的黑奴。

尽管受害者自身的焦虑和愤怒是导致他直接或间接敌视其他群体的首要原因，依然有其他原因促使他养成了偏见的观念。他可以透过偏见找到与主流社会的联系，即使这种联系十分脆弱，也可以给他带来安慰。白人可能会向黑人暗示，毕竟他们都不是犹太人。"萨姆，无论如何，你比那些该死的犹太人更像我们白人。"受宠若惊的萨姆同意了这种说法，于是他将犹太人视为比自己更低劣的人种。或者，一个缺乏安全感的犹太人可能会和非犹太人邻居一起将黑人家庭赶出自己的社区。共同的偏见能创造连接彼此的纽带。

　　最后，还有一个奇妙的数学概率问题。仇视非犹太人的犹太人可能会加倍仇视黑人，因为后者既是黑人又是非犹太人。仇视白人的黑人会加倍仇视犹太人，因为后者既是犹太人又是白人。对黑人来说，表达对白人的反感并不明智，但他可以加倍诅咒"肮脏的犹太人"（其中也包含了"肮脏的白人"的意味）。[10]同样地，当犹太人咒骂"肮脏的黑鬼"时，也是在发泄对非犹太人的一部分憎恨。

同　情

　　上文所描述的防御机制在许多偏见受害者身上并不存在。他们的情况恰恰相反。一名犹太学生写道：

> 我非常同情黑人的处境，他们甚至比犹太人更容易受到针对。我理解被歧视的感觉。我又怎么会歧视他们呢？

　　朱利叶斯·罗森瓦尔德①的慈善事业的主要目标是为黑人谋求福利。开明的犹太人认为同情是犹太群体对所有遭受压迫者的自然反应。犹太人自身的苦难（以及犹太教的普世主义）使他们充满理解和同情。

---

　　① 朱利叶斯·罗森瓦尔德（Julius Rosenwald, 1862—1932）：美国犹太商人、慈善家。

有趣的是，西格蒙德·弗洛伊德将他的客观思维和开拓精神归功于他的犹太裔身份。他写道："由于我是犹太人，我发现自己得以免除阻碍其他人发挥自身才智的许多偏见的影响；作为犹太人，我早已准备好站在众人的对立面，并放弃迎合'紧密团结的主流社会'。"[11]

这段话的逻辑获得了证据的支持。在大多数大规模的研究里，犹太人确实比新教徒和天主教徒对其他少数群体更宽容。然而，重要的是，不仅犹太人如此，其他偏见的受害者通常要么抱有很高的偏见（比如前几页所述），要么十分宽容。他们很少处于"平均水平"。简而言之，受害者身份使人要么敌视其他外群体，要么同情其他外群体。[12]

这一点相当重要。受害者身份很难令人保持一般程度的偏见水平。从广义上讲，他只能在两条路当中选择一条：要么加入强势的一方，将自己所受到的对待施加在其他人身上，要么自觉地努力抵制这种诱惑。他会深有感悟，"这些人和我一样是受害者。我最好和他们站在一起，而不是站在他们的对立面"。

反击：交战状态

到目前为止，我们很少提到一个简单的可能性：少数群体成员拒绝"接受这一切"。他们会想尽办法进行反击。从心理学上讲，这是最简单的反应。斯宾诺莎写道："如果一个被他人敌视的人相信这种恨意是毫无理由的，那么他也会敌视对方。"用精神分析法来讲，挫败感会培养攻击性。

1943年夏天的哈莱姆暴乱发生后，一项研究调查了大量黑人居民对此次暴乱的看法。结果有近三分之一的被调查者赞同这场暴乱。他们说："我支持这次行动，并且希望再次发生。我的同胞应该被释放。""这是向底特律复仇。"另一方面，60%的人尽管应该遭受过同样的歧视，却认为"这不光彩""这只会对我们不利""暴力是可耻的"。我们从这项研究中不可能确定为什么一些种族歧视的受害者会宽恕加害者并谴责暴力反击。一些迹象显示反对暴力的人大多教育程度更高，更频繁地去教堂做礼拜，也更年轻（或许他们受到迫害的时间没有那么长）。但这些迹象并不十分可靠。[13]

我们不难理解一些少数群体成员为何不断地发出抗议。他们对压迫的反应是以牙还牙。他们偶尔过于好战，甚至连同伴都不会感激他们。然而这些狂热者的努力经常能带来真正的改革。

应当注意的是，歧视受害者要分清个体间的细微差异并不比主流群体成员更容易。"日本人本性难移。""尽管有少数例外，所有黑人都差不多。""所有天主教徒本质上都是法西斯主义者。"为了反击，激进分子可能会诅咒所有白人、所有非犹太人、所有新教徒。他们对整个主流群体实行残酷的报复。

一些偏见受害者意识到暴力是没有用的，于是加入了致力于改善现状的政治活动组织。正因如此，左翼政党很好地代表了移民群体的利益。近年来，黑人已经意识到可以通过政治运动来提高他们的地位，大部分黑人不再给（林肯的）共和党投票，转而支持（罗斯福的）民主党。少数黑人还成了共产主义者。少数群体通常支持自由派或激进派的政治运动，这意味着他们会被当作制造麻烦的人。犹太人有时会被卷入社会变革的前线，并可能成为自由主义事业的领袖。在这种情况下，他们在反犹太主义者眼中变得比任何时候都更像"价值破坏者"，置身于"保守价值的边缘"。

加强努力

面对障碍时加倍努力是一种健康的心态。人们欣赏坚持克服不利因素的残疾人。我们的文化最提倡这种对劣势的直接补偿。相应地，一些少数群体成员也认为他们的不利处境是需要付出额外的努力加以克服的障碍。在结束了一整天的工作后，一些移民还要在夜校学习美国人的说话方式和思维方式。在每个少数群体中，都有许多人采取这种直接而又成功的补偿模式。

这似乎正是许多犹太人的生活方式。他们知道所有犹太人都面临许多阻碍，有时他们会督促孩子比竞争者更努力地学习和工作，从而争取平等的竞争机会。他们会指出，犹太人必须比非犹太人准备得更充分、拥有更高的学分和更多经验才能获得成功。毫无疑问，犹太传统对教育和学业的重视强化了这一特定的反应。

采取这种适应模式的人经常令人产生不情愿的钦佩。他们也可能因为过于勤奋聪明而招致非议。无论如何，他们都选择了公开竞争的道路，他们说："我会参与这场游戏并接受你们设置的障碍。让我们开始吧。"

为象征地位而努力

与这种直接而成功的努力相反，我们发现偏见受害者可能通过采取其他的努力形式来提高地位。有时，少数群体的成员尤其热爱宏大场面。在军队里，黑人部队尤其喜欢阅兵仪式、锃亮的皮鞋、笔挺的制服和其他优秀士兵的象征。这些都是地位的象征——而地位正是黑人所缺乏的。人们有时注意到移民群体同样很在意队列、仪式甚至葬礼的体面。暴发户喜欢炫耀华丽的珠宝和昂贵的汽车，这也许是在表达："过去你瞧不起我，现在看看我。我真的令人瞧不起吗？"

类似的"代偿"心理可能导致过度沉湎于性征服的快感。受人鄙夷的少数群体成员会在性征服中寻求权力、骄傲和自尊。他和瞧不起他的家伙是平等的，甚至比对方更优秀。黑人似乎并不讨厌他们性欲旺盛的名声。他们将其视为赞誉，因为在其他许多方面他们都像被阉割一般弱势。性放纵是否真的是一些黑人或其他少数群体成员的特征并不是我们关心的问题。关键问题在于名声也可以令人获得象征地位带来的满足感。

我们可以在浮夸语言的使用中发现为取得象征地位而进行的努力。生僻的语词似乎可以使被剥夺了地位的人提升到更高的社会等级。一些人在炫耀优雅的措辞和渊博的词汇（即使伴随着一些用词错误）时反而清楚地暴露了他们不具有他们所渴望的受教育程度。

神经过敏症

面对如此多的内心冲突，我们不禁担心歧视受害者的精神健康。有证据显示，精神官能症在犹太人当中的发病率较高。高血压在黑人当中很常见。[14] 不过，整体来看，少数群体的精神健康与社会主流群体没有明显的差别。

如果要概括这种现象产生的原因，那一定是歧视受害者学会了在一种轻微的分离状态下生活。只要他们可以在自己的群体当中自由行动和表现真实的自我，他们便能忍受和无视来自外界的排斥。他们逐渐习惯了这种双重生活。

但是，偏见受害者最好保持警惕。由于他们不断受到刺激，他们有可能采取本章所描述的一种或多种防御机制。其中一些是良好而有效的，另一些却会带来麻烦，将人推向神经质的防御机制。认清这些陷阱可以帮助他们回到成功的生活轨道上来。

相应地，主流群体成员也应吸取同样的教训。每当个人的自尊受到威胁时，自我防御机制就会启动，一些令人讨厌的特质便会暴露无遗。这更像是歧视的结果，而非歧视的理由。

一名十二岁的男孩放学回家后尖锐地批评一位同学，并称他为"浑蛋"。他之所以讨厌"浑蛋"，似乎是因为对方喜欢说大话、撒谎和奉承。如果问他："你认为他为什么会这样？"男孩突然陷入沉思，随后慢慢地给出一套有理有据的分析："他长得很可笑，不擅长运动，没有人喜欢和他一起玩；大家一直在批评他；所以我想他才会变得惹人讨厌，他想让自己振作起来。"

经过严谨的分析，这个男孩变得对"浑蛋"同学更加感兴趣，他开始更客观地看待对方，并且逐渐和他成了朋友。理解带来原谅——至少理解可以让我们更加宽容。

假如"浑蛋"本人可以这样分析自己，结果会更好。如果他理解了造成自身举止的深层原因，他或许能够找到不那么令人讨厌的补偿机制。只要我们彻底理解神经质防御机制的本质和根源，就可以对其加以控制，至少不必让它表现出来。有时，被迫害的群体成员也应当吸取同样的教训。

然而，从神经过敏症的角度来理解受害者通常并不恰当，更好的角度是将他们视为生活在边缘状态的人——有时可以被主流接纳，有时不被接纳。勒温（Lewin）认为他们就像青少年，永远不确定自己是否能被成年人的世界所接受。这会带来极大的精神压力，偶尔还会引起不理智的大爆发。为了成熟地应对压力，人们必须从属于确定的世界。许多少数群体成员从未获得完全的归属感，他们无法正常参与社会事务，也不能感到轻松自在。他们就像青少年那样，既不是儿童，也不属于大人，无法彻底融入任何一方。他们是边缘人物。[15]

自我实现的预言

让我们回到本章开头的问题：人们对我们的看法注定会在一定程度上塑造我们。如果一个孩子被称为"天生的小丑"，并因此受到表扬和鼓励，那么他就会学习杂耍并成为一名小丑。如果一个人在进入某个群体后认为所有人都对他怀有恶意，那么他很可能会充满戒备并做出无礼的举动，以至于引发真正的暴力。如果我们觉得新来的女仆会偷东西，并且把这种想法表现出来，那么她出于报复心理也许真的会偷东西。

无数微妙的案例显示，对他人做出某种行为的期待可以导致这种行为。罗伯特·默顿（Robert Merton）将这种现象定义为"自我实现的预言"。[16] 它提醒我们注意人类在交往过程中的互惠举动。我们经常想当然地以为外群体拥有某些特质（第7章），而内群体则对这些特质抱有错误的印象（第12章）。真相是这两种情况相互作用。我们对他人的印象会不由自主地影响他人所表现出的特质。当然，我们对敌对群体的阴暗印象并不都会导致可憎特质的形成。但不好的观点可能引起不好的回应。一种恶性循环因此得以建立，除非被明确地终止，否则它会增加彼此之间的距离并加深偏见的程度。

自我实现的预言除了可以引起恶性循环，也可以带来良性循环，例如宽容、欣赏和赞扬可以带来好的表现。如果我们欢迎外来者的加入，这个外来者很可能为我们做出重要的贡献，因为他的反应来自人格的核心，而非仅仅来自表层的防御机制。在所有人际关系（家庭关系、民族关系、国际关系）当中，期待都拥有无限的力量。[17] 如果我们在同伴身上预见到邪恶，我们很可能引发邪恶的反应；如果我们看到的是善良，对方也会报以善良。

总　结

不是所有少数群体的成员都会表现出明显的自我防御机制，甚至包括受迫害程度最深的群体。如果他们这样做，便引出一个有趣的问题：为什么一个人会采取一种特定的方式来保护自己的利益，而不采取其他方式？本章所描述的众多机制似乎可以被分为两类。[18]第一类是带有攻击性质的方法，它们是对外来威胁的反击；第二类包含更加内向型的方法。在第一类机制的影响下，受害者将自己的不利处境归咎于外在因素；在第二类案例里，即使受害者不是在责怪自己，至少他会自己承担责任并调整自身以适应环境。（根据罗森茨威格理论）我们将采取第一类机制的人称为外责型（Extroputive）人格，将第二类人称为内责型（Intropunitive）人格。根据这种方法，我们可以利用图9对本章进行总结。

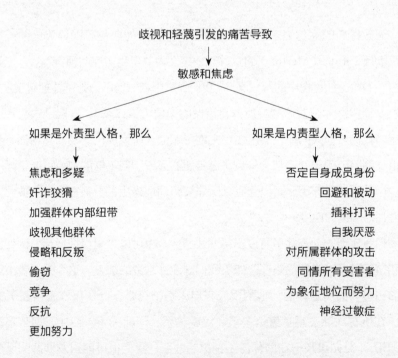

图9　歧视受害者可能采取的补偿行为类型

这种分析的缺点是可能在我们脑海中留下了一系列无序的"机制"。实际上，每一种人格都是一个独特的模式。一个偏见受害者可以表现出几种不同的特质，内责型人格与外责型人格经常相互融合。

为了说明这一点，我们先来描述许多偏见受害者共有的一种模式。首先，他们不认为自身的边缘化会彻底阻止自己追求健全而幸福的人生。他们拥有人道和普世的基本价值观，他们也知道在所有群体当中，都有许多人认可他们的价值观。因此，他们不仅在自己的群体内部结交朋友，也在许多群体当中寻找有共同价值观的朋友。当他们在一些边缘化的处境中遭遇歧视和偏见时，他们依然保持着尊严，用宽广的胸怀加以理解。他们会说："每个人都面对着困难，每个人都会遭遇不公，我的群体和他们一样欣赏勇气和毅力。"于是他们培养出谨慎的竞争意识，用理性追求自己的目标，通过努力来减少社会当中的歧视并增强民主实践。他们普遍同情所有受迫害的人们。简言之，他们有同情心，有勇气、毅力和尊严。当然，这些模式的社会化程度较低，也并不成熟。但我们已经说过，一个发展成熟的人格可以处理好自身的痛苦，而不会报复他人。许多偏见的受害者已经可以这样做，我们尊敬如此丰满而成熟的人格。

参考文献

（1）S. A. Stouffer, et al. *The American Soldier: Adjustment During Army Life*. Princeton: Princeton Univ. Press, 1949, Vol. I, Chapter 10.

（2）Ibid. P. 506.

（3）T. C. Cothran. Negro conceptions of white people. *American Journal of Sociology*, 1951, 56, 458-467.

（4）Cf. K. Lewin. Self-hatred among Jews. *Contemporary Jewish Record*, 1941, 4, 219-232.

（5）A. De Tocqueville. *Democracy in America*. New York: George Dearborn, 1838, I, 334.

（6）B. Bettelheim. Individual and mass behavior in extreme situations. *Journal of Abnormal and Social Psychology*, 1943, 38, 417-452.

（7）J. S. Gray and A. H. Thompson. The ethnic prejudices of white and Negro college student. *Journal of Abnormal and Social Psychology*, 1953, 48, 311-313.

（8）G. W. Allport and B. M. Kramer. Some roots of prejudice. *Journal of Psychology*, 1946,

22, 28.

（9）Dorothy T. Spoerl. The Jewish stereotype, the Jewish personality and Jewish prejudice. *Yivo Annual of Jewish Social Science*, 1952, 7, 276.

（10）有关黑人当中的反犹太主义讨论，详见：K. B. Clark, Candor about Negro-Jewish relations, *Commentary*, 1946, 1, 8-14。

（11）S. Freud. On being of the B'nai B'rith. *Commentary*, 1946, 1, 23.

（12）G. W. Allport and B. M. Kramer. Op. cit., 29.

（13）K. B. Clark. Group violence: a preliminary study of the attitudinal pattern of its acceptance and rejection: a study of the 1943 Harlem riot. *Journal of Social Psychology*, 1944, 19, 319-337.

（14）Helen V. Mclean. Psychodynamic factors in racial relations. *The Annuals of the American Academy of Political and Social Science*, 1946, 244, 159-166.

（15）K. Lewin. *Resolving Social Conflict*. New York: Harper, 1948, Chapter 11.

关于自尊和集体自豪感对抵抗边缘化带来的恶劣影响的重要性，参见 G. Saenger, Minority personality and adjustment. *Transactions of the New York Academy of Sciences*, 1952, Series 2, 14, 204-208。

（16）R. K. Merton. The self-fulfilling prophecy. *The Antioch Review*, 1948, 8, 193-210. 另见：R. Stagner. Homeostasis as a unifying concept in personality theory. *Psychological Review*, 1951, 58, 5-17.

（17）G. W. Allport. The role of expectancy. Chapter 2 in H. Cantril (Ed.), *Tensions that Cause Wars*. Urbana: Univ. of Illinois Press, 1950.

（18）I. L. Child 在 *Italian or American*? New Haven: Yale Univ. Press, 1943 一书中用一种不同的方法对少数群体成员的行为进行分类。查尔德发现一些第二代意大利裔年轻人对自己的族裔表现出强烈的反叛态度。另一些年轻人则致力于加强内群体的联结，甚至到了憎恨无所不在的美国文化的程度。还有一些年轻人对此漠不关心，他们选择尽可能地回避和无视民族冲突。这些反应类型在我们的分类里都有体现，不同之处在于我们的分类比查尔德的分类更加广泛。查尔德对单一民族进行的研究比较有限，我们则列举出更多种适应形式。

第三部分 对群体差异的认知和思考 ▽

第10章 认知过程

内在之光遇见外在之光。

——柏拉图

我们已经说过，群体差异是一回事，我们如何感知差异以及我们对差异的看法是另一回事。在第二部分当中，我们讨论了刺激物本身，即外群体的特质。在这一部分里，我们将回到应对刺激物的心理过程中，并探寻这些过程导致的结果。

我们的一切所见所闻都没有直接向我们传递信息。我们总是选择和阐释我们对周围世界的印象。一些信息是由"外在之光"带来的，但我们赋予它的含义和意义大部分是由"内在之光"决定的。

当我朝窗外看去时，我看到一片野樱桃林在风中摇曳。我能看到树叶的背面。在树林本身反射的光波的刺激下，这些信息通过我的感觉器官进行传递。但我却说："今晚大概会下雨。"因为我曾听说如果可以看到树叶的背面，就说明会下雨。

我的感觉、感知和思想在单一的认知行为中融为一体。当我看到一个黑人时，他的黑色皮肤通过感官传达给我，但他是一个男人，也是某个种族的成员，因而可能拥有（我以为自己很了解的）该群体的其他特征。这些事实都是通过以往的经验获得的。整个复杂的过程构成了富含大量信息的认知行为。

重要的是，我们决不能以为自己可以直接感知群体特质。正如阿尔弗雷德·阿德勒[①]所说：

感知绝不能与影像进行比较，因为感知中不可避免地带有感知者的独

[①] 阿尔弗雷德·阿德勒（Alfred Adler, 1870—1937）：奥地利精神病学家、个体心理学创始人。代表作有《自卑与超越》《人性的研究》《个体心理学的理论与实践》等。

特个性。

感知不仅是简单的物理现象，也是一种心理功能，我们可以从中得到有关内心世界的最广泛的结论。⁽¹⁾

选择、强调、阐释

感知—认知过程的独到之处在于对"外在之光"的三种运作。它对感官数据进行选择、强调和阐释。⁽²⁾下面的例子描述了这一系列过程：

> 我曾与某位学生见面10次。在所有会面里，他所上交的作业或发表的评论在我看来质量都比较低。因此我判断他的能力较差，无法继续完成学业，我认为他应该在学期结束后退学。

我对证据进行了选择，我将注意力集中在某些象征能力不足的信号上，教师对这些信号比较敏感。并且，我强调了这些信号，刻意忽略了这位学生的许多优秀品质和魅力，把重点放在我与他的10次会面上。最后，我对证据进行阐释，将它概括为"学习能力不足"的判断。整个过程似乎足够符合理性——没有什么判断能比这更符合理性了。我们可以说，这个例子中的教师"没有逾越证据的限度"。实际情况确实如此。谁知道在他们的第11次或第12次会面中会不会出现新的证据呢。但总体来说他竭尽所能选择了证据，根据丰富的经验标准对其加以强调，并尽可能明智地阐释了状况。

让我们再来看看另一个案例：

> 在南非的一场公务员考试中，应试者被要求"选出犹太人在南非人口中所占比例：1%、5%、10%、15%、20%、25%、30%"。统计显示，大部分应试者选择了20%。正确答案只是比1%稍微多一些。⁽³⁾

在这个案例里，大部分应试者在思考问题时，会自然地回想他们认识或见过的犹太人。他们显然对经验进行了强调与夸大，并做出了错误的选择。这种错误想必是由对"犹太人问题"的过度敏感造成的。对"犹太人威胁论"的恐惧很可能使人们高估了犹太人的实际数量。

下一个案例进一步展现了"内在之光"对"外在之光"产生的影响。

在暑期学校的一节课上，一位中年女性愤怒地对讲师说："这个班上有一个女孩是黑人。"讲师未做回应。这位女性继续追问："可是你不会希望班里有黑鬼吧？"第二天她回到班里，坚定地说："我知道她是黑鬼，因为我朝地上扔了一张纸，命令她捡起来，她照做了。这证明她只是个想要往上爬的黑女佣而已。"

这位女士一开始只察觉到一点线索。她所针对的学生肤色较深，但在大部分人眼中她显然并不是黑人。这位女士却选择了她以为存在的线索，在心中加以强调，并将其阐释为符合自己偏见的形式。请注意她对女孩捡起掉落的纸的解释十分武断。

最后这个例子更加极端。在1942年，纽约市曾经实行过一次灯火管制。就连交通信号灯的照明也被遮住了一部分。为了用最低限度的照明提供最大限度的光亮，信号灯上只留下两条十字形狭缝 ✚。客观情况便是如此。对此，一个人这样认为：

在这段时间，纽约五区的所有交通信号灯都从直径6英寸、平平无奇的红绿灯变成了红色或绿色的十字架，大卫星的后代（犹太人）看到这种情形一定会大吃一惊。虽然这是为了灯火管制而做出的改变，但使用十字架图案的是我们纽约市警察局工程部，这样做是为了提醒犹太人，这里是基督教国家。[4]

在这个案例中，选择、强调、阐释的过程变得过于夸张。

定向的自闭思维

思考基本上是参与现实的一种努力。通过思考，我们努力预设后果并制订可以规避风险的行动计划，从而实现我们的愿望与梦想。思考中并不含有消极的成分。它从一开始就是包含回忆—感知—判断—计划的积极功能。

当人们通过有效的思考来预测现实时，我们便称之为"推理"。如果思考真的能促使人接近生命中重要的基本目标，并尽可能符合刺激物的客观属性，我们便说这个人正在进行推理。当然，他的推理当中可能存在错误，但只要整体方向是以现实为导向，我们便能确认他的思想基本符合理性。这种解决问题的一般过程通常被称为"定向"思维。(5)

我们可以将定向思维与幻想、内向性思维或发散性思维进行比较。我们的思维经常从一个想法跳至另一个想法，却没有接近一个特定的目标。例如，人们在白日梦中可能会设想一个目标，并在幻想中实现目标，但白日梦通常不会使我们进步。"内向性思维"一词适合描述这种不太理性的精神活动。"内向性"的含义是"自我指涉"。"感知到"黑人的女士和"感知到"交通灯里的十字架的人都陷入了内向性思维而非定向思维——因为他们内心的执念彻底扭曲了实际情况。他们二人的理解都是错误的——这种理解对他们也无法产生任何帮助。整个思维过程都是脆弱的自我满足。

我们可以引用一项实验。赛尔斯（S. B. Sells）想要研究人的三段论推理能力。三段论是定向思维中的一个简单问题。其中一些三段论问题与黑人有关。下面是两个例子：

如果许多黑人是体育明星，并且许多体育明星是民族英雄，那么许多黑人是民族英雄。

如果许多黑人是性犯罪者，并且许多性犯罪者染上了梅毒，那么许多黑人染上了梅毒。

赛尔斯的研究对象都是大学生，他要求他们判断这些三段论的逻辑是否正确。上述两个例子都是错误的三段论（当三段论的前提中含有"许多"一词时，我们无法得出确切的结论）。无论是否接受过逻辑训练，一个没有偏见的人应当以同样的标准来判断这两个问题，因为它们的形式完全相同。

调查结果发现，大多数学生的答案是一致的——要么同时有效，要么同时无效——但有一些学生认为前者有效，后者无效。他还发现给出不一致回答的学生大部分被测试出抱有支持黑人的态度。另一些学生认为前者无效，后者有效。这些学生大部分抱有反对黑人的态度。[6]

这项实验显示了人们如何以自闭的方式来解决完全客观的逻辑问题。答案符合回答者的利益，也符合他的偏见。这项实验同样显示了对黑人的支持可能与对黑人的反对一样会扭曲人们的理性。

合理化是内向性思维的重要附属物。人们不愿意承认他们的思维是内向性的。

实际上，他们通常没有意识到这一点。人们尤其抗拒承认自己的想法源于偏见。他们总是能找到更体面的理由。一个怀有偏见的白人不太可能承认他之所以不愿意使用黑人用过的杯子，是因为他讨厌黑人，于是他声称黑人"有传染病"。这是一个看似可信的理由，但他会毫不犹豫地使用白人用过的杯子，而白人也可能有传染病。在1928年的总统大选中，许多人不肯把票投给阿尔·史密斯，因为他是天主教徒。但他们给出的理由是他"太粗鄙"。这又是一个貌似正当的理由，但依然不是真实原因。

推理与合理化并不总是能精准区分的，二者当中的谬误尤其难以分辨。我们应当谨慎使用"合理化"一词，它应该只用来描述那些明显用错误的理由来掩盖内向性思维方式的案例。

合理化之所以很难令人察觉，是因为它们通常遵循下列规则：（1）它们往往遵守既定的社会法则。人们有权拒绝给"粗鄙"的总统候选人投票——即使这不是拒绝他的真实原因。（2）它们往往尽可能地接近现存的逻辑。尽管它们不是真实原因，但至少是有道理的。害怕染病而拒绝使用某个杯子听起来是合理的，尽管这不是这一行为背后真正的原因。

因果思维

无论我们运用定向思维还是内向性思维，我们都在不断试图建立一个有序、可控、便于理解的世界观。外在现实本身是混沌的——充满太多可能的意义。为了生存，我们必须对其进行简化，我们需要稳定的认知。与此同时，我们永不知足地寻求解释。我们不喜欢悬而未决的谜团，一切都应该获得合理的解释。就连小孩子都在问："为什么？为什么？为什么？"

也许是为了满足我们对意义的渴望，世界上的每一种文化都会为每一个可能被问出的问题提供答案。没有一种文化会承认"我们不知道答案"。它们提供了创世神话、有关人类起源的传说和知识的百科全书。到了最后，总有一些宗教可以为人们解答一切困惑。

这种基本需求对群体关系产生了重要的影响。一方面，我们往往认为是人类导致了因果。神创造了世界并建立了秩序，恶魔却带来了邪恶和无序，让国家陷入大萧条的人是总统。朝鲜半岛的军事冲突也被称为"杜鲁门战争"。希特勒声称是犹太人引发了战争。这种拟人化倾向尤其显著。是"摩根财团"引发了1929年的股灾。是"垄断者"导致了通货膨胀。物价上涨是犹太人的阴谋。[7] 如果邪恶是人为的，那么最符合逻辑的做法不正是攻击制造邪恶的人吗？在我们看来，这样做似乎并不意味着歧视或迫害，而只是自我保护。

所以我们不断为自己的焦虑和困境寻找外在原因，尤其热衷于寻找替罪之人。除非加以严格的限制，否则这种怪癖很容易令我们陷入偏见。尽管在现实中，我们的焦虑和困境时常由客观原因引起——经济条件的改变、社会历史变革等。除非我们彻底意识到这一事实，否则往往会养成将自己的不幸归咎于他人的习惯。

范畴的本质

我们经常提及范畴。在第2章中，我们介绍了范畴的概念并指出它的一部分显著特征。我们说过，范畴会尽可能地吸纳旧的经验和新的经验来充实自身，它使我们能够迅速识别出范畴内的任何事物，所有从属于范畴的事物往往会染上共同的感情色彩。最后，我们指出范畴式思维是自然而难以避免的思维倾向，非理性范畴与理性范畴同样容易形成。

但我们还没有给范畴下定义。范畴指的是一系列便于理解的相关概念，它们作为一个整体具有指引日常判断的功能。范畴当然可以重合。狗和狼是两个范畴。在

"狗"这个大范畴下还存在着"西班牙猎犬"的子范畴。语言里的所有名词都指向范畴（我们也可以称之为概念），但范畴不仅包含名词，范畴可以相互组合、重叠、从属和限制。"看门狗""现代音乐""粗鲁的社会行为"都是范畴。简言之，范畴就是隐藏在认知操作下的组织单元。

没有人知道为什么彼此相关的概念在我们的脑海中会相互凝聚并形成范畴。从亚里士多德的时代起，人们提出过各种"联想法则"来解释思维的这一重要属性。在我们脑海中形成的关联不需要与外界现实相对应。譬如，精灵并不存在，但我们的脑海中却有关于精灵的确切范畴。同样地，我们也拥有关于人类群体的确切范畴，尽管我们不能保证我们的范畴与事实相符。

范畴为了保持合理性必须建立在范畴内所有对象的基本属性上。因此，所有房屋都拥有适于居住的结构（过去或现在）。每栋房屋都有一些不重要的属性。有的大一些，有的小一些；有的是木造屋，有的是砖造屋；有的便宜，有的昂贵；有的新，有的旧；有的涂白漆，有的涂灰漆。这些都不是房屋的本质属性。

同样，身为犹太人，这个人一定拥有某种典型的特质。我们在第7章已经看到，要想找出这种特质并不容易，但它一定与一个人的出身（或信仰的皈依）有关，涉及他与其他拥有犹太宗教传统的人们的关系。除此之外，不存在其他犹太人的典型属性。

不幸的是，我们无从确认我们的范畴是否只由典型属性构成，我们甚至不确定这些典型属性是否范畴的主要构成。因此，一个孩子可能误以为所有房子都像他的房子那样，有两层楼、一台冰箱和一台电视机。这些特定的属性并不是必不可少的。实际上，它们对于一个可靠范畴的形成反而会带来困扰，心理学家有时将它们称为"噪声"属性。

让我们回到犹太人的概念上来。我们说过，决定性的核心属性可能只有一个。但其他许多相关属性可能出于不同的原因而进入范畴之内，或多或少形成"噪声"干扰。其中一些属性可能带有一定的概率。一个犹太人拥有类亚美尼亚人外貌特征、从事贸易或专业岗位、教育水平相对较高的概率明显高于零。正如我们在第7章所见到的，这些属性构成了真实的群体特征，但绝不是本质特征。我们在范畴中发现的另一些属性可能完全是错误的噪声，例如犹太人都是银行家、阴谋者和战争贩子等。

不幸的是，大自然同样没有告诉我们哪些属性是典型属性，哪些只是可能拥有的属性，哪些是彻底的谬误。我们很难分辨不同属性的真实性。换句话说，我们通常无法察觉范畴当中的哪些群体特质符合 J 曲线分布，哪些形成稀有零差，哪些只是想象。这些属性尽管在逻辑上各不相同，但在我们看来都是一样的。

有些范畴显然比其他范畴更加灵活（差异性更强）。波斯曼（Postman）用"垄断"（monopolistic）一词形容不够灵活的范畴，我们可以采纳他的说法。[8] 这种范畴非常强大，也十分僵化，它们所包含的属性是一成不变的，所有矛盾的证据都会被驳回。在我们的思维里，这类特殊的范畴是封闭的。此外，这类范畴不断获得微小的、想象的证据"支持"。人们从自己的所见所闻中进行选择，并按照可以强化垄断范畴的方式加以诠释。一个坚定的反犹太主义者会驳回每一个有利于犹太人的证据，或者将它们视为例外，却欣然接受所有能够证实他的观点的证据。

不是所有范畴都带有这样顽固的性质。一些范畴比较灵活，并允许差异性存在。许多人发现他们对一个群体了解得越多，就越不可能形成垄断范畴。例如，大部分美国人知道任何关于"美国人"的刻板印象很可能都不足以用来作为参考。我们知道，不是所有美国人都拜金、活泼或粗鲁。也不是所有美国人都友善好客。另一方面，不了解我们的欧洲人经常将美国人视为一个拥有上述所有属性的垄断集团。

当我们谨慎地对待范畴，为其留有变化和分支的余地时，我们便称之为"差异化范畴（differentiated category）"。它与刻板印象相反。下面是差异化范畴的一个例子。

我认识许多天主教徒。首先，在小时候，我以为他们都是无知而又迷信的人，以为他们的社会地位和智力水平都远远低于我。我曾经对天主教会唯恐避之不及，我绝不会和来自天主教家庭的孩子一起玩，也不在有天主教背景的商店买东西。现在，我知道天主教徒之间只有很少的共同特质。他们遵守特定的信仰和习俗，可是除了这些有限的共性之外，我在随后的生活中了解到除了共同的宗教信仰，许多天主教徒是无法被纳入我的概念里的。我意识到天主教徒当中穷人、城市居民和外国移民所占比例可能比在新教徒中更高。我还知道许多天主教徒选择上教会学校而非公立学校。但是从几乎所有特性中，我看不出他们与我知道的其他群体有什么不同。因此，我只能在少数特性上将天主教视为一个群体。

最省力原则

垄断范畴通常比差异性范畴更容易产生，也更容易被人接受。尽管大多数人懂得在某些经验领域使用批判式思维和开放式思维，我们在另一些领域依然遵循最省力原则。[9]一名医生不会相信治疗关节炎、蛇虫咬伤的民间偏方和依赖阿司匹林的有效性。但他可能会满足于对政治、社会保险或墨西哥人进行过度概括。生命过于短暂，我们不可能形成关于一切事物的差异性概念。只要有几条小路便足以让我们从中穿行。只要我找到一种合适的汽车型号，便可以不必考虑其他型号，我的生活也会因此变得更加简单和高效。这项原则显然也适用于群体关系。

简单化不一定意味着诽谤。我可以认为瑞典人都是整洁、诚实、勤劳的人。我可以凭借这种印象与他们交往（当然，其中一些属性可能是准确的）。我们只是想说，没有差异性的范畴可以使生活变得更简单。认为群体内的所有成员都具有同样的特性，可以为我们省去单独接触他们的麻烦。

最省力原则应用在群体范畴所产生的一个后果是发展出对本质的信仰。每个犹太人都继承了"犹太性"。"东方人的灵魂""黑人的血统"以及希特勒的"雅利安主义""美国人的天赋""逻辑严谨的法国人""热情的拉丁人"——这些都代表了对本质的信仰。群体拥有一种神秘的力量（无论好坏），每个成员都会分享这种力量。当英国人为了壮大自己而私吞、侵占亚洲和非洲的土地和劳力时，怀有"本质信念"的英国作家吉卜林①狂傲地写下了：

> 你们这些刚被发现的、阴郁的俘虏，
>
> 　　一半是魔鬼，一半是孩子。

吉卜林的思考方式极大地简化了他的生活，对于许多采纳这种思想的英国人来说也

---

① 吉卜林（Joseph Rudyard Kipling, 1865—1936）：英国作家、诗人。代表作有《丛林之书》《老虎！老虎！》《基姆》。

是一样，他们不需要适应殖民地人们的个体差异，也不需要适应当地复杂的民族构成。近年来，大英帝国的瓦解在很大程度上取决于吉卜林式的错误，即用无差别的方式对待人群。垄断范畴可能取得暂时的成效，可是长期看来，它可能带来灾难。

最省力原则的极端案例体现在二元价值判断中。

> 4岁到10岁的小男孩习惯每天向父亲提出许多问题。比如，每次听完广播后，他会问："这是好事还是坏事？"由于缺乏自己的判断标准，孩子希望父亲可以帮他简化这个令人费解的世界，用二元价值范畴来为每一件事情定性。

不是每个人都能脱离小男孩所处的思想阶段。用"好"和"坏"来判断所有范畴对我们有很大的吸引力。这样做可以极大地简化我们适应生活的过程。其他二元价值判断同样可以简化我们的生活：所有事情都有正确的做法和错误的做法；所有女人要么纯洁，要么邪恶；一切都黑白分明，没有灰色地带。

我们在第5章中说过，讨厌一个外群体的人往往也会讨厌其他外群体。这就是典型的二元价值逻辑。内群体是善的象征，外群体是恶的象征，就是这么简单。

偏见型人格的认知动力学

现在，让我们来看看可能是偏见领域最重要的心理学发现。从广义上说，持有偏见者的认知过程与宽容者的认知过程不同。换言之，偏见不太可能是只针对特定群体产生的态度，而更可能是一个人对周围世界的整体思维习惯的体现。

一方面，研究表明怀有偏见的人习惯进行二元价值判断。他眼中的自然、法律、道德、男女和民族都是两极化的。

另一方面，他很难适应差异化范畴，他更喜欢垄断范畴。因此，他的思维习惯是僵化的。他不容易改变固有思维，而是坚持过去的推理方式——无论这种方式与人类群体是否有关。他非常需要确定性，无法容忍模棱两可的计划。在形成范畴后，他不会寻找并强调真正的"典型"属性，而是承认许多"噪声"也有同等的重要性。

在第25章里，我们将探讨什么是"偏见型人格"，并更详细地陈述相关发现。我们将看到偏见动力学、认知动力学和情绪动力学如何相互交织成一套完整的生活方式。

与之相反的模式同样成立。在第27章，我们将分析什么是"宽容型人格"，并将看到拥有这种认知人格的标志是更明显的差异性范畴、对模糊性的更高宽容度、更愿意承认自己的无知，以及对垄断范畴的习惯性怀疑。

当然，我们不是在暗示人们只能被分为两种类型（这种二分法是毫无根据的）。偏见和宽容可以细分为各种程度和色彩。我们不是说不存在混合型人格，而是每当偏见发生时，它很少脱离一个人的整体认知过程或整体生活方式而单独存在。

总　结

本章与第2章共同介绍了一种基本的认知心理过程。我们建立了以下命题：

相似的印象、同时发生的印象、同时被提起的印象更容易形成范畴（概括、概念），尤其是带有标签的印象（详见下章）。

所有范畴为世间万物赋予了意义。它们就像丛林里的小径，为我们的生活空间带来秩序。

当范畴不再满足我们的需求时，我们通常会用经验对其进行修正。尽管如此，最省力原则使我们倾向于坚守早期形成的粗糙分类，只要它们还有可能为我们所用。

范畴通常会尽可能将更多属性纳入自己的统一结构之中。

范畴往往排斥变化。承认"例外"的机制有利于保持（维护）现有的范畴。

范畴帮助我们识别新的事物或新的个体，我们会期待这个事物或人表现出符合我们预期的样子。

由于范畴可以涵盖知识（真理），也可以容纳错误概念和感情色彩，因此可以同时反映出定向思维和内向思维。

当证据与范畴产生冲突时，证据可能（通过选择、强调、阐释）被扭曲为符合范畴的形式。

符合理性的范畴建立在事物的本质属性或典型属性上。然而，非本质属性和噪声属性经常进入范畴之内，降低范畴与外部现实的相关性。

族群偏见是有关一群人的范畴，它的主要依据不是典型属性，而是包括了许多噪声属性，并会引起针对族群整体的歧视。

当我们想到因果关系，尤其涉及自身的焦虑和困境的起因时，我们往往联想到他人。我们会寻找替罪羊，他们通常是少数群体。

二元分化的价值范畴很容易形成，尤其是关于善恶二元论的范畴，它们容易控制我们对民族群体的思考方式。

偏见型人格的思维特点是会产生在所有垄断、缺乏差异、两极化和僵化的经验范畴内。一般来说，宽容型人格的认知过程呈现出相反的趋势。

参考文献

（1）A. Adler. *Understanding Human Nature*. New York: Permabooks, 1949, 46.

（2）J.S. Bruner and L. Postman. An approach to social perception. Chapter 10 in W. Dennis (Ed.), *Current Trends in Social Psychology*. Pittsburgh: Univ. of Pittsburgh Press, 1948.

（3）E.G.Malherbe. *Race Attitudes and Education*. Hornle Lecture, 1946. Johannesburg: Institute of Race Relations.

（4）摘自 *America in Danger*, June 15, 1942 里的一封信。

（5）G.Humphrey. *Directed Thinking*. New York: Dodd, Mead, 1948. 另见：Chapter 2, Footnote 2.

（6）S.B.Sells. 未发表研究。另见" The atmosphere effect," *Archives of Psychology*, 1936, No. 200。

（7）Fritz heider, Social perception and phenomenal causality, *Psychological Review*, 1944, 51, 358-374. 这项实验证明了即使像线条运动这样非人格化模式也很容易被拟人化。参与实验者被要求观察一部简短的影片里的线条运动，几乎所有受试者都根据对机械运动的理解讲述了一个与人有关的故事。在观察者眼中，移动的线条和几何图形似乎代表着具有某种动机的人们之间的互动。

（8）L.Postman. Toward a general theory of cognition. In J. H. Rohrer and M. Sherif (Eds.), *Social Psychology at the Crossroads*, New York: Harper, 1951.

（9）关于最省力原则的深入研究，参加 G.K.Zipe, *Human Behavior and the Principle of Least Effort*. Cambridge: Addison-Wesley, 1949。

第11章 语言因素

如果没有语言，我们几乎不能形成任何范畴。一只狗也许会进行一些基本的概括，例如"不要靠近小男孩"，但这一概念仅停留在条件反射的层面，并没有成为思考的对象。为了在脑海中形成一种可供反思、回想、识别和行动的概括，我们需要用语言来表述它。如果没有语言，我们的世界会像威廉·詹姆斯所说的那样，成为"经验的沙堆"。

名词切片

在经验世界里，约有二十五亿沙粒构成了"人"的范畴。我们的大脑不可能处理如此多独立的个体，我们甚至不能深入了解日常接触到的几百个人。我们必须将他们分类，形成群组。因此，我们欢迎可以帮助我们划分群组的名词。

一个名词最重要的性质是它能将许多沙粒聚集在一个桶中，但它忽视了有些沙子也适合被放在另一个桶中。从技术上讲，一个名词从一种具体现实中提取出一个特点，然后只集结与这个特点相关的其他现实。分类的行为本身强迫我们忽略所有其他特点，尽管其中一些特点也许比我们所选择的类型更贴近现实。欧文·李（Irving Lee）举出了下述例子：

> 我认识一个双目失明的人。他被称为"盲人"。他也可以被称为专业打字员、负责的员工、优秀的学生、认真聆听的人、渴望工作的人。但他无法获得百货商店接单员的工作，这份工作需要将通过电话听到的订单用打字机打出来。然而，人事部门的面试官甚至没有耐心面试他。"可你是个盲人。"他反复

说道。这句话的含义不言而喻：盲人在某一方面能力的缺失令他无法胜任任何领域的工作。面试官被"盲人"这一标签所蒙蔽，而无法超越标签，看到盲人在其他领域的能力。[1]

类似"盲人"这样的标签拥有格外显著而强大的力量。它们往往排斥其他类别，甚至不允许交叉分类的存在。族群标签通常也属于这种类型，尤其是具有明显种族特征的标签，如黑人、东方人等。这些标签与象征显著能力缺陷的标签很像，如低能、残疾、盲人。我们把这些符号称为"首要标签"。这些符号像尖锐的警笛，令我们听不见本应注意到的对歧视的提醒。即使一个人的失明与另一个人的黑皮肤在某些情况下是典型属性，但它们在其他情况下依然是不相关的"噪声"。

大多数人没有意识到这条基本的语言规则——每个关于特定个体的标签都只适用于他本质里的一个方面。一个人可以同时是慈善家、东方人、医生、运动员。一个特定的人可能符合以上所有身份，然而在你的脑海中，"东方人"这一标签更有可能成为这个人的首要符号。然而，这个标签与其他标签一样无法代表这个人的整体本质（他的名字除外）。

因此我们使用的每一个标签，尤其是首要标签，都可以从具体现实中分散我们的注意力。我们不再看见活生生的、复杂的个体——人性最基本的单位。正如图10所示，标签放大了一个属性在整体当中所占的比例，掩盖了个体其他重要的属性。

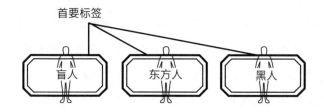

图10　语言符号对个体感知和思考的影响

我们在第2章和第10章曾指出，范畴一旦在首要符号的帮助下形成，便很容易吸引更多本不属于它的特性。就像第7章中所说，与族群相关的特性可能真的存在，一个族群的成员在一定概率上拥有这些属性。但我们的认知过程不够谨慎。我们看到，标签化的范畴不加选择地容纳了典型属性、可能属性、彻底的幻想和不存在的属性。

专有名词本应引导我们关注个体本身，然而在引发民族身份联想的情况下，它们也能成为拥有重大影响力的符号。格林伯格先生是一个人，由于他拥有犹太姓氏，他的名字令听者联想到犹太人的整体范畴。拉兹兰（Razran）设计的一项独特的实验清楚地展示了这一点，同时也证明了专有名词如何像族群符号那样引发一系列刻板印象。[2]

　　研究人员用屏幕向150名学生展示了30张大学女生的照片。受试者需要按照从1到5的标准对女生的外貌、智力、性格、抱负、整体好感度进行评分。两个月后，同一批受试者被要求对同样的照片和另外15位女生的照片（作为对记忆的干扰因素）进行评分。这一次，有5张原始照片被赋予犹太人的姓氏（科恩、坎特等）、5张被赋予意大利姓氏（瓦伦蒂等）、5张被赋予爱尔兰姓氏（奥布赖恩等），其他女生的姓氏来自《独立宣言》的签署者以及社会名流录里的姓氏（戴维斯、亚当斯、克拉克等）。

　　当照片被赋予犹太姓氏时，评分发生了以下变化：

　　整体好感度评分降低、性格评分降低、外貌评分降低、智力评分升高、抱负评分升高

　　当照片被赋予意大利姓氏时，评分变化如下：

　　整体好感度评分降低、性格评分降低、外貌评分降低、智力评分降低

　　因此，只是专有名称的改变也能导致对个体属性的预先判断。个体因为被置于带有偏见的族群范畴内，而无法得到公正的判断。

　　尽管爱尔兰姓氏也带来了轻视，但这种轻视的程度不及犹太姓氏和意大利姓氏的遭遇严重。"犹太女孩"整体好感度评分的下降是"意大利女孩"的2倍，是"爱尔兰女孩"的5倍。然而，我们注意到"犹太女孩"的照片在智力和抱负领域获得了更高的评分。并非所有关于外群体的刻板印象都是负面的。

人类学家玛格丽特·米德①提出，当首要标签从名词变为形容词后，便会失去一部分力量。黑人士兵、天主教教师、犹太艺术家这些称谓令人们注意到除了种族和宗教范畴，还有一些同样合理的群体分类法。如果人们在提起乔治·约翰时不是只强调他是黑人，还强调他是一个士兵，那么我们至少可以借助两种属性去认识他，这比仅凭借一种属性得到的印象更准确。当然，如果要真正把他视为个体进行描述，我们不得不提出更多的属性。我们应当尽可能用形容词代替名词，来指示族群者的身份，这是一个有用的建议。

带有感情色彩的标签

许多范畴具有两类标签——一类带有较少的感情色彩，另一类带有较多的感情色彩。不妨问问自己，当你看到"学校教师"（school teacher）和"女学究"（school marm）这两个词语时，心中分别产生了怎样的感受，你在想些什么。当然，第二个词语比第一个更容易唤醒严厉、可笑、令人不悦的印象。它唤醒了一个瘦高的、缺乏幽默感的、暴躁易怒的老妇人形象。它并没有告诉我们她是一个拥有悲伤和苦恼的独立的人。这个词语武断地将她划入了一个受到排斥的范畴。

在民族范畴内，即使是黑人、意大利人、犹太人、天主教徒、爱尔兰裔美国人、法裔加拿大人等简单的标签也可能带有某种感情色彩，我们很快将解释这种现象的原因。这些标签都拥有感情色彩更加强烈的同义词：黑鬼、意大利流氓、犹太佬、保皇党人、爱尔兰佬、法裔加拿大佬。当我们使用这些标签时，我们几乎可以确定说话者不仅想要描述对方的成员身份，还想贬低和排斥他。

某些标签的使用带有攻击意图，除此之外，许多指示族群身份的语词中包含固有的（"观相术"）不利因素。例如，带有某些族群身份特点的专有名称令我们感到荒谬。（当然，这是将熟悉的名词作为"正确"的尺度并与之进行比较后得出的结论）。例如，我们觉得波兰人的名字天生稀奇古怪。陌生的方言在我们听来是滑稽

---

① 玛格丽特·米德（Margaret Mead, 1901—1978）：美国人类学家，提出文化决定论、三喻文化理论和代沟理论。代表作有《萨摩亚人的成年》《三个原始部落的性别气质》等。

可笑的。外国服饰（这当然是一种视觉上的民族符号）仿佛是毫不实用的奇装异服。

在"观相术"的所有缺陷当中，有关肤色的缺陷是最严重的，它们清楚地呈现在某些符号当中。英语中的"黑人"（Negro）一词来自拉丁语"黑色"（niger），它的意思是黑色。事实上，没有哪个黑人真的拥有纯黑色的皮肤，只是与其他浅肤色人种进行比较后，他们成了"黑人"。不幸的是，"黑色"在英语中带有一种凶险的含义：前途一片黑暗、反对票（blackball）、恶棍（blackguard）、黑心肠（blackhearted）、黑死病（blackdeath）、黑名单（blacklist）、勒索（blackmail）、黑手党（Black Hand）。赫尔曼·梅尔维尔 [①] 在小说《白鲸》中用了大量篇幅探讨了黑色的病态内含与白色的高尚寓意。

黑色的不祥意味并非英语中特有的现象。一项跨文化研究显示"黑色"在不同文化中的语义象征大体是一致的。在一些西伯利亚部落之间，拥有特权的氏族成员自称为"白骨头"，并称其他人为"黑骨头"。即使在乌干达黑人文化里也有证据显示拥有至高无上权威的是一个白色的神，白布象征着纯洁，常被用来抵御恶灵和疾病。[(3)]

白种人和黑种人的概念本身便暗示着价值判断。我们还可以研究"黄色"所蕴含的众多负面含义，以及这如何影响我们对东方人的认知。

这种推理不应该超过限度，因为毫无疑问，黑色和黄色在许多语境中可以引起正面的联想。黑丝绒、巧克力和咖啡都令人喜爱。黄色郁金香备受欢迎，太阳和月亮看起来也是黄色的。然而，颜色所具有的沙文主义色彩的确超越了大部分人的想象。许多熟悉的话语中确实带有傲慢的态度：像黑人的口袋一样黑、昂首阔步走在黑人区的家伙、白人的希望（这句话最早被用来形容与黑人重量级拳击冠军杰克·约翰逊竞争的白人选手）、白人的负担、黄祸、黑孩子。无论说出这些话的人是否意识到问题，我们的日常用语中充满了偏见。[(4)]

事实便是，就连关于少数群体的最正式、最中立的标签有时也会流露出负面色彩。在许多语境和情况下，法裔加拿大人、墨西哥人、犹太人等词语本身尽管是毫

---

① 赫尔曼·梅尔维尔（Herman Melville, 1819—1891）：美国小说家、散文家、诗人，19 世纪美国文坛的巅峰人物之一。代表作有《白鲸》《水手比利·巴德》等。

无恶意的正确描述，听起来却有些可耻。这是因为它们是偏离了主流社会的标签。尤其在欣赏统一性的文化里，任何偏差的象征都会根据事实本身（ipso facto）而成为负面的价值判断。疯狂、酗酒、变态等词语原本是对人类状态的中性定义，但它们却带有更多意味：它们是对异常状态的指责。少数群体是边缘人，正因如此，从一开始，这些最为无辜的标签在许多情况下被打上了不光彩的烙印。当我们想强调异常状态，从而进一步诋毁它时，我们便会使用感情色彩更浓厚的词语：疯子、酒鬼、娘娘腔、墨西哥佬、乡巴佬、黑鬼、爱尔兰佬、犹太佬。

少数群体成员经常对称谓很敏感，这是可以理解的。他们不仅反对刻意带有侮辱性的绰号，有时也能在无辜的称谓里发现恶意。经常有人将"黑人"（Negro）一词的首字母小写，偶尔有人以此表示轻蔑，但更多情况下只是出于无知。（白人"white"一词通常无须大写，另一个表示白人的词"Caucasian"则需要大写）穆拉托人（mulatto）或八分之一黑人血统的混血儿（octoroon）这样的词语之所以带有强烈的侮辱性，是因为在过去它们经常被用作蔑称。表示性别差异的语词也令人反感，因为它们似乎加倍强调了民族差异：为什么人们只说"犹太女人"（Jewess），却不说"女新教徒"（Protestantess），只说"女黑人"（Negress）却不说"女白人"（Whitess）？"中国人"（Chinaman）和"苏格兰人"（Scotchman）等词语也带有过度强调的意味。为什么不说"美国人"（American man）呢？少数群体成员对这种感情色彩十分敏感，而主流群体成员却会不假思索地使用这些词语，误解便这样产生了。

共产主义者标签

在我们为外群体贴上标签之后，这个外群体才会清楚地存在于我们的脑海里。我们经常看到这样一种模棱两可的情况：当一个人想要把责任归于某个外群体，却又不清楚这个外群体的本质时，他通常会突兀地使用"他们"（they）作为代词。"他们为什么不把人行道建得更宽一些？""我听说他们要在镇上盖一座工厂，还要雇用一大批外国人。""我不会付这些税金的，他们想要钱纯粹是痴心妄想。"如果问"他们是谁"，说话人可能会露出迷惘而又尴尬的表情。代词"他们"的滥用说明即使人们对外群体没有清楚的概念，也会有指称外群体的愿望和需要（通常是为了发泄恶意）。只要愤怒的目标一直是模糊不清的，偏见就无法围绕这一目标而成形。为了有个敌人，我们需要标签。

奇怪的是，不久之前，人们对于"共产主义者"的符号依然未能达成共识。这个词语当然早已存在，但它以前并不带有特殊的感情色彩，也不指代一个公共的政党。即使美国在第一次世界大战以后逐渐产生经济和社会上的危机感，但人们对危机的真正来源也没有达成一致。

> 对《波士顿先驱报》在1920年的内容进行分析后，得出下述标签列表。这些标签使用的语境都暗示着某种威胁。举国上下笼罩在歇斯底里的氛围里，与第二次世界大战后的情形一样。必须有人对战后低迷、物价上涨和人心不安负责。必须找出反派。在1920年，记者和编辑们不偏不倚地用下列符号来代指反派：
>
> 异己、煽动者、无政府主义者、爆炸犯、布尔什维克、阴谋家、间谍、极端分子、外国人、移民、纵火犯、世界产业工人组织、空想无政府主义者、左倾主义者、空想社会主义者、密探、激进派、革命者、苏联、工团主义者、叛徒、不良分子……

在这份夸张的列表里，我们注意到对敌人（承载不满和不安的靶子）的需求比准确地识别敌人更重要。无论如何，人们对标签没有达成明显的共识。也许正因如此，歇斯底里的情绪有所缓解。既然"共产主义"不构成清楚的范畴，那么人们的恶意就没有真正的焦点。

然而，在第二次世界大战后，这些可以互换的模糊标签的数量有所减少，人们对它们的共识变得更加强烈。在美国，外群体的威胁几乎总被认为来自共产主义者。在1920年，由于缺乏清楚的标签，人们只有模糊的威胁感。到了1945年后，威胁的符号和现实对象都变得更加明确。人们在说"共产主义者"时并不清楚其中的准确含义，但在词语的帮助下，他们至少可以确切地指出激发恐惧的某些人或事。这个词语发展出象征威胁的力量，并引发了各种针对带有这一标签的人群的镇压措施。

从逻辑上讲，这个标签应当被用于描述可以指明的典型属性，如共产党员、苏联体制支持者和卡尔·马克思的追随者。但实际上，这一标签受到了更广泛的使用。

情况似乎是这样的。人们经过了长期而残酷的战争，大部分人自然会感到不安，他们担心失去财产，并对高额税金产生不满，人们看到道德习俗和宗教价值受到威胁，担心还会发生更大的灾难。人们在寻找这些不幸的原因，他们需要一个明确的敌人。仅仅指认"苏联"或者其他遥远的国家还不够。责备"动荡的社会局势"也无法令人满意。人们需要的是近在眼前的人类载体（参考第10章）：住在华盛顿的某个人，我们的学校、工厂、社区里的某个人。如果我们"感受到"迫在眉睫的威胁，我们便会认为危险一定近在眼前。于是，我们相信共产主义不仅存在于苏联，也存在于美国，在我们的家门口，在我们的政府机构里，在我们的教堂、学校、社区里。

在有些时期，这场争论里确实包含真实的社会冲突。某种形式的敌对状况在现实中的确发生。只有当支持任何形式的社会改革的人都被称为共产主义者时，偏见才会形成。惧怕社会变革的人最有可能随意给对他们产生威胁的人和事贴上这种标签。

对他们来说，这一范畴是无差别的。它可以包含宣传在他们看来不恰当思想的书籍、电影、传教士、教师。如果发生了灾难——森林火灾或工厂爆炸——他们便认为是共产主义者在搞破坏。这个标签成了垄断范畴，几乎涵盖了一切不好的事情。1946年，在众议院里，众议院议员兰金（Rankin）称詹姆斯·罗斯福（James Roosevelt）为共产主义者。国会议员奥特兰（Outland）敏锐地回复道："显然，任何不同意兰金先生观点的人都是共产主义者。"

当差异化思维陷入低潮时（如社会危机时期），二元价值逻辑便会被放大。人们只能以是否符合道德秩序来看待事物。处于秩序之外的人便有可能被称为"共产主义者"。相应地，所有被贴上共产主义标签的人（无论正确与否）都应立即被逐出道德秩序之外，这正是危险所在。

这种联想机制将巨大的力量交托在政治煽动家手中。几年间，参议员麦卡锡（McCarthy）将与他意见不合的公民一概称为"共产主义者"，他用这种简单的办法混淆了视听。但这位著名的参议员不是唯一耍这种把戏的人。据1946年11月1日的《波士顿先驱报》记载，众议院共和党领袖约瑟夫·马丁在竞选演讲的最后说："人民的选票将决定未来，究竟选择混乱、迷惘、破产，还是选择捍卫我们的美国生活方式，捍卫自由和机遇。"带有如此强烈感情色彩的标签将他的民主党竞争对手置于公众可接受的道德秩序之外。于是马丁成功连任。

我们将在第14章中进一步探讨现实的社会冲突与偏见之间的区别，并将在第26章中审视政治煽动家为了达成自身目的所使用的其他混淆二者区别的方法。

当然，不是所有人都会上当。当煽动家的伎俩太过分时，就会受到嘲笑。伊丽莎白·迪林（Elizabeth Dilling）的《红色网络》（*The Red Network*）一书过于夸大二元价值逻辑，很多人对此一笑置之。一名读者评价道："显然，如果你在过马路时先迈左脚，你就是共产主义者。"可是，在社会危难时期保持自我的平衡并非易事，语言符号很容易形成充满偏见的宽泛的想象范畴，要抵挡这种倾向也实属不易。

语言现实主义和符号恐惧症

大多数人抗拒被贴上标签，尤其是带有贬义的标签。很少有人愿意被称为法西斯主义者或反犹太主义者。可耻的标签只能贴在别人身上，不能贴在我们自己身上。

> 一个社区的白人联合起来赶走了搬来这里的黑人家庭，这个例子展示了人们对于给自己贴上有利标签的热衷。他们自称"和睦友邻"，并将"己所不欲，勿施于人"作为自己的座右铭。这种神圣纽带的第一步就是起诉将房产卖给黑人的邻居。随后，他们又占领了另一对黑人夫妇准备迁入的房屋。这就是他们在"己所不欲，勿施于人"的黄金法则下做出的举动。

斯塔格纳（Stagner）[5]和哈特曼（Hartmann）[6]的研究显示，即使一个人的政治态度可以被称为法西斯主义，他依然会断然拒绝这种负面标签，并且不肯赞同任何公开接受这些主张的人和事。简而言之，他们患有与符号现实主义（symbol realism）相对应的符号恐惧症（symbol phobia）。当牵涉我们自身时，我们更容易陷入恐惧，而当"法西斯主义者""盲人""女学究"这些词被用在他人身上时，我们却不在意。

当符号激发出强烈的情感时，它们有时不再被视为符号，而被视为真实事物。"杂种""骗子"在我们的文化中通常被视为"脏话"。人们或许可以接受更加温和委婉的轻蔑表达。但在这些特殊情况下，这种污名必须被"收回去"。让对手收回说出的话当然不会改变他的态度，但消除词语本身似乎也很重要。

这种语言现实主义可能发展到极端。

> 马萨诸塞州坎布里奇市议会一致通过了一项决议（1939 年 12 月），规定："在本市范围内拥有、藏匿、封存、介绍或运输任何含有'列宁'或'列宁格勒'字样的书籍、地图、杂志、报纸、宣传册、广告或传单是违法行为。"[7]

这种混淆语言与现实的天真做法令人难以理解，除非我们回想起文字游戏在人类思维过程中发挥着重要作用。下列案例与上述例子同样出自早川（Hayakawa）的研究。

> 马达加斯加战士禁止食用动物肾脏。因为在马达加斯加语里，"肾脏"一词与"中枪"同音，所以如果吃肾脏就会中枪。
>
> 1937 年 5 月，纽约州的一位参议员强烈反对一项控制梅毒的法案，因为"'梅毒'一词的广泛使用必将腐蚀儿童的纯真心灵……这个词语令每一个体面的女人和男人不寒而栗"。

这种语词具象化的倾向强调了范畴和符号之间的紧密联系。仅仅提到"黑人""犹太人""英国""民主党人"就会令一些人陷入恐慌或爆发怒火。有谁能说清楚令他们愤怒的究竟是词语还是事物本身？标签是任何垄断范畴的固有属性。因此，要想使一个人放弃族群偏见和政治偏见，必须同时将他从语言崇拜中解脱出来。研究普通语义学的学生都清楚这一点，普通语义学告诉我们，偏见在很大程度上来自语言现实主义和符号恐惧症。因此，任何致力于消除偏见的项目必须包含大量的语言疗法。

参考文献

（1）I. J. Lee. How do you talk about people? *Freedom Pamphlet*. New York: Anti-Defamation League, 1950, 15.

（2）G. Razran. Ethnic dislikes and stereotypes: a laboratory study. *Journal of Abnormal and Social Psychology*, 1950, 45, 7-27.

（3）C. E. Osgood. The nature and measurement of meaning. *Psychological Bulletin*, 1952, 49, 226.

（4）L. L. Brown. Words and white chauvinism. *Masses and Mainstream*, 1950, 3, 3-11. See also: *Prejudice Won't Hide! A Guide for Developing a Language of Equality*. San Francisco: California Federation for Civic Unity, 1950.

（5）R. Stagner. Fascist attitudes: an exploratory study. *Journal of Social Psychology*, 1936, 7, 309-319; Fascist attitudes; their determining conditions, ibid., 438-454.

（6）G. Hartmann. The contradiction between the feeling-tone of political party names and public response to their platforms. *Journal of Social Psychology*, 1936, 7, 336-357.

（7）S. I. Hayakawa. *Language in Action*. New York: Harcourt, Brace, 1941, 29.

第12章 美国文化中的刻板印象

为什么崇拜亚伯拉罕·林肯的人如此之多？人们或许会说这是因为他很节俭、勤劳、求知欲强、雄心勃勃、致力于为普通人争取权利，并且成功地抓住了机遇。

为什么讨厌犹太人的人如此之多？人们或许会说这是因为他们很节俭、勤劳、求知欲强、雄心勃勃、致力于为普通人争取权利，并且成功地抓住了机遇。

当然，人们在形容犹太人时或许不会使用这些溢美之词，他们会说犹太人小气吝啬、有野心、咄咄逼人、过于激进。然而从根本上来看，在亚伯拉罕·林肯身上受到尊敬的品质在犹太人身上却受到谴责，这是事实。

我们从罗伯特·默顿①提出的这个例子里得知，刻板印象本身不是排外的理由。它们主要是由个体激发的范畴内的印象，用来为爱的偏见或恨的偏见提供辩护。它们在歧视心理中发挥着重要作用，但它们并不是故事的全貌。

刻板印象与群体特性

印象的形成显然有某种原因。印象经常来自与某类对象的重复经验，并且本应如此。如果它是基于某类对象拥有特定属性的概率的普遍判断，我们便不会称之为刻板印象。正如第7章中所述，不是所有对民族和国家精神的预测都是虚构的。对一个群体的可验证的评估不等同于选择、加强并杜撰一种刻板印象。

刻板印象可能在违背所有证据的情况下得到发展。

---

① 从罗伯特·默顿（Robert K. Merton, 1910—2003）：美国社会学家，科学社会学的奠基人，结构功能主义流派的代表人物之一。

例如，在加利福尼亚州弗雷斯诺郡，曾经盛行着亚美尼亚人喜欢撒谎的刻板印象。拉皮耶（La Piere）对此进行了研究，以验证是否有客观证据可以支持这种说法。他发现商人协会对亚美尼亚人给出了良好的信用评价，这与其他群体截然不同。此外，亚美尼亚人比其他群体更少申请救济，也更少被卷入法律纠纷当中。[1]

人们会好奇，既然有这么多相反的证据，那么"喜欢撒谎"的刻板印象是如何形成的？尽管我们无法确定，但这可能是因为亚美尼亚人的外貌特征与犹太人相似，于是通常被认为属于犹太人的一些特性被转移到亚美尼亚人身上。还有一种可能是，少数人曾与早期来到附近做买卖的亚美尼亚小贩有过不愉快的经历。经过记忆的选择与加工，这些遭遇被过度概括。无论如何，这种刻板印象似乎并无确切的依据。

当然，其他刻板印象也许不无道理。历史上，一些犹太人确实支持钉死基督。这一事实经过刻板印象的强化后，令整个犹太人群被现代人视为"杀死基督的凶手"。正如我们在第7章所见，重叠正态分布曲线显示，（根据文化限定的智力测试结果）犹太儿童比非犹太儿童的平均智力水平略高，黑人儿童比白人儿童的平均智力水平略低。但这种可证实的差异很微小，不足以支持"犹太人更聪明"或"黑人更愚笨"的刻板印象。

因此，一些刻板印象完全没有事实依据，另一些来自对事实的突出和过度概括。刻板印象一旦形成，便会使人按照既有范畴（第2章）去看待未来出现的证据。在刻板印象的影响下，我们会对一些迹象格外敏感，如犹太人是聪明的，黑人是愚蠢的，等等。

刻板印象可能会对最简单的理性判断造成妨碍。拉斯克（Lasker）引用了对儿童进行的默读测试中的一个例子。

阿拉丁是一个穷裁缝的儿子。他终日好吃懒做，游手好闲，比起工作他更喜欢玩乐。他是哪种人：印度人、黑人、法国人，还是荷兰人？

班里的大部分孩子回答"黑人"。[2]

在这个案例里，孩子们对黑人可能并没有恶意。他们只是放弃了自己的推理能力，转而选择了一种被广泛接受的刻板印象。

刻板印象绝不总是负面的。它们也可以用来表达偏爱。

一名老兵正在讲述一个优秀的犹太裔中尉的故事。他用他能想到的最温暖的话语来赞美这名中尉："在他牺牲的前一天，他为我和一个朋友照了一张相……他的肤色很白……他非常照顾自己的士兵。他总是满足士兵们的需要。尽管军中的香烟不多，他的兵总是有烟可抽。这是因为他是犹太人——擅长获取物资。他可以为士兵付出一切，他的士兵也可以为他付出一切。"

另一名老兵说："我向犹太人脱帽致敬。他们知道如何克服困难完成任务和获取物资。如果我的女儿嫁给一个犹太人，我当然会很高兴。他们善于养家，对妻子和孩子很忠诚，而且不酗酒。"[3]

这些有趣的例子体现了对犹太人"本性"的刻板印象，却没有同时流露出经常伴随着这些印象的恶意。

被定义的刻板印象

无论是正面还是负面的刻板印象，都是与范畴有关的一种夸大的信仰。它的功能是利用范畴使我们的行为合理化。

我们在第2章中分析了范畴的本质，在第10章里探讨了以范畴为基础而建立的认知过程。在上一章中我们强调了指涉范畴的语言标签的重要性。现在，我们即将完成相关讨论，让我们来看看与范畴相关的概念内容（印象）。这样一来，范畴、认知组织、语言标签和刻板印象都是一个复杂心理过程的不同方面。

几十年前，沃尔特·李普曼①已经探讨过刻板印象的问题，他将其简单地称为"我们脑海中的图像"。李普曼先生在现代社会心理学中建立了刻板印象的概念。[4]然而，尽管他的描述十分准确，他在理论发展上却有所欠缺。比如，他往往会混淆刻板印象和范畴。

刻板印象不等于范畴，它更像是伴随范畴而产生的一种固定概念。例如，"黑人"这一范畴可以只是一种中性的、不带褒贬的事实概念，仅涉及一个人种。如果最初的范畴带有特定的"图像"，并带有黑人热爱音乐、懒惰、迷信的判断，刻板印象便产生了。

因此，刻板印象不是范畴，它经常以范畴的固定痕迹的形式而存在。如果我说"所有律师都是骗子"，我就是在表达关于一个范畴的刻板印象。刻板印象本身并不是概念的核心，但它会妨碍对概念的差异化思考。

刻板印象既是武断地接受或排斥一个群体的合理手段，也是维持感知与思考的简单性的屏蔽手段和选择手段。

我们需要再一次指出真实群体特性的复杂。刻板印象不一定是全盘错误的。如果我们认为爱尔兰人比犹太人更容易酗酒，从概率上讲我们很可能做出了正确的判断。然而，如果我们说"犹太人不喝酒"或"爱尔兰人都是酒鬼"，我们就过于夸大事实，并建立了不公正的刻板印象。我们只有在掌握了真实群体差异的可靠数据后，才能区分有效概括和刻板印象。

关于犹太人的刻板印象

许多学者研究过非犹太人对犹太人的印象。1932年，卡茨（Katz）和布莱利（Braly）发现大学生认为犹太人拥有以下特质：[5]

精明、唯利是图、勤劳、贪婪、聪明、野心勃勃、狡猾

---

① 沃尔特·李普曼（Walter Lippmann, 1889—1974）：美国新闻评论家，代表作《舆论》被公认为传播学领域的奠基之作。1958年获普利策新闻奖。

较少一部分人还提到了下列特质：

忠于家庭、坚韧不拔、健谈、有进取心、非常虔诚

1950年，学者们重做了1932年这项研究。我们将在本章后续内容中探讨刻板印象随着时间推移而产生的变化。

贝特尔海姆和贾诺威茨采访了芝加哥的150名退伍士兵，他们对犹太人的指责大致可按照以下顺序进行排列：[6]

他们很排外。

金钱就是他们的上帝。

他们控制着一切。

"所有人都在责备犹太人。他们控制着一切。他们身居高位——在商业和政治领域。他们才是掌权者……他们在世界各地都掌握了权力——在所有行业。他们拥有电台、银行、影院和商店。马歇尔·菲尔德百货公司和所有大商场都是犹太人的。"

"他们采取不光彩的竞争手段。"

"他们太小气。假如他们欠你钱，你必须费尽力气才能要回来。"

"他们不做体力劳动。"

"他们拥有工厂并让白人为他们打工。"

下列特质较少被提及：

他们专横傲慢。

他们肮脏邋遢。

他们精力充沛而且聪明伶俐。

他们很吵闹，喜欢制造骚动。

1939年《财富》杂志进行了一项调查，它提出了一个问题："你认为是什么导致了针对国内外犹太人的敌意？"[7] 被提到最多的原因如下：

他们控制着金融界和商业。

他们贪得无厌。

他们太精明或太成功了。

他们不合群。

福斯特（Forster）尝试总结了上述研究和其他一些研究，按照出现频率为不同的特质赋予适当的权重后得出了下列清单：[8]

排外（拒绝与外族通婚，为外人的融入设置障碍）。

酷爱金钱以及不光彩的金融伦理。

爱出风头、好斗、粗俗的社交举止。

聪明、有野心、力争上游的能力。

我们注意到，宗教在这些清单中几乎没有起到什么作用。当然，宗教差异（象征犹太人特质的唯一的 J 曲线）原本十分重要。有关宗教的指控（"仪式破坏者"）在过去比现在更加常见。如今，在我们的世俗社会里，犹太人的范畴似乎失去了唯一真实的典型属性。其他属性取代了宗教的位置——这些属性最多只有微小的可能性，或者完全是不相关的噪声。

上述刻板印象清单彼此之间大体保持一致。这就是说，同样的指责随着时间流逝而反复出现。严格说来，人们对犹太人的印象具有相当大的"可靠性"（一致性）。

然而，进一步分析揭露了一个有趣的状况。一些刻板印象是相互矛盾的。人们同时拥有两种相反的印象，它们不可能同时成立。阿多诺（Adorno）、福伦科尔 - 布伦斯威克（Frenkel—Brunswik）、莱文森（Levinson）和桑福德（Sanford）的研究[9]给我们带来了大量启示。这些学者设计一套综合尺度，用于测量人们对犹太人的态度，他们在其中插入了大量彼此相反的命题。受试者被要求就下列陈述表示同意或反对：

　　（a）针对犹太人的敌意主要来自他们对非犹太人的排斥。
　　（b）犹太人不应当过多介入基督徒的活动和组织，也不应该频繁地要求基督徒认同自己并尊重自己。

另一组陈述如下：

　　（a）犹太人往往构成了美国社会里的外来元素，他们倾向于保留古老的社会准则并排斥美国的生活方式。
　　（b）犹太人为了掩饰身份做得太过分了，尤其是一些极端分子改名换姓、调整鼻型并模仿基督徒的生活方式和习俗。

一些（a类）陈述体现了"孤僻性"，一些（b类）陈述则反映了"侵扰性"。

一个重要的发现是，这些分量表的相关性达到了 +0.74。这就是说，指责犹太人过于孤僻的人同时也在指责犹太人侵扰了美国社会。

当然，我们可以理解一个人可能同时表现出孤僻性和侵扰性（就像既慷慨大方又自我吹嘘，既小气吝啬又铺张浪费，既冷酷无情又无依无靠），但这种可能性并不高。至少，我们不太可能发现这些相反的指责同时出现在犹太人身上。

我们可以参考下面这段对话：

甲先生：依我看，犹太人太孤僻了，他们聚在一起排斥外人。

乙先生：可是，在我们的社区里，科恩和莫里斯（均为常见的犹太姓氏）都加入了社区福利基金，扶轮社和商会里也有几个犹太人成员。许多犹太人支持社区项目……

甲先生：这就是我要说的。他们总是拼命想挤进基督徒的团体里。

上述情况显示，出于深层原因而讨厌犹太人的人会利用一切刻板印象为自己的立场辩护，无论这些刻板印象彼此是否兼容。无论犹太人是什么样子、不是什么样子、做什么、不做什么，偏见总能在某种假设的"犹太人本质"里找到合理的容身之地。

散文家查尔斯·兰姆在这方面带给我们启发。他在《不完美的同情》这篇散文里承认自己对犹太人抱有偏见。他用轻松而流畅的笔触写道："我大胆地承认，我不喜欢看到犹太人和基督徒走得很近，最近这简直变成了一种时尚。这种相亲相爱的关系在我看来既虚伪又做作。我不想看到基督徒和犹太教徒带着虚伪的礼貌尴尬地彼此亲吻和行礼。如果他们真的皈依了基督教，为什么不彻底加入我们这一边呢？"

几行字之后，他这样评价一个确实"彻底加入我们这一边"的犹太人，并没有意识到其中的矛盾：

"如果他遵循祖先的信仰，他会更合乎传统。"[10]

兰姆自我矛盾的标准暴露出的是公开的偏见。无论犹太人怎样做，他都会诅咒他们。

有偏见的人如此容易形成自相矛盾的刻板印象，这一事实证明了真实的群体特质并非问题的关键。关键在于厌恶的情感需要得到合理的解释，任何适用于即时会话场景的解释都可以发挥作用。

如果我们暂且搁置偏见的问题，转而思考有关日常谚语的情况，这也许能帮助我们理解偏见所涉及的精神过程。让我们来比较下列矛盾的语句：

> 亡羊补牢，未为迟也。
>
> 覆水难收，破镜难圆。
>
> 物以类聚，人以群分。
>
> 亲不尊，熟生蔑。
>
> 小时济济，大时了了。
>
> 小时偷针，大时偷金。

我们可以用一条谚语来"解释"存在的一种事态。如果存在的是相反的事态，我们便使用相反的谚语。民族刻板印象也是这样的。如果在某个特定时期，一种指责似乎可以解释我们对某个群体的厌恶并使其合理化，我们便会利用它；如果在另一时期，相反的指责更加合适，我们便会改弦更张。对一贯性和统一性的逻辑需求并不令我们苦恼。

刻板印象通过选择性感知和选择性遗忘而得到维持。当我们认识的犹太人实现一个目标时，我们可能会不假思索地说——"犹太人太聪明了"。如果他没有实现目标，我们什么也不会说，并且也不会想到需要修正刻板印象。同样地，我们可能注意不到九座整洁的黑人住宅，却在遇见第十座邋遢的房屋时得意扬扬地叫嚷："他们确实不爱惜房子。""谋害基督的凶手"也是这样的例子。我们在这种陈词滥调里发现了对许多相关事实的选择性遗忘。批准钉死基督的是彼拉多，执行死刑的是罗马士兵，围观民众里只有一部分是犹太人，在基督教刚创立时和早期的艰难岁月里，它所有的信徒由曾经信仰犹太教的犹太人组成。

尽管有关群体的民族特性和心理特性的科学问题尚待解决，许多刻板印象显然来自幻想。因此，我们可以得出结论：刻板印象的解释功能已经超越了它对群体属性的反映功能。

关于黑人的刻板印象

金博尔·杨（Kimball Young）对黑人刻板印象的调查结果如下：[11]

智力低下	道德未开化
精神不稳定	过于自信
懒惰和吵闹	宗教狂热
沉迷赌博	奇装异服
接近类人猿	容易持械斗殴
出生率高，威胁到主流白人社会	容易被政客贿赂
职业不稳定	

卡茨和布莱利在之前所引述的研究中发现人们对黑人有以下印象：

迷信	懒惰
随遇而安	无知
热爱音乐	

这些调查者运用了测量不同群体的刻板印象的确定性的方法，他们发现从整体来看，人们对黑人特质的认同度比其他群体更高。84%的受访者认为"迷信"是黑人的特点。卡茨和布莱利的研究使用了清单法。受访者需要从大量的特质中选出最合适的那些。84%的人选择了"迷信"，这一事实意味着当人们不得不选出某些特质时，大部分人都选择了这个特质。

贝特尔海姆和贾诺威茨使用了一种更开放的方法，他们让受访者自己列举黑人的特质，他们所得到的刻板印象清单与犹太人的清单很不一样。[12]以下是按照频率排列的清单：

邋遢	不珍惜房产
挤压白人的生存空间	懒惰怠工
道德卑劣，不讲诚信	自甘堕落，不求上进
无知，低智商	爱惹麻烦
体味难闻	传播疾病
花钱大手大脚	

布莱克（Blake）和丹尼斯（Dennis）的研究要求年轻人分别选出属于黑人和白人的特质。[13]受访者认为属于黑人的显著特征包括：

迷信、行动缓慢、无知、随遇而安、奇装异服

这项调查的有趣之处在于，他们发现，四、五年级的儿童对黑人的刻板印象的差异程度比七、八年级的儿童之间的差异程度更小。更年幼的孩子将所有"坏的"特质都赋予了黑人。例如：年幼的孩子们认为白人更加"开朗"。但年纪更大的孩子们的刻板印象与大人的情况更一致——不是所有刻板印象都是负面的。因此，他们认为黑人更开朗也更幽默。年幼的孩子对黑人抱有负面态度，但他们尚未形成更加复杂的刻板印象模式，他们对外群体的态度无法产生更明显的差异。梅尔茨（Meltzer）的报告也说明了年幼的孩子对外群体的刻板印象比大学生的刻板印象更少。[14]

关于黑人的刻板印象似乎不像关于犹太人的刻板印象那样充满了矛盾，但矛盾绝没有消失。我们听说黑人很懒惰和迟钝，却又同时喜欢挑衅和惹事。南方人有时会说"种族问题并不存在"，因为黑人知道应该安分守己，可是下一刻，他们又说为了让黑人保持安分，有必要动用武力。

少数群体对彼此和自己也持有刻板印象。我们在第9章指出，来自主流文化的强大压力有时会迫使少数群体成员透过他人的滤镜来看待自己。反犹太主义的犹太人认为其他犹太人（不包括他们自己）拥有不好的犹太特质。一些黑人指责其他黑人拥有令白人厌恶的特质。

同样，一个少数群体可能对另一个与他们密切相关的少数群体抱有特别生动的刻板印象。这种印象可能来自弗洛伊德所说的"对细微差异的自恋"。德国犹太人对波兰犹太人的形象很敏感。美国黑人对来自西印度群岛的黑人移民抱有一套刻板印象。伊拉·瑞德（Ira Reid）将这些印象列举如下。[15] 与本土黑人相比，来自西印度群岛的黑人：

很"聪明"，比本土黑人的受教育程度更高

比犹太人更精明，在金融领域不值得信任

过于敏感，自尊心很强

脾气暴躁

亲英派或亲法派

认为自己比本土黑人更高贵

要么不屑于工作，要么懒得工作

排外

打老婆，把女人当成奴隶

喜欢给白人制造麻烦

喜欢表现自己

缺乏种族自豪感

喋喋不休

犹太人与黑人刻板印象的比较

针对黑人和犹太人的刻板印象似乎存在着互补性。贝特尔海姆和贾诺威茨注意到，前者往往责备黑人淫乱、懒惰、邋遢、好斗，后者责备犹太人精明、欺诈、太有野心和手段卑鄙。这些作者接下来便要求我们反省自己。我们从自己的本性中发现了哪些罪恶呢？一方面是肉体的罪恶。我们不得不努力克制好色、懒惰、好斗和邋遢的本能。于是我们把这些罪行拟人化，让它们体现在黑人身上。另一方面，我们还要克制骄傲、欺骗、自我中心主义和贪婪的野心。我们将这些罪恶具象在犹太人身上。黑人反映了我们的"本我"冲动，犹太人体现了我们对"超我"（良知）

的违背。因此，我们对这两个群体的指责和厌恶象征着我们对自身邪恶本性的不满。正如贝特尔海姆和贾诺威茨所说：

"根据精神分析的解释，民族敌意是将无法接受的内心冲突投射在少数群体上。"[16]

在缺少黑人族群的欧洲，被指责为下流、肮脏、暴力的是犹太人，这一现象为上述理论提供了依据。美国人可以将黑人作为拟人化的对象，不需要责备犹太人。于是，美国人可以建立更加特定的犹太人刻板印象，只强调野心、骄傲、机敏等"超我"特质。

因此，将黑人和犹太人视为互补对象似乎有一定的道理。这两个群体的刻板印象代表了两种主要的邪恶形式——更偏向"身体的"和更偏向"精神的"。犹太人值得憎恶是因为他们人数很少却很聪明，黑人被讨厌是因为他们人口太多又很愚昧。尽管我们的社会里有许多其他的偏见形式，歧视黑人和歧视犹太人确实是主要的偏见形式。调查显示，针对黑人的偏见程度更强烈。这是否因为肉体的罪恶更加常见？

我们将在第23章和第24章进一步讨论这种解释。眼下，我们只需注意对于一些人来说，刻板印象的确带有下意识的自我指涉。一个人可能出于对内心某些特质的挣扎而将它们投射在外部群体上，并为这些想象中的特质而痛恨这个群体。黑人和犹太人因此成了自我的替代。我们可以在他们身上感知到自己的缺点。

大众传媒与刻板印象

我们已经看到，刻板印象的来源不一定有事实依据，它们帮助人们简化范畴，它们为恶意提供理由，有时它们还充当我们内心冲突的投影。但它们的存在还有更重要的原因。我们的大众传媒为刻板印象提供了支持，不断地使它们复苏，并加强这种印象，其中包括长篇小说、短篇小说、报纸、电影、舞台、电台、电视等。

1944年正值第二次世界大战时期，作家战争委员会（write's war board）在哥伦比亚大学应用社会研究局的帮助下进行了一项针对大众媒体所反映的"固定角色"

的详尽研究。[17]

研究发现，通俗小说可能是最常使用"固定角色"的传媒形式。研究者对185篇小说进行分析后，发现超过90%的角色是盎格鲁-撒克逊人（或"北欧人"），其中几乎涵盖了所有正面角色。然而，"奴仆、骗子、小偷、赌棍、声名狼藉的夜店经营者、心术不正的拳击比赛经理等惹人讨厌的角色很少是盎格鲁-撒克逊人"。总之，"这些小说角色的行为很容易被用来'证明'黑人的懒惰、犹太人的狡猾、爱尔兰人的迷信和意大利人的高犯罪率"。

研究者对100部含有黑人角色的电影进行分析后发现，有75部电影对黑人进行贬低并按照刻板印象来塑造他们。只有12部电影里的黑人角色以正面的独立个体形象出现。

两名头脑冷静的商人指出了英雄往往被塑造为盎格鲁-撒克逊人的理由，第一位商人从事漫画行业，第二人从事广告业。

> 我们最看重的是可传播性。你能想象出一个名叫科恩的英雄吗？
>
> 如果黑人出现在广告里，观众不会认可的。

然而，在内战之前的美国南方图片和威士忌广告中，人们总会加入一位"汤姆叔叔"（黑人）来营造气氛。

报告中这样形容电台行业：

> 广播协会多年来一直在争论"阿莫斯和安迪"① 给黑人带来的究竟是帮助还是危害。一些黑人反对这个节目，一些黑人并不反对它。另一个争论的焦点是杰克·本尼（Jack Benny）的"罗切斯特秀"。这个节目对黑人进行了善意的呈现，它所描述的"罗切斯特"是聪明机智的，但同时也具有其他常见的刻板印象——酗酒、嗜赌、通奸、好斗。

---

① 阿莫斯和安迪：以黑人为主角的一档电台喜剧节目。

一些研究揭露了《美国日报》中涉及黑人的一般趋势——集中报道犯罪新闻，很少报道黑人的成就。[18]有时，人们辩解道，"一名黑人约翰·布朗入室抢劫被抓获"这样的描述可以帮助读者形成一种心理印象，从而便于阅读，并用简短的语句传递大量的信息。从记者的角度来说，这种做法可能不具有更深的偏见基础。他的动机是无害的。然而如此频繁地将黑人与犯罪联系在一起，必将对读者造成持续的影响，尤其严重的是有利于黑人的正面新闻不足以抵消负面影响。毫无疑问，一些报纸设立了刻意贬低黑人的政策。例如：一些南方的报纸上的"黑人"（Negro）一词首字母从不大写。他们似乎认为，使用小写字母 n 可以在某种语言魔法的帮助下让黑人"恪守本分"。

近年来的所有研究都认同大众传媒的种族政策有所改善，部分原因也许是长期保持沉默的少数群体开始发声抱怨。抗议的声势如此强烈，以至于一个好莱坞导演抱怨除了土生土长的纽约人之外，他不敢安排任何人扮演反派角色。

针对大众传媒里的刻板印象的抗议愈演愈烈，有时也会走向极端。1949年，一部英国电影《雾都孤儿》引发了争议。在狄更斯的小说原著里，犹太人法根这一角色是刻板印象的化身。由于民众的事先抗议，美国一些地区取消了这部电影的放映。一些人反对学校教授《威尼斯商人》这篇课文——他们担心如果对课文研究不深，犹太商人夏洛克的形象会让年轻人形成刻板印象。童话故事《小黑人桑波》不受欢迎，因为傻乎乎的小黑人弄丢了衣服，还吃了太多煎饼。《木偶奇遇记》被认为有不良影响，因为它将意大利人和"杀手"紧密地联系在一起。这样的例子还有很多。试图保护每个人不受所有刻板印象的侵蚀，这可能只是一场徒劳。更好的做法是加强人们识别刻板印象的能力，并用批判式思维来抵御它们的影响。

学校所使用的教科书经历了严密的审查和批评。一项异常透彻的分析指出，少数群体在超过300种课本里的形象大部分呈现出负面的刻板印象。这种情况似乎并不是出于恶意，而是源自文化传统，教材的编写者不知不觉采纳了这种传统。[19]

随时间变化的刻板印象

我们已经用一些证据证明了大众传媒中的刻板印象正在减弱。同样地，学校对跨文化教育的重视可能也影响了当今学生对民族刻板印象的认知。总而言之，年青一代比起他们的父辈可能更不容易受到刻板印象的影响。

普林斯顿大学进行的两项间隔18年的研究提供了有限却颇有启发性的证据。1932年，卡茨和布莱利对这所大学的本科生进行了一项调查，要求他们从84种属性中选出5种他们认为最符合德国人、英国人、犹太人、黑人、土耳其人、日本人、意大利人、中国人、美国人和爱尔兰人的属性的词。

1950年，在同一所大学任教的吉尔伯特（G. M. Gilbert）按照同样的流程重复了这一实验。[20] 他的实验对象大约出生在第一次实验的年代。他们在不同的社会环境中长大，尽管他们的经济状况和社会阶层与父辈相比并无太大差别。南方人在两组学生中所占比例都很大。

吉尔伯特将这项比较研究所得到的最惊人的发现称为"衰退效应"。与1932年相比，针对这10个族群的刻板印象有了十分明显的衰退。我们以意大利人为例。表4显示了将某种特性归于这个群体的学生的百分比。除了"笃信宗教"之外，所有领域的比例都有所下降，这是因为学生们不得不从54种特质当中选出5种，于是他们的选择比1932年的学生更加分散。在早期的研究里，学生们对意大利人的看法更容易达成一致。吉尔伯特这样评价道：

表4　选择意大利人某种品质的学生百分比（%）

	1932年	1959年	偏差
艺术气质	53	28	−25
冲动	44	19	−25
热情	37	25	−12
易怒	35	15	−20
热爱音乐	32	22	−10
想象力丰富	30	20	−10
笃信宗教	21	33	+12

热爱艺术、脾气暴躁的意大利人代表着喜怒无常的艺术大师与乐观开朗的街头艺人的结合，这种结合依然伴随着我们，但是自己过去的形象已经褪色。选择艺术、音乐、想象力等艺术气质的学生已经大幅减少，热情、冲动、暴躁等情绪特质也面临着同样的趋势。

选择"笃信宗教"的人数有所上升，这可能是因为1950年是天主教圣年，更多人开始关注去罗马朝圣的天主教徒。这一事实本身展示了短暂的事件如何塑造人们对国民形象的看法。

关于土耳其人的形象，在1932年，有47%的受试者选择了"残忍"，在1950年只有12%的人选择了这一特质。可怕的土耳其人的刻板印象明显有所减弱。至于黑人的情况，在两次调查中主要的刻板印象都是迷信和懒惰，但第二次调查中选择这些品质的学生人数减少了一大半。

作为群体的美国人得到的奉承比过去少得多。勤奋刻苦、智慧过人、雄心勃勃、追求效率的经典刻板印象在很大程度上已经褪色。物欲横流和享乐主义的批评略有增加。看起来，时间使人们对内群体的看法变得更带有批判性。

或许，最重要的一项发现是1950年的学生非常不情愿参与实验。他们说，强迫我们对他人进行概括是多么不合理的做法——尤其是对我们几乎接触不到的人群进行概括。学生们认为这样的实验是对自身智力的侮辱。一名学生写道：

我拒绝参与如此幼稚的游戏……我想不出有什么特质可以适用于整个群体。

1932年，这场"幼稚的游戏"并没有遭遇这样的反对。

吉尔伯特指出，这种"衰退效应"和学生的反对可能来自多种原因。其中一个可能是娱乐行业和大众传媒领域中的刻板印象正在逐渐消失。另一个或许是战后学习社会科学的大学生数量增多。还有一个可能是学校更加重视跨文化教育。无论究竟因为什么，"我们脑海中对民族的印象"似乎不再像过去那样斩钉截铁。

从偏见理论的角度来看，刻板印象的可变性具有重要意义。刻板印象随着偏见的强度和方向的改变而消涨。我们还看到，它们也随着对话语境的变化而改变。当苏联政府和美国政府是战时同盟时，俄国人的形象曾是顽强、勇敢的爱国者。几年之后，他们的形象变得凶狠狂暴。与此同时，曾经不受欢迎的日本人（和日裔美国人）的形象却得到了改善。

我们有更多证据可以证明本章开头的观点。刻板印象不等同于偏见。它们的主要作用是提供合理性。它们会适应当时盛行的偏见或根据情形的需要而调整自己。尽管在中小学和大学里反对刻板印象并减少其在主流媒体的传播是有益无害的，但我们不能以为仅仅这样做便可以消除偏见的根源。[21]

参考文献

（1）R. T. La Piere. Type-rationalizations of group antipathy. *Social Forces*, 1936, 15, 232–237.

（2）B. Lasker. *Race Attitudes in Children*. New York: Henry Holt, 1929, 237.

（3）B. Bettelheim and M. Janowitz. *Dynamics of Prejudice: A Psychological and Sociological Study of Veterans*. New York: Harper, 1950, 45.

（4）W. Lippmann. *Public Opinion*. New York: Harcourt, Brace, 1922.

（5）D. Katz and K. W. Braly. Racial stereotypes of 100 college students. *Journal of Abnormal and Social Psychology*, 1933, 28, 280–290.

（6）B. Bettelheim and M. Janowitz. Op. cit., Chapter 3.

（7）*Fortune*, 1939, 19, 104.

（8）A. Forster. *A Measure of Freedom*. New York: Doubleday, 1950, 101.

（9）T. W. Adorno, et al. *The Authoritarian Personality*. New York: Harper, 1950, 66 and 75.

（10）C. Lamb. Imperfect sympathies. *The Essays of Elia*. New York: Wiley and Putnam, 1845.

（11）K. Young. *An Introductory Sociology*. New York: American Book, 1934, 158–163, 424 ff.

（12）Ibid.

（13）R. Blake and W. Dennis. The development of stereotypes concerning the Negro. *Journal of Abnormal and Social Psychology*, 1943, 38, 525–531.

（14）H. Meltzer. Children's thinking about nations and races. *Journal of Genetic Psychology*, 1941, 58, 181–199.

（15）I. Reid. *The Negro Immigrant*. New York: Columbia Univ. Press, 1939, 107 ff.

（16）B. Bettelheim and M. Janowitz. OP. cit., 42.

（17）*How Writers Perpetuate Stereotypes*. New York: Writers' War Board, 1945.

（18）A. McC. Lee. The press in the control of intergroup tensions. *The Annuals of the American Academy of Political and Social Science*, 1946, 244, 144-151.

（19）Committee on the Study of Teaching Materials in Intergroup Relations (H. E. WILSON, DIRECTOR). *Intergroup Relations in Teaching Materials*. Washington: American Council on Education, 1949.

（20）G. M. Gilbert. Stereotype persistence and change among college students. *Journal of Abnormal and Social Psychology*, 1951, 46, 245-254.

（21）关于当今社会的国民刻板印象研究，参见 W. Buchanan and H. Cantril. *How Nations See Each Other*. Urbana: University of Illinois Press, 1953。这项研究代表了联合国教科文组织为了让人们对他国民众的形象产生客观理解而做出的努力。当我们了解盛行的刻板印象时，可能会更理智地努力修正它们。

第13章 偏见理论

现在，是时候找出偏见问题的整体理论方向了。

在之前几章里，我们主要讨论了有关刺激对象的话题。（第6章至第9章探讨了群体差异、可见性和自我防御特质的发展）我们还用很长的篇幅讨论了群体差异的感知和认知过程。（在第1章、第2章、第5章、第10章、第11章、第12章，我们在语言和刻板印象形成机制的辅助下探讨了一般心理过程中的分类和预判的本质。）认知聚焦于刺激对象的现象有时被称为现象学层面上的研究。偏见行为（第4章）依赖于刺激物被感知的方式（现象学）。

我们从图11中可以看出，之前所有章节主要涉及偏见研究的两个主要方法：刺激对象方法和现象学方法。我们在一些章节还从社会文化角度和历史角度切入主题，尤其是第3章、第5章、第7章。这样做是有必要的，因为群体标准、群体价值、群体成员身份在个体精神生活的发展中扮演着持续不断而紧密相连的角色。在随后的第14章至第16章里，我们将进一步讨论偏见的社会因素和历史因素。

关于个性因素与社会学习的作用，我们将保留到第17章至第28章进行探讨。这些方法所占用的大量篇幅也许揭示了作者的心理偏向。如果确实如此，请读者理解作者尝试对历史、社会文化和情境因素给予同样的强调。作者希望这本书能成为对当前趋势的反映，帮助研究者跨越学科界线，从相邻学科借鉴方法和视野，从而更好地理解这个具体的社会问题。然而，即使是视野广阔的研究者也很容易过于强调自己的专业领域。

图11代表了现存各种偏见研究方法的概述。我们不想轻视其中任何一种方法，因为每一种方法本身都无法呈现问题的全貌。争论哪一种方法更重要是没有益处的。

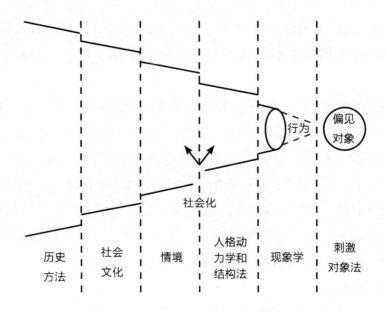

行为

偏见
对象

社会化

历史
方法

社会
文化

情境

人格动
力学和
结构法

现象学

刺激
对象法

图11 研究偏见问题的理论和方法论（摘自 G. W. Allport, Prejudice: a problem in psychological and social causation. *Journal of Social Issues*, Supplement Series, No. 4, 1950.）

当我们在探讨偏见"理论"时，我们究竟指的是什么？我们是否暗示着该理论为所有人类偏见提供了彻底而权威的解释？这种情况很罕见，尽管当我们读到对马克思主义、替罪羊理论或其他学说饱含热情的阐述时，我们有时会感觉作者以为自己已经彻底掌握了这个课题。然而，大部分"理论"都遵循一条法则：它们的提出者们会重点强调其中一项主要成因，但他们并没有暗示不存在其他成因。作者通常会选择强调图11的6种方法当中的一个，然后根据这种方法发展自己的理论，将某些因素塑造为偏见的成因。例如，我们在第3章中探讨过"群体规范"理论。该理论的拥护者们对偏见在群体生活模式中的存在留下了极其深刻的印象，于是他们将个体的偏见态度"解释"为群体价值的反映，仅此而已。这一观点的支持者无疑会说这是偏见最重要的成因，但他们大概不会否认同时存在其他边缘化的影响。

我们采取折中方式来解决这一问题。6种主要方法都拥有各自的价值，所有相应的理论也都有各自的道理。目前，我们不可能将它们缩减为一种单一的人类行为理论。尽管如此，随着研究的继续展开，我们希望主要观点可以逐渐变得清晰。一以贯之的方法并不存在。相反，我们拥有的是一系列办法，每一种都能开启一扇理解的大门。

读者们需要注意的是，位于图11右侧的影响因素在时间上更接近现在，在操作上也更具体。一个带有偏见的人起初是因为他以特定的方式看待偏见对象。但他这样做的部分原因来自他的性格。他之所以形成这样的性格与他的社会背景有关（家庭教育、学校教育、社会教育）。现存的社会情境也是社会化的一个因素，并有可能影响他的认知。在这些因素之外，还存在着其他有效的但关系更遥远的成因。它们涉及我们所生活的社会的结构、长期存在的经济和文化传统，以及长期的国家和历史影响。在对偏见行为的即时心理分析中，这些因素尽管看起来十分遥远，却依然是重要的影响因素。

现在，让我们更详细地探讨图11里的每一种主要方法。[1]

强调历史

历史学家对当今的每一场民族冲突背后漫长的历史印象深刻，他们坚信只有了解冲突的完整背景才能理解冲突。譬如，在美国，对黑人的歧视是一个历史问题，它的根源在于奴隶制、政治投机和内战结束后南方重建的失败。如果这个问题还具有心理层面的起因，它们也受到复杂的历史情境的影响。

一位历史学家评价了学术界这些年来建立纯粹的心理角度研究的努力，对此他持反对意见：

> 这种研究只在狭隘的范围内带来启发。因为性格本身受制于社会因素，在最后的分析里，必须在性格赖以形成的广泛社会背景当中寻求理解。[2]

尽管我们承认这种批评是有道理的，我们还是要指出，历史虽然提供了"广泛的社会背景"，它却不能告诉我们为什么在这种背景下有人会形成偏见的个性，有人却没有。这正是心理学家最想解答的问题。这样的争论同样是毫无意义的。双方的专业知识都是必不可少的，因为他们要回答的不是相同的问题，却能互补。

历史研究明显分为很多种。一些研究方向强调经济因素的重要性，但不是所有方向都如此。例如，很著名的偏见剥削理论。考克斯（Cox）对此进行了简单的论述。

> 种族偏见是剥削阶级向大众传播的一种社会态度，其目的是将一些群体贬低为劣等人种，从而明目张胆地剥削这个群体本身或剥夺他们的资源。[3]

这位作者继续论述，种族偏见在19世纪达到了顶峰，因为当时欧洲各帝国需要为殖民扩张寻找借口，所以，诗人（吉卜林）、种族理论家（张伯伦）和政治家宣布殖民地人民是"劣等人种""需要保护""处于进化的较低阶段"，而他们无私地背负起这些"累赘"。这些虔诚的关怀和傲慢的态度掩盖了剥削带来的经济利益。种族隔离发展成一种用来防止同情并压抑平等情绪的机制。强加在殖民地人民身上的性禁忌和社会禁忌使他们无法发展出对平等的期望和自由的选择。

在剥削的合理化过程中，种族理论得到了发展。在资本主义扩张阶段之前，种族理论对世界历史的影响微不足道。本土印度人、非洲人、马来人、印度尼西亚人都有很高的辨识度。剥削者需要可以掩盖剥削的范畴，从而避免人们看出受害者的本质——非自愿的奴隶。因此，"种族"被视为上帝赐予的概念，而不是一个用来将歧视行为合理化的人为范畴。考克斯认为阶级差异（剥削者与被剥削者的关系）是一切偏见的基础，所有关于种族、民族和文化因素的讨论都只是用来掩盖真相的话语。

这一理论有很多吸引人之处。它解释了我们经常听到的经济剥削合理化说辞：东方人每天只需要一点米就能生存下去；黑人不应当获得高额工资，因为他们会把钱浪费在提高种族地位上；墨西哥人非常野蛮，他们只知道喝酒，一有钱就会马上输光；美国印第安人也是这样。

尽管剥削理论有一定的道理，但它在许多方面依然很薄弱。它不能解释为什么不是所有被剥削的人都受到同等的歧视。来到美国的许多移民都受过剥削，但他们没有遭遇黑人和犹太人经历过的那种偏见。我们也不能确定犹太人是经济剥削的受害者。贵格会信徒和摩门教徒曾在美国受到严重的迫害，但显然并非出于经济原因。

即使只看美国人对黑人的偏见，也不能认为这只是一种经济现象，尽管考克斯的论证在这里体现得最明显。尽管许多白人克扣黑人的工资并用有关黑人的"动物本能"的理论来为这种不公正行为辩护，但故事的全貌比这更加复杂。白人工人和白人农民同样受到剥削，却没有遭遇同样的歧视。我们在对南方某些社区的社会学研究中发现，在客观的"阶级"尺度上，黑人的地位不比白人低。他们的小屋不比白人的小，他们的收入不比白人少，他们的住宅设施也是同样的。但他们的社会地位更低。

因此，我们认为，偏见理论太宏大，尽管它的确指出了偏见的一个成因，即上层阶级为利己行为辩护的理由。

历史对理解偏见的贡献绝不仅局限于经济解释。希特勒在德国的崛起和他所实施的种族灭绝政策只能通过追溯一系列历史事件来理解。在19世纪里，德国首先经历了自由主义的兴起（1869年，所有对犹太人的限制法令全都被废除），然后在俾斯麦时期，保守主义者和君主主义者指责犹太人是俾斯麦改良主义背后的元凶，就像后来的罗斯福新政也被归咎于犹太人。与这一趋势相融合的是种族学说和纯血理论，它们反映了黑格尔对统一的德国民族精神的呼吁。这些因素在心理上与劳工力量的兴起相互融合。在许多人看来，劳工运动是军事化社会里的异端。劳工崛起也被归咎于犹太人。最后，第一次世界大战为犹太人成为替罪羊奠定了基础，犹太人成了所有困扰着德国的激进力量和颠覆性势力的化身。[4]

这种宿命般的进程是否能脱离心理学的帮助而仅从历史学角度来解释，这并不是我们现在要解决的问题。我们只是坚持认为对存在于世界任何地方的任何一种偏见模式的研究都可以从历史角度获得重要的启发。

强调社会文化

后续章节将探讨可以辅助解释群体冲突与偏见的一些社会文化因素。社会学家和人类学家将这种类型的理论研究置于首位。他们和历史学家一样，都对偏见态度赖以形成的整体社会背景兴趣浓厚。在这种社会背景之下，一些作者强调引发冲突的传统；一些人强调外群体相比于内群体的向上移动性；一些人强调有关的人口密度；一些人强调不同群体之间存在的接触类型。

现在，我们从这类理论中引用一个例子——被称为"现代化"的现象以及它与族群偏见之间可能存在的联系。这个案例大致如下。

> 尽管人们希望与他人建立平和友善的关系，这种努力却受到了现代工业文明的极力阻碍——尤其是为人们带来强烈不安感和不确定感的城市文化。城市里的人际关系变得冷漠。流水生产线统治着我们，这不仅是一种比喻，也是现实。广告控制着我们的生活标准和欲望。商业巨头四处建造工厂并掌管我们的就业、收入和安全。个体的节约、自我的奋斗、面对面的交流不再那么重要。对不可抗拒的强大力量的恐惧支配着我们的内心。我们感受到的大城市生活是缺少人情味和危险的。我们恐惧向这种生活屈服，也痛恨不得不屈服的自己。

现代化带来的不安全感与偏见有什么关系呢？一方面，我们出于从众心理而遵守着时代的惯例。广告对我们产生了很深的影响。我们想拥有更多商品、更多奢侈品和更高的地位。广告所渲染的生活标准使我们鄙视穷人，鄙视没有达到特定的物质生活水平的人们。因此，我们瞧不起在经济上不如我们的群体——黑人、移民和乡巴佬。

然而，当我们屈服于金钱至上的都市价值时，我们也痛恨造成这种价值观的城市。我们痛恨金融操纵和政治黑幕。我们唾弃在现代压力下形成的品质。我们厌恶卑鄙、不诚实、自私、过于精明、野心太强、粗俗、吵闹、违背传统美德的人。犹太人成了这些都市特质的化身。阿诺德·罗斯（Arnold Rose）写道："如今，犹太人之所以被讨厌，主要是因为他们是城市生活的象征。"[5] 他们尤其象征着主宰一切的怪物都市纽约。这座城市阉割了我们，于是我们痛恨这座城市的象征——犹太人。

这一理论的价值在于它的逻辑既适用于反犹太主义，也适用于人们对"资历尚浅"的其他少数群体的傲慢态度。然而，它很难解释为什么以务农为生的日裔美国人在第二次世界大战期间受到如此强烈的惧怕和仇恨。它将被迫承认，农村居民"对城市的仇恨"与城市居民同样强烈，因为乡村的族群偏见氛围与城镇同样浓厚。

强调历史和强调社会文化相互融合之后，我们便获得了偏见的社区模式理论。这个理论强调每个群体基本的种族中心主义。如果波兰贵族成员曾经剥削和镇压过乌克兰农民（他们确实曾经这样做过），那么被迫害者会形成一种怨恨模式，这种怨恨将世代流传，成为乌克兰文化的一部分。许多爱尔兰人对英格兰人的敌视来自几个世纪前某些英格兰地主和政客的恶行。托马斯（Thomas）和兹纳涅茨基（Znaniecki）对这一机制的描写如下：

> 每一种文化问题只能经由群体来影响个体，因为群体成员之间存在直接联系，所以对每个成员来说，群体价值都是首要的基础价值……社会教育的发展趋势是……让每个人都能以群体的态度为标准去看待一切事物。[6]

这一观点结合了历史和社会学。它告诉我们，个体无法摆脱祖先的判断，只能透过传统的滤镜去观察外部群体。

在欧洲，历史因素导致的敌对关系十分复杂。尤其在东欧，一个城市在不同时代可能曾经隶属于俄罗斯、立陶宛、波兰、瑞典和乌克兰。这些征服者的后代可能依然生活在这座城市里，他们可能有理由将其他征服者视为骗子和入侵者。由此导致了名副其实的偏见网络。即使生活在争议领土的居民移居到美国，传统的敌对态度依然伴随着他们。除非新世界像旧大陆一样拥有强大的社区模式，古老的敌对关系才可能逐渐消失。或许，大多数移民想要开始新的生活，于是他们选择了一种（在他们看来）新的社区模式，在这里，所有人都可以拥有自由、平等和尊严。

强调情境

如果我们从社会文化方法中提取出历史背景，剩下的便是对情境的强调。也就是说，对现存势力的强调取代了对旧有模式的强调。一些偏见理论符合这一模式，比如气氛（atmosphere）理论。在即时的影响下长大的孩子很快便会反映出所有的影响。莉莲·史密斯（Lillian Smith）在《梦想杀手》一书中提出了这个理论。[7]

南方的孩子们显然对有关剥削的历史事件并不了解，也不理解什么是都市价值观。他们只知道必须遵守他所接受的复杂而又不连贯的教导。他们的偏见只是对日常所见所闻的反映。

下面的例子体现了气氛对塑造态度的微妙影响。

英属非洲殖民地的一名教育督导对当地一所学校的英语教学为何进展缓慢感到好奇。他参观了课堂，请当地教师展示他的英语教学方法，教师满足了他的要求，却先用当地语言说了一段话，他并不知道督导可以听懂："好了，孩子们，把东西收起来，让我们先用一个小时来学习敌人的语言。"

其他情境理论可能强调当前的就业形势，并主要从普遍的经济竞争中发现敌对关系。这些理论可能将偏见视为向上和向下的社会流动现象。情境理论还可能强调群体间的接触类型或群体的相对密度。这些情境理论十分重要，我们将在后续章节里对其分别展开论述。

强调精神动力学

如果争执和敌对是人类的本性，那么我们必将产生频繁的冲突。强调人类本性的理论与上述历史、经济、社会学或文化视角相比难免更侧重心理学角度。我们可以引用哲学家霍布斯[①]的话作为例子，他从人类可耻的本性中寻找偏见的根源：

我们在人的本性里发现了三种引发争执的主要原因。第一是竞争，第二是懦弱，第三是荣耀。

竞争使人为获得利益而攻击他人，懦弱使人为自身安全而先发制人，荣耀使人为捍卫名誉而陷入纷争。竞争使人通过暴力而成为他人的主人并占有对方

---

① 托马斯·霍布斯（Thomas Hobbes, 1588—1679）：英国政治家、哲学家。代表作有《论政体》《利维坦》《论公民》《论社会》等。

的妻子、孩子和财产，懦弱使人为自保而斗争，荣耀使人为了小事而争执，比如一句话、一个笑容、不同的观点以及任何轻蔑的表示，无论是针对一个人自身和他的家人、朋友、国家、职业或姓氏的侮辱。[8]

霍布斯的话说明了冲突的来源有三种：（1）经济优势；（2）恐惧和自我保护；（3）对地位的渴望（自尊）。在霍布斯看来，这三种渴望都是人类基本的动力。人们通过这些方式来追求力量。在这种本能观点的影响下，一个路人也会耸耸肩膀说："偏见再自然不过了，无论我们怎样做，偏见都不会消失。"

当今的心理学家们会指出这个论点存在自我循环的谬误。人们如何得知原始的自尊感（"追逐权力，至死方休"）是一种本能？这一点只能通过冲突的广泛存在来证明。但普遍的冲突本身不一定必然由本能引发。

从广泛冲突这一相同的事实出发，我们也可以认为：婴儿在生命伊始追求的不是"无尽的权利"，而是与周围环境的亲密关系，其中包括婴儿遇见的所有人。合作与友爱的关系总是先于仇恨（第3章）。实际上，如果没有长期持续的挫折和失望，便不会产生仇恨。任何观察过儿童的人都知道很难教导年幼的孩子彼此竞争。我们将在第17章至第20章发现，教孩子形成偏见是更困难的事情。有人认为针对他人的负面态度比友好态度更接近"本质"，这种观点颠倒了时间顺序，也颠倒了人类本质需求的顺序。[9]

偏见的挫折理论更加合理。这也是一种基于"人类本性"的心理学理论，但它没有对本能做出危险的假设。它愿意承认对亲密关系的需求比抗议和仇恨更加基础，同时它认为当人们对环境的积极友好态度遭遇挫败时，便会产生不好的后果。

我们可以引用一名第二次世界大战退伍老兵的强烈偏见来证实这一理论。当提问者询问他对于可能的失业和未来的经济萧条问题的看法时，他回答：

> 这种情况最好不要发生。到那时，芝加哥将会门户大开。南部公园的黑人变得太精明了。这里将发生种族暴乱，那会让底特律变得像主日学校的野餐会一样吵闹。许多人在抱怨黑人在战争时期扮演的角色。他们获得了所有轻松的工作——军需保障员、工程兵。他们无法胜任其他任何工作。白人却在牺牲。

他们有很深的怨恨。如果白人和黑人都失业了，那就糟了。[10]

这个例子清楚地展示了挫折如何导致或强化偏见。贫困和焦虑带来恶意的冲动，这种冲动如果得不到控制，便有可能发泄在少数群体身上。托尔曼（Tolman）指出："我们的认知视野之所以变得狭隘，是由于动机或挫折过于强烈。"[11]在情绪的刺激下，一个人对周围社会的观点会变得狭隘和扭曲。他之所以将少数群体视为魔鬼，是因为他的理性思维受到了强烈情感的阻碍。他无法对邪恶进行分析，他只能将邪恶拟人化。

挫折理论有时也被称为替罪羊理论（第15章、第21章、第22章）。有关这一理论的所有构想都认为愤怒一旦产生，便会有（逻辑上无关的）受害者被迁怒。

学者们已经指出了这一理论的主要弱点，即它无法指出谁将成为被迁怒的受害者。它也无法解释为什么许多饱受挫折的人并没有迁怒别人。我们将在后续章节讨论这些复杂的问题。

第三种"人类本性论"强调个体的性格结构。只有特定类型的人群会发展出偏见的重要性格。这些人似乎更容易感到不安和焦虑，比起放松和民主的生活方式，他们更愿意选择极权和排外的生活方式。这一理论强调了早期训练的重要性，它指出大部分抱有高度偏见的人缺乏与父母的安全而亲密的关系。出于这个原因或其他原因，他们长大后会渴望所有人际关系都是确定的——这一模式使他们排斥并恐惧看起来不熟悉和让他们感觉不安全的群体。

性格结构理论和挫折理论同样拥有许多证据（见第25章至第27章）。然而，这两种理论并不是万能的，我们需要用其他理论对其进行补充。

强调现象学

人会根据眼前看到的处境而即时做出反应。他对世界的回应符合他对世界的理解。他之所以攻击某个群体当中的成员，是因为他认为他们令人作呕、惹人讨厌或具有威胁性；他之所以戏弄另一个群体的成员，是因为他认为他们野蛮粗鲁、邋里邋遢、愚昧无知。我们已经看到了可识别性和语言标签可以帮助人们认识一个对象并让它变得更容易识别。我们还看到，历史和文化因素以及一个人的整体性格结构可能决定了他的假设和认知过程。从现象学角度对偏见进行研究的学者认为上述所有因素可以凝聚为一个共同的焦点。一个人最终相信并感知到的才是重要的事物。显然，刻板印象对形成行动之前的感知起着重要作用。

一些偏见研究只采用了现象学方法。卡茨 - 布莱利和吉尔伯特对民族刻板印象的研究（第12章）便是如此，拉兹兰（Razaan）有关使用民族专有名词对面部照片进行评分的实验（第11章）也是这样。另一些研究同时使用了现象学方法和其他研究方法。例如：第10章介绍了当我们比较拥有两种性格结构的人群时，发现二者认知过程的僵化程度不同。现象学方法与情境方法是另一对常见的组合。我们将在第16章中看到与黑人密切接触的人对黑人的态度与生活在种族隔离地区的人有何不同。

我们已经说过，现象学层面揭示的是偏见直接的成因，但我们最好把这种方法与其他方法结合使用。如果我们不这样做，便有可能忽略一些同样重要的成因，它们存在于潜在的性格动力学中，也存在于人生的情境、文化和历史背景里。

强调应有的名声

最后，我们再一次回到刺激对象本身上来。正如第6章和第9章中所说，群体之间也许存在着导致厌恶与敌意的真实的差异。即便如此，已有足够的证据证明这种差异比人们所以为的更微不足道。在大部分情况下，一个群体的声誉不是名副其实的，而是被强行贴上的标签。

如今，我们不可能找到任何彻底支持"罪有应得"理论的社会学家。与此同时，一些学者提醒我们要警惕所有少数群体都没有错的假设。一些民族或国家特质可能确实带有威胁性，因而招致现实的敌意。或者更可能的是，一部分敌意是建立在对刺激（真实的群体本质）的现实预期上，另一部分敌意建立在构成偏见的许多非现实因素上。因此，一些学者提倡交互理论。[12] 敌对的态度一部分（罪有应得的）由刺激的本质决定，另一部分由与刺激没有本质关联的因素（如寻找替罪羊、遵循传统、刻板印象、罪恶感投射等）决定。

只要这种交互理论可以赋予两类因素以恰当的比重，我们当然不会对此提出异议。它所表达的不过是"允许一切有科学依据的敌对态度成因同时发挥作用，别忘了加上刺激物本身的相关特点"。面对如此宏观的描述，我们不可能反对这一理论。

结 论

目前为止，我们能采取的最好的观点就是全盘接受所有研究方法。每一种方法都能为我们带来一些启示。没有一种方法可以洞悉一切，它们在单独使用时也都难免会有缺陷。我们可以确定一条适用于所有社会现象的一般法则，即现象的背后总是包含多种原因。没有哪个领域比偏见更适用于这条法则。

参考文献

（1）这篇论文的作者对六种研究方法进行了最相近的阐述："Prejudice: a problem in psychological causation," *Journal of Social Issues*, 1950, Supplement Series No. 4; 本文还发表于 T. Parsons and E. Shils, *Toward a Theory of Social Action*, Part 4, Chapter 1, Cambridge: Harvard Univ. Press, 1951。

（2）O. Handlin. Prejudice and capitalist exploitation. *Commentary*, 1948, 6, 79-85. 另见同一作者的另一篇文章：*The Uprooted: The Epic Story of the Great Migrations that Made the American People*. Boston: Little, Brown, 1951。

（3）O. C. Cox. *Caste, Class, and Race*. New York: Doubleday, 1948, 393.

（4）P. W. Massing. *Rehearsal for Destruction*. New York: Harper, 1949.

（5）A. Rose. Anti-Semitism's root in city-hatred. *Commentary*, 1948, 6, 374-378; 同样发表于 A Rose(Ed.), *Race Prejudice and Discrimination*, New York:Alfred A. Knopf, 1951, Chapter 49。

（6）W. I. Thomas and F. Znaniecki. *The Polish Peasant in Europe and America*. Boston: Badger, 1918, Vol. II, 1881.

（7）Lillian Smith. *Killers of the Dream*. New York: W. W. Norton, 1949.

（8）T. Hobbes. *Leviathan*. 最早出版于 1651 年，Pt. 1, Chapter 13。

（9）Cf. G. W. Allport. A psychological approach to the study of love and hate. Chapter 7 in P. A. Sorokin (Ed.), *Explorations in Altruistic Love and Behavior*. Boston: Beacon Press, 1950; 另见 M. F. Ashley-Montagu, *On Being Human*, New York: Henry Schuman, 1950。

（10）B. Bettelheim and M. Janowitz. *The Dynamics of Prejudice: A Psychological and Sociological Study of Veterans*. New York: Harper, 1950, 82.

（11）E. C. Tolman. Cognitive maps in rats and men. *Psychological Review*, 1948, 55, 189-208.

（12）Cf. B. Zawadski. Limitations of the scapegoat theory of prejudice. *Journal of Abnormal and Social Psychology*, 1948, 43, 127-141. 另见 G. Ichheiser, Sociopsychological and cultural factors in race relations, *American Journal of Sociology*, 1949, 54, 395-401。

第四部分　社会文化因素

▽

第14章　社会结构与文化模式

我们已经看到一些学者受学术背景和个人偏好的影响而对文化因素加以强调。历史学家、人类学家、社会学家对塑造了个人态度的外界影响很感兴趣。心理学家却想了解这些影响如何融入个人生活的动态联系之中。这两种方法都是必需的。我们在本章只讨论前者。

考虑到未知因素，我们可以说偏见型人格在下列情况盛行的时代和地区更加普遍：

社会结构的特点是异质性

垂直流动性获得许可

正在发生迅速的社会变化

存在无知和交流障碍

少数群体的规模庞大或正在发展壮大

存在直接竞争和现实威胁

剥削维持着重要的集体利益

约束攻击性的习俗有利于偏执的一方

种族中心主义以传统为自己辩护

同化作用和文化多元主义都不受欢迎

我们将依次分析上述十条偏见的社会文化法则。每一条法则的证据都不够完整，也并非无可争议，但每一条都代表目前可以形成的一种"合理猜测"。

异质性

除非社会的多元化程度很高，否则很少存在"警觉感知点"。在同质化社会里，人们的肤色、宗教、语言、衣着和生活标准都很相似。任何群体都没有可以为偏见提供依据的明显差异。（第8章）

相反，在多元分化的文明里，差异性更加明显（劳动分工导致的阶级差异，移民导致的民族差异，许多不同的宗教和哲学观点导致的意识形态差异）。由于没有人能接受所有相关的利益群体，于是人们逐渐形成了各自的观点。在他所属的利益集团与群体之外，还有其他对立的利益集团与群体。

在同质性文化里，人们只拥有两种对抗形式。（1）它们可能不信任外国人和陌生人（第4章）。（2）他们可能会排斥和孤立一些外来者。排外和巫术在同质性文化里等同于群体偏见的功能。

美国可能有着全世界最多元和复杂的文化。这里的环境很适合滋生群体冲突和偏见。在美国，差异随处可见。由差异引发的习俗、品位和意识形态冲突不可避免地会造成群体间的摩擦。

有时，一个社会可能表现出一种僵化的异质性，使其看起来更像同质性社会。比如，在存在奴隶制的社会里，强烈的偏见并不引人注意。如果人际关系受习俗影响而僵化，那么公开的摩擦便很难发生。主人与仆人、雇主与雇员、牧师与教民之间固定的权宜关系便是这样的例子。为了制造引发偏见的"生动的"异质性，社会中必须存在群体活动、阶层流动和变化发展。

垂直流动性

在同质性社会或僵化的种姓制度下，人们不认为差异具有强烈的威胁性。然而即使是奴隶制这样的等级制度，在平稳运行时社会上可能也存在对于底层人民是否会"安分守己"的焦虑感。日本和其他一些国家用限制性法律来巩固上层阶级的地位，确保他们的特权不被底层人民染指。因此，一个僵化的种姓制度也会暴露出偏见的痕迹（第1章）。

然而，当人们彼此平等并在法律上享有平等的权利和机会时，会产生一种完全不同的心理状态。即使是位于社会底层的群体成员也被鼓励通过奋斗来提升地位并争取自身的权利，因此产生了"精英阶层的流动"。处于较低阶层的家庭可以凭借努力和运气获得阶级的提升，他们有时甚至可以取代曾经的贵族。这种垂直流动性为社会成员同时带来了激励和警醒。威廉姆斯（Williams）指出，在美国，能够为"美国信条"所传递的普世价值而不懈奋斗的人群主要是社会地位最稳固的人（如专业人士、富有的古老家族等）。其他所有人实际上都受到垂直流动性的威胁——他们既有可能向上提升，也有可能向下流动。[1]

一项实证研究对这一主题进行了有力的阐述。研究者贝特尔海姆和贾诺威茨发现，一个人当前的社会地位对偏见的形成并不重要，重要的是向上流动或向下流动的变化趋势。研究结果显示，社会流动性的动态概念比任何静态人口结构变量的影响更加显著。这一发现有利于解释为什么大部分学者没能发现偏见与年龄、性别、宗教甚至收入等变量之间的重要关系（第5章）。它还有利于解释为什么宽容与教育水平的共变并不明显。流动性似乎是更重要的因素。

这项研究调查了一些老兵在进入部队之前和战后接受采访时的就业情况。[2]一些人在战后的工作待遇没有达到战前的水平；一些人的工作在站前和战后大致相同；一些人在战后找到了更好的工作。研究者根据这三种流动类型对受试者进行了分类，他们发现这些老兵的反犹情绪强度存在着显著的差异。这项研究的样本数量不大，样本趋势却很明显。职业地位下降的人比获得提升的人更加痛恨犹太人。坎贝尔（Campbell）的研究提供了支持证据，他发现对工作不满的人（这种态度很可能暗示着向下流动）比对工作表现出满足感的人更加仇视犹太人[3]（见表5）。

表5　反犹太主义与社会流动性

	向下流动百分比	无流动百分比	向上流动百分比
宽容	11%	37%	50%
刻板印象	17%	38%	18%
公然表达强烈反感	72%	25%	32%
合计	100%	100%	100%

（摘自 Bettelheim and Janowitz, *Dynamics of Prejudice*, p. 59）

研究者在针对黑人的偏见中发现了同样的趋势。由于这种敌意比反犹太主义更加普遍，这项实验的分类方式与上表内容有所不同（见表6）。

表6　敌视黑人的态度与社会流动性

	向下流动百分比	无流动百分比	向上流动百分比
宽容与刻板印象	28%	26%	50%
公开的敌意	28%	59%	39%
强烈反感	44%	15%	11%
合计	100%	100%	100%

（摘自 Bettelheim and Janowitz, *Dynamics of Prejudice*, p. 150）

迅速的社会变革

异质性和向上提升的冲动在社会中发酵，可能引发族群偏见。社会危机的爆发似乎会加速这一过程。随着罗马帝国的瓦解，基督徒被迫害的程度更加严重。在美国参与战争时，种族暴动显著增加（尤其在1943年）。每当南方的棉花生意不景气时，私刑的数量便会急剧增加。[4]一名研究者写道："在美国历史上，本土主义情绪的高涨似乎与经济低谷时期有着直接的联系。"[5]

当洪水、饥荒、火灾等灾难发生时，各种迷信和恐慌便会流行，其中便包括少数群体应当为灾难负责的传言。1950年，捷克斯洛伐克将土豆的减产归咎于"美国人带来的害虫"。每当焦虑情绪高涨并伴随着生活不确定性的增加时，人们往往会将恶化的处境归咎于替罪羊。

"失范（anomie）"是一个社会学概念，它代表着社会结构和社会价值的加速崩坏，正如当今大部分国家的状况一样。失范的概念呼吁人们警惕社会体系的紊乱与堕落。

研究者里奥·斯洛尔（Leo Srole）想要验证一个假说，即认为当前状况高度失范的人会对少数群体表现出较高的偏见。他向大量人群派发了关于当今美国社会失范程度的调查问卷，同时也测试了他们对少数群体的偏见程度。二者具有极高的相关性。[6]

斯洛尔还想验证，将失范作为偏见起因的社会文化假说是否比以"威权主义"性格结构作为偏见起因的心理学假说（第25章）更加合理。相应地，他用第三份问卷来衡量受试者的威权主义观点。他发现失范的变量更加重要。

这一发现受到了一个心理学家团队的挑战，他们重复进行了斯洛尔的实验。尽管他们也发现受试者感受到的失范是偏见的一项重要成因，他们却没有发现这个变量比权威主义性格结构更加重要。[7]

这项研究的有趣之处在于它想证明两种偏见成因当中更重要的是哪一种。尽管目前这一问题尚未得到解决，我们至少可以用它证明失范是偏见的一个重要成因。（读者会注意到，严格说来，这项调查只关注人们对失范的认知或信念。它没有涉及社会的真实动荡程度，只涉及人们是否认为社会正在发生动荡。因此这一变量属于现象学研究而非社会文化学研究。）

在进入下一个话题之前，我们需要注意一些国家中发生的特定类型的危机可能缓和群体之间的敌对。例如，当整个国家处于危难时，对立双方可能忘记彼此之间的敌对，转而合作对抗共同的敌人。战时同盟通常在合作期间表现出友好的态度，即使和平实现后他们便会恢复敌对状态。这种合作的内核是不稳定的，（无论国家是否处于战争状态）这项因素似乎与偏见的扩张有关。

无知和沟通障碍

大部分致力于消除偏见的项目都建立在这样的假说之上：一个人对他人了解得越深，越不容易对他人产生敌意。对犹太教有着充分了解的非犹太人不会相信犹太人是"仪式破坏者"的谣言，这似乎是不言而喻的。一个了解天主教"圣餐变体论"的人不会惧怕天主教徒"同类相食"的传说。只要我们理解以元音结尾是意大利语名词的特点，我们便不会再嘲笑意大利移民的英语口音。国家进行跨文化教育的重点在于纠正无知，从而减少偏见。

相关科学依据是否可以证明这一假说？ 10年前，墨菲夫妇（Murphy and Murphy）和纽科姆（Newcomb）进行的调查可以证明。他们发现了只有较为薄弱的证据可以证明对其他种族有更深了解的人对他们的态度往往更加友好。[8]

大部分近来的研究支持这项结论，但它们同时指出一项重要的条件。尽管我们倾向于对我们最熟悉的国家感到亲切，我们对最痛恨的国家同样有很深的了解。换言之，知识与敌意之间的逆相关性法则在敌对程度最深时并不成立。我们对最痛恨的敌人并非一无所知。[9]

总而言之，我们有理由认为，当沟通障碍难以逾越时，无知往往令人更容易接受谣言，变得疑心重重并相信刻板印象。当然，如果未知对象同时也被视为潜在的威胁，这一过程更容易发生。

这种概括的值得商榷之处是忽略了个体差异。我们在第5章里引用了一个例子：一些美国人因为对"达尼利安族"一无所知而拒绝他们入境。与此同时，另一些人说由于他们完全不了解"达尼利安族"，因此并不讨厌他们，并且乐于接纳他们作为移民。不是所有个体都以同样的方式凭借知识（或无知）进行判断。然而，如果我们满足于凭借经验对宽泛的类型加以概括，我们有理由认为通过自由交流获得的有关其他群体的知识可以减少恶意和偏见。

知识的类型是多种多样的。正因如此，我们的概括不够准确，概括本身提供的帮助不大。例如，通过亲身经历而获得的一手知识比通过课堂、课本或公共宣传（第30章）获取的信息更加有效。至于打破沟通障碍这一问题，研究发现一些群体内部的交流状态比其他形式更加有效（第16章）。

少数群体的规模和密度

班级里唯一的日裔学生或墨西哥裔学生可能成为大家的宠儿。可是如果这样的学生有20人之多，他们一定会与其他学生保持距离，并很有可能被视为威胁。

威廉姆斯这样描述这条社会文化法则：

带有明显差异的群体迁入特定地区后会增加冲突的可能性。外来少数群体在当地人口中的比重越大，并且迁入的速度越快，冲突的可能性越大。[10]

在美国，只有1000名左右印度人，黑人的数量却有1300万。前者经常被忽视（除了个别印度人可能被当作黑人）。然而，假如印度人的数量增长到几十万或几百万，这无疑将引发明确反对印度人的偏见。

如果这条法则是正确的，我们应当在黑人密度最大的地区发现最强烈的仇视黑人的证据。

我们在南卡罗来纳州展开了一场有限但精心设计的调查。在1948年，第三方候选人瑟蒙德（Thurmond）州长以"州自治权"为平台参与竞选美国总统。这一举动主要是为了抗议民主党的民权条款。研究人员大卫·赫尔（David M. Heer）对一个假说进行了测试：黑人密度最高的南卡罗来纳州大概是偏见最强烈的地区，也是瑟蒙德支持率最高的地区。[11]调查严格控制了可能增加瑟蒙德选票的其他变量，结果显示这一假说在很大程度上是合理的。在黑人密度越大的地区，瑟蒙德获得的支持越多。

威廉姆斯提出的法则的第一部分认为人口的静态构成很重要。赫尔的研究对此提供了证据。（南方各州比北方各州对黑人的偏见更明显，我们可以说这也为法则提供了支持——尽管这里我们必须小心，毕竟除了相对密度，还有许多因素也在发挥作用。）

但威廉姆斯法则的第二部分似乎更加重要。这部分的有效性很容易证明。

在第二次世界大战以前，英格兰人对肤色的偏见并不明显。在第二次世界大战期间，大量黑人从美国、非洲、西印度群岛涌入英国城市利物浦，同时到来的还有许多马来人。里士满（Richmond）对此进行了研究，他发现人们对黑人的反感情绪急剧增加，这在以前几乎是不存在的。[12]

在美国，社会最动荡的时期往往与大批不受欢迎的移民群体的涌入相重合。例如，1832年波士顿宽街暴动发生时正是爱尔兰移民迅速增加的时期，1943年洛杉矶佐特装暴动与墨西哥劳工的涌入发生在同一时期，底特律暴动也发生在同一年。芝加哥接连发生的种族冲突似乎与黑人人口密度的增加有直接关系。在芝加哥，9万名黑人生活在一平方千米之内，有时一个房间里住着17个黑人。黑人人口正以每10年增加10万人的速度迅速增长。[13]

有人认为这条法则并不准确，如果少数群体以分散的个体出现（而不是聚集在一起），便不会遭遇强烈的敌意。研究黑人居住条件的学生韦弗（Weaver）认为有经验显示，当一个黑人或少量黑人家庭迁入高档收入或中档收入地区时，他们遭遇的排斥会逐渐减弱。[14]帕森斯（Parsons）指出犹太人不仅聚集在居民区，还聚集在一些特定的职业领域，他认为：

　　如果犹太人可以均匀地分散在社会结构里，反犹太主义情绪很可能大幅降低。[15]

然而少数群体的分散并不容易实现。出于经济和社交的原因，来自特定国家或地区的移民往往会凝聚在一起。搬到北方城市的黑人只有在黑人密集的地区才能找到住所。随着密集度的增加，一个平行社会得以建立。新来的少数群体形成了社区中的社区，他们拥有自己的教堂、商店、俱乐部、警卫队。这种分离加深了少数群体与主流社会的鸿沟，使原本就不乐观的形势变得更糟。职业的专门化可能演变成严重的问题：意大利人全都被视为小贩、修鞋工或工人。犹太人从事当地对他们开放的职业：零售、当铺、服装厂工人等。

少数群体聚集在住宅区、亚文化和特定职业领域的趋势严重地加剧了与主流群体的沟通壁垒。这种壁垒维持着主流社会对少数群体的无知，正如我们所见到的那样，无知本身便是偏见的重要成因。

像我们所探讨的其他所有社会文化法则一样，有关相对规模和人口密度的原则不能单独存在。我们假设来自新斯科舍省①的居民迅速涌入新英格兰地区某市。他们所遭受的偏见程度当然会比同等数量的黑人移民更轻微。一些民族似乎比其他民族更具有威胁性——这要么是因为他们拥有更多差异，要么是因为他们的差异更加明显。因此，少数群体的聚集本身不足以解释偏见。它所实现的似乎是加剧已经存在的偏见。

直接竞争和现实冲突

我们经常提到一个事实，一些少数群体的成员实际上确实拥有令人讨厌的特质，并为恶意来自"罪有应得"这一理论提供了相应的依据。现在，我们必须审视与之关系密切的一项主张——群体之间的冲突可能拥有现实的基础。一个理想主义者可能会说，"但是冲突绝不是无法避免的。我们可以使用仲裁，或者在不同的利益之间寻找和平的解决方案"。在理想状态里，我们确实可以这样做。我们的意思只是利益和价值观的冲突确实会发生，这些冲突本身并不是偏见的例子。

在过去，新英格兰地区的工业城需要廉价劳动力。这些工业城的代理人便去欧洲南部安排大批劳工移民新英格兰，从而填补空缺。这些意大利人和希腊人到来后不受当地北方人的欢迎，因为他们确实暂时稀释了劳动力市场，使劳工收入降低，并使原有劳工的失业率上升。在经济衰退或大萧条时期，劳工之间的竞争十分激烈。一段时间后，社会逐渐适应了变动，每个民族群体都找到了自己专属的劳动分工。柯林斯（Collins）描述了如今在许多新英格兰工厂里，行政管理完全由当地人主管，监工和基层管理则由爱尔兰裔美国人负责。工人由新来的欧洲南部群体构成。这种由不成文的规则维系着的非正式社会结构得到了人们的认可。[16] 然而在这种人工协调的局面形成之前，会存在一段激烈竞争的时期。

人们常说黑人对底层白人构成了现实的威胁，因为他们在竞争同样的工作岗位。

---

① 新斯科舍省：加拿大东南部一个省。

严格来说，竞争当然不是存在于群体之间，而是存在于个体之间。阻止一名白种工人获得一份工作的绝不是整个有色人种群体，而只是比他更早获得这份工作的某个人（可能是白人，也可能是有色人种）。在这种情况下，认为冲突符合"现实"不过表示竞争者将竞争视为民族问题。当破坏罢工的移民或黑人进入工厂时，其他工人对这些"抢饭碗的人"的敌视被塑造为民族矛盾，尽管对手的肤色或原本的国籍对他们之间的经济利益冲突来说只是偶然因素。

只有当一个特定少数群体的成员拥有以下特质时，他们才会被视为现实的威胁：拒绝加入工会，愿意在缺乏安全与健康保障的环境下长时间从事低报酬的工作，在任何领域比本地人要价更低，更可能成为公众的负担，只缴纳微不足道的税金，更可能传播疾病或犯罪，出生率持续上升，较低的生活水平，强烈抗拒同化。

我们必须承认，在群体纠纷中，要区分现实冲突和偏见是极其困难的。让我们来看一个有关国家利益冲突的例子。

　　1941 年 12 月 7 日，日本军队轰炸珍珠港。美国人的利益和安全面临着迫在眉睫的威胁。美军立即进行反击，全国进入战争状态，这场事件当中不包含偏见。然而，针对日裔美国人的迫害很快开始了。有关日裔美国人在暗中搞破坏的谣言没有一则得到过证实，针对日裔美国人的强制搬迁项目是残酷的，也是毫无必要的。与此同时，美国将普通日本人塑造成一种典型的刻板印象：他们都是"老鼠"，只适合被消灭。因此，从现实的冲突核心中迅速发展出非现实的偏见症候群，这对解决现实问题并没有帮助。

尽管很难，我们依然坚持认为在任何国家冲突和少数群体间的经济冲突的案例里，对情况进行理性分析是有可能的——我们能由此区分该情况内在的竞争因素和由此而生的偏见。

对宗教领域进行这种分析的难度更大。对很多人来说，宗教信仰是极度真实的。伊斯兰教徒可能认为用武力战胜异教徒是自己的道德责任，古代十字军当然认为战胜伊斯兰教徒并夺回圣杯是上帝交给自己的任务。

正如世界上所有主要宗教一样，基督教会内部产生过许多次分裂。占少数的教派因为对自己而言十分重要的理由而脱离了主流教派，如自由循道宗、改革派犹太教、原教旨主义浸礼宗、古典天主教徒和吠檀多印度教。尽管一些少数教派对主流信仰抱有仁慈的态度，互相冲突的宗教价值本身不仅导致了信仰的分裂，也经常造成势不两立的局面。不言而喻的是，如果两种宗教（或同一种宗教的不同分支）有好战的倾向，每一方都宣称自己是唯一真实的信仰，并且如果每一方都坚持要改变或消灭对方的教派，现实的冲突必将爆发。

让我们来看看当今美国的宗教形势。根据美国信条，每个公民都有权利以自己的方式寻求真理，并自己选择是否信奉上帝以及怎样信奉上帝，每个公民都应当在内心持有一种基本的相对主义理念（一个人的真理与另一个人的真理同样值得尊重）。与此同时，他的宗教却有可能要求他持有完全相反的绝对主义理念。只能存在一种真理。每个不相信这种真理的人都有错，不能鼓励人们选择错误的道路。

因此，在本质上相互矛盾的价值冲突有可能发生在任何人身上，只要这个公民在忠于民主信条的同时坚定地认为自己的信仰是唯一真实的信仰。这种冲突不太可能困扰许多人，因为大部分人根据两种价值取向来调节自己的生活，他们通常用美国信条来指导自己的公共生活和履行公民义务，用宗教来指导自己的私人生活。

可是许多人认为，这种冲突是美国社会固有的矛盾，它存在于国家与教会之间的意识形态冲突里。他们举出的主要例子是罗马天主教在美国的状况。罗马天主教在两个世纪里一直尊重着美国信条，教会和国家都享受自由也认可自由。他们的问题是，其中不存在固有的冲突吗？如果罗马天主教像它所说的那样是唯一真正的教会，如果新教是异端邪说，那么教会在拥有足够强大的政治力量的前提下，是否应该支持或者是否依然可以支持一种鼓励异端邪说的社会体系呢？

无论对错，许多美国新教徒对罗马教会感到恐惧——他们认为自己的忧虑不是出于无知、恐惧或偏见，而是拥有彻底的现实基础，罗马教会在未来有可能行驶支配性的政治影响。当这样一天到来时，它（出于自身坚定的信仰）是否会剥夺非天主教徒的宗教自由？一名学生表达了这样的观点：

> 我不反对作为个体的天主教徒，也不反对他们的宗教，但我不信任天主教上层阶级对民主、公立学校制度和国务院（与西班牙、墨西哥和梵蒂冈的关系）的动机。我已经看到了它对报纸的社论政策施加压力，我讨厌这种做法。

对这名学生来说，他面对的完全是现实问题。

冲突是否具有现实基础，我们现在很难充分考虑这个问题。只有对天主教神学进行彻底的研究，以及客观衡量教会在过去和当下对美国信条的真实态度之后，我们才能给出令人满意的答案。

眼下我们最关注的问题是，现实冲突（如果存在）似乎不可能脱离偏见而单独存在。尽管上述学生就这一问题的陈述听起来相对客观，另一位学生的下列观点似乎更具有典型性。

> 天主教是一种偏执、反动、迷信的宗教，它是对美国自由的威胁。天主教徒只知道牧师告诉他们的事情。我想知道如果有一天，美国大部分选民是天主教徒，教会将怎样宣传宗教自由。

这个问题尤其有趣，因为它起源于一个敏感的问题：美国民主精神和罗马天主教信仰之间的冲突在未来是否能像过去那样成功获得解决？这是一个十分现实的问题，因为非天主教徒有权利对自己在未来的信仰自由保持警惕。可是对我们眼下的讨论来说重要的是，想要不受无关偏见的影响并客观地看待这一问题几乎是不可能的。就连当前对这一问题最广泛的讨论也无法做到完全客观。[17]

总而言之，许多经济、国际和意识形态领域的冲突代表着真实的利益碰撞。然而，由此产生的大部分敌对状态却造成了更大的负担。偏见模糊了真实的问题，阻碍人们找出核心冲突的现实解决方案。在大多数情况下，人们感受到的敌对情绪是被放大的。在经济领域，一个民族威胁到另一个民族的情况很少发生，尽管这样的说法很普遍。在国际领域，不相关的刻板印象放大了冲突。类似的困惑也发生在宗教领域。

现实冲突就像管风琴上的一个音符。它会使所有与它一致的偏见同时发生共振。听者很难从嘈杂的声音里分别出纯粹的音符。

剥削优势

前面的章节简单地描述了一种马克思主义观点，即资本家为了维持对无产阶级的剥削而鼓励偏见。如果我们进一步拓展这一理论，便会发现剥削存在于经济之外的众多领域，并且任何形式的剥削都会带来偏见，这一理论的可靠性也随之得到提升。

凯里·麦克威廉斯（Carey McWilliams）提出了用来解释反犹太主义的剥削理论。[18]他指出，对犹太人的排斥开始于19世纪70年代，当时正值工业和铁路制造巨大财富的年代。该理论认为，商业大亨们感觉自己新掌握的权力与美国的民主理想并不十分兼容，于是他们开始寻求转移注意力的话题。他们声称犹太人是导致经济衰退、政治腐败和道德败坏的真正元凶。将一些人从俱乐部和居民区驱逐出去，并把他们塑造为可以被势利小人任意欺压的对象，这对富有的成功人士来说也是很方便的。反犹太主义成了"特权的面具"，一个方便的借口。暴发户们鼓励劳工相信这种话术，把自己的不幸怪罪于犹太人。他们通过这种做法将人们的注意力从工厂主身上转移开，即使他们的劳工政策难以令人满意。一些资本家利用积极的宣传让焦点集中在犹太人的恶行上。这一理论断言，偏见带来了一系列剥削的成果：经济优势、社会地位、道德优越感。

对黑人的剥削同样有很多种形式。黑人被迫从事低报酬的体力劳动，这为他们的雇主带来了经济上的优势。社会习俗允许白人男性和黑人女性结合，却不允许黑人男性和白人女性结合，这样的双重标准提供了性优势。人们几乎一致认同黑人有较低的智力和粗鲁的举止，这使所有持这种观点的白人获得令他们欣慰的地位优势。在威胁或哄骗之下，黑人可能会支持某个候选人，或者通过弃权来确保他的当选，这可以带来政治优势。因此，从剥削的角度来看，白人对黑人的压迫有充分的实际原因。几乎每个白人都能从中获得好处。[19]

挑起针对某个民族的仇恨与敌意的煽动者在本质上也是剥削者。他不直接从少数群体身上获取利益，而是从自己的同胞身上获利。如果他先渲染一种威胁有多么可怕，再将自己塑造为拯救同胞的救世主，他们就可能将选票投给他。一个为了维持"白人至上主义"而当选的政客在竞选时期总是会大肆鼓吹对黑人的仇恨。煽动者有时还能获得直接的经济利益。"3K党"的高层领导者通过向成员收取初始入会费、兜帽服装费和日常会费而获得了大量收入。"骗子先知"可以利用人们的偏狭而大发横财。[20]

总结一下：在任何多元化和层级化的社会体系中都存在着一种诱人的可能性，即有意地（甚至无意地）剥削少数群体可以使剥削者获得经济优势、性别优势、政治优势和地位优势。那些可能获得最大利益的人为了实现这些优势而积极传播偏见。

对攻击性的社会约束

愤怒和攻击性是正常的冲动。然而，文化致力于减少这种冲动的强度（就像它在性领域的努力一样），或者严格限制愤怒的表达渠道。切斯特菲尔德（Chesterfield）勋爵用温文尔雅的英式笔法写道："绅士的标志是从不将愤怒表现出来。"巴厘岛人训练小孩子在面对挑衅时依然保持冷静。但大多数文化允许公开表达某种程度的敌意。在我们的社会里，人们通常会允许一个相当愤怒的成年人发出诅咒和怒骂。

但美国人对待攻击性冲动的模式在整体上是复杂而又矛盾的。我们鼓励对抗性竞技项目和激烈的商业竞争，同时又期待运动员表现出体育精神，期待商人变得慷慨大方。儿童在主日学校学到的是如果有人打你的左脸，就把右脸也伸给他打。回到家后，他们学到的却是要为自己的权利而抗争。尽管过分的荣誉感并不值得鼓励，但没有人能容忍超过一定限度的羞辱。在传统上，母亲教导孩子要耐心和自制，父亲则激发孩子的许多优良品质——其中很重要的一项就是竞争精神。[21]

在有些社会里，进攻性的制度化并没有这样复杂和令人困惑。克拉克洪发现，纳瓦霍人认为将自己的贫穷和不幸归咎于女巫是理所当然的事情。[22] 这种习俗为每个社会都面临着的问题提供了答案：如何在满足仇恨欲的情况下依然保持稳固的社会核心。克拉克洪相信，自石器时代以来的每一种社会结构都存在着"女巫"——或发挥同样作用的替代者——这是为了让本能的攻击冲动拥有合理的发泄渠道，从而将内群体遭受的伤害降至最低。

在15世纪的欧洲社会里，官方鼓励民众将恶意发泄在女巫身上，正如17世纪的马萨诸塞州和20世纪的纳瓦霍部落。

美国民主的特点是，在和平年代，并没有官方认可的替罪羊。美国信条主张人人平等，并且拥有较高的道德标准。针对任何民族、宗教、政治群体的迫害或偏见绝不会得到官方的认可。即便如此，某些形式的攻击却能获得习俗的支持。在许多俱乐部、社区、办公室里，人们可以公开发表针对犹太人、黑人、天主教徒、自由主义者的歧视言论。大人们也会假装看不到不同民族的孩子之间的斗殴。不久以前，波士顿北区的孩子（意大利裔出身）和南区的孩子（爱尔兰裔出身）聚集在波士顿公园，举行一年一度的大战，除了相互谩骂，孩子们还朝对方投掷了大量石块。这场骚动没有获得正式的许可，却得到了容忍。

因此，大多数社会似乎正式地或非正式地鼓励民众对特定的"女巫"群体公开表示恶意。或许就像克拉克洪所说的，这种过程可以被视为安全阀门，它可以把人们的攻击欲对社会中枢造成的损害降至最低。

然而，这个理论有一个弱点。它过于武断地暗示在人们身上（以及每个社会本身）有着无法消除的攻击欲在等待释放。如果这一观点是正确的，那么某种形式的偏见和恶意是无法避免的。社会政策不应当关注如何减少偏见，而是只需要关注如何将人们的偏见从一个目标引导向另一个目标。那么，这一理论会对社会行动产生极其重要的影响。在接受它之前，我们必须更全面地分析攻击欲的本质，以及攻击欲和偏见之间的心理关系（第22章）。

保障忠诚的文化机制

除了激发成员的攻击欲，每个群体还会采取其他措施来保障成员的忠诚。我们在第2章已经看到，人们对自身所属国家或族群的偏爱来自习惯：我们以群体的语言进行思考，群体的成就就是我们的成就，群体提供了个人安全的框架。但群体并不满足于成员"自然的"身份认同，而是借助许多方式对其加以刺激——通常以外群体的牺牲为代价。

其中一种方式是将人们的注意力集中于过去的荣耀上。每个国家的语言里都有某些语句可以描述其子民是被选中的人民，或者他们所居住的土地是"上帝之国"，或者上帝"与我们同在"。黄金时代的传说可以强化种族中心主义。现代希腊人通过古希腊的荣耀来衡量自己的世界。美国人骄傲地称自己为"美国大革命之子"。一个生活在布雷斯劳的居民可以声称这座城市自古以来就属于他的民族，无论他是波兰人、捷克人、德国人还是奥地利人。随着领土边界的不断变化，越来越多的群体争相发表主权声明，每个群体都怀念自己的黄金时代。尤其在欧洲，许多地区存在着复杂而激烈的主权纠纷。

学校的教育放大了这种冲突。几乎没有一本历史书会描述国家曾经犯过的错误。地理课的内容通常是从国家主义的角度设计的。所有这些沙文主义手段都孕育着民族中心主义。

在上一章里，我们提到了偏见的"社区模式"理论。一些学者认为不需要其他解释。内群体的传说和信仰无孔不入，其成员不可能摆脱这种氛围的影响。一个在天主教学校念书的孩子只能学习天主教对宗教改革的描述，因此他很可能认为新教徒都受到了异端领袖路德的蛊惑。在新教背景下长大的孩子只能学习另一套宗教改革理论，从而怀疑天主教徒受到黑暗、腐败的中世纪遗毒的蒙蔽。

关于偏见对社会的作用，有一种马基雅维利主义的观点。这种观点认为复杂的偏见模式让社会处于一种平衡的状态。偏见维持着现状，对于保守分子而言，维持现状是积极的价值。作为一名保守主义者，切斯特菲尔德勋爵坦率地秉持这一立场：

> 乌合之众几乎没有思考的能力，他们的概念几乎全是被灌输的。总的来说，我相信这样更好，因为他们是一群没有教养的人，这些普遍的偏见比他们自身的观点更有利于维持秩序和平静。这个国家拥有许多实用的偏见，如果它们被消除，我会感到很遗憾。新教徒相信教皇既是基督的敌人，也是巴比伦的娼妓。在这个国家，这种观念比齐林沃斯（Chillingworth）的所有无可辩驳的反罗马天主教论证都更有效果。[23]

切斯特菲尔德发现（他所鄙视的）乌合之众的偏见有助于压制（他同样鄙夷的）天主教会。因为大众盲目的偏见是有用的（可以支持他自身的立场），所以他赞同这些偏见。

指责一个群体抱有偏见经常可以有效地使该群体变得更加团结，并巩固他们的偏见。许多南方人（无论他们自身对黑人抱有何种态度）愿意团结一致反驳北方人的抨击。世界各国对剥夺开普敦有色人种公民权的南非法律的批评使马兰领导的民族党发展壮大。外界的批评被理解为对群体自主性的攻击，这通常会导致该群体形成更强的凝聚力。因此，受到攻击的种族中心主义可能前所未有地成为团结与繁荣的必要象征。

文化压力给持有不同观点的少数个体制造了困难。一个擅自抵抗社会压力、拒绝仇视和排斥指定群体的人可能受到嘲讽或迫害。在美国部分地区，与黑人保持友好关系的人会被指责为"黑人解放运动者"，并可能受到社会的放逐。社会压力与个人信念之间的冲突体现在下列采访节选中，被采访者是一名白人家庭主妇，她生活在种族混合的社区里。

> 我喜欢这里……我认为黑人很好。他们应该拥有与白人同样的机会。我希望我的孩子长大后不会有偏见……但我很担心我的女儿，安。她在成长中没有看到任何黑人与白人的差异。她现在只有 12 岁——附近住着很多英俊的黑人男孩——她有可能情不自禁地爱上其中一个。如果真是这样，那就糟了——人们的偏见太深——她绝不会幸福的。我不知道该怎么办——我想，如果人们对跨种族婚姻的偏见没有这样深就好了。我一直在想这件事，在安变得更加成熟之前我们大概会搬走吧。[24]

文化多元主义与同化作用

在大部分少数族群里，成员们的意见往往存在分歧。一些人相信内群体应该通过保留所有民族与文化特质、族内婚姻（仅与本民族成员缔结婚姻）、用本民族的语言和传统教育孩子来加强凝聚力。另一些人支持融入主流文化。他们更愿意进入主流的学校、教会、医院，拥有同一套行为准则，阅读同样的报纸，或许还可以通过婚姻而参与民族之间的融合。黑人、犹太人和各族移民在这个问题上都存在争议。主流群体的成员也是这样，一些人支持同化，一些人支持隔离——如南非的种族隔离政策（apartheid）。

就像大多数现实问题一样，人们实际的选择不存在于互相排斥的选项里。即使是支持种族隔离的人也不希望黑人发展出自己的语言和法律。他们仍希望黑人在某些方面被主流同化。即使是支持同化的人也希望少数群体可以保留某些令人愉快的文化特质——如法国料理、黑人灵歌、波兰民间舞蹈、圣帕特里克节等。

支持同化的人真诚地相信只有实现习俗的统一甚至血统的统一才能消除差异，否则差异将过于明显，这必将引发冲突，无论是真实的冲突还是想象的冲突。

文化多元主义的支持者相信多样化是生命的精华。每一种文化都为人类做出了独特的贡献，尽管不同的习俗和语言似乎使人感到陌生，但它们为社会带来了刺激、灵感和益处。他们说，美国应该拥有比人们在高速公路旁看到的单调、标准、商业化景观更加丰富多彩的文化。他们还说，差异不一定会导致恶意。开放的思维和友善的态度与多元主义并不矛盾。

也许效率最低的政策就是让主流群体坚持要求少数群体放弃他们所珍视的信仰或准则。一些压力并非出自善意，当然会遭遇抵制。实际上，这种压力会产生反效果，因为正如我们所看到的，压迫经常会增强内群体的自我意识并强化内群体的特质。一些针对深层价值的攻击尤其徒劳无益，如对宗教的抨击。抨击信仰不会让天主教徒改变自己，也不会改变虔诚的犹太教徒。

社会学家阿尔弗雷德·李（Alfred Lee）相信美国的多元民族群体倾向于被同化进四个主要的"族群类型"中，即白种新教徒、罗马天主教徒、有色人种和犹太人。[25]其中有三个标签涉及宗教，但除此之外它们还涵盖了更广泛的融合基础。因此，"罗马天主教徒"除了教会身份，还暗示着更接近现在的移民群体和生活在城市的群体。

李认为，四种类型全都趋向于根据白种新教徒的气质进行自我修正。在许多情况下，犹太人失去了自己的身份，融入了这个优势群体，一些中上层罗马天主教徒也是这样。有色人种的同化更加困难，但据说东方人比黑人更容易被同化。

优势群体倾向于抵抗同化的压力，尤其在压力最大的时刻。中上层白人新教徒更加讨厌犹太人，因为这些阶层感受到了来自犹太人的同化压力。出于同样的原因，社会地位较低的白人新教徒更强烈地反对黑人。在政治领域，最近出现了针对罗马天主教徒的强烈敌意，因为天主教的同化压力在政治层面上最为尖锐。

李进一步表示，我们可以看出反抗同化的力量的强度。在优势群体对有色人种的巨大偏见的影响下，黑人的内群体意识尤其强烈。如果黑人的这种倾向可以达到10，那么犹太人的"凝聚力"可以达到8，罗马天主教可以达到6。相比之下，其他少数群体，例如爱尔兰阿尔斯特长老会，凝聚力则低得多，按同样的标准也许只能达到1左右。尽管这种方法纯粹是假设，却依然可以带来启示。

当优势群体拥有明显的偏见时，他们既不支持文化多元主义也不支持同化。他们会说，"我们不想让你变得和我们一样，但你也不能跟我们不一样"。少数群体应该怎么做呢？人们指责黑人无知的同时也责备他们通过教育来提升自身的地位。我们在第12章看到，犹太人同时被指责为喜欢独处和喜欢侵扰他人。南非白人想要实行彻底的种族隔离，却不愿意让班图人拥有独立的领土和政治地位，然而没有这些条件，彻底的种族隔离便不可能实现。移民美国的人们发现自己无论是保留自身的文化还是积极寻求同化都会受到指责。少数群体无论是否寻求同化，都会遭遇不幸。

总而言之，如果我们将同化和文化多元主义视为完全不同的政策，那么二者似乎都不是解决群体之间冲突的办法。少数群体真正需要的是根据自身的需求和愿望而自由选择同化或文化多元主义。这两项政策都不能被强迫实施。社会进化是一个缓慢的过程。只有当我们采取放松和自由的态度时，才能将进化过程中的冲突降至最小。

总 结

我们在此重复容易导致偏见的十类地区具备的社会文化条件：

异质性

垂直流动性

迅速的社会变革

无知和沟通障碍

少数群体的规模和密度

直接竞争和现实冲突

剥削优势

对攻击性的社会约束

保障忠诚的文化机制

对文化多元主义与同化作用的反对

参考文献

（1）R. M. Williams, Jr. *The reduction of intergroup tensions*. New York: Social Science Research Council, 1947, Bulletin 57, 59.

（2）B. Bettelheim and M. Janowitz. *Dynamics of Prejudice: A Psychological and Sociological Study of Veterans*. New York: Harper, 1950, Chapter 4.

（3）A. A. Campbell. Factors associated with attitudes toward Jews. In T. M. Newcomb and E. L. Hartley (Eds.), *Readings in social psychology*. New York: Henry Holt, 1947.

（4）A. Mintz. A re-examination of correlations between lynchings and economic indices. *Journal of Abnormal and Social Psychology*, 1946, 41, 154-160.

（5）D. Young. *Research memorandum on minority peoples in the depression*. New York: Social Science Research Council, 1937, Bulletin 31, 133.

（6）L. Srole. Unpublished study.

（7）A. H. Roberts, M. Rokeach, K. Mcditrick. Anomie, authoritarianism and prejudice: a replication of Srole's study. *American Psychologist*, 1952, 7, 311-312.

（8）G. Murphy, Lois B. Murphy, T. M. Newcomb. *Experimental Social Psychology*. New York: Harper, 1937.

（9）H. A. Grace and J. O. Neuhaus. Information and social distance as predictors of hostility toward nations. *Journal of Abnormal and Social Psychology*, 1952, 47, Supplement, 540-545.

（10）R. M. Williams, JR. Op. cit., 57 ff.

（11）D. M. Heer. Caste, *class, and local loyalty as determining factors in South Carolina politics*. (Unpublished.) Cambridge: Harvard Univ., Social Relations Library.

（12）A. M. Richmond. Economic insecurity and stereotypes as factors in colour prejudice. *Sociological Review* (British), 1950, 42, 147-170.

（13）H. Coon. Dynamite in Chicago housing. *Negro Digest*, 1951, 9, 3-9.

（14）R. C. Weaver. Housing in a democracy. *The Annals of the American Academy of Political and Social Science*, 1946, 244, 95-105.

（15）T. Parsons. Racial and religious differences as factor in group tensions. In L. Bryson, L. Finkelstein and R. M. Maciver (Eds.), *Approaches to National Unity*. New York: Harper, 1945, 182-199.

（16）O. Collins. Ethnic behavior in industry: sponsorship and rejection in a New England factory. *American Journal of Sociology*, 1946, 51, 293-298.

（17）例如：P. Blanshard, *American Freedom and Catholic Power*, Boston: Beacon Press, 1949; and J. M. O'Neill, *Catholicism and American Freedom*, New York: Harper, 1952。

（18）C. Mcwilliams. *A Mask for Privilege*. Boston: Little, Brown, 1948.

（19）关于一些因素更详细的讨论，参见 J. Dollard, *Caste and Class in a Southern Town*. New Haven: Yale Univ. Press, 1937。

（20）Cf. A. Forster, *A Measure of Freedom*, New York: Doubleday, 1950; also L. Lowenthal and N. Guterman, *Prophets of Deceit*, New York: Harper, 1949.

（21）T. Parsons. Certain primary sources and patterns of aggression in the social structure of the Western world. *Psychiatry*, 1947, 10, 167-181.

（22）C. M. Kluckhohn. *Navaho Witchcraft*. Cambridge: Peabody Museum of American Archaeology and Ethnology, 22, No. 2, 1944.

（23）Lord Chesterfield. *Letters to His Son*. February 7, O.S. 1749.

（24）M. Deutsch. The directions of behavior: a field-theoretical approach to the understanding of inconsistencies. *Journal of Social Issues*, 1949, 5, 45.

（25）A. Mcc. Lee. Sociological insights into American culture and personality. *Journal of Social Issues*, 1951, 7, 7-14.

第15章 替罪羊的选择

他们将这个国家的一切灾难和人民的所有不幸都归咎于基督徒。如果台伯河水上涨漫过城墙，如果尼罗河干涸无法灌溉农田，如果群星不再运转，如果大地震动，如果发生饥荒，如果发生瘟疫，立刻便会有人大喊："把基督徒喂给狮子吧。"

——德尔图良（公元3世纪）

严格地说，"少数群体"一词仅代指比其他某个群体的规模更小的群体。在这个意义上，高加索人应该是少数群体，美国的循道宗信徒和佛蒙特州的民主党也是少数群体。然而这个词语还带有一种心理学意味。它暗示着优势群体对一些具有民族特性的群体抱有刻板印象，这些群体的特性在一定程度上与他们所遭受的差别待遇相符，结果这些群体的成员对优势群体抱有怨恨，这经常使他们更坚定地保持群体特性。

为什么一些统计学上的少数成了心理上的少数，这是本章将探讨的问题，也是一个困难的问题。我们可以用简单的表7来描述它。

表7 统计学上的少数群体

仅作为数量上的少数	心理上的少数	
出于某些目的而被定义为少数，但从未成为偏见的对象	受到轻微的贬低和歧视	替罪羊

学龄儿童、注册护士和长老会教徒都是数量上的少数，但他们都不是偏见的对象。心理上的少数包括许多移民和区域性群体、职业、有色人种以及某些宗教的信徒。

正如表7所暗示的，一些心理上的少数只受到了轻微的蔑视；另一些人则受到了强烈的恶意，我们甚至可以称之为"替罪羊"。后续讨论适用于心理学上的少数，无论是遭受轻微歧视，还是遭受严重迫害。为了简单起见，我们用"替罪羊"来概括这二者。

读者们将注意到，这个术语暗示着一种特定的偏见理论，即第13章和后续章节里描述过的挫折理论。其中暗示着一些外群体无辜地承受了因内群体成员自身的焦虑而产生的愤怒。这个理论很有道理，但我们不能认为它解释了偏见的所有成因，我们将讨论为什么某些群体成了攻击欲的发泄对象，另一些群体却不会这样。

替罪羊的含义

"替罪羊"一词来自《利未记》中描述的希伯来人的著名仪式。在赎罪日那一天，人们会选出一只活山羊。身穿亚麻长袍的大祭司将双手放在山羊的头上，对着它忏悔以色列子民所犯下的罪过。人们的罪孽因此象征性地转移到山羊身上，羊被带到野外放生。人民感觉自己得到了净化，他们的罪恶因此暂时消失了。

这场仪式中包含的思维方式并不罕见。从远古时代开始，人们便认为一个人的不幸可以转移到另一个人身上。万物有灵论的观念混淆了精神领域和物质领域。如果一堆木头可以被搬运，那么为什么忧伤或罪恶感不能转移呢？

如今，我们可以把这种心理过程称为"投射"（projection）。我们在他人身上看到了自己身上也存在着的恐惧、愤怒和欲望。需要对我们的不幸负责的并不是我们自己，而是他人。在日常用语中也有许多类似的表达："代人受过"（whipping-boy）、"殃及池鱼"（taking it out on the dog）或"替罪羊"（scapegoat）。

我们将在第21章至第24章看到，迁怒于人的心理过程是很复杂的。目前，我们关注的是选择替罪羊这一过程涉及的社会文化因素。仅凭心理学理论无法解释为什么某些群体比其他群体更容易成为替罪羊。

在1905年、1906年、1907年、1910年、1913年、1914年这六个年份里，每年都有超过100万移民来到美国。移民潮导致了许多与少数群体有关的问题，但大部分移民在几年内逐渐适应了新的环境。这些移民大多是适应力很强的人，他们渴望成为美国人，于是民族大熔炉开始吸纳他们。第二代移民已经在一定程度上被同化，尽管同化过程尚不完整。如今，我们估计约有2600万美国人是第二代移民。这个庞大的群体在一定程度上仍然面临着某些（逐渐减少的）困难。许多人在家中说母语，他们的英语并不够熟练。看起来依然像外国人的父母令他们感到难堪。社会地位低下的感觉一直萦绕着他们。他们通常缺乏对民族传统和父辈文化的自豪感。社会学家发现第二代美国人的犯罪率相对较高，还发现了其他心态失调的证据。

然而，大部来自欧洲的心理上的少数群体在美国的弹性社会结构中适应得还算顺利。他们偶尔会成为替罪羊，但这种情况不会持续太久。一个保守的缅因州社区里的美国人可能会歧视生活在那里的意大利人或法裔加拿大人，但歧视的程度相对比较轻微，人们很少发现实际攻击（真正迁怒于人）的证据。另一方面，其他少数群体（犹太人、黑人、东方人、墨西哥人）却承受着严重得多的恶意，占据优势的主流群体对他们说，"我们永远不会接纳你们加入我们当中"。

正如我们不可能清楚地判断一个群体在什么时候成了替罪羊，我们也不可能知道挑选替罪羊的具体标准是什么。问题的关键似乎是不同的群体因为不同的理由而受到孤立。我们已经注意到被指责的黑人和犹太人之间的对比（第12章），并且讨论过这两类替罪羊各自"带走了"不同种类的罪恶感。

"可以为一切负责的替罪羊"似乎并不存在，尽管一些群体比其他群体更接近这一目标。在当今社会，犹太人和黑人可能承受了最广泛的罪责。我们注意到它们都是由两种性别（和他们的后代）组成的社会群体，群体中传递着社会价值和文化特质。它们或多或少都是永久的、确定的和稳固的。相比之下，我们会发现为特定事项负责的特殊替罪羊。一些人可能十分痛恨美国医学协会或煤矿工联盟，并且指责它们在健康政策、劳动政策、高额定价和其他不能确定与它们有关的事项上的过错。（替罪羊不需要纯洁无瑕，但它们所承受的责备、恶意、带有刻板印象的判断总是比它们实际应得的更多。）

最接近全责替罪羊的是宗教、民族或种族群体。它们具有永久性和稳定性，能够作为一个整体而被赋予确定的状态和刻板印象。我们已经评价过范畴的武断性——许多人因为一种社会法则而受到接纳或排斥。一个黑人在血统上可能更接近白人——但人们想要的是以"社会的期望"来区分种族，因此他被武断地划入黑人这一范畴。这个过程偶尔会被颠倒。在纳粹德国时期，一名维也纳市长想要授予一名杰出的犹太人一些特权。对于那些反对的声音，他这样回应道："他是不是犹太人应当由我来决定。"纳粹授予部分犹太人"荣誉雅利安人"的称号这一事实显示了维持受压迫的少数群体的完整性是很重要的。这样一来，邪恶便可以被视为一个完整而特殊的、代代相传的群体特质，这个群体具有不同的价值观，也拥有蕴含威胁性的永恒特质。正因如此，种族仇恨、宗教仇恨和民族仇恨才会比针对职业、年龄和性别的偏见更加普遍。

历史方法

这些不同的概括法仍然没有触及一个首要的问题：为什么在一段时期内，某个特定的民族、宗教或意识形态群体所忍受的歧视和迫害超过它的已知特质或应得名声可以合理解释的程度？

历史方法可以帮助我们理解为什么在几年之内替罪羊的对象不断改变，以及为什么它们所承受的恶意会周期性地减轻或加剧。如今，对黑人的偏见与奴隶制时期的表现形式有所不同，所有偏见里最根深蒂固的反犹太主义在不同时期呈现出不同的形式，它的强度也会随情况而变化（如上一章中讨论过的例子）。

在美国，如今人们对天主教的歧视不像60年前那样严重。那时盛行着一个反天主教的激进组织——所谓的美国保护协会。[1] 在世纪之交时，这个组织逐渐衰落。在同一时期，出于未知的原因，反天主教的情绪也渐渐平息。就连欧洲天主教徒的移民热潮也没有让19世纪盛行的宗教迫害再度发生。然而，我们在上一章看到，最近几年，人们开始警惕罗马教会逐渐增长的政治影响力。偏见的热潮可能再度席卷而来。只有细致的历史分析才能帮助我们理解这股潮流。

在美国保护协会的全盛时期，社会学家很少关注它所代表的问题。如今，这种具有煽动性的运动得到了更仔细的研究。[2] 然而，曾有一个被遗忘的公民对美国保护协会提出了抗议，他贡献了超前于时代的分析和警告。最有趣的是他在最后提到了反犹太主义，根据他的分析，反犹太主义在1895年不像反天主教的情绪那样激烈。

半个世纪之后，这两种偏见形式的强度已经发生了逆转。

> 但是在未来，或许会有其他和平、守法、勤劳、爱国的群体成为被狭隘、偏执和狂热的人群憎恶的对象。如果我们现在因为美国保护协会受到许多人支持并代表位高权重之人的利益而放任它的发展，那么有一天，它的目标也许会是任何令它的领导阶层感到不满的阶级或个人。继外国人和美国天主教徒之后，下一个受害者可能会是犹太人。
>
> （签名）"一个美国人"[3]

由于选择替罪羊的问题主要通过历史方法进行研究，我们应该像历史学家那样，集中研究具体案例。下列分析只涉及这几类受害者：犹太人、"赤色分子"[①]和"临时"替罪羊。我们不会假装任何一份调查是完整的。每一个故事都极其复杂，我们很可能做出错误的阐释或强调。

作为替罪羊的犹太人

反犹太主义至少可以追溯至公元前586年犹太王国的沦陷。犹太人失散各地之后，依然保持着较为刻板的习俗。斋戒法则禁止他们与外族人一同进餐，也禁止他们与外族通婚。就连他们自己的先知耶利米（Jeremiah）也认为犹太人是一个顽固的民族。无论他们到了哪里，正统犹太教义都会给他们带来麻烦。

希腊和罗马是犹太人的两个新的家园，也是欢迎新思想的地方。犹太人被视为有趣的陌生人。但犹太人接触到世界性文化后，当地人并不理解为什么犹太人不接受当地的饮食、游戏和异教徒的快乐生活。耶和华可以轻松地融入当地供奉的众神之中。为什么犹太人不接受万神殿？犹太教的理论、习俗和仪式似乎过于绝对化。

在这些仪式当中，割礼也许引发了最多的惊恐情绪。外族人不理解其中蕴含的

---

① "赤色分子"，特指麦卡锡主义政治浪潮下对共产主义价值观支持者的污蔑性贬称。本章后面将详细分析其偏见性质。

象征意义（对精神的切割）。这种仪式看起来更像野蛮的做法，并且是对男性象征的威胁。我们不可能得知几个世纪以来，割礼在非犹太人心中激起多少下意识的恐惧和性阴影。也许在潜意识里，"阉割威胁"在很大程度上导致了人们对犹太人的憎恶。

然而我们几乎可以确定，在古罗马，基督教徒受到的迫害比犹太人更严重。德尔图良在本章开头所引用的段落里简明扼要地描述了成为替罪羊的基督徒。在公元4世纪康斯坦丁大帝将基督教定为官方宗教之前，犹太人受到的待遇可能胜过基督徒。在那之后，由于犹太教和基督教拥有不同的安息日，犹太人成了与基督教具有明显差异的高度可见群体。[4]

早期的基督徒本身也是犹太人，过了两三个世纪之后，这一事实才逐渐被遗忘。在那之后，才出现了犹太人（作为一个群体）需要为基督之死负责的指控。相应地，几个世纪以来，"害死基督的凶手"这一绰号足以让大部分人把犹太人当作一切坏事的替罪羊。公元4世纪，圣约翰·屈梭多模在布道中传播反犹太主义态度，他指责犹太人不仅是害死基督的凶手，还是一切能想象的罪恶的元凶。

反犹太主义的部分依据来自基督教神学理论。由于《圣经》明确指出犹太人是上帝的选民，因此在他们承认弥赛亚之前，他们将永远受到上帝的惩罚。基督教徒对他们的迫害是符合上帝旨意的。尽管没有一位现代神学家会把这种状况解释为个体基督徒有权利不公正地对待个体犹太人，但事实就是事实，上帝的旨意是神秘莫测的，显然他希望他的选民犹太人可以像承认《旧约》那样认可《新约》。现代反犹太主义者当然没有意识到他们正出于这个特殊原因而惩罚犹太人，但从神学角度来看，他们的行为符合上帝的长期计划，因而是可以理解的。

到了这一步，我们需要对神学解释进行更细致的心理学分析。由于希伯来人没有接受弥赛亚，因此他们不受《新约》中教导的道德规范的约束。（尽管他们拥有同样严格的道德标准，但这一事实此刻并不相关。）这一观点认为基督教徒暗中想要摆脱《福音书》和《使徒书信》所规定的严格的道德戒律。根据精神分析法的推理，这种邪恶的冲动可能制造严重的自我冲突和自我厌恶。因此，有罪的基督徒在象征意义上也是"害死基督的凶手"。但这种念头使人过于痛苦，人们必须压抑它。看啊，这是公然否认《新约》教诲的犹太人。所以我应当恨他（因为我痛恨自己所拥有的相同的倾向）。我的罪转移到了犹太人身上，正如古希伯来人的罪转移到山羊身上一样。

弗洛伊德延续了这一逻辑，他指出大多数男人压抑着"弑父"的冲动。父权施加的约束令人难以忍受，并且其中可能包含一些同性竞争的成分。无论如何，弗洛伊德认为人们心中存在着强烈的弑父倾向，这种倾向甚至会发展为杀死万物之父——上帝的冲动。从基督教的角度来看，如果犹太人害死了基督，那么他们同样是弑神者。我不能面对自己的弑神冲动，但我可以将它转移到犹太人身上，并为此痛恨他们。(5)

我们有必要强调这些反犹太主义的宗教因素，毕竟犹太人首先是一个宗教团体。人们或许会反驳，如今许多（也许是大多数）犹太人并不信仰犹太教，这种反驳是有道理的。(6)尽管宗教正统势力逐渐衰弱，但针对犹太人的迫害并没有因此而减少。此外，反对者认为当今的反犹太主义集中于道德、金融和社会领域，犹太人的宗教差异很少被提起。这些说法都是对的，然而宗教遗留问题依然存在。犹太教节日和耸立在犹太住宅区的犹太教会都构成了可见差异。

尽管如此，如今，许多人并不关心犹太教和基督教的宗教纠纷。更多人可以在自己的脑海中超越这些纠纷，清楚地意识到犹太教与基督教传统具有统一性。然而，根据对这一问题的更宏观阐述，我们每个人仍然受到犹太文化的史诗精神的影响。天主教学者雅克·马利坦①这样描述这个问题：

> 以色列处于世界结构的正中心，它刺激着世界，激怒着世界，影响着世界。它像一个异物，像点燃群众的导火索，它让世界不得安宁……在没有上帝的世界里，它教唆世界永不满足，它让世界骚动不安，它刺激着历史进程。(7)

一名犹太学者发展了这一论证：作为群体的犹太人的规模不比一些不知名的非洲部落更大。但他们却持续提供着精神催化剂。他们坚持一神论，坚持伦理标准，

---

① 雅克·马利坦（Jacques Maritain, 1882—1973）：法国哲学家，新托马斯主义的主要代表人物。著有《知识程度》《艺术与经院哲学》《伦理哲学》等。

坚守道德责任。他们坚持崇尚知识，坚持亲密的家庭生活。他们渴求崇高的理想，他们英勇无畏，坚持用道德约束自己。在历史上，他们曾让人类了解上帝、了解伦理、了解高标准的成就。因此，他们尽管并不完美，却依然是世界良知的导师。[8]

一方面，人们欣赏并尊重这些标准。另一方面，他们也反对和抗议这些标准。反犹太主义的兴起是因为人们对自己的良知感到厌烦。犹太人象征着他们的超我，没有人喜欢被超我如此严厉地管束着。犹太教所坚持的伦理标准让人很难摆脱。不喜欢被强迫也不喜欢自我约束和慈善行为的人们可能会通过贬低设立了崇高道德理想的整个民族来为自己寻找借口。

尽管这些宗教和道德因素在过去发挥的作用比现在更显著，它们仍是导致犹太人几个世纪以来遭受的差别待遇的决定性因素。犹太人在很长时间内受到了许多国家的驱逐，一部分原因是他们在信仰上的差异。他们只能从事短期的边缘性工作。当十字军需要军费时，他们不能向基督徒借钱（基督徒的宗教信仰不允许放贷）。犹太人成了他们的债主。这种做法使他们在吸引了顾客的同时也招来蔑视。犹太人不仅无法拥有土地，也受到手工业工会的排斥，因此犹太家庭被迫开始从事商业贸易。对犹太人开放的只有借贷、贸易和其他被污名化的职业。

这种模式在一定程度上延续下来。欧洲犹太人的职业传统随着犹太人的移民而被带往新大陆。同样的歧视在一定程度上阻碍他们从事传统行业。他们再次被迫从事需要精明和进取心的高风险工作。我们已经在第7章看到了这一因素如何导致大量犹太人从事零售、影视投资和专门领域的工作，在纽约市尤其如此。国家经济格局的不平均分配将犹太群体推到了显眼的位置，同时强化了人们对他们的刻板印象，比如他们工作过于勤奋，赚的钱很多，在不太稳定的行业里从事可疑的买卖。

这令我们想起"痛恨城市"的理论。如果国家的城市化进程意味着某些价值的丧失和不安全感带来的日渐焦虑，如果人们将犹太人视为城市的象征，那么城市化所导致的堕落将被怪罪在犹太人身上。

再次回顾历史进程，我们发现了另一个重要因素。由于失去了故乡，犹太人被视为依附于政治体的寄生虫。他们拥有一些属于国家的特质（民族凝聚力和国家传统），但他们实际上属于地球上唯一一个没有家园的国家。不信任"双重效忠"的人指责他们不够爱国，对他们赖以生存的国家不够效忠。由于许多犹太人的血亲生活在其他国家，并且他们深深关怀着世界各地犹太民族的命运，他们被斥责为不如一般人那么爱国的"国际主义者"。我们没有任何可以证明他们不忠诚的证据，然而"无家可归"的历史现实是毫无疑问的。这种状况在最近几年才得到了改善，至于这些改善最终将对反犹太主义产生怎样的影响，我们还不能确定。反犹情绪在新兴国家以色列周围的阿拉伯国家逐渐蔓延，这似乎是不祥的征兆。

需要注意的另一个因素是，对知识和学术成就的重视一直是犹太文化的标志。有一种方法可以测量作为范畴差异的这种特质，即比较高等学府中的犹太学生与非犹太学生的比例。在没有明显歧视的情况下，我们通常发现这种比例差异很大。为什么对学习的尊重会促使犹太人成为替罪羊？这个问题也需要"深度的"解释。犹太理智主义使人们意识到自己的无知与懒惰。犹太人再一次象征着我们的良知，我们抗拒良知的刺激。面对浩瀚的知识海洋，我们所有人都会意识到自己在学识上的不足。当一般的（或极优秀的）犹太人让我们看到自身的欠缺时，我们便会感到嫉妒。通过列举他们的缺点和罪恶，我们再一次恢复了平衡。反犹太主义可能部分来自我们将自卑感合理化的"酸葡萄"心理。

调查了如此大量的历史心理因素后，我们自然会好奇是否有一种主要动机可以对所有因素进行总结。最接近的方法似乎是"保守价值边缘"的概念。然而这一概念不仅可以涵盖宗教、职业和民族差异，还能涵盖其他偏离保守价值的差异：良心刺痛、求知欲望、精神激发。我们可以这样认为：犹太人离经叛道的程度（略微超过，略微不足，略微偏离）刚好在许多方面妨碍到非犹太人。这种"边缘化"被保守派人士视为威胁。他们身上的差异并不显著，实际上，相对细微的差异使犹太人变得更令人不安。我们可以再次引用"对细微差异的自恋"这一概念。

这种从历史角度对反犹太主义进行的分析远远不够完整。我们只想说明，如果缺乏历史视野，便不能理解为什么一个特定的群体会成为敌意的目标。犹太人自古以来一直是替罪羊，只有借助历史的力量与心理学视野的帮助才能还原这个故事。

关于反犹太主义的解释众说纷纭。大部分聚焦于少数特点并仔细寻找相关证据。让我们来看看由英国人类学家丁沃尔（E. J. Dingwall）给出的一种典型的解释：

关于犹太人的情况，我们发现在一些重要领域里，他们自身的信仰和行为确实会刺激到他人，针对他们的反感不是毫无根据的。一个没有家园的民族在哪里都是少数群体，却被宗教和传统习俗凝聚在一起，这使他们变得排外，拒绝被环境同化……尽管他们厌恶针对自身的种族偏见，他们却毫不犹豫地将他人视为劣等民族。因此他们无论进入哪一种社会，都会永恒地激起一种轻微的反感。尽管基督教起源于犹太教，犹太人却特立独行，直到现在依然提醒着我们杀害主耶稣的凶手仍然毫无悔意。胸无大志的犹太穷人聚集在贫民窟里，更不安分的犹太人则利用商业和竞争渠道不断向上攀爬，在这些领域，每个人都只顾自己的利益，道德在他们的人际关系中是罕见的……困境与周围人的厌恶使他们变得心狠手辣，他们变得大胆而又暴躁。他们对女士的态度常常是不受拘束的，所以不乏收获芳心者。这本身便激发了更加内向和敏感的追求者的嫉妒和怒火……[9]

上述分析的某些方面值得注意。它在整体上采取了"刺激对象"的方法，强调令他人厌恶的犹太特质和习俗。尽管其中一些表述是正确的，另一些则是模糊的幻想。"他们"一词被泛泛地用来暗示整个犹太群体（而非一些特定个体）都将他人视为劣等民族，或者"变得大胆而又暴躁"。没有证据可以证明犹太人"对女士的态度"常常比其他民族的男性更加"不受拘束"。模糊、暗示和想象破坏了上述对反犹太主义的分析，它们也破坏了其他许多种分析。

这个问题极其复杂，除非我们在每一步都一丝不苟地寻求事实依据，并同时衡量犹太群体的特质和反犹太主义的精神动力机制，否则我们永远无法解答它。

作为替罪羊的"赤色分子"

我们所选择的下一项分析是为了与前文形成对比。与反犹太主义不同的是，"赤色分子"成为替罪羊的时间相对较晚。"赤色分子"不像犹太人那么明显可见，很难辨认或定义他们。然而冲突的现实基础（第14章）却更明显。

犹太人经常被称为共产主义者，共产主义被渲染为"犹太人的阴谋"，我们不能被这些传言所蒙蔽。其他章节解释了二者合一的现象（第2章、第10章、第26章）。它反映了偏见的普遍性，以及在感情上将厌恶对象等同的趋势。

"赤色分子"在美国成为替罪羊发生在俄国大革命之后，在此之前，"赤色分子"并没有成为一种符号，也不是可以识别的威胁。当然，所有类型的激进分子在过去都曾被当成替罪羊。但在20世纪20年代的美国，一个新的焦点逐渐形成，从此之后它一直是人们关注的核心。

然而，值得注意的是，针对"赤色分子"的迫害经历过三次高潮：第一次世界大战结束后的几年之内，20世纪30年代中期，第二次世界大战结束后的几年之内。

这三次迫害的高峰期有一些共同的特点。（1）在所有时期内，劳工都处于可以与工业体制进行对抗的处境——其中两次是由于战后的经济发展期和高就业率，一次是由于新政立法对劳工的优待，使劳工即使在经济萧条时期也处于异常强势的地位。（2）这三个时期都同时伴随着异常迅速的社会变革，未来的经济状况和政治局势似乎都很难预测。拥有产业的人们变得尤其焦虑，他们的焦虑扩散到整个社会结构里。在其中两个阶段里存在着大量对生活不满的退伍军人，在另一个阶段里，大批失业者构成了同样被不确定感困扰的群体。（3）在这些时期发生了许多积极的自由主义运动：工会主义情绪增加，规模较小的政党蓬勃发展，左翼组织不断发声。

"红色"是基本的权力象征（第11章）。红色对应着苏联国旗的颜色，也可以用来代指"俄国人"。该词的意义可以延伸至涵盖所有在意识形态上赞同苏维埃政权的人。进一步扩展它的意义后，该词还可以指在一定程度上持激进观点或对大部分问题抱有自由主义态度的美国公民。矛盾的是，它还用来指代立场与苏维埃共产主义完全相反的自由主义者。

最近，关于国家委员会调查具有"颠覆性"活动的故事展示了这种状况。审问者向一名自由主义嫌疑人提问：

"你是共产党人吗？"

"不，"被告回答，"我了解共产主义。"

"这就够了，"审问者胜利地说，"我们不关心你究竟是哪一类人。"

我们不可能清楚地分辨谁是"赤色分子"、什么是"赤色分子"的标志，但这种仇恨的中心确实存在着现实的冲突。第一次世界大战后，仇恨的基础尚且薄弱，因为苏俄对美国尚未构成军事威胁。我们在前文中列出了代表国内新兴替罪羊的许多绰号。它们不仅数量众多，而且相互混杂（"墙头草""移民""布尔什维克""无政府主义者"）。但随着形式逐渐明朗，仇恨也渐渐加深。随着苏联变得越来越强大，美国与共产主义意识形态的实际冲突成了人们关注的焦点。尽管边界很难定义，但现实冲突的核心依然是基本而尖锐的。

如果一种冲突完全是现实的，我们便不能说其中含有偏见或替罪羊的成分。然而在这个情况中，有很大一部分冲突来自幻想，是不现实的。这种冲突受到情绪的刺激，被草率的判断所扭曲，因刻板印象而愈演愈烈。尽管现在的矛盾更加尖锐，人们却不像20世纪20年代那样容易被迷惑：

> 这场激进的运动并非致力于经济发展和改善社会条件的和平努力……这场运动从这里开始，由德国贵族阶级的代理人挑起，这是他们进行工业扩张和军事征服的计划之一……它几乎威胁到我们在传统上所重视的一切……它反对有节制的繁荣，共产主义者尤其痛恨这一阶级……它反对教会和家庭……攻击婚姻制度……以及所有美国机构。[10]

除了涉及德国贵族阶级的部分，这段控诉听起来与现代文章并无不同。需要注意的是将共产主义与德国贵族（在当时是同样遭到仇视的群体）联系起来的非理性说法，以及对"激进运动"这一泛化符号的使用。被指控犯下各种错误行为的不单单是共产主义者，而是所有激进分子。同样值得注意的是，勒斯克认为反对"更好的经济和社会条件"是不明智的选择。

事实是，不是一切共产主义价值都遭到了美国国人反对。相反，大多数人都渴望"更好的经济和社会条件"。许多美国知识分子看到20世纪20年代苏联改革的成果后满怀热情地支持苏维埃政权。一些知识分子和工会领袖即使只有短暂的热情，也被牵连获罪。就连写了一篇客观披露文章的大学教授都有可能被贴上亲苏的标签（只因他没有明确反对苏维埃政权）。任何人如果对共产主义说一句好话，那么他就有可能被称为"赤色分子"。

因此，赤色替罪羊的显著特征是连带效应。几乎任何不受欢迎的人或对任何话题持反对意见的人都会被称为共产主义者——尤其是提倡自由主义、支持劳工、倡导宽容甚至对共产主义及其政策持客观分析态度的人。大学教授受到怀疑是因为每当情感战胜理智时，反智主义便会盛行。在15世纪的猎巫运动中，教皇英诺森八世公然抨击自由主义者和理性主义者"厚颜无耻地"主张女巫并不存在。[11]在20世纪中叶，任何呼吁辩证地评价共产主义的人都会使自己成为众矢之的。

因此，让"赤色分子"成为替罪羊的选择必须理解为一种双重现象，其中首先涉及的是现实的利益冲突——这种冲突本身不能算作偏见。但是这种冲突被赋予了许多孤僻思想、刻板印象和情感投射——尤其是恐惧。在动荡的时代，技术革命、债台高筑、社会危机、战争威胁、原子弹和道德失范令所有人忧虑不安，最为焦虑的是掌管财政安全的人，包括中产阶级有产者，以及在教会或捐赠机构持有既得利益的人们。一位学者总结了20世纪30年代中期的情况。

> "追捕赤色分子"在如今（1935年）和1920年同样是一种危机现象，它是一种盲目的国家主义情绪，它无法容忍反对意见并害怕变革的来临……他们的追捕运动导致任何有独立思考能力的人和支持任何改革的人都受到怀疑……它为那些只愿意批判别人而不愿讨论问题的人和组织提供了一种方便的武器……在这个国家，对共产党人的恐惧受到保守媒体和保守商业领袖的大力支持，他们需要一个方便的标签来为所有社会、政治和经济变革打上烙印……转移人们的注意力是绝对有必要的……转移注意力的话题总是很实用。[12]

"反动派"带头将自由派和改革派变成替罪羊后，所有经济阶层都会加入反动派的阵营。他们之所以这样做，部分原因是他们耳闻目染的反共宣传，还有部分原因是对确定性和安全感的需求。偏见对所有社会阶层都具有功能价值。有宗教信仰的人担心自己的价值观会受到威胁，对现在的生活感到不满的人怀疑这是因为国内外的共产党人在搞破坏。

希特勒通过塑造替罪羊而团结了追随者，密西西比州的比尔博[①]和威斯康星州的参议员麦卡锡也是如此。

特殊场合的替罪羊

替罪羊可以像犹太人那样拥有几个世纪的历史，也可以出现得十分短暂，以至于人们很少注意到他们的存在。

我们注意到日常报纸上存在着"临时"替罪羊的现象。如果发生越狱事件，或者患有精神病的杀人犯从州立医院逃脱，或市政府贪污被曝光，便会引起一片哗然。义愤填膺的社论和公众的抱怨信纷至沓来。有时这些人会自己指定替罪羊，有时人们只是要求找出替罪羊。愤怒需要有一个具体的发泄对象，并且立即在这个对象上进行发泄。结果便会有某个官员被开除公职——这不一定是因为他有罪，只是因为牺牲他可以平息公众的怒火。

以下便是有关这种情况的一则案例研究——1942年11月28日发生在波士顿椰林夜店的一场灾难性火灾。[（13）]

　　这场火灾导致近500人丧生。事件发生后，报刊社论和读者来信要求立即找出罪魁祸首。第一个替罪羊是在换灯泡时划了一根火柴的餐馆零杂工，他承认他的火柴点燃了高度可燃的纸制装饰品。报纸头条醒目地写着"都是零杂工的错"。这项指控引发了热烈的讨论，公众观点支持赦免他（部分是因为他坦白认罪）。有人写信给编辑，提议推荐他去西点军校。他收到了粉丝来信，甚至还有人给他捐款。下一个受害者是"身份未知的恶作剧者"，据说这个人取

---

① 比尔博（Theodore G. Bilbo, 1877—1947），20 世纪初美国政治家，曾担任密西西比州州长和参议员，呼吁反对黑人。——译注

下了灯泡。但他很快被政府官员所取代，其中包括消防局局长、警察局局长、消防监察员和其他公务员。很少有报刊文章提到人们的异常恐慌，这无疑才是导致大批人丧生的首要原因，尽管一名官员准确地指出"波士顿悲剧是由心理崩溃导致的"，人们仍然需要更实在的元凶。

焦点逐渐聚集在夜店所有者、经理和其他经营者身上。夜店所有者是一名犹太人，他招来了许多仇恨。尽管他的民族身份在文章中只被暗示，并没有被明确指出，但人们依然能听到关于"肮脏、贪婪的犹太佬"的尖锐批判。所有者和官员经常一起成为替罪羊，受到"腐败""谋取政治利益"的指责。

在灾难发生一周后，所有对替罪羊的责骂渐渐得到了控制。人们的兴致很快减少，直到两个月后，州检察长提出10份起诉书，被告包含夜店所有者、经理、消防局局长、消防监察员和其他官员，人们的兴趣才再度被激起。报纸上出现了另一波短暂的批判热潮。所有被告都要求"无罪"辩护。最终，只有夜店所有人被判处监禁惩罚。

我们从这个案例中注意到情绪旋涡的效果，它可以将公众的注意力引向（几乎任何）特定的罪人。愤怒和恐惧的发泄对象需要是具体的个人。人们的指责似乎很容易从一个替罪羊转移到另一个身上。随着情绪的缓和，寻找替罪羊的需求也会减弱，最终的惩罚一般比人们最初所叫嚷的更温和也更克制。在这样一番闹剧的尾声，人们感到一只替罪羊已经足够，他所遭受的惩罚为这段短暂的危机拉下了帷幕。

总　结

尽管心理学原理可以帮助我们理解偏见的过程，但这些原理本身却不足以解释为什么某个特定群体被选为仇恨的对象。

我们在第14章中讨论了可以帮助预测一个特定少数群体何时会成为仇恨焦点的一些社会文化法则。我们在本章中更具体地探索了这些问题。我们的结论是，对这一问题的彻底理解只能通过认清每个具体案例的历史背景来实现。我们对两个案例进行了详细的分析：反犹太主义是一种古老而顽固的偏见，反"赤色分子"情绪是最近才出现的。具体的实践方法对理解临时替罪羊现象同样有帮助，正如严重火灾后政府官员成为替罪羊的案例。

如果每个偏见对象的产生都遵循着特定情况下的某种模式，那么我们需要用大量的篇幅去解释美国黑人、南非印度人、美国西南部的墨西哥人和当今世界上无数替罪羊的处境。目前我们没有能力进行这样的讨论。我们只需要描述用来进行这项研究的方法即可。

参考文献

（1）R. H. Lord. *History of the Archdiocese of Boston*. New York: Sheed and Ward, 1946.

（2）Cf. L. Lowenthai and N. Guterman. *Prophets of Deceit*. New York: Harper, 1949.

（3）Anonymous. *A.P.A.: An Inquiry into the Objects and Purposes of the so-called American Protective Association*. Stamped: Astor Library, New York: 1895. (Now at the New York Public Library.)

（4）关于基督教会当中反犹太主义的早期根源，详见 M. Hay, *The Foot of Pride*. Boston: Beacon Press, 1950。

（5）S. Freud. *Moses and Monotheism*. New York: A. A. Knopf, 1939.

（6）事实是，当今的犹太年轻人对父辈宗教传统的排斥比年轻的基督徒更加普遍，他们一般并不看重宗教价值。相关研究参见 G. W. Allport, J. M. Gillespie, Jacqueline Youne, The religion of the post-war college student, *Journal of Psychology*, 1948, 25, 3-33; 另见 Dorothy T. Spoerl, The values of the post-war college student, *Journal of Social Psychology*, 1952, 35, 217-225。

（7）J. Maritain. *A Christian Looks at the Jewish Question*. New York: Longmans, 1939, 29.

（8）L. S. Baeck. Why Jews in the world? *Commentary*, 1947, 3, 501-507.

（9）E. J. Dingwall. *Racial Pride and Prejudice*. London: Watt, 1946, 55.

（10）C. R. Lusk. Radicalism under inquiry. *Review of Reviews*, 1920, 61, 167-171.

（11）H. Kramer and J. Sprenger. *Malleus Maleficarum*. (Transl. by M. Summers.) London: Pushkin Press, 1948, xx.

（12）J. G. Kerwin. Red herring. *Commonweal*, 1935, 22, 597.

（13）Helen R. Veltfort and G. E. Lee. The Cocoanut Grove fire: a study in scapegoating. *Journal of Abnormal and Social Psychology*, 1943, 38, Clinical Supplement, 138-154.

第16章　接触的影响

一些人认为，仅仅是不分种族、肤色、宗教、国籍而将所有人凝聚在一起，就能消除刻板印象并培养友好的态度。事情并非如此简单。然而在某个地方一定存在着一套方案，可以解释李（Lee）和汉弗莱（Humphrey）在分析1943年底特律暴动时发现的情况：

> 成为邻居的人们不会对彼此施暴。韦恩大学的学生——包括白人和黑人——在血色星期一当天依然平静地上学。军工厂的白人和黑人工人之间也没有发生骚乱。[1]

一些社会学家认为，当不同群体的成员相遇时，他们之间的关系通常会经历四个连续的阶段。首先是纯粹的接触阶段（sheer contact），很快进入竞争阶段（competition），随后被适应阶段（accommodation）所取代，最后则是同化阶段（assimilation）。这种和平的进展实际上经常发生。我们可以列举出最终被新的家园所接纳的移民群体作为例子。

但这种进展绝不是通用法则。尽管许多犹太人被彻底同化并脱离了原本的群体，但整个群体与外群体进行无数次接触后，依然在长达3000年的历史中保持其文化身份。一位学者估计，按照目前的同化速度，黑人被美国完全同化大约需要6000年的时间。[2]

这个过程并非不可逆。我们知道，曾经进入适应阶段的人群可能倒退至竞争阶段，冲突也许会时常发生。种族暴动代表着严重的倒退，针对犹太人的周期性迫害也是如此。我们已经注意到，在德国，所有反犹太人的法律在1869年被废止。接下来的60年仿佛是一段和平的适应期。随后，在希特勒执政时期，和平的趋势被逆转。《纽伦堡法案》和大屠杀比德国历史上任何一场反犹太主义运动都更加残暴。

和平发展的法则是否能持续下去似乎取决于所建立的接触的本质。

我们从关于热带生活史的一项未发表的研究（题目为"我与少数群体交往的经历以及我对他们的态度"）中发现作者经常提起"接触"这一因素。尽管有37部自述显示接触可以减少他们的偏见，仍有34部自述表示接触增加了他们的偏见。显然，接触的效果取决于所产生的关系类型，也取决于其中所涉及的个体类型。

接触的种类

为了预测接触对态度的影响，我们应当在理想条件下分别研究下列每一种变量在单独存在和同时存在时所产生的后果。这项任务的工作量巨大。迄今为止我们只完成了一小部分——然而我们所获得的结果却很有启发性。[3]

接触的量化方面

　　a.频率　b.时长　c.涉及人数　d.种类

接触的社会地位方面

　　a.少数群体成员地位较低

　　b.少数群体成员拥有平等的地位

　　c.少数群体成员地位较高

　　d.不仅成员的地位如此，整个少数群体都享有相对较高（如犹太人）或相对较低（如黑人）的地位

接触的角色方面

　　a.接触属于竞争还是合作关系？

　　b.其中是否包含上下级关系，例如主人与仆人、雇主与雇员、教师与学生？

接触时的社会氛围

a. 种族隔离是否盛行，人们是否期待平等主义？

b. 接触是自愿的还是非自愿的？

c. 接触是"真实的"还是"虚伪的"？

d. 接触是否从群体之间关系的角度被感知？

e. 接触被视为"典型的"还是"例外的"？

f. 接触被视为重要而亲密的，还是无关而短暂的？

接触者的性格

a. 接触者原有的偏见水平较高、较低还是中等？

b. 接触者的偏见属于表面上的、从众的类型，还是深深根植于性格结构之中？

c. 接触者对自己的生活有基本的安全感，还是充满恐惧和怀疑？

d. 接触者与对方群体的过往遭遇是怎样的？他现在的刻板印象有多深？

e. 接触者的年龄和教育水平处于何种程度？

f. 许多其他性格因素可能影响接触的效果。

接触发生的领域

a. 日常领域　　　　　　　　b. 居所领域

c. 职业领域　　　　　　　　d. 休闲领域

e. 宗教领域　　　　　　　　f. 民事领域或结社领域

g. 政治领域　　　　　　　　h. 群体之间的友好活动领域

这份涉及接触问题的变量清单依然不够详尽。但它的确指出了我们所面对的问题的复杂性。不是所有变量都能找到科学依据，但我们应当呈现出目前可以得到的最可靠的概括。

偶然接触

生活在南部各州和某些北方城市的人们可能以为自己了解黑人，纽约市民可能以为自己了解犹太人——因为他们接触过许多黑人或犹太人。但他们的接触可能完全是浮于表面的。在实行隔离的地方，接触往往是临时性的，或者被严格限定在上下级关系里。

我们已经提出了一些证据，可以证明这样的接触并不会消除偏见，反而更可能增加偏见。[4] 第14章提到，偏见随着少数群体人口密度的变化而变化，这一事实进一步支持了这个命题。接触越多，麻烦就越多。

如果我们对偶然接触的感知过程进行分析，我们便可以理解其中缘由。假设一个人在街上或商店里看到了一个明显属于外群体的成员，他很容易联想到一系列与这种外群体有关的谣言、传言、传统或刻板印象。理论上，我们与外群体成员每一次浅层的接触都能在"频率法则"的作用下强化我们已有的负面联想。此外，我们对可以证明自身刻板印象的迹象十分敏感。在地铁上的众多黑人里，我们能注意到行为不端的那一个，剩下的10多个行为得体的黑人却被我们无视了，这只是因为偏见可以遮蔽和诠释我们的感知（第10章）。因此，偶然接触令我们对外群体的看法维持在自我封闭的水平上。[5] 我们无法与外群体的人进行有效的沟通，对方同样很难与我们沟通。

一个想象中的例子可以描述这一过程。一名爱尔兰人和一名犹太人在日常生活中相遇，也许他们参与了一场小型的商务活动。实际上，二人起初对对方都没有敌意。但爱尔兰人想："啊，一个犹太人，也许他会敲诈我，我可得小心。"犹太人想："他可能是爱尔兰人，他们讨厌犹太人，他可能会侮辱我。"带着这样的不良印象，二人都有可能回避对方、怀疑对方并保持冷淡的态度。二人都在一定程度上受到恐惧的影响——尽管实际上他们对彼此的怀疑都没有任何现实基础。到了分别时，二人表现出的冷漠刚好验证了彼此的怀疑。这种偶然接触使他们的关系更加恶化。

熟人的接触

与日常接触不同的是，大部分研究显示，熟人之间的接触可以减少偏见。格雷（Gray）和汤普森（Thompson）的研究直接展示了这一点。[6]

研究人员采用博加德斯社会距离量表对佐治亚的白人和黑人学生展开调查。学生们还被要求指出他们是否熟识相应群体当中至少5名个体。结果呈现出一种统一的趋势：学生们对拥有5个以上熟人的所有群体都给出了较高的评分，至于缺乏熟悉度的群体则很难获得他们的尊重。

近年来，一种被称为跨文化教育的运动正在蓬勃发展。跨文化教育相信，对外群体的了解和熟悉能减少针对它们的敌意。

它背后的原理可以用下列寓言来解释：

你看见对面那个人了吗？

看见了。

我讨厌他。

可是你并不认识他啊。

这就是我讨厌他的理由。

现在，关于人的知识可以通过许多方法来传授。其中最直接的方法便是学校中的学科教育。有关"人种"的人类学知识可以被教授，有关群体差异的真相同样可以习得（第6章），以及为什么不同的民族会发展出不同的习俗以适应同样的人类需求，其中的心理原因也可以进行讲授。

一项针对400名大学生的研究展示了这种教育的效果。其中只有31名学生能够想起他们在学校接受过有关"人种的科学事实"的授课。但在这些少数个例里，有71%的学生在400人当中属于偏见更少的那一半，只有29%的学生的偏见水平高于平均程度。[7]

现代教育的支持者认为最好不要依赖于仅仅传授信息，还要让学生直接与其他群体进行接触。因此，学科教育发展出许多别具匠心的教学法。其中之一便是"社会旅行"。

"为了研究特定区域的环境，以实现更加符合现实的教育。"哥伦布市一所高中采取了以下这种方法。[8]27名男孩和女孩在芝加哥参观了一星期。他们住在一起。这项研究关注的不是学生们对外群体的态度，而是他们对彼此的态度。学生们在旅行之前和之后对群体里的每个成员打分（他们过去只有在班级里的接触）。评分采取7分制：

1. 与我最亲密——可以做我最好的朋友

2. 与我很亲密——愿意邀请对方来家中做客

3. 与我亲密——与对方交谈很愉快

4. 与我既不亲密也不疏远——可以在同一个小组合作

5. 与我有一定的距离——点头之交

6. 与我疏远——在班里尽量不坐在一起

7. 与我最疏远——离对方越远越好

结果显示，一起生活和旅行的经历在整体上极大地缩短了社会距离。在27名参与者中，有20人的亲密度得到了提升。少数人比旅行之前更不受欢迎。更受欢迎的学生当中含有少数群体的成员。例如，大家发现莉莉安不仅是一名犹太教信徒，还是一个有趣而体贴的人。有7名成员的人缘变差这一事实值得注意。它意味着人气的提升不仅仅取决于"在一起玩得开心"。如果深入的接触凸显了一个人真实的性格缺陷，那么他的社交地位就会下降。

史密斯（F. T. Smith）也对"社会旅行"进行了评估。[9]46名师范毕业生接受邀请在哈莱姆区^①度过了两个连续的周末。他们受到了黑人家庭的款待，会见了著名的黑人编辑、医生、作家、艺术家和社会工作者。他们从这段经历中了解到哈莱姆的生活，也了解到他们在那里遇到的人们。其中23名接受邀请的学生未能来访，他们构成了参照组。研究者利用几种测量方法衡量了两组学生在参观哈莱姆之前和之后对黑人的态度。实验组的态度明显有所好转，但参照组却没有出现同样的倾向。即使在实验的一年之后，在46名参与者当中只有8名没有表现出比参与实验之前更友好的态度。这种增长见识的接触产生的是持续性的积极效果。然而，我们注意到这个实验有一个严重的缺陷：参与者密切接触到的黑人都拥有相对较高的社会地位——与参与者本身的地位平等，甚至超过了参与者。

这项研究没有证明人们每一次参观唐人街、哈莱姆或小意大利城都会导致偏见的减少。许多人原本就带有刻板印象，旅行式的接触不足以改变这种印象。

跨文化教育可以采取更加生动的形式，如心理剧（角色扮演）。在一个微型场景当中，孩子们被要求扮演与他同龄的移民儿童的角色，这个角色第一天进入一所美国学校。成年人也可以参与这种表演，一个可能对黑人抱有偏见的成年人可以扮演黑人音乐家的角色，这个角色想要住旅店却遭到了店员的拒绝，尽管他们彼此都心知肚明还有空闲的房间。自愿扮演另一个人的角色是对该角色产生同情的有效方式。

现代跨文化教育的一个令人振奋的特征是它愿意评估自身的教学体系。这种教育是否真的减少了偏见？所有项目都有效果，还是只有特定类型的项目有效果？我们将在第30章审视更多有关教育评估的研究并探讨可以从中得出怎样的结论。

除了跨文化教育领域之外，显然人们彼此熟悉的程度越深，偏见就会越少。表8展示了一项典型研究的结果，表中数据来自驻扎在德国的美军职业署。

---

① 哈莱姆区（Harlem）：位于纽约曼哈顿北部，曾经是著名的黑人聚居地。

表8 美国士兵对德国人的态度与他们和德国平民接触频率之间的关系[10]

在3天之内与德国平民有接触的人	对德国人抱有非常友好或比较友好态度的士兵百分比
与德国平民有5小时以上私下接触	76%
与德国平民有2小时以上私下接触	72%
与德国平民有2小时以下私下接触	57%
没有私下接触	49%
从未去过德国	36%

这类研究中的因果关系确实并不十分明确。起初抱有较少偏见的士兵很有可能更愿意与德国民众接触。但接触本身也可能对接触后的友好态度产生了影响。

我们可以将本节总结如下：证据倾向于支持这一结论，对少数群体成员的了解和熟悉会带来宽容与友好的态度。这种关系并不完美，我们也不清楚究竟是知识导致了友好态度，还是友好态度激发了获取知识的欲望。但显而易见二者存在正相关的联系。

然而，我们必须补充一项重要的条件。我们在第1章中注意到偏见同时反映在信念和态度里。对少数群体认知的增加很有可能直接形成一套更接近现实的信念。人们的态度不一定会随之而改变。例如，一个人可能得知黑人的血液成分与白人的血液并无差异，但他不一定就会开始喜欢黑人。拥有许多可靠知识的人依然能为他们的偏见找到大量的借口。

因此，为了谨慎起见，我们将这样表述我们的结论：可以带来知识和熟悉感的接触有可能促使人们形成关于少数群体的更可靠的信念，因而有助于减少偏见。

居住地的接触

美国的大部分城市都长期进行着一种"社会跳棋游戏"。我们以波士顿北区为例来解释它。爱尔兰移民到来后，当地人就会离开；犹太人到来后，爱尔兰人就会离开；意大利人到来后，犹太人就会离开。在其他地方，移民群体的更迭顺序依次是盎格鲁 - 撒克逊人、德国人、俄国犹太人、黑人。只要边境辽阔、郊区并不拥挤，同一阶层的迁徙很容易进行，这个游戏便会在不引人注意的情况下持续下去。

　　然而，如今出于各种原因，居住地的接触问题变得严重了。住宅的普遍短缺，以及原本居住于南方各州的黑人大批迁移，这些情况在许多地区制造了严峻的现实竞争。此外，（部分由联邦政府支持的）公共住房项目的扩建提出了一个问题，种族隔离可以在公共基金的支持下合法地实施。1948年，最高法院判决"限制契约"不能由美国法院强制执行，限制契约指的是土地所有者拒绝将房屋提供给东方人、黑人、犹太人等少数群体使用，这一决议加剧了问题的严重性。

　　上述情况全都提出一个尖锐的问题：混合居住（不同的少数群体彼此混居）与隔离居住（不同的少数群体住在相互隔离的区域）相比，究竟增加还是减少了偏见。无论是强迫的还是自愿的隔离居住，都同时包含其他领域的隔离。它意味着孩子们将在主要或完全由本群体成员构成的学校里上学。商店、医疗设施和教堂也会自动形成隔离。社区项目将以本民族为中心，而不是真正以公民权利作为视野和目的。跨越民族界限的友谊很难建立，或者不可能建立。如果一个群体（通常是黑人）被迫住在过于拥挤的贫民窟，那么疾病和犯罪很可能在他们之间肆虐。被隔离在贫困地区的事实可能是造成黑人天生犯罪率高、传播疾病、糟蹋东西的刻板印象的主要原因。由隔离居住造成的印象被错误地视为种族特性。

　　隔离显著提升了群体的可识别度，隔离制度使少数群体看起来比实际上规模更大也更具有威胁性。哈莱姆区是世界上规模最大、最有凝聚力的黑人聚集区——但哈莱姆区的黑人人口甚至不到纽约市总人口的10%。如果黑人随机分散在城市各地居住，他们的存在便不会被视为一条不断扩张的危险"黑带"。

　　在隔离地区的边界可能爆发严重的冲突。种族暴动最容易发生在这一连接处（第4章）。如果少数群体的隔离带随着人口增长而逐渐扩张，暴动尤其可能发生。克莱默（B. M. Kramer）对芝加哥南部"黑带"引发的问题展开调查，他发现白人的态度随着黑人"入侵"的紧迫性而变化。[11]

研究人员划分出5个区域,1区处于黑人扩张运动的交界区,5区离黑人区最远(两三英里远)。表9显示了离黑人运动越近的地方越容易表现出恶意。

表9　5个区域自发表达反黑人情绪的居民

	1区	2区	3区	4区	5区
自发表达反黑人情绪的居民占比	64%	43%	27%	14%	4%
总样本数	118	115	121	123	142

(摘自克莱默的研究)

表10体现了有关"社会感知"的一些有趣的趋势。在与黑人接触最多的1区,我们发现关于黑人不讲卫生、传播疾病的抱怨比其他区少了许多。在与黑人接触最少的5区,这种刻板印象更加普遍。

表10　受访者给出的想要驱逐附近黑人的理由的百分比

	1区	2区	3区	4区	5区
黑人不讲卫生、传播疾病、气味难闻、让人不愿接触	5%	15%	16%	24%	25%
不希望孩子与黑人生活在一起,担心与黑人社交和通婚	22%	14%	14%	13%	10%

另一方面,1区面临着一个更现实的问题。当不同民族的孩子在一起玩时,会发生什么状况?爱情故事和异族通婚的概率注定将会上升。在当今的社会观念下,家长自然认为这种可能性将给孩子带来痛苦。(与前文所述案例对比)在5区,这个问题较少被提及,因为这个地区的白人孩子和黑人孩子还没有开始接触。

我们从这项研究中得知,住宅区的接近被优势群体视为一种威胁,但人们抱怨的问题和对少数群体的认知随着威胁的程度(或距离的远近)而有所变化。

除了隔离的居住模式之外,我们还在一些地区发现了混合的居住模式。有时,由于公共住宅的迅速发展，我们可以在类似的环境中发现这两种居住模式。这是令社会学家振奋的情况。他们得以发现社会文化因素、经济因素和人口因素基本相同的两个地区，唯一的不同之处在于一个是隔离居住，一个是混合居住。显然，这样的背景很适合进行实验和研究。社会学家们至少展开了三项重要的实验。[12]

第一项研究发现，黑人和白人房客对待房产的方式相同，只要他们处于同一经济水平、按照相同的规则被选为房客，并且有机会住在质量相似的房屋里。他们交付房租的习惯也没有差别——黑人和白人房客同样可靠。

在一项研究中，住在隔离型社区和混合型社区的白人居民对黑人的初始态度大致相同，当被问起与黑人住在同一栋楼里的感受时，他们的回答却有明显的差异。住在只有白人的单元里的房客中有75%的人表示他们"讨厌这么做"。住在混合型社区的房客中只有25%的人表示他们不愿意与黑人住在一起。

尤其有趣的是二者在社会认知上的差异。表11显示了白人对该问题的答复："他们（社区里的黑人）与住在这里的白人差不多还是不一样？"住在隔离住宅单元（生活在同一居住项目里的黑人聚集在单独的楼宇里）的白人和混合住宅单元的白人都回答了这个问题。

表11[13]　他们（社区里的黑人）与住在这里的白人差不多还是不一样？

	混合住宅单元	隔离住宅单元
相同	80%	57%
不同	14%	22%
不知道	6%	20%

与黑人接触更密切的白人感知到的差异较少。

这个调查还包含其他关于现象差异的证据。当被问到他们认为黑人主要的缺点是什么时，住在隔离单元的白人倾向于提出带有攻击性的特质：制造麻烦、吵闹、危险。住在混合单元的白人主要提出的是完全不同类型的特质：自卑感、对偏见过于敏感。白人对黑人的观点从受恐惧驱使的认知转变为受"精神健康"的友善观点

驱使的认知。[(14)]

证据表明与处于相同经济地位的黑人住在同一个公共住宅项目里的白人在整体上比住在隔离区的白人对黑人的态度更加友善，对黑人的恐惧更少，持有较少的刻板印象。

就像所有宽泛的概括那样，这条概括也需要一定的条件。发挥决定性作用的不仅仅是住在一起的事实，重要的是住在一起所产生的沟通。黑人和白人是否在社区活动中积极地互动才是关键因素。他们是否共同参与了教师家长联合会、是否建立了改善社区环境的小组？他们是否拥有优秀的领导，可以打破社区中的沉默与怀疑？我们绝不能假设混合居住可以自然地解决偏见的问题。我们最多只能说，它为友好的接触和正确的社会认知创造了条件。

进一步的条件必须结合混合单元中的黑人密度来考虑。怎样安排白人家庭与黑人家庭的比例才能营造最适宜的沟通条件？假如一个混合单元里只有5%~10%的黑人家庭，那么他们很容易被忽略，并在心理上受到孤立。

我们所引用的三项研究一致认为不能只从机械的角度来看待居住模式。重要的是居住模式为邻里交往提供的机会。也许最好的方式是通过"团队合作"来激发同一个居住单元或同一社区内的邻里接触。然而，由于缺乏相关证据，我们只能说黑人数量不太少的混合单元似乎是最佳的居住环境。

有些人认为黑人更愿意与同类住在一起，他们讨厌混合居住单元。阿伦森（S. Aronson）的一项未发表的研究证明这种观点完全是错误的。

在一个完全由黑人组成的隔离住宅区内，研究人员询问："如果你隔壁的公寓是空的，你希望什么样的人搬来与你做邻居？你介意与白人家庭做邻居吗？"百分之百的黑人都回答他们不介意。可是在仅由白人构成的隔离住宅区，面对同样的问题，78%的白人回答不愿意与黑人做邻居。

我们可以确定地说，真正希望（或自以为希望）在住宅和其他领域实行种族隔离的不是黑人，而是白人。上述研究指出，四分之三的白人表示不想住在离黑人很近的社区里。那么，如果政府提出混合居住的政策，就必须提前预见白人的抗议。

然而，研究显示，如果白人出于任何理由（也许是住宅短缺或低租金的诱惑）而选择住在黑人附近，那么他们的态度便会向更友好的方向转变。下述案例便是一个典型的例子。

> 一天清晨，东部一所女子学院的院长在学校开放日迎来了两名愤怒的访客。她们是来自南部的学生，她们发现自己与一名黑人学生被分到同一间狭小的宿舍里。她们要求这位黑人学生搬出宿舍。院长思考片刻回答道："我们的校规规定学生宿舍一旦分配好就不能更换，不过在这种情况下，我愿意开一次特例。你们两位可以搬出去，另外寻找住处。"两名女生吓了一跳。但她们没有搬走，因为在她们的观念里，黑人应该为自己让路。她们继续住在宿舍里，一开始她们的态度很恶劣，但很快她们便发现自己没有那么讨厌黑人室友了。到了学期结束时，她们已经与黑人女孩成了朋友。

这个故事似乎告诉我们，住宅项目管理者在提出混合居住政策时，不需要太在意反对的呼声。经验表明，这些抗议很可能随着时间流逝而逐渐消失，友好的邻里关系终将实现。

总而言之，隔离居住产生的接触会加剧紧张的局势，而混合居住政策通过鼓励彼此之间的熟悉和了解而消除了隔阂，实现了有效的沟通。当这些障碍消失后，错误的刻板印象也会随之减少，拥有现实基础的观点将取代自我封闭所带来的恐惧和敌意。人们通常会收获友谊。与此同时，任何妨碍亲密关系形成的现实因素都会被曝光。一项研究指出，混合居住区的白人更准确地感知到了黑人自我保护式的敏感。青春期男孩和女孩的交往也带来了跨种族婚姻的可能性，这在我们目前的文化环境里对双方家长而言都是严重的问题。

然而，能够认识到种族关系当中真正的问题仍是一项重要的收获。即使这些问题很难得到解决，如果首先消除不相关的刻板印象和故步自封的敌意，那么我们会更有希望解决这些问题。废除种族隔离对实现这一目标提供了很大的帮助。

职业接触

大多数黑人和其他一些少数群体成员从事的工作都位于职业阶梯的底层。从事这些工作的人地位很低，只能获得较低的薪水。黑人通常是仆人，不是主人；是门卫，不是主管；是工人，不是工头。[15]

越来越多的证据显示，职业地位的差异是创造和维持偏见的一种因素。

麦肯齐（MacKenzie）从一群退伍士兵身上发现，一些人只把黑人当作缺乏技能的工人，在这些人当中，仅有5%的人对黑人抱有友好的态度；另一些人在军队外遇见过拥有职业技能的黑人，或者曾在军队里与能力不逊于自己的黑人合作过，在这群人当中有64%的人对黑人态度友好。[16]

麦肯齐还发现在从事过军工岗位的大学生当中，同样存在着令人惊讶的态度差异。一些人虽然认识从事专业工作的白领黑人，但只与从事低端岗位的黑人合作过，这些大学生中只有13%的人对黑人表现出友好态度，与职业地位不逊于自己的黑人合作过的人当中则有55%表现出友好态度。麦肯齐的另一项发现同样令人吃惊的差异：认识从事专业岗位（医生、律师、教师）的黑人的雇员比从未遇见过拥有较高职业地位的黑人的雇员对黑人的偏见更少。

近年来，为了打破工商业领域的歧视，政府成立了公平就业实践委员会来完成这项任务。这个在罗斯福总统的行政命令下设立的联邦机构是仅在战时实施的临时手段。第二次世界大战结束后，有关立法重建联邦公平就业委员会的决议在国会中一直是一项引发争议的民权手段。与此同时，一些州政府和部分城市已经在当地立法设立了公平就业委员会。

制定公平就业相关法律不能自动消除歧视。相反，政府需要对雇主进行大量的"心理动员"，说服他们相信自己的生意不会受到影响，更加宽松的就业政策不会瓦解他们的组织。我们从中得到的一个教训是，要让少数群体劳动力不仅从事低端工作，也可以从事更高层次的工作。这样的政策可以预防出现这种情况：工人和职员被迫接受与少数群体一起工作，而管理层却无须容忍这种处境。两名经验丰富的仲裁人写道："聪明的人事经理在实施反歧视项目时一定会首先在自己的部门或高级管理层雇用一位黑人。"(17)

我们已经看到过迫在眉睫的居住接触威胁通常比实际接触所引发的抗议更严重。同样的原则也适用于职业接触。管理层雇用少数群体（尤其是黑人）工人的提议有时会遭遇口头反对、罢工威胁和其他形式的抵抗。如果采取民主投票的方式表决是否雇用黑人担任办公室里的速记员、商店里的售货员、工会或职业组织成员，投票经常得出反对结果。负责人便会认为"不能违背多数表决的结果"。

奇怪的是，假如在不经过讨论的前提下直接引入少数群体成员，那么人们的抱怨通常只会持续短暂的时间。新的政策很快便会作为现实而被接受。只要新来者的个人素质得以彰显，他们很快便会被接受并得到尊重。(18)

对海员的一项研究显示，他们起初十分抗拒与黑人一同出海，也非常反对黑人加入国家海事联盟。在这个特殊案例里，强势的领导层坚决推行反歧视政策，通过教育活动和呼吁团结来确保政策的执行。不久之后，既成事实便得到了人们的接受，白人海员在平等状态下与黑人接触的时间越长，他们对黑人的态度便越友好。(19)

我们不想判断"民主表决"和"既成事实"哪一种方式更有效，但我们需要解释其中所包含的心理机制。我们将在第20章看到，大多数人的偏见态度是摇摆不定的。他们的第一个念头是顺从偏见。为什么要投票支持与黑人、犹太人或其他讨厌的少数群体成员一起工作？这将带来不必要的麻烦。但这样的态度经常会造成轻微的羞耻感，尤其是大部分美国人赞同公平竞争的价值观。正出于这个原因，来自"高层"（公平就业实践委员会、高级管理层、董事会等）的直接而强势的举措在最初的一阵喧哗之后通常都会被接纳。只要既成事实符合人们的良知，通常都会被接受。我们将在第29章进一步探讨这一重要原则。

总而言之，与同等地位的黑人在工作领域的接触往往有助于减少偏见。如果人们了解到黑人可以拥有比自己更高的职业地位，这也有助于放下偏见。为了以最小的代价实现就业平等，管理层应当从高层开始以身作则打破偏见。坚定地执行政策同样可以抵消人们最初的抗议。由于相关研究的欠缺，我们不确定同样的原则是否适用于黑人之外的少数群体，但明确矛盾的证据也不存在，我们可以假设背后的逻辑是相同的。

对共同目标的追求

尽管职业接触的最终效果似乎是有利的，但这类接触与许多其他种类的接触一样受到先天的限制。人们可能会将发生接触的特定条件视为理所应当，因而完全无法概括他们的经历。例如，他们可能在商店里遇见一些黑人售货员并与对方进行了平等的交流，却仍然在整体上对黑人抱有偏见。[20] 简言之，地位平等的接触可能导致抽离的或高度特殊化的态度，并不会影响到个体的认知和习惯。

问题的关键似乎在于，为了有效地改变偏见，人们必须进行深入的接触。这一原则清楚地体现在多民族运动团队里。在这种情况下，目标十分重要；而团队的民族构成则毫不重要。团队成员为了达成目标而合作，合作带来了团结。在工厂、邻里之间、住宅单元、学校也是这样，共同的参与和一致的利益比平等地位的接触更加有效。

美国陆军信息与教育部的研究机构在战时对这一原则进行了生动的描述。[21]

尽管陆军的政策不允许存在白人和黑人士兵混杂的战斗单位，在激烈的战斗中，有时必须用黑人排的士兵对白人排进行补充。这样一来，黑人士兵便与白人士兵朝夕相处。这种安排仍然存在着一定程度的种族隔离，但两个人种的士兵得以在（生死存亡的）共同环境下以平等的地位密切接触。在这种新的安排下，调查机构对大批白人士兵提出了以下两个问题，见表12。

问题1：陆军某些部门的连队包含黑人和白人。如果你的连队也是这样，你会有什么感受？

问题2：总的来说，你认为执行战斗任务的连队既有黑人也有白人是好事还是坏事？

表12　白人士兵对与黑人士兵并肩作战的态度

白人士兵与黑人士兵接触的程度	问题1　"很不情愿"	问题2　"好主意"
只有白人战斗单位	62%	18%
与黑人士兵在同一师的不同团	24%	50%
与黑人士兵在同一团的不同连	20%	66%
与黑人士兵在同一连的不同排	7%	64%

表12显示，在战场上与黑人士兵关系更密切的白人士兵对黑人的态度比没有并肩战斗经历的白人士兵更友好。

研究人员提醒我们，这个结果可能只适用于战争等极端状况，不同种族的人们生死与共，他们的命运都取决于共同的努力是否成功。尽管共同参与集体活动可以减少偏见这一原则在其他领域也得到了证实，这一提醒仍是有道理的。研究人员还提醒我们，这次调查只涉及了黑人"志愿军"，他们主要是由迫切希望通过展示战斗能力来证明自身价值的黑人组成的。我们并不清楚一个更加随机的群体是否同样能赢得白人战友的尊重。

另一位作者这样评价黑人和白人在战场上的团结：

> 如果让一个白人和一个黑人待在同一个弹坑里，他们直到最后一刻都会并肩战斗，分享食物和饮水。如果一个人受伤了，另一个会冒着生命危险救他出去。但这个弹坑必须大到能够同时容下他们二人。[22]

这段话提醒我们，即使在有明显共同利益的情况下，不同群体之间的团结或许也有局限性。这无疑是事实。然而在这种极端情况下，即使同一个民族内部，也存在着团结的局限性。

善意的接触

1943年的严重暴动之后，美国许多州和一些城市建立了对抗偏见的官方机构。这些机构的成员主要由大量社区市民组成，其中包括当地主要少数群体的代表。尽管一些机构开展了有效的工作，另一些则被贴上了"市长无用委员会"这一贬义的标签。成员们往往过于忙碌和缺乏训练，除了谴责偏见之外，他们很难做些什么。

除了官方组织之外，还存在着几百个由市民组织的非官方的民间办事处和委员会。大部分非官方组织不知道应该如何运转，经过短暂的无效工作后它们便解散了。如果一个委员会不知道应该采取哪些行动，人们便会感到失望，团队内部可能会相互指责，情况可能变得比过去更糟。

从心理学上讲，问题在于缺乏具体而明确的目标。这些组织没有找到清晰的焦点。没有人能用抽象的方式改善社区关系。没有具体目标的善意接触无法取得任何成果。少数群体从虚伪的互相赞赏中没有获得任何好处。有一个故事讲述了一位善良的女士计划举办一场跨种族的茶话会。客人到来后，她坚持让她们按照一位白人女士、一位黑人女士的顺序轮流就座。这场茶话会失败了。

然而，我们不应当过于苛责这些民间的努力。来自不同群体的人们愿意聚在一起用实际行动弥补偏见对社区造成的破坏，这本身就是好的开端。我们想说的是，可靠的领导能力同样必不可少。作为第一步，雷切尔·杜波依斯（Rachel Du Bois）所描述的邻里节庆法已经获得了成功的实施。[23] 它涵盖了所有参与者的童年回忆。这个方法邀请所有社区成员（亚美尼亚人、墨西哥人、犹太人、黑人、美国北方白人）比较他们关于秋天、刚出炉的面包、童年趣事、希望与惩罚的回忆。几乎任何一种话题在所有民族群体当中都拥有普遍的（或十分相似的）价值。建立了熟悉的基础后，改善社区关系的议程便可以逐步进行，共同的项目与合作的努力将会增强并落实人们的善意，使其不至于落空。

性格差异

在本章引用的所有研究里，我们都没有发现接触可以减少所有相关个体的偏见。即使接触双方处于平等地位并拥有共同的目标，不是每个人的偏见都会因此而减少。这种现象的原因是有些人的性格可以抵抗接触的影响。马森（P. H. Mussen）的一项研究也揭示了这一点。[24]

马森研究了近 100 名白人男孩的态度，男孩们的年龄为 8~14 岁，他们在黑人儿童与白人儿童混合的夏令营里度过了 28 天。研究人员在男孩们离家前往夏令营之前和夏令营的最后一天用非直接的方式测试了男孩们的偏见程度。例如，研究人员让每个男孩观察 12 张照片，其中 8 张是黑人的照片，4 张是白人的照片。男孩们随即选出愿意一起去看电影的男孩的照片，并结合其他方式来测试他们对白人男孩和有色人种男孩的偏好或排斥。在整个调查过程中，并没有出现关于黑人与白人关系的直接讨论，也没有直接涉及个人感受。

在夏令营结束的那一天，男孩们再次接受这些测试，马森研究了每个男孩的性格——尤其是他在整体上的攻击性，以及他如何看待父母和他的生活环境。

约有四分之一的男孩在夏令营的过程中对黑人的偏见有所缓解，但也有同等数量的男孩的偏见程度反而变得更深。

偏见减少的男孩整体上具有下列特点：

他们很少有攻击性的需求

他们普遍很爱自己的父母

他们不认为自己的家庭环境充满恶意和威胁

他们不担心攻击性的表现会伴随着惩罚

他们在整体上对夏令营经历和同伴们感到满意

另一方面，偏见增加的男孩具有以下特点：

他们拥有更强的攻击欲和支配欲

他们对父母很怨恨

他们感觉自己的家庭环境充满恶意和威胁

他们想要反抗权威，却恐惧反抗带来的惩罚

他们对夏令营经历和同伴有更多的不满

因此，焦虑而愤怒的男孩在与黑人男孩进行平等的接触后依然无法变得更宽容。生活对他们而言仿佛充满了各种威胁，他们的家庭关系很糟糕。他们自身过于失衡，以至于无法从与黑人儿童的平等接触中获益。他们依然需要替罪羊。

结　论

我们可以进行以下总结：作为情境变量的接触并不总能战胜引发偏见的个体变量。每当一个人内心的压力过于沉重和迫切，他便无法从外部情境结构当中获益。

与此同时，对于抱有一般程度偏见的普通人来说，我们可以结合本章的主要发现，做出下述综合预测：

主流群体和少数群体为了共同的目标在平等状态下的接触可以减少偏见（除非是深深扎根于个体性格结构的偏见）。如果这种接触获得体制的支持（法律、习俗或当地环境），并且能使人们认识到彼此共同的利益和共通的人性，便能进一步减少偏见。

参考文献

（1）A. M. Lee and N. D. Humphrey. *Race Riot*. New York: Dryden, 1943, 130.

（2）E. W. Eckard. How many Negroes "Pass"? *American Journal of Sociology*, 1947, 52, 498-500.

（3）下列对不同接触类型的分析选自 R. M. Williams, JR., The Reduction of Intergroup Tensions. *New York: Social Science Research Council Bulletin 57*, 1947, 70; 以及 B. M. Kramer,

Residential Contact as a Determinant of Attitudes toward Negroes (unpublished), Harvard College Library, 1950。

（4）R. M. Williams. Op. cit., 71; H. H. Harlan, Some factors affecting attitude toward Jews, *American Sociological Review*, 1942, 7, 816-833.

（5）T. M. Newcomb. Autistic hostility and social reality. *Human Relations*, 1947, 1, 69-86.

（6）J. S. Gray and A. H. Thompson. The ethnic prejudices of white and Negro college students. *Journal of Abnormal and Social Psychology*, 1953, 48, 311-313.

（7）G. W. Allport and B. M. Kramer. Some roots of prejudice. *Journal of Psychology*, 1946, 22, 20.

（8）W. Van Til. and L. Raths. The influence of social travel on relations among high school students. *Educational Research Bulletin*, 1944, 23, 63-68.

（9）F. T. Smith. An experiment in modifying attitudes toward the Negro. *Teachers College Contributions to Education*, 1943, No. 887.

（10）S. A. Stouffer et al. *The American Soldier*. Princeton: Princeton Univ. Press, 1949, Vol. II, 570.

（11）B. M. Kramer. Op. cit. 图表选自 pp. 61, 63。

（12）M. Deutsch and M. E. Collins. *Interracial Housing: A Psychological Evaluation of a Social Experiment*, Minneapolis: Univ. of Minnesota Press, 1951; Marie Jahoda and Patricia. West, Race relations in public housing, *Journal of Social Issues*, 1951, 7, 132-139; D. M. Wilner, R. P. Walkley, S. W. Cook, Residential proximity and intergroup relations in public housing projects, *Journal of Social Issues*, 1952, 8, 45-69.

（13）M. Deutsch and M. E. Collins. Op. cit., 82.

（14）M. Deutsch and M. E. Collins. Op. cit., 81.

（15）关于黑人职业的研究，详见 G. Myrdal, *The American Dilemma*, New York: Harper, 1944, Vol. 1, Part 4。

（16）Barbara K. Mackenzie. The importance of contact in determining attitudes toward Negroes. *Journal of Abnormal and Social Psychology*, 1948, 43, 417-441.

（17）F. J. Haas and G. J. Fleming. Personnel practices and wartime changes. *The Annuals of the American Academy of Political and Social Science*, 1946, 244, 48-56.

（18）G. Watson. *Action for Unity*. New York: Harper, 1947, 65.

（19）I. N. Brophy. The luxury of anti-Negro prejudice. *Public Opinion Quarterly*, 1946, 9, 456-466.

（20）Cf. G. Saenger and emily Gilbert. Customer reactions to the integration of Negro sales personnel. *International Journal of Opinion and Attitude Research*, 1950, 4, 57-76.

（21）S. A. Stouffer et al. Op. Cit., Vol. I, Chapter 10. 表 11 摘自 p. 594。

(22) H. A. Singer. The veteran and race relations. *Journal of Educational Sociology*, 1948, 21, 397-408.

(23) Rachel D. Dubois. *Neighbors in Action*. New York: Harper, 1950.

(24) P. H. Mussen. Some personality and social factors related to changes in children's attitudes toward Negroes. *Journal of Abnormal and Social Psychology*, 1950, 45, 423-441.

第五部分 习得偏见

▽

第17章　服从

有人将文化定义为对生活中的问题给出现成答案的东西。

迄今为止，我们生活中的问题大都与群体关系有关，所以这些现成答案的基调很可能带有种族优越感。这是非常自然的。每一个种族都倾向加强他们内部的联系，彰显他们黄金时代的光辉传奇，由此宣称（或暗示）其他的种族不如他们。这样的现成答案是为了自尊和族群生存。但这种带有种族优越感的思维方式更像是祖母的家具。有时它受到尊敬和珍视，但大多数情况下人们认为视其为理所当然。有些情况下，它会被进行现代化的改造，但通常情况下只会一代一代地接着使用。它为某个目的服务，让人有家的感觉，所以才是好的。

服从与功能意义

我们现在面临一个重要的问题：服从只是一个表面现象，还是对服从的人来说有其深刻的功能意义？这种服从是浅层次的还是深层次的？

答案就是我们对文化习俗的服从有程度深浅之分。有时我们几乎无意识地或只有一点表面利益就去服从习俗（如靠右行驶），有时我们发现特定的文化模式对我们自己来说很重要（如拥有自己财产的权利），一种通过文化传播的生活方式特别珍贵（宗教派别的归属）。从心理学上讲，可以说人们都会不同程度地服从已有习俗。

接下来的这个研究很清楚地阐释了在遵循带有种族优越感的社会习俗时，两种不同程度的自我参与。这个研究摘自《美国士兵》：[1]

战争期间，许多空军士兵都被问了两个问题：（1）您认为白人士兵和黑人士兵是否应该被分在同一个地勤工作小组？（2）您个人是否反对和黑人士兵在同一地勤小组工作？大约三分之一北方白人士兵和三分之二南方白人士兵回复了反对。考虑到样本中南、北方士兵的比例，可以确定的是显然支持隔离政策的半数士兵对于和黑人一起工作持不反对态度。如果说这种结果代表了全社会的民族优越感，那么我们可以认为大约一半的偏见态度仅仅出于遵守传统的需要，人们只是想保持现状，维护既有的文化模式，见图12。

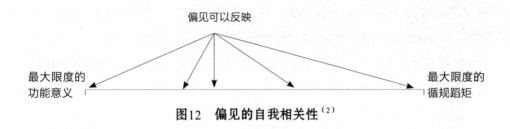

图12　偏见的自我相关性[2]

然而，另一半并非仅仅建立在服从的基础上。更深层次的动机——具有个体功能意义的动机显然也在发挥着作用。一个人"反对"与黑人一起工作。对他而言，现状（status quo）不仅仅是一种抽象的习俗。实际上，循规蹈矩的人会说："为什么我要去做打破现状的那个人呢？"而功能意义上的偏执者则会说："种族隔离的传统对我的生活来说是至关重要的。"

当然，不是每一种偏见都能被清楚地划分为"循规蹈矩"或"功能意义"。正如图12所示，二者在一定程度上可能相互融合。偏见的表现形式是连续统一的。一个特定的偏见案例可以列入"循规蹈矩"和"功能意义"这两个极端之间的任何位置。[3]

社交的入场券

大多数服从主义者更深层的动机是为了避免这样一种情形：与带有偏见的人产生冲突。为什么要不礼貌？为什么要挑战社区原本的规则？只有顽固的理想主义者才会让自己变得讨人厌。人云亦云好过惹人厌。

一位热衷于息事宁人（和利润）的雇主拒绝雇用黑人销售人员，他说：

"毕竟存在一定风险。为什么我要第一个这样做？我的顾客会怎么说？"

显然，许多入伍的空军士兵在拥护种族隔离方面也没有比这更深的动机。

大多数随大流产生的偏见仅是为了表现得"礼貌和无害"。在一群非犹太人晚上的谈话过程中，经常会听到他们因某种当前的罪行而指责犹太人，这种情况并不少见。每个人都点头，然后继续下一个话题。也可以在一群共和党人诋毁民主党政府时发现相同的对话内容，反之亦然。在许多城市，挖苦爱尔兰政客是对话进行不下去时最好的谈资。但这种嘲讽也就像把话题转到天气上一样毫无意义。

这种冗余的对话可以被称作客套话——这些语句仅仅是为了避免沉默时的尴尬，以显示人们在社交上的默契。

但是有时这种行为反而会引发更多的问题。

一个身无分文的女孩进入一所私立学校上学，这所学校的学生大多数都是来自富裕家庭的女孩。为了被其他"有身份"的学生接受，她发现自己在模仿她们对学校里一两个犹太女孩的偏见对话。在这种情况下，对个人安全感的更大需要成为服从的基础。

没有人，尤其是青少年，希望被排除在主流群体之外。哪怕是一个语气，也可能让他归入主流。一个大学生讲述了他在预科学校第一天的故事。

一个年长的男孩说起一个同学："你不知道哈里是个犹太人吗？"我以前从来没有见过一个犹太男孩，我个人并不在意哈里是不是一个犹太人，他看起来是个讨人喜欢的家伙。但大男孩的语气足以让我相信，我最好还是不要和哈里成为朋友。此后，我就避开了哈里。虽然我不明白为什么要讨厌犹太人，但我还是逐渐接受了这种偏见。似乎很奇怪，对哈里的敌意竟然在我心中滋生。但它确实如此。但就我个人而言，我与他或与我所遇到的任何其他犹太人都没有不愉快的经历。

这个案例特别有意思，因为作者继续表明了，这种偏见对学校里的任何一个男生来说，似乎都没有什么个人因素（功能意义非常渺小）。

这个故事里的男孩在经济上都有保障。他们都在17岁以下，对社会声望没有什么顾虑。他们的成绩和哈里一样好，没有明显的挫折感让他们寻找替罪羊。这些男孩有的只是一种固定的、非理性的偏见，他们既无法解释，也无法抛弃。当然，他们从家里带来了这种态度，但为什么呢？这对他们会有什么好处？

为什么一个孩子要接受一种现成的偏见，而这种偏见对他个人没有任何具体的功能意义，这是一个很快引起我们注意的问题。然而，首先，让我们考虑一个具有明显高度功能意义的极端文化服从的案例。

极端服从的神经病症

我们仍然很难相信奥斯维辛集中营的故事。这些故事恐怖至极。从1941年夏天到第二次世界大战结束，有250万男人、女人和儿童在那里被杀害。毒气室和焚化炉每天24小时不间断工作，有时一天被杀的人多达一万名。受害者大多是犹太人，这场蓄意的种族灭绝代表了希特勒所说的犹太人问题的"最终解决方案"。他们的牙齿和戒指上的黄金被熔化并送往帝国银行，妇女头上的头发被留下来用于商业目的。

46岁的德军上校鲁道夫·赫斯是集中营的指挥官，他在纽伦堡审判中做证时承认了这些事实。[4] 他说他在1941年夏天接到了命令，当时希姆莱叫住了他，并解释说："元首已经下令最终解决犹太人的问题，我们必须执行这个任务。考虑到交通和隐蔽性问题，我选择了奥斯维辛来完成这个任务。你们现在要执行这项艰巨的任务。"

当被问及接到如此严峻的命令时的感受时，赫斯否认自己有任何感觉。他向希姆莱回答说"好的"，并服从命令，开始进行无休止的谋杀，只是因为两个上级军官，先是希特勒，然后是希姆莱，告诉他这样做。当被追问到他所谋杀的犹太人是否应该得到这样的命运时，他抱怨说这样的问题没有任何意义。"你不明白吗？我们党卫军的人不应该去想这些事情，我们甚至从来没有想过，此外，这已经是理所当然的事情，"他说，"我们只是从来没有听说过其他的事情……不仅是像《施图尔默报》这样的新闻报纸，而且是我们所听到的一切。甚至我们的军事和意识形态训练也理所当然地认为我们必须保护德国不受犹太人的侵害……只是在这一切崩溃后我才开始意识到也许这是错误的，在我听到每个人都在说什么之后。"

赫斯把对上级军官的服从置于一切之上，高于十条戒律，高于同情心，高于逻辑。"你可以肯定，看到那些堆积如山的尸体，闻到持续燃烧的气味，并不是一种享受。但希姆莱已经下了命令，甚至已经解释了必要性，我真的从来没有多想过这是不是错误的。这似乎只是一种必然。"

赫斯的案例显示了一种病态的服从。所涉及的忠诚和服从压倒了一切理性和人道冲动。对纳粹信仰和对元首命令的狂热，是赫斯性格中强迫性服从的重要因素。然而，我们不能认为赫斯是个疯子，有太多其他党卫军士兵会做同样的事情，而他们却没有什么悔意。我们只能从这个案例中了解到，狂热的意识形态可能会使人产生难以置信的顽强服从。

文化中族群优越的核心

故意将选定的族群中心主义信条作为文化的重要组成部分，是不那么极端但更为普遍的例子。任何接触到这种信条的人都必然会在某种程度上受到它的影响，世界各地的"白人至上"学说就是这样一个关键的主题。

一个多世纪前，托克维尔就讨论过美国南部地区文化的这一特点。他在报告中写道，一种廉价易得的自尊似乎是这个群体的主要特征。

> 在南方，没有贫穷到没有奴隶的家庭。南方各州的公民从婴儿时期起就成为一种家庭权威者；他在生活中获得的第一个观念就是他生来就是为了控制的，他养成的第一个习惯就是他的命令不容违抗。因此，他所受的教育往往使他养成傲慢和急躁的性格，易怒、暴躁、欲望强烈、对挫折不耐烦，但如果他不能在第一次尝试中取得成功，就很容易气馁。[5]

一个多世纪后，莉莉安·史密斯在写这同一主题时，讲述了许多南方家庭对孩子的教育仍然是以"白人至上"为主题的。

我不记得是如何或何时，但我知道上帝就是爱，耶稣是他的儿子，带给我们更丰富的生命，所有人都是有一个共同父亲的兄弟，我也知道我比黑人好，黑人有他们该活动的地方，而且他们必须被限制在其中，性也一样，如果我把黑人当作和我平等的社会一分子，一场可怕的灾难将降临在南方。[6]

儿童教育并不是自我意识的民族中心主义的唯一焦点。下面的事件表明，即使在司法大厅里，这种"白人至上"的团结也是可以维持的。

1947年，在南卡罗来纳州，28名白人男子被指控对一名黑人实施私刑。辩护律师面临的任务是说服陪审团不考虑几个囚犯的供词。事实证明，这是一项不难的任务。尽管在法官严厉的目光下，律师被阻止直接提出种族问题，但他设法呼吁南方的白人团结起来，共同维护白人的优越性。他靠在陪审团席上，轻声说："我知道你们都是南卡罗来纳州的好公民。""我们互相理解，"他哄着说，"如果你放了这些男孩，南卡罗来纳州没有一个人会批评你。不指望你们给他们定罪。"陪审团宣判被告无罪。又有一个黑人因私刑而死却没有人受惩罚。

自觉地维护群体的优越性，绝不是仅限于美国。一位中国学生讲述，父母和老师是如何合作向孩子们传递内群体的优越的。

为什么中国在经历了无数次的国家危机之后仍然能够生存？因为中国人完全相信，我们祖先的伟大哲学拯救了这个民族。中国的文化和文明过去、现在和将来都是东方之光。

服从的基本心理

正如我们在第3章中指出的，世界上没有一个社会不教导孩子属于他们父母的种族和宗教团体。由于这种亲属关系，孩子继承了其父母的偏见，也成为针对其父母的任何偏见的受害者。正是由于这一事实，偏见看起来好像是遗传的，与生物血缘有某种联系。由于孩子与他们的父母在这方面是一致的，我们认为种族态度是从父母那里传给孩子的。这一观念具有普遍性，似乎是涉及某种遗传问题。

实际上，传承的过程是教与学的过程，而不是遗传的过程。正如我们所看到的，更多时候他们并没有意识到他们在这样做。下面的节选展示了这个过程在孩子面前是怎样的。

在我很小的时候，我记得我对任何反对我父母的观点和感受的人都有强烈的敌意。我的父母经常会在晚饭时谈论这些人。我认为是我的父母用自信的语气表达了他们的信念，并谴责了反对者，这影响了我，并让我相信了他们无所不能的智慧。

一个年幼的孩子很可能把他的父母看作无所不能的（因为他们似乎能够做所有孩子摸索着去做但未能做到的事情），所以这就是为什么父母的判断也会是孩子的判断。有时家庭圈子里还包括其他全能全知的亲戚。

在我大约6岁的时候，我的曾祖父住在我们家。他非常反感南方人和爱尔兰天主教徒。在听到他反复谴责这两个群体后，我开始相信他们一定是令人厌恶的。

有时父母的观点既是宽容的，也是不宽容的，孩子会全部接受。

我的父亲是一位牧师。我从他那里学到的一点是，人们从不讨厌一个人，而只是讨厌一个人的某些恶习，如自负。然而，他告诉我，某些恶习，如迷信，在天主教徒身上更有可能出现。

在下面的案例中更容易理解这一点。

我对犹太人的偏见是受到父母的影响而产生的。我父亲做生意时，他曾遇到过某些犹太人，他与这些人的交易是倒霉的，他在这件事上感到非常不愉快，现在也是如此。我还避开了天主教女孩，因为我听到我的父母说，如果每个人都变成天主教徒，世界将变成一个多么可怕的混乱局面。

宽容也可以从家庭和邻里的风俗习惯中学习。

每个孩子都有顺应其群体的需要，以便被群体所接受。在我成长的社区和我们的家庭中，服从并不意味着对其他群体充满敌意。因此，我没有对别人的偏见。

如果我们用达尔文的观点来看这个问题，我们可以说，所有这些服从都有其"生存价值"。年幼的孩子是无助的，他们在基本的价值问题上只能认同自己的父母。他唯一可能的生存模式就是他们父母的模式。如果父母对待别的群体是宽容的，那么孩子也是如此；如果父母对某些群体带有敌意，孩子亦将如此。

我们绝不能说小孩子能够意识到他们自己的模仿性。当然，他不会对自己说："为了生存，我必须遵从我的家庭处世方式。"在心理学上，有一些更微妙的方式来获得家庭处世方式的一致。

这一过程通常被命名为共情。这个词很宽泛，定义不明确，但它有助于表达自己与他人情感融合的感觉。共情的一种形式是无异于爱和亲情的。一个爱父母的孩子很容易丢掉自己的人格，而根据父母的态度"重新人格化"。父母的感情迹象被捕捉到并反映在孩子身上，孩子对来自他们所有的细节都很关注。无论是在游戏中还是在正式的场合，父母的模式都被表现出来。小儿子很爱黏着自己的父亲，从早到晚模仿他。不仅外部行为是模仿的表现，所表达的思想也是如此，包括敌意和拒绝。

几乎不可能描述相关过程的微妙性。通过共情来学习似乎基本上涉及一种肌肉劳损或姿势模仿。假设孩子对父母的行为细节过于敏感，当他的父母在谈论隔壁新搬来的意大利家庭时，他会感觉到一种紧张或僵硬。在感知这些父母的行为中，孩子自己也变得紧张和僵硬。（他的感知倾向于采取运动形式——把他所感知的东西表现出来。）父母说的话成了导致孩子神经紧张的原因。在这种相关的经验之后，他可能会倾向于，只要他听到（或想到）意大利人，就会有一种紧张感（一种初步的焦虑）。这个过程是非常微妙的。

可能导致认同产生的不仅是对父母的感情。即使在一个权力凌驾于爱之上的家庭中，孩子除了父母之外，没有其他力量或成功的榜样。通过模仿父母的行为和态度，他往往可以从父母那里获得认可和奖励。即使奖励不到位，他也可以通过模仿他们的行为获得其他心理保证。趾高气扬、责骂、憎恨，就像他的父亲一样，使青少年感到自己长大了。

最容易发生认同的领域之一是社会价值观和态度。孩子在出生时没有自己的价值观。那些他无法理解的话题让他只能去吸收别人的看法。有时，一个第一次面对某个社会问题的孩子会问他的父母，他对此应该持有什么态度。他可能会说："爸爸，我们是什么人？我们是犹太人还是外邦人（goyim），是新教徒还是天主教徒，是共和党人还是民主党人？"当被告知"我们"是什么时，孩子就完全接受了。从那时起，他就会接受自己的成员身份和与之相适应的现成的态度。

冲突与反抗

尽管与家庭成员保持一致性无疑是偏见的最重要根源，但我们不能就认为孩子长大后会成为他父母态度的镜像反映，也不是说父母的态度总是与他们社区中流行的偏见一致的。

父母传递给后代的是他们个人对传统文化的态度。他们可能对社区中流行的刻板印象持怀疑态度，并将他们的怀疑态度传递给孩子。他们可能有一些自己特别的偏见，而这些偏见在他们的文化群体中并不存在。除非孩子在家庭之外学到了其社区的标准态度，否则他的偏见取向将和父母的没什么差别。

而孩子自己有时也是有选择的。虽然他缺乏经验和力量来反驳父母在他幼年时的价值态度，但他有时会对他们产生怀疑。在曾祖父的影响下，6岁的孩子对南方和爱尔兰产生了偏见，这个案例甚至在那个时候就因冲突变得复杂。

> 有一天，我和我的叔叔在一起玩，我傻乎乎地说："好吧，不管怎样，我们不会让你和你的那个爱尔兰佬住在我们这条街上的。"后来，当听说我和蔼可亲

的叔叔是爱尔兰人时，我感到非常后悔。我当时就认定，我的曾祖父一定是搞错了。如果像比尔叔叔这么好的人是爱尔兰人，那爱尔兰一定是一个非常好的民族。

类似的心理冲突发生在一个6岁小女孩身上。

> 我母亲告诉我不要和隔壁街的女孩玩，她们的社会阶层较低。她说她希望我长大后能成为一个"淑女"。我记得我明显感到十分内疚，因为到那时为止，我还没有一个淑女的样子。然而我很喜欢我的玩伴，并为躲避她们而感到内疚。

我们从这些案例中可以得知，即使是小孩子也可能对父母偏见的理由持怀疑态度。即使在服从的时候，他们也可能有疑虑。后来他们可能会完全拒绝父母的模式。有时拒绝的形式是在青春期的叛逆。

> 在我15岁的时候，我叛逆了，不仅反对我的父母，而且反对我们镇上的整个生活模式，这些模式使我在童年时经历了那么多痛苦。如果大家约定俗成的是憎恨黑人，那我就会和他们交朋友。我把看门人的儿子带到我们家来打牌和听收音机，这让我的父母感到震惊。

摆脱因父母而产生的"二手"偏见的过程往往是在大学时代首先发生的。

> 我的父母对罗马天主教徒有很多偏见。他们告诉我，教会背信弃义，有太多的政治权力，保留枪支，在修道院实施不道德的行为。在大学期间，我重新思考了我的宗教立场。我认识了罗马天主教的神职人员，了解了他们的立场。与这个团体的密切接触让我明白，我以前的担心是没有根据的。现在我嘲笑我父母的刻板印象。

另一位大学生写道：

> 在内心深处我反叛了。我终于挣脱了我的枷锁——从我父亲那里获得的阶级偏见的观念。有一段时间我走向了另一个极端，强制自己与各种种族、信仰、宗教和阶级的人交往。

我们不知道有多大比例的孩子在成长过程中没有改变最初从父母那里获得的二手民族中心主义。可能相对于每一个扭转其价值态度的叛逆者，都有几个服从者，他们只是稍微修改了父母的教导，以符合他们自己在以后生活中的功能需要。可以肯定的是，尽管有叛逆者，族群中心主义仍在一代又一代地延续。虽然它可能会被稍加修改，但它大多数情况下并不会被抛弃。

由于家庭是偏见的主要和最早的来源，我们不应该对学校的跨文化教育计划期望过高。首先，学校几乎不敢与父母对孩子的教导相违背。如果他们这样做，就会惹来麻烦。而且并不是所有的教师本身都没有偏见的。教会或国家也不能轻易地消除早期来自家庭的深远影响，尽管它们的官方信条是平等。

当然，家庭的首要地位并不意味着学校、教会和国家应该停止实践或教导民主生活的原则。以它们的影响至少可以为孩子建立一个次要的模式去遵从。如果他们成功地让孩子质疑他的价值体系，那么解决冲突的机会就会比从未发生过这种质疑的情况更多。来自学校、教会和国家的一些影响是可以期待的，它们累积的影响可能影响下一代父母。在这方面，我们觉得今天的大学生相比于20年前的学生更不愿意对别的民族群体做出带有刻板印象的判断。为什么会这样？是家庭以外的影响正逐渐作用于学生或父母，还是两者的影响都有？

参考文献

（1）S.A.Stouffer, et al. *The American Soldier:Adjustment During Army Life.Princeton*: Princeton Univ. Press, 1949, Vol. 1, 579.

（2）基于广泛调查的相似结论见 W. Van Til & G. W. Denemark, Intercultural education,

Review of Educational Research, 1950, 20, 274-286. 作者写道："对少数群体的偏见和歧视主要有两个来源：挫折和文化学习。"在我们的论证中，挫折是一项（但并不是唯一一项）重要的因素。文化学习指的就是遵从。

（3）摘自 G. W. Allport, Prejudice: a problem in psychological and social causation, *Journal of Social Issues*, 1950, Supplement Series, No. 4, 16。

（4）这一解释源自 G. M. Gilbert, *Nüremberg Diary*, New York: Farrar, Straus, 1947, 250 and 259 ff。

（5）A. de Tocqueville. *Democracy in America*. New York: George Dearborn, 1838, 374.

（6）Lillian Smith. *Killer of the Dream*. New York: W. W. Norton, 1949, 18.

第18章　儿童

偏见是如何习得的？我们刚开始讨论这个关键问题时已经指出，家庭的影响是首要的，孩子完全有理由采纳父母对其他民族的现成态度。我们也同样呼吁应注意在早期学习过程中认同的核心作用。在本章中，我们将考虑在学前阶段发挥作用的其他因素。从出生起的前6年对所有社会态度的发展都很重要，但把这段时间看作对这些偏见产生的唯一原因是错误的。一个偏执的个性可能在6岁时就已经开始了，但绝不是完全成形的。

如果一开始我们就把习得偏见和发展偏见区分开来，我们的分析将更加清晰。一个习得了偏见的孩子其实只是接受了来自家庭和所在文化环境传给他的态度和刻板印象。上一章中引用的大多数案例都是这样的例子。父母的言语和行动，以及他们的观点和敌意，都被转移到孩子身上。孩子采纳了父母的观点。本章和下一章讨论的一些学习原则将有助于进一步解释这种转移是如何发生的。

但也有一种教育，并不直接向孩子传递思想和态度，而是创造一种氛围，让他把偏见发展为自己的生活方式。在这种情况下，父母可能会，也可能不会表达他们自己的偏见（通常他们会）。然而，最为关键的是，他们对待孩子的方式（管教、爱护、威胁）是这样的：孩子不得不遭受怀疑、恐惧、憎恨，这些迟早会被转移到少数群体身上。

当然，在现实中，这些习得的形式并不是泾渭分明的，如果父母教给孩子某种特定的偏见，也有可能训练孩子形成偏见型人格。尽管如此，我们还是应该记住这种区别，因为习得心理学是一个如此复杂的课题，它需要这种类型的分析作为辅助工具。

儿童训练

我们现在考虑已知的促使偏见发展的儿童训练方式（我们将暂时不考虑对特定群体的具体态度的学习）。

一条证明儿童的偏见与他的教育方式有关的线索来自哈里斯（Harris）、高夫（Gough）和马丁（Martin）的研究。[1] 这些调查员首先评测了240名四年级、五年级和六年级的孩子对少数族群表示偏见的程度。然后他们向这些孩子的母亲发出调查问卷，询问她们对孩子教育中某些做法的看法。以下这些大部分来自母亲的回复。结果是非常有启发性的。有偏见的儿童的母亲，比没有偏见的儿童的母亲更经常认为：

> 服从是孩子能学到的最重要的东西。
>
> 孩子的意愿绝不能和父母的相抵触。
>
> 一个孩子不应该对他的父母保守秘密。
>
> 我更喜欢一个安静的孩子，而不是一个吵闹的孩子。
>
> （在孩子发脾气的情况下）告诉孩子两个人都可以玩这个发火游戏，家长通过自己发火参与其中。

总而言之，研究结果表明，家庭氛围肯定会使孩子产生一定的偏见。具体来说，在一个压制性的、严厉的或批评较多的家庭中，父母的话就是法律，这样的家庭氛围更有可能成为偏见产生的基础。

完全可以假设，在这份调查问卷中表达了自己的教育理念的母亲们在实践中实际执行了她们的想法。如果是这样的话，那么我们就有充分的证据表明，如果孩子是由那些要求孩子服从、压制孩子的冲动、严厉管教的母亲带大的，那么孩子就更有可能产生偏见。

这样的教育方式对孩子有什么影响？首先，这种方式使他保持警惕。他必须仔细留意自己的冲动。当他的冲动违背了父母的规则时，他不仅会受到惩罚，而且会感觉到爱从他身上被收回，因为父母经常这样做，更何况在这种时候。当爱被收回的时候，他是孤独的、没有保护的、凄凉的。因此，他开始警觉地观察父母的态度。父母拥有权力，父母是给予还是保留他们的爱，这取决于孩子是否满足他们的条件。他们的权力和意志是孩子生活中的决定性因素。

其结果是什么？首先，孩子们懂得了是权力和权威主宰着人与人之间的关系，而不是信任和宽容。这样就为社会等级观念的产生提供了条件，平等并没有真正占上风。这种影响甚至更深，孩子不信任自己的冲动：他不能发脾气，不能不听话。他必须与自己身上的这种"邪恶"作斗争。通过一个简单的投射行为（第24章），孩子开始害怕他人的邪恶冲动。他人有黑暗的计划，他人的冲动威胁着孩子，他人是不值得信任的。

如果说这种教育方式为偏见提供了基础，那么相反的方式似乎更倾向于宽容。无论做什么都有安全感和被爱的孩子，父母不以权力来压制他（这类压制通常是通过羞辱而不是打屁股来惩罚他），他们会发展出平等和信任的基本观念。如果不要求他压制自己的冲动，他就不太可能把冲动投射到别人身上，也不太可能发展出怀疑、恐惧和人际关系的等级观念。[2]

虽然没有一个孩子总是按照一种且仅有一种的纪律或爱的模式来被对待，但我们可以大胆地按照以下类型对普遍的家庭氛围进行分类：

纵容型

拒绝型：（1）压制和残忍（苛刻、激发恐惧）；（2）跋扈和批评（好高骛远的父母总是唠叨，对孩子的现状不满意）

疏忽大意型

溺爱型

矛盾型（有时放任，有时拒绝，有时过度放任）

尽管我们还不能对这个问题做出武断的判断。但拒绝性的、忽视性的和前后不一致的教育方式很可能会导致偏见的发展。[3]调查人员报告说，他们印象最深的是，在有偏见的人的童年时期，家庭的不正常和破碎发生得是多么频繁。

阿克曼（Ackerman）和贾霍达（Jahoda）对正在接受精神分析的反犹太主义病人进行研究。他们中的大多数人在童年时都有不健康的家庭生活，充斥着争吵、暴力或离婚。父母之间很少有或没有感情和同理心。父母一方或双方拒绝孩子是普遍现象而不是例外。[4]

这些调查人员并没有发现，父母反犹太态度的灌输是一个必要的因素。的确，父母和孩子一样，都是反犹太主义者，但作者对这种联系做了以下解释：

> 在那些父母和子女都是反犹太主义的情况下，假设父母的情感倾向创造了一种心理氛围，促使孩子发展类似的情感倾向，这样比坚持简单的模仿假说更为合理。[5]

换句话说，偏见不是由父母教的，而是由孩子从受感染的气氛中学得的。

另一位调查员开始对偏执狂感兴趣。在一组125名患有固定妄想症的病人中，他发现大多数人都在一个主要是压抑和残酷的环境中长大。近四分之三的病人的父母要么是压抑和残忍的，要么是专横和过度批评的。只有7%的人来自可称为宽容的家庭。[6]因此，成年后的偏执狂的起源可能可以追溯到生活中的一个糟糕的开始。当然，我们不能把偏执狂和偏见等同起来。然而，有偏见的人沉溺于僵化的分类，他的敌意，以及他的非理性，往往很像偏执狂。

如果不对证据过于较真，我们至少可以做一个猜测：那些受到过于严厉的对待、严厉的惩罚或不断被批评的儿童更有可能发展出由群体偏见主导的性格。相反，来自更轻松和安全的家庭，受到更宽容和爱护对待的孩子，更有可能发展出宽容的性格。

对陌生的恐惧

让我们再次回到偏见是否有一个先天的来源这个问题。在第8章中，我们在报告中写到，一旦婴儿能够（也许在6个月大的时候）区分熟悉和不熟悉的人，当陌生人接近时，他们有时会表现出焦虑。特别是当陌生人突然移动或"抓住"孩子的时候，他们就会表现出焦虑。如果陌生人戴着眼镜，或者皮肤颜色是不熟悉的，甚至如果他的表情动作与孩子习惯的不同，他们会表现出特别的恐惧。这种胆怯会持续到学龄前——通常会超过学龄前时期。每个去过有幼儿的家庭做客的人都知道，需要几分钟，也许几个小时，孩子才会对他"热情起来"。通常最初的恐惧会逐渐消失。

我们还在报告中提到了一个实验：婴儿被单独放在一个有玩具的陌生房间里。所有的孩子起初都很惊慌，并在痛苦中哭闹。几次重复之后，他们完全习惯了这个房间，并像在家里一样玩耍。但是最初对恐惧反映出的生物学效用是显而易见的。凡是陌生的东西都是潜在的危险，必须加以防范，直到一个人的经验使他确信没有受伤的危险。

孩子在陌生人面前几乎普遍焦虑，但他们适应得也很快。

在某个家庭中，一个黑人女仆安南来工作。家中3岁和5岁的孩子表现出恐惧，甚至几天不愿意接受她。这个女仆在这个家庭里待了五六年，受到了大家的喜爱。几年后，当孩子们长大成人时，一家人正在讨论安南在家中服务的快乐时光。在过去的10年里，我们没有见到她，但人们对她的记忆是深情的。谈话过程中，有人说她是有色人种。孩子们完全惊呆了。他们坚持说，他们从来不知道这个，或者说，如果他们曾经知道的话，他们已经完全忘记了。

这类情况并不罕见。这使我们怀疑，对陌生事物的本能恐惧对人们的态度是否有影响。

种族意识的黎明

关于"家庭氛围"的理论当然比"本能根基"的理论更有说服力。但这两种理论都没有告诉我们，儿童的种族观念是在什么时候以及如何开始具体化的。尽管孩子有相关的产生情感的能力，而且家庭提供了接受或拒绝、焦虑或安全的持续氛围，但我们仍然需要研究表明孩子最早的群体差异感是如何发展的。这一研究最佳的场所是一个黑人白人儿童都有的幼儿园。

在这种情况下进行的调查显示，儿童最早注意到种族问题的年龄是两岁半。

这个年龄段的一个白人孩子第一次坐在黑人孩子身边，说："脸很脏。"这是一句不带感情色彩的话，只是因为这是他生平第一次看到一张完全黑皮肤的脸。

纯粹从感官上观察，有些孩子皮肤是白色的，有些孩子是有色的，在许多情况下，这似乎是种族意识的第一个迹象。除非在观察过程中出现了对陌生事物的恐惧，否则我们可以说，种族差异首先引起的是一种好奇心和兴趣，仅此而已。儿童的世界充满了迷人的区别。面部颜色只是其中之一。然而，我们注意到，即使是对种族差异的这种初步感知，也可能引起对"干净"和"肮脏"的联想。

到了三岁半或4岁，这种情况就更加显著了。脏东西的感觉仍然困扰着孩子们。他们在家里已经被彻底擦洗过，以消除污垢。那么，为什么其他孩子仍有如此脏的感觉呢？一个有色人种男孩对自己的归属身份感到困惑，他对母亲说："把我的脸洗干净。有些孩子不善于清洗，尤其是有色人种的孩子。"

一位一年级教师说，大约每10个白人孩子中就有一个拒绝在游戏中与一个黑人孩子拉手。其原因显然不是任何根深蒂固的"偏见"。拒绝拉手的白人孩子只是抱怨汤姆的手和脸很脏。

古德曼博士的幼儿园研究显示了一个特别有说服力的结果。总的来说，黑人儿童比白人儿童更早具有"种族意识"。[7]他们往往对这个问题感到困惑、不安，有时甚至感到兴奋。他们中很少有人似乎意识到自己是黑人。（甚至在7岁的时候，一个黑人小女孩还对一个白人玩伴说："我讨厌有色人种，你呢？"）

这种兴趣和干扰有多种形式。黑人儿童会问更多关于种族差异的问题，他们可能会抚摸白人儿童的金发，他们往往会拒绝黑人娃娃。当给他们一个白人和黑人娃娃玩时，他们几乎一致地喜欢白人娃娃。许多人打黑人娃娃，说它脏或丑。一般来说，他们比白人儿童更排斥黑人娃娃。在测试种族意识时，他们往往表现得很自觉。一个名为鲍比的黑人男孩在看到两个除了颜色以外都差不多的婴儿娃娃时，被问道："哪一个最像你小时候的样子？"

鲍比的眼睛从棕色移到白色，他犹豫不决，扭动身体，侧身瞥了我们一眼，然后指向白色的娃娃。鲍比与种族有关的感知，虽然微弱而零星，但有一些个人的意义，一些自我的参考。

特别有趣的是古德曼博士的观察，黑人儿童在幼儿园时期往往与白人儿童完全一样活跃。他们总体上更善于交际——特别是那些被评为"种族意识"高的人。更大比例的黑人儿童被认为是群体中的"领导者"。

虽然我们不能确定这一发现的意义，但它很可能来自这样一个事实，即黑人儿童因种族意识的萌芽而受到更大的刺激。他们可能会被他们不完全理解的挑战所刺激，并想尽可能地通过活动和社交寻求保证以消除那些尚不清楚的威胁。这种威胁不是来自幼儿园，在那里他们有足够的安全感，而是来自他们与外面世界的第一次接触，以及在家里的讨论，在那里，他们的黑人父母不能不谈论这个问题。

幼儿园时期的这种全方位活跃的有趣之处在于它与许多成年黑人的举止形成了鲜明的对比，这些黑人以其沉着、被动、冷漠、懒惰——或者任何可称为退缩的反应而闻名。在第9章中，我们注意到黑人的冲突有时会导致一种安静主义，一种被动性。许多人认为这种"懒惰"是黑人的生理特征，但在幼儿园里我们发现了完全相反的证据。被动，如果它作为黑人的一个属性存在的话，显然是一种学习之后经过调整的模式。4岁儿童为获得安全感和被接受断然伸出的手，通常是注定要失败的。经过一段时间的挣扎和痛苦，这种被动的方式就可能会出现。

为什么即使在4岁儿童的种族意识萌芽期，也会有一种由于黑皮肤而产生的模糊的自卑感？其中一个重要的原因在于黑色和污垢之间的相似性。古德曼博士研究的三分之一的孩子（包括黑人和白人）谈到了这件事。其他许多人无疑也想到了这一点，却没有碰巧向调查人员提及此事。另一个原因可能在于那些微妙的学习形式——尚未被完全理解——价值判断被传达给了孩子。一些白人孩子的父母可能通过言语或行为，向他们的孩子传达了他们对黑人的排斥的模糊意识。如果是这样的话，这种排斥在4岁的孩子身上还只是萌芽状态，因为在这个年龄段，调查人员几乎没有发现他们愿意被贴上"偏见"的标签。一些黑人父母也可能向他们的孩子传达了黑皮肤人所处的不利情况，甚至在孩子们知道自己的皮肤是黑色的时候。

在我们的文化中，联想所导致的最初损害似乎是不可避免的。黑皮肤意味着污垢——即使对一个4岁的孩子来说也是。对一些人来说，它可能意味着粪便。在我们的文化中，棕色不符合审美的标准（尽管巧克力很受欢迎）。但这种最初的劣势绝不是不可克服的。颜色领域的分辨并不难学：红玫瑰不会因为它是血一样的颜色而被拒绝，黄色郁金香也不会因为它是尿一样的颜色而被拒绝。

总结一下：4岁的孩子通常对种族群体的差异感兴趣、好奇和欣赏。一种轻微的白人优越感似乎正在增长，这主要是因为白人与干净的联系——保持干净是人们在生活中很早就形成的一种价值观。但相反的联想有时也很容易建立起来。

一个4岁的男孩从波士顿坐火车到旧金山。他被友好的黑人行李员迷住了。此后整整两年，他一直幻想自己是一名行李员，并痛苦地抱怨自己不是有色人种，因此无法胜任这个职位。

语言标签：权利与拒绝的象征

在第11章中，我们讨论了语言在为我们的心理类别和情绪反应建立防护方面的极其重要的作用。这个因素非常关键，我们再次回到这个问题上，因为它关系到童年的学习。

在古德曼的研究中，结果发现有一半的幼儿园儿童知道"黑鬼"这个词。他们中很少有人理解这个外号在文化上意味着什么。但他们知道，这个词是强有力的。它是被禁止的、禁忌的，并且总是能从老师那里得到某种强烈的反应。因此，它是一个"权力词"。在发脾气的时候，孩子们经常会叫他的老师（无论是白人还是有色人种）为"黑鬼"或"肮脏的黑鬼"。这个词表达了一种情绪，仅此而已。它也不总是表达愤怒，有时只是兴奋。孩子们疯狂地跑来跑去，在玩耍中尖叫，为了加强他们的狂欢，可能会大喊"黑鬼，黑鬼，黑鬼"。作为一个强烈的词，它似乎适合于表达正在进行的能量消耗。

一位观察员举出了一个有趣的例子，即战时游戏中的攻击性言语：

最近，在一个等候室里，我看着3个坐在桌子旁看杂志的小孩子。突然间，较小的男孩说："这里有一个士兵和一架飞机。他是个日本人。"那个女孩说："不，他是个美国人。"那个小家伙说："抓住他，士兵。抓住那个日本人。"大男孩补充说："还有希特勒。""还有墨索里尼。"女孩说。"还有犹太人。"大男孩说。然后这个小家伙开始反复呼喊，其他人也加入其中。"日本人、希特勒、墨索里尼、犹太人！""日本人、希特勒、墨索里尼和犹太人！"[8]可以肯定的是，这些孩子对他们好战的呼喊并不太理解。他们的敌人的名字有表达上的意义，但没有其他外延的意义。

一个小男孩同意他母亲的看法，他母亲警告他不要和黑鬼玩。他说："不，妈妈，我从不和黑鬼玩。我只和白人小孩和黑人小孩一起玩。"这个孩子对"黑鬼"这个词产生了厌恶感，却丝毫不知道这个词是什么意思。换句话说，这种厌恶感是在获得指称之前就已经形成了。

还可以举出其他的例子，在这些例子中，一些词语对孩子来说充满了强烈情绪（异教徒、犹太人、外国佬）。只有到后来，他才会把这个词与一群人联系起来，他可以在这些人身上看到这个词所暗示的情绪意义。

我们称这一过程为"学习中的语言优先"。情绪化的词语在学习指代物之前就已经产生了影响。后来，产生的情感效果附加于指称之上。

在获得对指代物的牢固感觉之前，孩子可能会经历不解和困惑的阶段。这一点尤其正确，因为情绪化的称谓最有可能在一些激动人心或创伤性的经历中被学到。拉斯克举了以下例子。

走过操场，一位安置点的工作人员发现一个意大利小男孩在痛哭。她问他发生了什么事。"我被波兰男孩打了。"这个小家伙重复了好几遍。旁人的询问表明，打人者根本就不是波兰人。她再次转向她问的小朋友，说："你是说，你被一个淘气的大男孩打了？"但他不愿意这样说，继续重复说他是被一个波兰男孩打的。这让这位工作人员感到非常好奇，于是她询问了这个小家伙的家庭。她了解到，小家伙和一个波兰家庭住在同一栋房子里，意大利母亲经常和她的波兰邻居争吵，把"波兰"和"坏"是同义词的概念灌输给她的孩子。[9]

当这个小家伙最终了解到波兰人是谁时，他已经对他们有了强烈的偏见。这是一个典型学习中的语言优先的案例。

孩子有时会坦言他们对情感标签的困惑。他们似乎在摸索着寻找合适的指代对象。特拉格（Trager）和拉德克（Radke）从他们针对幼儿园、一年级和二年级儿童的研究工作中，举了几个例子：[10]

安娜：当我从更衣室出来时，彼得说我是肮脏的犹太人。

老师：你为什么这么说，彼得？

彼得（恳切地）：我不是为了报复而说的。我只是在玩。

约翰尼（他正在帮助路易斯脱下他的紧身裤）：有个人叫我父亲外邦人。

路易斯：什么是外邦人？

约翰尼：我认为这里的每个人都是外邦人。但我不是。我是犹太人。

在被班上的一个黑人男孩称为"白车把式"（对白人的轻蔑称呼）时，老师对她的学生说："我不知道这个词的含义。你知道'白车把式'是什么意思吗？"

老师从孩子们那里得到了一些模糊的答案，其中一个是"你应该在你生气的时候说这个词"。

即使孩子们并不太清楚地知道词的意思，但这些词仍对他们有巨大的影响。对孩子们来说，这是一种魔法，一种语言的现实主义（第11章）。

南方的一个小男孩正在和洗衣妇的孩子玩耍。一切都很正常，直到一个邻居的白人孩子在栅栏那边叫道："小心，你会变的。""变成什么？"第一个白人孩子问道。

"变成黑的。你也会被染上颜色的。"

仅仅是这个断言（毫无疑问，这让孩子想起了"得麻疹"这样的表达方式）就吓坏了他。他立即就抛弃了他的有色人种伙伴，再也不和他玩了。

如果孩子们被骂，他们常常会哭。他们的自尊心会被任何外号所伤害：淘气鬼、肮脏鬼、鲁莽鬼、黑鬼、外国佬、日本人，或者其他。为了逃避童年时期的这种语言现实主义，当他们稍大一点时，他们常常用自我安慰的顺口溜来安慰自己：棍子和石头可以打断我的骨头，但名字永远不能伤害我。但他们需要几年的时间才能知道，名字本身并不是一个东西。正如我们在第11章所写，语言现实主义可能永远不会被完全摆脱。语言范畴的僵化可能在成人的思维中继续存在。

习得偏见的第一个阶段

6岁的珍妮特正在努力将她对母亲的服从与她的日常社交结合起来。有一天，她跑回家问："妈妈，我应该讨厌哪些孩子？"

珍妮特这个令人沉思的问题把我们带入了本章的理论总结。

珍妮特对这种抽象的分界线很迷惑，她试图建立一个正确的分类。她打算在她能找到正确的玩伴时，通过讨厌母亲讨厌的人，以达到服从。

在这种情况下，我们推测珍妮特这种想法的发展过程究竟是怎样的：

（1）她认同母亲，或者至少她强烈渴望得到母亲的喜爱和认可。我们可以想象，家里的气氛不是"放任自流"的，而是有些严厉。珍妮特可能已经发现，她必须保持警惕以取悦她的父母，否则她将遭受拒绝或惩罚。无论如何，她已经养成了服从的习惯。

（2）虽然她目前显然对陌生人没有强烈的恐惧，但她已经学会了谨慎行事。与家庭圈子以外的人相处时的不安全感是她选定社交圈的一个因素。

（3）她无疑已经经历了对种族和民族差异的最初好奇心和兴趣。只要到她能够识别的年纪，她就会知道，人类分为不同的群体，具有重要的差别。在黑人和白人的区别中，可见性因素帮助了她。但后来她发现，更微妙的差异也很重要。犹太人与外邦人有某种程度的不同，南欧人与美国人、医生与推销员也一样。她现在意识到了群体差异，尽管还不清楚所有相关的区别。

（4）她已经遇到了学习中语言优先的阶段。事实上，她现在正处于这个阶段。

她知道×群体（她既不知道它的名字也不知道它的身份）在某种程度上是值得憎恶的。她已经有了情感上的意识，但缺乏指称上的意义。她现在寻求将适当的内容与情感结合起来。她希望界定她的类别，以便使她未来的行为符合她母亲的愿望。一旦她拥有了她所掌握的语言标签，她就会像那个意大利小男孩一样，认为"波兰人"和"坏"是同义词。

到目前为止，珍妮特的发展标志着我们可以称之为民族中心主义学习的第一个阶段。我们将其命名为前概括性学习时期。这个术语并不能完全令人满意，但没有一个术语能更好地描述出上面列出的各种因素。这个术语主要提醒人们注意这样一个事实，即儿童还没有像成年人那样进行概括性学习。他不太明白什么是犹太人，什么是黑人，或者他自己对他们的态度应该是什么。他甚至不知道自己是谁——在任何意义上。他可能只在玩他的玩具士兵时才认为自己是美国人（这种分类方式在战争时期并不罕见）。从成年人的角度来看，孩子不合逻辑的想法不仅仅体现在种族问题上。当母亲在办公室工作时，一个小女孩可能不会认为她的母亲是她的母亲；而当她的母亲在家里照顾家庭时，她可能不会把她的母亲视为办公室工作人员。[11]

孩子似乎在特定的语境下过着他的精神生活。现存的东西构成了他们唯一的现实。敲门的陌生男人是让他们害怕的，哪怕他仅仅是一个送货员，这并不重要。学校里的黑人男孩很脏，他们这样认为仅是从肤色联想，而不是因为他属于某个种族。

这种独立的经验在具体的过程中似乎为儿童的思想提供了条件。他的预先概括性思维（从成人的角度来看）有时被称为"全球性"，或"同步性"，或"前逻辑性"。[12]

语言标签在心理发展过程中的地位是至关重要的。它们代表着成年人对人类族群的抽象逻辑概括。孩子在完全准备好将其应用于成人的类别之前就学会了这些标签。这些语言标签为他们偏见的产生提供了温床。但这个过程需要时间。只有经过多次摸索，才能进行适当的分类——如本章中描述的珍妮特和其他孩子对待别人的方式。

习得偏见的第二个阶段

一旦珍妮特的母亲给珍妮特一个明确的答复，她很可能会进入第二个偏见期——我们可以称之为完全拒绝期。假设母亲回答说："我告诉过你不要和黑人孩子玩。他们很脏，他们有病，而且他们会伤害你。从现在开始不要让我看到你和他们玩。"如果珍妮特现在已经学会将黑人与其他群体区分开来，甚至与深色皮肤的墨西哥儿童或意大利人区分开来——换句话说，如果她现在心中有成人那一套的区分类别，她无疑会在任何情况下拒绝所有的黑人，并且带有强烈情感地拒绝。

布莱克（Blake）和丹尼斯（Dennis）的研究很好地说明了这一点。[13]调查者研究了四、五年级的南方白人儿童（10岁和11岁）。他们提出了这样的问题："黑人和白人哪个更有音乐感？""哪个更干净？"以及许多类似的问题。这些孩子在10岁时已经学会了完全拒绝黑人。没有任何有利的品质被赋予黑人，更多的是给白人。实际上，他们认为白人拥有所有的美德，而黑人则一个都没有。

虽然这种全面的拒绝肯定更早就开始了（在许多孩子身上，七八岁时就会发现），但似乎在青春期早期达到了高峰。一年级和二年级的孩子经常选择与不同种族或民族成员的孩子一起玩，或坐在他们身边。这种友好关系通常在五年级时消失。那时，孩子们几乎只选择和自己所属的群体成员在一起。黑人选择黑人，意大利人选择意大利人，以此类推。[14]

随着儿童年龄的增长，这种完全拒绝和过度概括的倾向会在他们身上消失。布莱克和丹尼斯发现，在12岁时，白人少年对黑人有几种有利的刻板印象。他们认为黑人更有音乐感，更随和，舞技更好。

因此，在完全拒绝期之后，进入了一个分化的阶段。偏见越来越少。他们的态度中增加了逃避，以使其更合理，更容易被个人接受。人们说，"我的一些最好的朋友是犹太人"；或者说，"我对黑人没有偏见，我爱我的黑人保姆"。早就习得了成人拒绝类别的孩子无法做出这样友好的改变。他们花了6到8年的时间来学习完全的拒绝，再花6年左右的时间来改变它。在他们的文化中，成人的观念确实很复杂。它允许（并在许多方面鼓励）民族中心主义的存在。同时，他们又必须对民主和平等给予口头上的支持，或者至少赋予少数群体一些好的品质，并以某种方式将自己的民族主义合理化。孩子要到青春期才能学会可以用于表达偏见的特殊双关语。

在8岁左右，儿童经常以带有极大偏见的方式说话。他们已经学会了成人对族群的分类和全面的拒绝，但这种拒绝主要是口头上的。虽然他们可能会辱骂犹太人、南欧人和天主教徒，但他们的行为仍然是相对民主的。他们可以和犹太人、南欧人和天主教徒一起玩，甚至在说他们坏话的时候。"彻底拒绝"主要是口头上的。

当学校的教学生效时，孩子们学会了一种新的语言规范：他必须以平等的方式说话。他必须宣称所有种族和信仰平等。因此，到了12岁，我们可能会发现他们语言上的接受和行为上的拒绝。到了这个年龄，偏见终于影响了行为，即使在口头上的民主规范开始生效的时候。

那么，矛盾的是，年幼的孩子可能说话不民主，但行为却很民主，而青春期的孩子可能说话（至少在学校）很民主，但行为上却有了真正的偏见。到了15岁，在模仿成人的模式方面表现出相当出色的技巧。什么时候能说带有偏见的言论，什么时候该发表民主性的言论，以及如何合理化自己的言论都被很好地掌握了，甚至行为也因环境而异。一个人可能对厨房里的黑人很友好，却对在正门出现的黑人充满敌意。两面派行为，就像两面派言语一样，是很难学会的。

参考文献

（1）D. B. Harris, H. G. Gough, & W. E. Martin. Children's ethnic attitudes: II, Relationship to parental beliefs concerning child training. *Child Development*, 1950, 21, 169-181.

（2）关于这两种截然相反的儿童训练风格，更全面的描述请参见D. P. Ausubel, *Ego Development and the Personality Disorders*, New York: Grune & Stratton, 1952。

（3）加州大学的研究给出了大量相关证据，参见 T. W. Adorno, Else Frenkel-Brunswik, D. J. Levinson,& R. N. Sanford, *The Authoritarian Personality*, New York: Harper, 1950; Else Frenkel-Brunswick, Patterns of social and cognitive outlook 311 in children and parents, *American Journal of Orthopsychiatry*, 1951, 21, 543-558。

（4）N. W. Ackerman & Marie Jahoda. *Anti-Semitism and Emotional Disorder*. New York: Harper, 1950, 45.

（5）Ibid., 85.

（6）H. Bonner. Sociological aspects of paranoia. *American Journal of Sociology*, 1950, 56, 255-262.

（7）Mary E. Goodman. *Race Awareness in Young Children*. Cambridge: Addison-Wesley, 1952; 其他研究证实，黑人儿童会比白人儿童更早地意识到种族问题，例如 Ruth Horowitz, Racial aspects of self-identification in nursery school children, *Journal of Psychology*, 1939, 7, 91-99。

（8）Mildred M. Eakin. *Getting Acquaintea with Jewish Neighbors*. New York: Macmillan, 1944.

（9）B. Lasker. *Race Attitudes in Children*. New York: Henry Holt, 1929, 98.

（10）Helen G. Trager & Marian Radke. Early childhood airs its views. *Educational Leadership*, 1947, 5, 16-23.

（11）E. L. Hartley, M. Resenbaum, & S. Schwartz. Children's perceptions of ethnic group membership. *Journal of Psychology*, 1948, 26, 387-398.

（12）参照 H. Werner, *Comparative Psychology of Mental Development*, Chicago: Follett, 1948; J. Piaget, *The Child's Conception of the World*, New York: Harcourt, Brace, 1929, 236; G. Murphy, *Personality*, New York: Harper, 1947, 336。

（13）*Journal of Abnormal and Social Psychology*, 1943, 38, 525-531. R. Blake & W. Dennis. The development of stereotypes concerning the Negro.

（14）J. H. Criswell. A sociometric study of race cleavage in the classroom. *Archives of Psychology*, 1939, No. 235.

第19章　后续习得

社会学习是一个极其复杂的过程。到目前为止，我们只讲述了其中的部分内容。在生命早期活动的基本因素中，我们已经注意到核心的认同过程，它帮助儿童建立自己的成员意识，并使他对父母的民族态度敏感。我们强调了儿童训练的氛围，特别是在惩罚和爱护方面。我们已经处理了标志着儿童对民族差异最初认识的混乱，以及他们为形成成人的类别而进行的努力。语言标签在类别的形成中起着重要的作用，甚至在观念系统本身形成之前就决定了情感态度。我们已经提出，在偏见态度的形成过程中，可以区分出三个大致的时间阶段：前概括期、完全拒绝期、区分。直到青春期，他们才能够以文化上认可的方式处理种族类别，只有到那时，他们的偏见才可以说是真正定形了。

这种说法所缺少的是对学习过程一开始就持续发生的整合和组织活动的充分描述。最重要的是，人类的头脑是一个组织。一个孩子的民族态度逐渐在他的人格中形成连贯的部分，并与他的人格结构融为一体。

虽然整合和组织是持续性的，但似乎这些活动在青春期尤为重要。原因是，直到这个时候，孩子的偏见大多是二手的。他已经学会了鹦鹉学舌般地表达他父母的观点，或者反映他自身文化的民族中心主义。渐渐地，随着青少年时期的到来，他发现他的偏见，就像他的宗教或政治观点一样，必须成为他人格的第一手配置。为了成为一个拥有地位和特权的成年人，他将自己的社会态度塑造成成熟的形式——适合于他自己的自我。

本章将论述偏见态度的整合和组织，主要是在青春期的前段和后段。

条　件

最简单的整合和组织的例子发生在创伤或震惊的情况下。一位年轻妇女写道：

> "多年来，我一直很害怕黑人。原因是在我很小的时候，一个挖煤的男人（满身煤灰）突然从房子的拐角处走过来，猛地吓了我一跳。我很快就把他黑色的脸与整个有色人种联系起来。"

在这里，简单条件反射的机制在起作用：

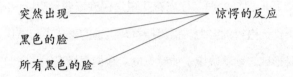

一个陌生男人的突然出现是引起剧烈惊吓和恐惧的"生物学上"的充分原因。这张黑色的脸是可怕的刺激的一个组成部分。此后的任何黑色的脸都是重新激活恐惧反应的因素。

这种类型的简单条件反射习得不一定要有情感色彩。但不带情感色彩的刺激可能需要大量的重复，以便"设置"这种联想上的联系。但在创伤性条件反射的情况下，情绪反应是如此激烈，以至"生物上充分的"刺激和"条件反射"之间只需要建立一条连续不断的联结。下面的案例说明了同样的原则：

> 当我还是个小女孩时，一个菲律宾男仆试图强暴我。我对强暴的反应很激烈。现在，当我在一个东方人面前时，我仍然会颤抖。

虽然这种情况可能发生在幼年时期，但很多都是年纪稍大后发生的，而且它们可能涉及种族群体以外的经验。

在我 13 岁的时候，由于我父亲公司的劳工问题，我的家人被迫离开我们的小镇，卖掉了我们心爱的房子。我从未原谅过劳工。

在所有这些案例中，我们注意到创伤性经历之后的过度概括（完全拒绝）的因素。人们的偏见不是针对某个具体的人（男仆、煤工或特定的工人），而是针对整个类别。

有时，创伤根本不是基于个人经历（尽管通常是这样）。在有些情况下，一幅异常动人的画面，或一个可怕的故事，或一个生动的讲述，可以使一种态度具体化，可能会持续多年。一个女孩写道：

我对土耳其人的偏见可以追溯到一个玩伴的生动描述，他告诉我，土耳其男人都留着大胡子，以掩盖他们的刀疤，而且酗酒、凶狠。

创伤性习得是一个生动的一次性条件反射问题。它倾向于立即建立一种态度，而这种态度会过度泛化，对象包括与原始刺激相关的所有东西。许多年前，哲学家斯宾诺莎用以下的话表达了这个原则：

如果一个人会受到任何一个人的快乐或痛苦情绪的影响……并且如果这种快乐或痛苦是以上述陌生人的想法作为原因的……这个人不仅会对个别陌生人感到爱或恨，而且会对此人所属的整个阶级或民族感到爱或恨。[1]

当然，我们不需要回到斯宾诺莎那里去寻找关于民族态度习得中的条件和概括的讨论。最近的实验表明，在心理学实验室的环境中，有可能产生和减少种族敌意。[2]
一个大学生给出了一个有说服力的例子：

我曾经和我的一帮朋友一起追赶黑人小孩，我们称他们为"肮脏的黑鬼"。但在我们的教会组织制作了一个吟唱剧（我第一次看到）之后，我就非常喜欢黑人，而且此后我从未改变过我的想法。

在下面的案例中，我们注意到另一个努力摆脱偏见的例子：

在我大二的时候，一个犹太女孩被分配到我们走廊上的一个房间。一段时间以来，她基本上是个局外人。有一天，我当着她的面向众人讲述了我如何和一个犹太女孩一起去坐火车，然后当我看到一个雅利安人朋友时就离开了她。我对听我讲故事的人说："这可能不是什么好事，但毕竟……"那个犹太女孩悄悄地站起来，离开了房间。我很快意识到，我几乎说了我能说的最坏的话。这是我一生中第一次真正尝试反思我对犹太民族的态度，并在加以理性衡量。

虽然创伤性习得有时可能是建立和组织偏见态度的一个重要因素——偶尔也会破坏偏见——但谨慎是有必要的。

（1）在许多情况下，创伤只是加剧或加速了一个已经在进行的过程。因此，在上述案例中，除非叙述者对自己的反犹太主义有潜在的敏感性和悔意，否则她不会对伤害她犹太舍友的感情感到如此愧疚。这种经历只是加剧了已经存在的愧疚感。

（2）人们倾向于寻找简单的童年创伤经历，以解释自己现在的态度。他们倾向于回忆（或编造）经历来给他们现在的偏见找借口。例如：一项研究发现，反犹太主义者报告的与犹太人相处的不愉快经历的比例远远大于宽容的人，但这个结果似乎非常好地解释了是记忆的选择性或创造性合理化了当前的敌意。[3]

（3）100名大学生被要求就"我与美国少数族群的接触经历和对其态度"这一主题撰写经历。当分析时，发现只有大约10%的人叙述了有足够分量能够导致产生偏见的创伤性事件。

（4）创伤绝不能与连续经历的正常整合相混淆。如果一个人一次又一次与某一群体成员有相处的经历，就不存在创伤的问题，甚至可能不存在偏见的问题，因为一个有根据的概括并不是偏见（第1章）。

选择性感知和封闭

把我们所讨论的原则看作为学习提供框架可能会有所帮助。家庭中盛行的儿童训练方式，认同和模仿的过程，语言优先的现象，及情感标签为以后的分类做准备，条件反射的过程，特别是创伤性的过程，早期形成和后来分化的定型概括，所有这些都是态度形成的条件。仍然缺少的是解释这些条件如何导致偏见的结构，因为它存在于任何特定个人的头脑中。

为了涵盖学习理论的这一步骤，有必要假定儿童生活在不断的压力之下，要从他的大量经历中获得明确的意义，他自己也在努力完成组织这项任务。

以权威的家庭氛围为例。被严厉管教的孩子，从不被允许用自己的想法对抗父母的意志，几乎不可能不将存在视为一种威胁。他被迫认为，生活不是基于宽容的接纳，而是基于权利关系。只有对人际关系持有等级观点才能符合他的经验。因此，他很可能以强弱排序来看待他与所有人的关系。他认为自己比某些人高，比某些人低。他怎么会不按照他知道的唯一模式来安排他的生活呢？

或者假设偏见的生成形式是创伤性的，在这里，个人也会将他的感知和推理与他所接受的方向设定相一致。下面的摘录，虽然是由一个年轻人所写，但我们发现了，甚至在儿童时期就普遍存在选择性和合理化过程。作者是一位在近东工作的美国学校的教师：

> 在我与希腊学生的第一次接触中，发生了几起不愉快的考试作弊事件，在我没有清楚地了解发生了什么的情况下，我对希腊人这个民族的态度也因此产生了偏见。毫无疑问，由于当时希腊人和土耳其人之间的关系有些紧张，我对土耳其人的同情心也随之增加。然而，在我对希腊人形成的新态度和我对古希腊文化的深深敬仰之间存在着冲突。这两者很难调和，但我找到了一条出路。我查阅了所有我能找到的证据，以证明现代希腊人不是古典时期希腊人的直系后裔，因此他们没有权利为古希腊的光荣传统感到自豪。这纯粹是我的一个偏见，因为我没有努力地、批判性地权衡这些证据，也没有去寻找反驳它们的理由。[4]

在这种情况下，以及在类似的情况下，似乎发生的是一些先决条件（家庭氛围、条件、语言标签）给了头脑一个有倾向性的陈述，一个定向集合，一个态度立场。

这套东西反过来又启动了选择性感知和逻辑封闭的过程，这是形成具体的思想体系的需要。（在第2章中，我们指出了一个范畴是如何将所有可能的支持吸引过来的）。我们不得不努力将态度这个骨架添上血肉之躯，并为其穿上衣服。我们要求它是具体的、可行的、有理由的和合理的，或者至少在我们自己看来如此。

通过沉降习得

刚才描述的封闭原则是一个有点唯智主义的原则。它指出，一个尚未完成的心理结构将倾向于完成自己，一是越来越有意义，二是越来越自相一致的。但我们的生活并不完全是在智力层面上的。

这个原则需要扩大。不仅仅是具体的含义要被完善和合理化，同样也包括整个复杂的价值模式和利益体系。以下面的案例报告为例：

> 我11岁时想加入公理教会，因为我所有的朋友都去了那个教会，他们似乎在那里过得很开心。但我没有。为什么呢？我在某种程度上自己也一直没能弄明白。家人告诉我，属于圣公会才会更体面。另外，祖父和曾祖父都是圣公会的成员。

在这个案例里，我们看到这个女孩的家庭为她建立了一个价值参考框架。对她来说，最好的是要保持尊严、地位和对生活的自豪感。在这个方向性的设定中，她逐渐形成了自己的具体态度——支持圣公会，反对公理教会。首先，她开始对自己有了某种看法——一种微妙的优越感。尽管她抱有偏见，但这些偏见只是在维持自我形象的过程中发生的小插曲。她广泛的价值观（她的生活计划）将形成她对外部群体的看法。在这种情况下，可能永远不会有仇恨或不友善的歧视。相反，她只会对那些不那么"有尊严"的群体有最轻微的优越感。

沉降法则可以表述如下：将有一种倾向，即采纳民族态度以符合个人拥有的任何主导价值框架。由于价值观是个人的事情，处于一个人的自我结构的中心，我们也可以把这个规律说成是：有一种倾向是，采纳民族态度以符合个人拥有的任何自我形象。

此法则认为，习得偏见的过程并不完全（也不主要）是外部影响的产物。偏见不仅仅是一个宣传的问题，不仅仅是把现成的态度教给年轻人，也不只是通过电影、漫画书或广播影响他们。它不仅仅是父母的具体教育问题，也不仅仅是通过"封闭"使任何和所有事件合理化的问题。它不是一个盲目模仿或反映文化的问题。所有这些东西，它们的影响是"辅助性的"，符合孩子成长中的生活哲学。如果它们看起来符合他自己的形象，赋予他地位，对他有"功能意义"，那么他就更有可能习得偏见。

让我们最后举一个例子。这刚好是一个没有偏见的案例：

> 作为一个孩子，威廉总是很有同情心。在他与生俱来的气质中可能有一个温柔的核心，使他的人生观从一开始就有了倾斜。他的家庭氛围很有安全感，也很宽松。他的同情之举也受到了赞扬。他特别喜欢照顾生病的人或动物，并把成为善良的家庭医生作为自己的理想。他认为自己是一个治疗者。他对苦难的关注后来转移到因畸形、社会排斥或少数群体身份而致残的人身上。

现在不能认为他所处的环境不存在偏见。即使是给了他充分的安全感和爱的父母，也经常对犹太人和天主教徒说三道四。社区本身也充满了偏见。威廉可能会不由自主地使用这些外号的表层含义。但这些偏见的种子从未在他心里生根发芽。他认为自己是一个治疗者，是人类的朋友，这样的想法在他的头脑中占主导。青春期过后，他对情况进行了客观的评估。他认为自己在这个问题上异常敏感，而且种族偏见与他生活中最核心的价值观相悖。在这次评估之后，他特意重申了自己的价值观，并在职业上致力于改善群体间的关系。

威廉在他自己的价值框架中选择性地感知他的世界。他的具体态度是以附属于这个框架的方式增长的。他人生观一开始倾向弱者的原因并不明了，也许是他所说的天生的气质，也许是轻松的家庭氛围。但一旦开始，发展的主要影响似乎是他对自己的形象的理解。

对地位的需要

目前，威廉这个案例在两个方面值得注意。首先，他建立了自己的价值感，不是以牺牲"下等人"为代价，而是通过同情的方式认同他们。（许多人，也许是大多数人都没有这样做：个人的价值感是靠看不起别人来维持的。）其次，威廉在成长过程中似乎相对没有受到美国文化中竞争价值观的影响。成为"顶级"对他来说意义不大，他拒绝他的家庭和社区的建议，拒绝以牺牲邻居中的犹太人和天主教徒为代价来感受个人地位。

现在让我们来看看更为常见的情况。似乎有各种理由表明，一个孩子，特别是在西方文化中长大的孩子，应该把自己看得比别人好。（霍布斯和其他哲学家坚持认为这是人类本性中绝对普遍的特征。他们会说，威廉真的是个骗子，他只是从他的同情心中获得了自我快感——就像其他人从势利眼中获得同样的快乐一样。）

自然要求每个人都是一个自给自足的生物机体。他必须在他的生命周期中维持他的身体和精神的完整性。因此，在某种意义上，他所做的一切都必须以自我为中心。如果他不为维护自己而生活和工作，他就会灭亡——除非有其他人承担这个重任。在这个过程中，他不能不发展出一个强大的自我。这是他存在的支点。当他的完整感和自我导向受到干扰时，他要有愤怒的能力。同样地，他也有能力进行攻击、怨恨、仇恨、嫉妒和其他形式的自我防御。每当自尊心受到威胁时，这些自我恢复的机制就有可能被调用。

如果他有愤怒和产生敌意的能力，他也对赞美和奉承有相当的易感性。一个人的美德被承认，自爱被证明，这就是体验拥有地位的感觉。这种喜悦具有生存价值，因为它向人表明，至少在目前，他是安全和成功的——不仅在他与物质世界的交往中，而且，更难实现的是，在他与社会的交往中，其他自我也在争着得到承认。因此，人性中的自我主义是存在的一个必要条件，它的社会表现是对地位的需要。

目前，我们将忽略人类本性的另一面，也有一些能力可以取消或大大改变对地位的自我主义需求。生命开始时是母亲和孩子之间充满爱的共生关系。孩子是无限信任母亲的，并且通常与他的环境——事物和人——发展出明显的附属关系。正是因为有了这种情感配置，人类合作的建设性价值才得以实现。正因为如此，偏见（尽管从利己主义方面来说是自然的）不是人格中不可避免的发展。

但就目前而言，大多数人对个人地位有强烈的需求。我们以后会看到（特别是在第27章）这种需求如何被社会化，并在发展真正的宽容个性时被拔掉牙齿。

种姓与阶级

如果文化为我们提供了生活问题的现成答案，我们可以期待它为地位的渴望提供现成的解决方案。它已充分地做到了这一点。

对于那些渴望地位的人，文化提供了"种姓"的制度。如果出于任何原因，这个制度被证明是不够的，那么它也提供了另一个形式，即"阶级"。一个国家总的、难以管理的、由各种种族构成的人口通常被细分为不同的层次，这种分层使地位有了明确的区分。

一位作者将种姓定义为"一个内生的地位群体，它在文化上对成员个人的流动性和互动性以及他作为一个人的性质施加了限制"。[5] 种姓之间的通婚通常是被禁止的。在婆罗门教——印度的种姓制度中就是如此。在美国，在所有的南方州和一些北方州，法律上禁止白人和黑人通婚。

美国的黑人在社会上是一个种姓的例子，而不是种族的例子。由于许多黑人的种族血统是高加索人，而不是非洲人，所以把他们归入黑人种族是没有意义的。他们所遭受的阻碍（即使是那些只有一点"黑人血统"的人）通常是社会强加给低种姓特有的障碍，而不是种族继承所产生的自然障碍。就业中的歧视、住房地区的隔离，以及所有其他污点都是种姓的标志。黑人被期望"对自己的地位有自知之明"这一事实也是种姓的要求—— 一个旨在强制加强所属地位认知的社会习俗。[6] 今天，在南方各州，法律制裁强制执行种姓制度，但非正式的制裁甚至更为有力。

从奴隶制到自由，黑人的生存状况到目前为止只是总体上有限地改变了。正如戈莱特利所描述的那样：

> 一个人生下来是黑人还是白人，是无法改变的既定事实。种姓制度的这些

特征，在美国南方通过在主要交叉群体地区实行种族隔离加强，而在北方，种姓界限没有受到法律的规定，但它却被个人偏见有效地保留下来。[7]

　　这位作家从白人的角度说明了这种制度所产生的重大影响。从本质上讲，它是一种增强自尊的文化手段。从追求地位的角度来看，种姓制度很有意义。

　　问题是，低等种姓的成员有什么文化手段可以用来提高他们的自尊呢？其实他们也可以创造自己的层次。肤色是一个标准，浅色皮肤的人比深色皮肤的人得到的评价更高。还有一些看似无足轻重的区别，如头发直不直、是否拥有洗衣机，或者在白人邻居中认识谁。只要稍加推敲，任何人都可以找到合理的理由，觉得自己比别人优越。观众大多是下层阶级的黑人，舞台上英国贵族的滑稽形象给他们带来了极大的欢乐。观众们认为他"愚蠢"的说话方式很可笑，他们觉得自己比他优越。

　　不能用种姓来形容的地位区别可以被归类为社会阶层。粗略地说，社会阶层是一群在平等条件下相互参与社会活动的人，或者愿意这样做的人。他们往往有类似的举止、说话方式、道德态度、教育水平，以及相当数量的物质财产。与种姓不同，社会阶层并没有被不可逾越的障碍所隔开。在一个流动的社会，如美国，人们经常从一个社会阶层转移到另一个。

　　社会学家告诉我们，有两种社会地位：一种是自己取得的；一种是被赋予的。在第一种类型中，个人可以通过自己的努力（或其父母的努力）在等级制度中获得一定的位置。一方面，被赋予的地位是世袭的。英国统治家族的子孙现在是，而且永远是，贵族阶层的一员。他所做的一切都不能改变这一事实。因此，种姓是一个固定的地位问题。另一方面，至少在美国，阶级在很大程度上是一种获得的地位。

　　很难说美国社会有多少个阶级。诚然，每个人似乎都隐约意识到了上层阶级、中层阶级和下层阶级的存在，而且不费吹灰之力就能在这种分层中找到自己的定位。然而，实际上，这种划分太粗糙了，无法满足个人对地位优越感的需求。他希望自己能够看不起他的社区中某个具体的群体。当然，他可以把所有有色人种——特别是所有黑人——视为低等种姓，从而感到一种绝对的优越感。但他渴望有一个更具歧视性的制度。

种族群体中存在一个相当明确的分层基础。正如我们在第3章中所写，美国人对各种民族群体的相对可接受性的判断是多么统一。德国人、意大利人、亚美尼亚人等，这些人中的每一个人都可以看不起处于鄙视链下游的所有低级群体。分阶层的另一个统一原则在于职业，医生的地位高，机械师和邮递员的地位中等，零工的地位低。

社会阶层的另一个相当统一的指标是居住地，每个社区都有"富人区"和"贫民区"。由于每个人都知道这些地区的大致边界，因此一个人的地址就能立即显示出他的社会地位。居住地的地位标志非常顽固，我们发现几乎每个城市中都有不断努力摆脱这种污名的人们。当一个家庭成功地搬到租金较高的地区时，它原来的位置就会被社会等级制度中较低的家庭所填充。

现在，我们绝不能认为阶级区分，甚至种姓区分，会自动在了解这些区分的个人中产生偏见。当然，从某种意义上说，它们是偏见产生的温床。一个人如果想利用他自己的阶级或种姓的优越感，看不起一个或所有的低等群体，他完全可以这样做。围绕着这个优越感的核心，他可以建立起负面的、过度概括的态度，我们称之为偏见。

但是，一个人也有可能知道社会等级制度，但他自己对其他群体的感情和行为，却不受影响。或者他可能感觉到一种轻微的优越感，但实际上并没有围绕它形成偏见的态度。

对种姓和阶级态度的消解

然而，如果个人有自己的原因，种姓和阶级确实为其产生偏见提供了文化上的温床。就顺应性是习得偏见的一个因素而言（第17章），它能使个人利用文化阶层的优势将偏见合理化。

现在幼儿很早就了解了存在种姓和阶级的事实。在一个实验中，幼儿园和一、二年级的白人和黑人儿童得到了不同类型的娃娃衣服和房子，并被要求把它们分配给代表黑人和白人男女的娃娃。两个种族的绝大多数孩子都给了白人娃娃好的衣服和住房，而给黑人娃娃的衣服和住房则很差。[8]

幼儿似乎在3岁时就对自我意识有了急切感，发展出否定的时期（对几乎所有的要求都说"我不会"和"不"）与这一阶段相吻合。再过两年，社会地位的概念就会与自尊心联系起来。一个5岁的小女孩看到隔壁的黑人家庭搬走时哭了。"现在，"她号啕大哭着说，"没有人会比我们更差了。"

在稍大一点的年龄，儿童倾向于把各种美德归于上层阶级的人，把各种缺陷归于下层阶级的人。例如：一项针对五年级和六年级儿童的实验，要求他们说出他们认为"干净""肮脏""好看""不好看""在一起总是很愉快"等的同学的名字。对于每一种理想的品质，学校中来自较高社会阶层的孩子都得到了很高的评价，来自较低社会阶层的孩子得到的评价则较低。看来，这些孩子并不把他们的同学看作单独的个体，而是看作阶级的代表。对他们来说，来自上层社会的孩子似乎一般是好的，来自下层社会的孩子一般是坏的。由于这些五、六年级学生"没有充分依据就充满敌意"，我们得出结论，他们表现出了阶级偏见。

本研究报告的作者纽加登（Neugarten）正确地指出了来自下层阶级的儿童所承受的严重压力。意识到自己的困境，他们常常对上学失去兴趣，一有机会就退学。在学校里，他和其他同阶级的人一起，他们一起过着与拥有更多特权的儿童完全不同的生活。[9]

这些事实对日后的学习有很大的影响。它们表明，许多年轻人把种姓和阶级的社会区别作为他们生活方式的主要指导，并在这些指导之下形成他们的社会态度，他们已经落入了阶级固化的文化陷阱。

回到"沉降"法则，我们得出结论，对这些孩子来说，社会模式已经成为他们的模式。文化模式为他们规定了博爱的层次可能发展的地方。无视这一指导，只会让人困惑。当然，我们的美国文化也告诉我们，要尊重个性，要为自己选择伙伴，而不是因为他们所属的群体。但这一民主准则是相互矛盾的，而且很难遵守，接受现有的差异反而更容易。[10]

结　论

不能认为只有在文化准则的支配下才会发生沉降式的习得。有许多个人原因导致偏见的产生，以支持自己的生活方式。他所需要的自我形象可能是由他的不安全感、恐惧、内疚决定的，由最初的创伤或家庭模式决定的，由他对挫折的容忍程度决定的，甚至由他天生的气质决定的。在所有这些情况下，特定的种族态度会发展起来，以完善和定型正在发展的人格模式。

然而，我们强调了"对阶层化的沉降"，以加强偏见的社会规范理论的重要性（第3章），同样也强调了服从的重要性（第17章）。我们的目的是承认社会文化规范在形成偏见方面所起的巨大作用，同时在其与人格发展的适当关系中陈述这一事实。

没有一个孩子生来就是有偏见的，他的偏见总是后天形成的。偏见主要是为了满足自己的需求而形成的，然而，他习得偏见的环境始终与他的人格发展的社会结构一致。

参考文献

（1）B. Spinoza. *Ethics. Proposition* XLVI. New York: Scribner, 1930, 249.

（2）Cf. R. Stagner and R. H. Britton, JR. The conditioning technique applied to a public opinion problem, *Journal of Social Psychology*, 1949, 29, 103-111. Also, G. Razran. Conditioning away social bias by the luncheon technique. *Psychological Bulletin*, 1938, 35, 693. For a brief discussion of the subject see G. Murphy, *In the Minds of Men*. New York: Basic Books, 1953, 219 ff.

（3）G. W. Allport & B. M. Kramer. Some roots of prejudice. *Journal of Psychology*, 1946, 22, 9-39.

（4）Margaret M.Wood. *The Stranger: A Study in Social Relationships*. New York: Columbia Univ. Press, 1934, 268.

（5）N. D. Humphrey. American race and caste. *Psychiatry*, 1941, 4, 159.

（6）冈纳·缪尔达尔在结束一项关于美国黑人社会地位的综合研究后得出结论说，没有任何概念能够准确而充分地表达"种姓"这个词的意涵，诸如"种族""阶级""少数群体""少数地位"等都不够充分。参照 Gunar Myrdal, *An American Dilemma*, New York:Harper, 1944, Vol. 1, 667。

（7）C. L. Golightly. Race, values, and guilt. *Social Forces*, 1947, 26, 125-139.

（8）Marian J. Radke & Helen G. Trager. Children's perception of the social roles of Negroes and whites. *Journal of Psychology*, 1950, 29, 3-33.

（9）B. L. Neugarten. Social class and friendship among school children. *American Journal of Sociology*, 1946, 51, 305-313.

（10）有关社会阶级对青少年态度和行为的巨大影响力，参见 A. B. Hollingshead, *Elmtown's Youth*, New York: John Wiley, 1949。

第20章　内在冲突

在日常生活中偏见的实现并不总是顺利的。因为偏见的态度几乎肯定会与我们心中根深蒂固的价值观发生碰撞，而这些价值观往往对人格同样或更重要。学校的影响可能与家庭的影响互相矛盾，宗教的教义可能挑战社会阶层，一个人在生活中融合这些对立的力量是很难实现的。

愧疚与偏见

当然，在许多情况下，偏见明显地占据主导地位。偏执者可能对自己非常有信心，他一刻也不允许自己的偏见被怀疑或者被内疚的情绪所侵蚀。1920年，密西西比州州长比尔博（Bilbo）发给芝加哥市长的电报中就包含了这种毫无顾忌的偏见。该市面临着过剩的黑人移民，他们在第一次世界大战期间来到芝加哥寻找工作。市长询问他们中的一些人是否愿意被遣返回他们的家乡。比尔博州长回答说：

> 你的电报，问密西西比州能接纳多少黑人，已收到。在答复中，我想说的是，我们有地盘来容纳我们所知道的 N-i-g-g-e-r-s（黑鬼），但没有任何空间来容纳"有色人种的女士和先生"。如果这些黑人已被北方的平等社会和政治梦想所污染，我们就不能接纳他们，也不需要他们。在这个国家，了解自己与白人的地位关系的黑人才能被密西西比州的人民欣然接受，因为我们非常需要劳动力。[1]

在本章中，我们暂时不分析比尔博的心态，我们将在第25章和第26章中再去分析它。

更常见的似乎是带有愧疚的偏见，反对的态度与支持的态度交替出现。通常情况下，这种"锯齿"和"之"字形（反感与友善交织）的现象几乎是令人痛苦的，就像下面的案例：

> 除了在学校，我与犹太人没有任何接触，我尽可能地避免他们。当一个基督徒被选为班长时，我公开表示高兴。我的父亲相当强烈地反感他们。我最不喜欢的是他们似乎总是黏在一起。他们是家族式的，当有一个人搬进一个社区时，他们都会搬进去。我并不讨厌犹太人个体，因为我认识的一些最好的人是犹太人。我与一些犹太女孩交往过并喜欢与她们为伴，但有时当我看到他们一群人在争吵什么时，我就会发脾气。我讨厌看到任何群体因其宗教信仰而受到虐待。我谴责的不是他们的信仰，我只是不喜欢他们的行为方式。当然，我知道所有人都是平等的，没有人真的比其他人好。

这样的前后不一致让人读起来莫名其妙，带着这样的想法去生活也一定很尴尬。

在100篇关于"我与美国少数族群接触的经历和对其态度"的大学论文中（以上摘录于此），只有大约10%的学生在表达偏见时没有显露出内疚和冲突的感觉，只有十分之一的人毫无顾忌地坚持他们的偏见。更为典型的是下面这样的陈述：

> 我内心每一个理性的声音都在告诉我黑人和白人一样好，一样体面，一样真诚，一样有男子气概，但我不能不注意到我的理性和偏见之间的割裂。
>
> 我试图只看到犹太人的优点，即使我努力克服我的偏见，但我知道它总是在那里——由于我父母的早期影响。
>
> 虽然偏见是不道德的，但我知道我将永远有偏见。我相信自己对黑人的善意，但我永远不会邀请他们来我家吃饭。是的，我知道我就是个伪君子。
>
> 在智力上，我坚信对意大利人的这种偏见是没有道理的。而且在我现在对意大利朋友的行为中，我努力改正，以消解这种态度。但它对我的影响是如此

之大。

这些偏见使我感到自己心胸狭窄，我无法容忍自己，因此我尽量使自己友善。我对自己有这样的感觉感到非常生气，但不知为何，我似乎无法平息这些情绪。

我越是试图把犹太人作为个体对待，我就似乎越是意识到他们是一个群体。我的强迫性偏见正在与它自己的消除作斗争。

偏见在理智上被打败，却在情感上挥之不去。

在做出以上评论的学生中，有一半的人明确表示，他们已经反思了他们产生偏见的理由，发现它们是不合理的、错误的。三分之一的学生表达了他们希望摆脱他们的种族和阶级偏见的愿望。而且，如前所述，只有十分之一的人坚持并维护他们的态度，没有表现出一丝内疚。

也许这些自传并不典型。作为心理学的学生，作者们对问题的观点相当成熟，甚至有可能他们中的一些人是为了"取悦老师"（但是，任何熟悉大学生在写自传论文时具有的批判性坦率的人，都会怀疑这种对结果的解释）。

这些结果似乎表明，大学生（他们通常来自特权家庭，长期接触学校和其他公民机构）对美国信仰和犹太——基督教伦理有敏锐的认识，他们的内心因自己未能符合他们所推崇的美德而处于一种冲突的境地。

但如果认为只有"上流社会"的大学生才会有这种感觉，那就错了。在一项关于郊区妇女的反犹太主义研究中（她们中部分但并不全部是大学毕业生）发现：

四分之一的人认为她们的感受"只是由于我自己的偏见"；一半的人认为对犹太人的偏见部分是由于她们自己的偏见，部分是由于犹太人自己的错误行为；四分之一的人认为完全是犹太人的错（对自己所持的偏见毫无愧疚感）。[2]

这项研究没有报告有多大比例的妇女因"自己的偏见"而感到羞愧。但有可能的是，内疚感并不罕见。至少，我们可以说四分之三的妇女表现出某种程度的洞察力——也就是说，她们知道自己的态度至少有一部分不是建立在客观事实之上的。

然而，自我洞察并不能自动消除偏见。它最多只能让人开始反省。除非一个人质疑他观念的真实性，否则他肯定不太可能改变这些观念。如果他开始怀疑这些观念与事实不符，他可能会进入一个冲突期。如果不满的程度足够大，他可能会被驱使重新组织信仰和态度。自我洞察通常是第一步，但其本身并不是一个消除偏见的充分步骤。在上述学生的报告中，我们注意到的是一种犹豫，一种弱化，以及一种自我约束的加强，但并不是完全放弃厌恶的态度。

那么那些断然否认自己有任何偏见的人呢？当然，在某些情况下，他们可能说的是实话（表现出良好的自我洞察力）。在第5章中，我们估计可能有20%的人可以准确地否认有偏见。我们刚刚看到，有相当多的人（大部分学生）承认有偏见。这些人也有良好的自我洞察力。但是仍然有一个相当大的群体，他们完全缺乏洞察力。他们充满了偏见却否认这一事实。他们是真正的偏执者。

现在，即使在真正的偏执者身上，有时也可能会有内疚的迹象，会有忏悔。即使是凶残的比尔博州长也可能有过疑虑。被抓获和审判的纳粹头目没有一个会宽恕自己对犹太人犯下的暴行。没有人愿意承认自己有责任。在指挥上仅次于希特勒的戈林试图否认暴行的存在，宣称纪录片是伪造的和假的。但即使是，他也补充说，"如果只有5%是真的，那也是很可怕的"。[3] 看来，即使是最堕落的人，以敌意和非人道支配他人的性命，他们的良心也不能宽恕他们自己所带来的后果。

总而言之，我们可以得出这样的结论：生活中的偏见更有可能唤起人们的某种负罪感，至少在某些时候是如此，几乎不可能将其与附属需求和人道价值一致地结合起来。

"美国困境"理论

这一假设为贡纳尔·米尔达尔（Gunnar Myrdal）对美国黑人与白人关系的研究提供了一个中心主题。对他来说，整个问题的核心是美国白人因未能使其行为符合美国信条而遭受的内在"道德不安"。其困境是：

  ……两方面的冲突，一方面是一般层面上的价值观，我们称之为"美国信条"，美国人在崇高的国家和基督教戒律的影响下思考、交谈和行动，另一方面是在个人和群体生活的具体层面上的价值观，是个人和地方利益。经济、社会和性方面的嫉妒，对社区声望和一致性的考虑；对某些人或某些类型人的群体偏见，以及各种不相干的愿望、冲动和习惯支配着他的价值观。[4]

  简而言之，美国人无法逃避民主和基督教教义所代表的价值观。在这种价值观支持下，许多习惯和信仰是通过"沉降"习得的。但与此同时，也存在着由幼稚的利己主义、对地位和安全的需求、物质和性方面的优越感以及纯粹的顺从——所有这些都导致了对许多相反的习惯和信仰的辅助学习。因此，普通的美国人经历着道德上的不安和"个人和集体的内疚感"。他生活在一种冲突的状态中。

  这种负罪感，特别是在最近几年，由于国际形势的变化而急剧增强。美国慢慢了解到，它在与世界上的有色人种国家和殖民地的人民打交道时最大的障碍是国内黑人的待遇。外国访客和外国媒体似乎很喜欢看我们在这方面的挫败和窘迫。毫无疑问，他们的指责是极端的和片面的，甚至可能是对自己国内问题的一种掩饰。

  有这样一个故事：一个美国人访问莫斯科。他的俄罗斯导游自豪地展示了这个城市的地铁系统。在欣赏了车站和轨道后，这位美国人说："但地铁在哪里？我没有看到地铁在运行。"导游反问道："那美国南方各州的私刑，你看到了吗？"

  尽管许多指责是无关的，也是不够确切的，但人们普遍承认，只有早日显著地提高美国黑人的地位，才能为美国赢得它所渴望的道德上的领导地位。[5]只要我们在其他国家的人民看来没有实践我们所宣扬的东西，我们的宣传听起来就是很空洞的。除非我们的承诺很快得到实现，否则我们的文明将会很快死亡。耍小聪明不会拯救它。

  然而，无论在解决"黑人问题"方面是否取得了快速进展，美国都以其"高尚的官方道德"在世界各国中拥有独特的地位。没有哪一个国家在其历史性的国家文件中对平等信条有如此明确的表述。法律、行政命令和最高法院的裁决大都遵守这一信条。在美国,任何孩子在成长过程中都不可能不知道并在某种程度上尊重这一国家行为准则。相比之下,在世界上许多国家,我们发现政府本身对少数群体有官方的歧视。但在美国,歧视是非官方的、非法的,而且从某种深层意义上说,是被视为非美国人做法的。开国元勋们在这个问题上采取了坚定的立场。而老百姓,从共和国成立的最初,就知道这个立场是什么。

当美国宪法在1788年7月4日通过时,牧师拉斐尔·雅各布·科恩参加了游行,以示对这一事件的敬意。一位当代作家写道:"神职人员构成了游行队伍中非常和谐的一部分。他们的出席表明了他们对宗教和好的政府之间关系的认识。他们的人数达到了17人。他们中的4人和5人手拉手一起行进,以示联合。他们不遗余力地将宗教信仰不同的部长们联合在一起,从而表明自由政府在促进基督教慈善方面的影响。犹太人的拉比被两位福音牧师紧紧搂在怀里,这是最令人高兴的一幕。新宪法的这一节,不仅对每一派的基督徒,而且对每一种宗教的有价值的人,都一视同仁地开放其所有权力和职务,没有比这更令人高兴的象征了。"[6]

美国信条并没有失去其形成和改变态度的效力。在最近的一个实验中,西特伦(Citron)、尚(Chein)和哈丁(Harding)给自己设定了一个目标,即发现什么样的回答最能消除在公共场所,如面包店、等候室、拥挤的公共汽车上,听到的那种反少数民族的言论。在专业演员的帮助下,他们设置了这样的情景,其中一个参与者将发表关于"南欧佬"或"犹太鬼子"的侮辱性言论。然后,他们在另一个演员的帮助下,尝试了各种可能使偏执者消除偏见的回答(目的不是要改造这个偏执狂,而是要影响旁观者的态度)。热烈而愤怒的回答和平静而理智的反驳研究人员都尝试了。根据旁观者自己的判断,在一系列的试验中,给了他们认为的最有效的回答。从本质上讲,这是对美国信条的一种呼吁。每当有人说出偏见性的话语,以平静的语气指出偏见的言论不符合美国的传统，最能有效地击败偏执者。[7]

美国的历史似乎证实了这一点。当一个煽动者走得太远，一定会有人以美国信条的名义把他打倒。在这个国家，种族主义的煽动者能够为所欲为，但他迟早会上吊自杀。为了言论自由，人们会允许对少数民族的伤害。（我们不喜欢"种族诽谤法"，因为它们有可能限制言论自由。）但是，公众的愤怒最终会使极端形式的蛊惑人心的行为偃旗息鼓。至少到现在为止，一直如此。美国信条——正如米尔达尔正确指出的——仍然具有动力。

然而，对米达尔的"美国困境"理论，我们有理由进行批评。它夸大了事实。批评者指出，由于社会传统对种姓和随之而来的歧视负有责任，生活在种姓制度中的个人可能没有理由为自己微不足道的角色感到内疚。他并没有创造这个制度，责任不在他。由于他在这个问题上几乎没有选择，他不会感到真正的"道德上的不安"。[8]

另一种不同类型的批评来自经济决定论者，但不太有说服力。他们坚持认为，白人的物质利益是使黑人"处于底层位置"的唯一原因。白人没有道德问题，因为道德仅仅是一种使经济优势合理化的"意识形态"。[9]

虽然这些批评应该得到重视，但并不是每个美国人都经历了米尔达尔所定义的这种两难境地。但很多人也确实经历了两难境地。因此，如果我们认为经常（但不总是）有心理冲突的偏见时，这个理论才是足够有效的。

内部压制

当内心冲突存在时，人们会停止表达他们的偏见。他们不把偏见表现出来，或者只在某一点上把它们表现出来。有些东西在某个地方阻止了整个偏见过程的发展。正如怀特（E.B.White）所指出的，在纽约市，每一个民族问题都存在，然而值得注意的不是这些问题，而是人们对这些问题的控制。

可以肯定的是，在不同的情况下，内在的制约作用是不同的。一个人可能觉得在他的家庭、俱乐部或邻里聚会中可以很自由地咒骂一个少数群体，但当该群体的成员在场时，他会抑制这种倾向；或者他可以当面口头批评该群体，但不参与任何其他歧视性行动；或者他可能试图禁止少数群体成员在社区学校任教或从事他自己的职业，但不会去街头打架和参与骚乱。随着内心和外在力量的消长，内心压制随处存在。只是偶尔，偏见才会变成暴力、破坏性、杀人的行动。然而，这种可能性在理论上总是存在的，如果失去外部控制的力量，暴徒有动机将他们的力量投向仇恨的一方。

费斯廷格做了一个有趣的实验，展示了情景抑制的微妙性。[10] 他组建了一些年轻妇女小组，每个小组由一半的犹太人和一半的天主教成员组成。她们被要求投票选出一个团体领袖。在这个情境下，候选人的宗教信仰都是已知的。但在某些情况下，选民是匿名的，没有人知道谁投的是什么宗教。在其他情况下，人们知道谁投了票，以及她的宗教信仰是什么。当所有的女孩都是匿名的时候，我们发现在两个宗教团体中，大多数女孩都把票投给了她们同组的成员。然而，当投票者的身份被确认时，犹太人很少选择犹太人。另一方面，天主教女孩则公开地继续投票给天主教徒。

如何解释这一特殊的结果目前尚并不清楚。可能是天主教女孩在地位上更高，感到更安全，敢于更公开地支持她们的群体性。也可能是犹太女孩对偏见更加敏感，她们有一个普遍的习惯，即根据行为可能给别人留下的印象来调整行动。但是，我们的目的是，实验证明在表达内群体和外群体的偏好时确实存在内部压制。

我们已经让大家注意到了这种抑制表达偏见的现象，以防由此引发公共事件。在第4章中，我们列举了一些实验，在这些实验中，黑人客人事实上都被允许进入餐馆和旅店，没有歧视，尽管老板试图通过安全的媒介来阻止这些种族群体的客人到来。毫无疑问，第1章中描述的"格林伯格先生"的情况与此类似。如果他不提前写信，而是亲自到登记台来，加拿大度假酒店是否会拒绝为他提供住宿，这是值得怀疑的。

上述事件似乎可以概括为：一个种族的标签会引发一种刻板印象，进而导致排斥行为。但是，如果这个过程是在一个抽象的、非个人的层面上进行的，那就更是如此。当涉及一个具体的人时，当面对面的拒绝肯定会造成不愉快时，大多数人就会遵循他们"更好的本能"，抑制他们表达偏见的冲动。但是，除非怀有偏见的人心中有内在的冲突，否则在情景行为中这种明显的对比是不会发生的。

冲突的处理

让我们概括一下这个问题，并想一想，总的来说，人们是如何处理他们内心冲突的，从心理学上讲，似乎有四种模式。我们可以将其命名为：(1)压制(否认)；(2)防御(合理化)；(3)妥协(部分解决)；(4)整合(真正解决)。每一个标签都需要一些解释。

(1)压制。几乎在每一个社区，当偏见或歧视性的话题被提出来时，第一个反应是："这里没有问题。"[11]市长办公室会做出这样的断言，大街上的人也会这样说——无论是在村庄还是城市，是在北方还是南方。没有问题！当然，这可能是因为公民认为"问题"只是暴力方面的问题。他们可能在说，实际上，"我们这里没有暴乱"。也可能是他们已经习惯了熟悉的种姓和阶级界限，他们已经把这些视为正常的事了。

这种断言也是一种将不受欢迎的问题成功压制的手段。否认一个问题的存在是为了防止它可能引起的动荡，无论是在社区还是对于个人来说。

从个人的角度出发，承认偏见就是指责自己既不理智又不道德。没有人愿意与自己的良心相抵触。人必须与自己相处，所以承认自己的性格中存在缺陷是很不舒服的。因此，听到"我没有偏见"的说法也就不足为奇了，即使外人看到这些偏见在作祟。

在大多数情况下，压制者不承认他们有偏见，也不认为他们的心态是反民主的(因此与他们自己的价值观有冲突)。证明这一点的是，大多数反民主的运动都披上了完全民主的外衣，十字架和国旗、黄金规则等。通过口头上确认美国信条，一个人的实际行为的不一致性被更成功地压制。

通常情况下，一个有偏见的言论是以这样的话语开头的："我没有偏见，但是……"或者"犹太人和其他人一样有权利，但是……"这种最初对民主信条的口头承诺似乎可以弥补后面的所有偏见。从心理学上讲，这种机制先是表达对美德的肯定，随后的失误就不会被注意到。

压制是一种保护装置。有了它的帮助，任何人都不需要被内心的冲突所困扰——或者说他认为是这样的。然而，实际上，压制很少是单独存在的。它需要自我防御和合理化的支持。

（2）防御性的合理化。支持是一个人表达偏见并保护他们不与道德价值观发生冲突的最有效的方式，是收集有利于他们的"证据"。在这里，选择性的知觉是很有帮助的。某人讲述了一个又一个关于黑人不诚实或犹太人粗俗的事件。他列举了一大堆意大利黑帮分子的名字，或者引用了罗马天主教教士的一系列不民主的声明。他可以说服自己，这些证据是确凿的。（如果按照科学和逻辑的标准，证据是确凿的，那么如第1章所示，就不存在偏见的问题。）只有当个人选择用证据来支持一种过度概括的范畴时，合理化才会发挥作用。为了证实一种已经形成的假说而进行的认知选择是防御性合理化最常见的形式。

全盘否定这些令人不安的价值观才是更加省力和安全的做法。为此，人们会搜集一切不利的证据，而这样的证据总是很多。报纸通过选择性报道和社论推波助澜。认知选择为仇恨提供了支持并使其合理化。冲突具有现实基础，选择性的认知与遗忘进一步巩固了这些现实基础，这是无法改变的事实。

"普遍性的印象"往往能为一种偏见解围。一个学生写道："不仅在这个国家，而且在整个世界，似乎都有一种一致反对犹太人的感觉。"一项态度测试的结果显示，作者本人是一百名学生中最反犹太的人。她需要感觉到她的观点得到了一致的支持——当然，她并没有得到支持。南方州律师在私刑案中告诉陪审团："如果你放过这些人，没有人会责怪你。"他是在利用"普遍性的印象"。社会对一个人观点的支持（无论这种支持是真实的还是想象的）证实了这些观点，它能保护个人免受怀疑和冲突折磨。

另一个防御技巧是把责任转嫁到指控者身上。当南方各州的私刑丑闻被指出时，南方的报纸经常以这样的说法进行反击：帮派杀人是私刑的一种形式，在北方比在南方发生的频率更高。战后，当纳粹高层被指控犯有反人类罪时，他们反驳说，盟军也曾向德国城市投放了炸弹。这种"你也一样"的指责是对内疚感的一种简单辩护。你为什么要指责我，你也犯了同样的错误！因此，我不需要听你的指控。

然后是以分类的方式进行辩护。"我对黑人没有偏见，有些黑人是好的。我只是不喜欢坏黑鬼。""我不恨犹太人，只恨犹太人中的犹太鬼子。"这样的区分，从表面上看，似乎代表了类别内的区分。它们难道不接近于将个人作为个体来区别对待，从而完全避免偏见吗？并非如此。如果我们更仔细地分析，"好"与"坏"之间的界限，"犹太人"与"犹太鬼子"之间的界限，不是基于客观证据的界限，而是基于主观感觉的界限。谄媚的黑人的奉承使白人觉得维持了自尊。因此，他是"好人"，所有其他人都是"黑鬼"。分界的依据是对自己是否有威胁，而不是个体的优秀品质。这种以分类方式进行辩护的人仍然相信有一个邪恶的黑人或犹太人或天主教的"本质"，即使这种本质只渗透到群体的一部分。

　　一种有点类似的辩护体现在熟悉的短语中："我的一些最好的朋友是犹太人，但是……"或者，"我认识一些受过教育和自由的天主教徒，但是……"这种手段我们可以称之为通过制造例外情况来实现合理化。如果一个人列举了一些例外，那么他就可以合理化自己对该类别的其余部分的偏见。这些"例外"是对理性、对公平思想的要求以及对美国信条的赞美。如果一个人在一个群体中拥有好朋友，那么他对这个群体其余部分的不利看法就不可能是出于偏见。这似乎是一个经过深思熟虑的、有辨别力的判断。这种手段通常会骗过说话者和听者。但策略是，"我的一些最好的朋友是……"几乎无一例外地是一种掩饰，以保护遭受偏见的群体中的其余部分不受影响。

　　与之意义相同的辩护词有："我与单独的犹太个人没有争执，而只是与他代表的整个犹太群体有矛盾。"这种手段在煽动者中很受欢迎，它带有一种演说的味道。但这是混乱的一个极端例子——最糟糕的"群体谬论"。如果犹太人完全由让人称赞的个人组成（与他们没有争执），他们怎么可能是邪恶的群体？群体是由个人组成的，没有别的。这种特殊的双关语对于偏见的理论来说是很有趣的。它承认人们不能不喜欢个人，却坚持认为人们可以而且应该以某种方式不喜欢群体，这就是毫无根据的概括的本质。

　　（3）妥协的解决方案。社会生活中一个突出的事实是，一个人必须扮演的多种角色迫使他采取不一致的行为。

我们不仅被允许自相矛盾，而且实际上还被期望视情况这样做。一个政治家实际上被要求在他的竞选演说中向所有人的平等权利致敬，而在他任职时却偏袒特定群体的利益。南方的一个白人银行家不应该在他的办公室里雇用黑人，但应该为建造黑人医院的行动慷慨解囊。

我们不能说这种行为上的矛盾是不正常的。实际上，在我们的社会中，狂热者（无论是偏执狂还是平等权利的捍卫者）对僵化一致性的追求才被认为是病态的。人们被期望随风而动，有时顺应美国信条，有时顺应流行的偏见。

这种对冲突的处理方式可称为"交替"。当一个参考框架被引用时，一套附属的态度和习惯就会发挥作用；当一个相反的框架被引用时，一套完全相反的处置方式就会被激活。如果我们对一个少数群体的成员一贯采取厌恶、敌视、不友善的态度，我们中的大多数人就会遭受内心冲突，因为我们不可能永远压制相反的价值体系（美国信条和基督教教义）。但是，如果我们经常表达我们的道德冲动（在我们对国旗的宣誓中，在对黑人雇员的善意中，或在为救济弱势群体而捐钱中），我们就可以更容易地为我们的偏见开脱，而这些偏见在其他场合会发挥作用。

这样的交替使某些合理化的说法变得合理。例如，我们可以说："事情一直在变好，我们必须有耐心。""你不可能一夜之间改变人性。""你不能通过立法来反对偏见，这是一条漫长、艰难的教育之路。"虽然这些"渐进主义者"的论点可能有道理，但问题是渐进主义本身可能是处理冲突的一种妥协模式。人们愿意克服歧视，但不能太快。

人们的民族态度和行为不一致的现象引起了心理学家们的猜测和关注。[12]如果我们牢记两个基本事实，这种情况就不难理解：

①交替是处理内心冲突的所有方法中最常见的一种。我们在节庆日举办盛宴，在禁食日禁食——这样反过来表达了我们肉体和精神的欲望。

在运动中，我们寻求滑雪或打猎的刺激，晚上则回到自己的小屋休息。这样，活动和睡眠的需要都得到了满足，同时也避免了严重的冲突。同样，由于大多数人既有偏见的态度，又有人道的信条，他们根据情况在不同的时间表达出来，从而避免了太过混乱的冲突。

②最重要的是，我们扮演了多重角色。教堂里的赞美诗和学校里的课程带来并强化了一套价值观，俱乐部会议或普尔曼吸烟车厢则引起并强化了另一套相反的价值观。我们的环境结构越是多样化，我们的压力就越大，让我们以矛盾的方式顺应。在某些情况下，我们习惯于做一件事，而在其他情况下则是另一件事。在不同的条件下做一个顺应者，几乎不可避免地会损害一个人的完整性。

（4）整合（真正的解决方式）。然而，有些人并不赞同他们角色行为的不一致性。他们认为交替是对其个人完整性的威胁。他们认为，一个人在任何情况下都应该是保持一致的，这种必要的角色调整应该只是表面上的。它不应该严重到分裂一个人持有的基本价值体系，这种对整体性和成熟性的努力需要一种极难实现的一致性。

在这个发展过程中进展顺利的人，很可能被偏见所引起的真正的基本冲突所困扰。在本章的前面，我们列举了几个因此苦恼和愧疚的例子。这些人已经检查了他们的防御措施，并发现这些是完全不够的。他们既不能压制、合理化，也不能以任何方式妥协。他们希望直面问题并解决它，这样他们的日常行为就能够与人类关系哲学完全一致。

这些人正在摆脱所有基于刻板印象的敌对行为，他们逐渐开始区分假想的邪恶来源（偏见）和真正的来源。一个特定的个人可能有充分的理由被视为敌人，人们的某些恶习或不受欢迎的品质可能被憎恨。偶尔，一个企业实体，如反社会组织或外国政府，可能有充分的理由不被接受。在我们追求自己价值观的过程中，有这样一些现实的对手。但健全的人格当中不存在恶魔的后裔和传统意义上的替罪羊，它们与生活中的苦难毫不相干。

也许很少有人能达到这种类型的整合，但许多人已经在这条路上走得相当远。他们获得了一种人道主义的观点，因为他们知道大多数普通人不是他们的敌人，而且社会上普遍意义上的恶棍大多数既不危险也不是特意如此。他们可能有的怨恨和憎恶针对的是那些真正威胁到基本价值体系的人，只有以这种方式形成的人格才能被完全整合。

参考文献

（1）引自 K. Young, *Source Book for Social Psychology*, New York: S. Crofts, 1933, 506。

（2）Nancy C. Morse &F. H. Alport.The causation of anti-Semitism: an investigation of seven hypotheses. *Journal of Psychology*, 1952, 34, 197-233.

（3）G. M. Gilbert. *Nüremberg Diary*. New York: Farrar, Straus, 1947.

（4）G. Myrdal. *An American Dilemma*. New York: Harper, 1944, Vol. 1, xliii.

（5）对这一观点的强烈支持见 John LaFarge, S. J., *No Postponement*, New York: Longmans, Green, 1950。

（6）J. R. Marcus. *Jews in American Life*. New York: The American Jewish Committee, 1946.

（7）A. F. Citron, I. Chein, & J. Harding. Anti-minority remarks: a problem for action research.*Journal of Abnormal and Social Psychology*, 1950, 45, 99-126.

（8）C. L. Golightly. Race, values and guilt. *Social Forces*, 1947, 26, 125-139.

（9）O. C. Cox. *Caste, Class, and Race: A Study in Social Dynamics*. New York: Doubleday, 1948.

（10）L. Festinger. The role of group belongingness in a voting situation. *Human Relations*, 1947, 1, 154-180.

（11）该发现源于古德温·沃森深入许多个社区进行调查的群际关系研究结果，参见 Goodwin Watson, *Action for Unity*, New York: Harper, 1947, 76。

（12）参照 I. Chein, M. Deutsch, H. Hyman, & Marie Jahoda(Eds.), Consistency and inconsistency in intergroup relations, *Journal of Social Issues*, 1949, 5, No. 3。

第六部分　偏见的动态发展

▽

第21章　挫折感

富人吸食鸦片和大麻。那些买不起的人就成了反犹太主义者。反犹太主义是小人物的吗啡……由于他们无法达到爱的狂喜，所以他们寻求仇恨的狂欢……他们恨的是谁并不重要。选择犹太人只是为了方便……如果没有犹太人，反犹太主义者也会发明他们仇视的对象。

这段话的作者是德国社会民主党人赫尔曼·巴尔，写于希特勒上台前40多年。[1]他呼吁关注侵略行为的逃避功能，注意它像毒品一样消解生活中的失望和挫折的能力。

不可否认的是，人对挫折的本能反应是某种形式的攻击性强的行为。一个婴儿在受到挫折时，会又踢又叫。在愤怒之下，它当然不会有爱或归属感，它的反应是随机的和狂野的。婴儿攻击的不是真正的挫折源，而是任何与其恰巧接触到的人或物。

在人的整个生命中，同样的趋势持续存在，即愤怒集中在可利用的而不是所应该承受的对象上。日常言语在各种短语中体现了这种位移：拿狗出气——不要拿我出气——出气筒——替罪羊。虽然这一过程完整的顺序是挫折——攻击——位移，但目前的心理学更简单地概括为"挫折——攻击假说"。[2]目前流行的偏见的替罪羊理论完全建立在这个假设之上。

挫折感的来源

某些挫折来源可能比其他的更容易导致偏见，如果我们把生活中可能出现挫折和不安全感的来源大致分类，这将更有助于我们进行分析。

（1）个人自身的挫折。身材矮小——特别是对于在西方文化背景下成长起来的男性来说，是一种心理障碍，而且往往会让他们烦恼终生。健康状况不佳、记忆力差或智力迟钝亦是如此。但就我们现在所知，这些挫折的来源似乎并不会助长种族偏见的产生。矮个子的人似乎并不比高个子的人更反犹太人，病人也不比健康的人更受歧视。总的来说，这样的缺陷似乎会导致更多的个人补偿，导致不涉及投射到外部群体的自我防御。驱动力受挫的情况如何？如果一个人被困在煤矿中，需要更多的氧气，他应对这一紧急情况的反应将是立即的，他不会把这种严重的挫折感归咎于外部群体。同样地，急性饥饿、口渴和其他直接的身体需要也不会发生转移。但如果这种需求是长期的，情况可能就不同了。如果持续受挫，就可能需要与对外部群体的态度混合在一起（第23章）。同样，如果我们把自尊（对地位的需要）包括在驱动力中，它也会明显地参与进来（第19章和23章）。但是，一般来说，体格的缺陷、急性有机需求、疾病，似乎与偏见没有明显的联系——除非直到它们与个人的社会生活结合起来。偏见是一个社会事实，而且需要一个社会背景，如果涉及挫折，它们必须结合社会来看。

（2）家庭内部的挫折。人所定位的家庭包括父母、兄弟姐妹，有时还有祖父母、叔叔和阿姨。"生育家庭"由妻子、丈夫、孩子组成。在这两组亲密关系中，都会出现许多挫折和怨恨。

证据表明，偏见经常与家庭失调有关。在第18章中，我们看到了家庭中的拒绝性气氛和严厉的对待（强调服从和权力关系）是如何导致儿童形成偏见的。

据报道，在第二次世界大战期间，某些严重无法适应的儿童，其困难源于不安全的家庭生活，表现出对敌国（德国和日本）的公开同情，并转向反对美国和美国的少数群体——特别是犹太人。[3]

比克斯勒描述了一个白人工人的案例，他在一段时间内与一个黑人同事保持完全友好的关系。然而，当他与妻子的关系变得紧张并面临离婚威胁时，他突然产生了明显的种族偏见。[4]

在这一点上很容易收集很多证据，但如果认为家庭冲突必然导致对别的种族的敌意，那就错了。大多数家庭争吵的处理方式与种族偏见没有任何关系，然而在某些情况下，这种关系是明显存在的。

（3）附近社区的挫折。大多数男人和许多女人在家庭中所花的时间比在外部群体中的时间少：在学校、工厂、办公室或军队。在教育、商业、军事环境中的生活可能是，而且通常是，甚至比在家里更令人沮丧。

下面的案例显示了家庭和学校的混合挫折感是如何导致偏见的。一个大学生写道：

> 我在学校里一直都是优等生，但我的成绩并不全是 A。我很不高兴。我父亲吹嘘说，他上大学时只有 A 和 A+ 的成绩，同时还做着一份全职工作。他时刻提醒着我这一点，并且责备我做得不如他好。我感到非常沮丧。我想取悦他，却无法成功。最后我找到了安慰，告诉自己和其他人，是犹太人的磨磨蹭蹭和作弊才使我无法得到更高的名次。（在思考这个问题时，我意识到我并不知道那些在奖学金方面超过我的男孩是否犹太人，也不知道他们是否作过弊）。

这个案例很有意思，因为它让人们看到了感受到的挫折的重要性，而客观挫折的重要性则可以忽略不计。事实上，这个男孩有一个出色的成绩。然而，主要是由于他父亲的批评，这种优秀被认为是失败的，并引起了一种不是满意而是沮丧的感觉。

在之前引用的对退伍军人的研究中，贝特尔海姆和亚诺维茨发现，在那些声称在军队中有过"糟糕经历"的退伍军人中，不宽容的人几乎是宽容的人的五倍；而在那些声称有"好的经历"的人中，大多数是宽容的。[5]

我们无法重新核实这个事情，但似乎挫折感与偏见的关系可能比军队生活中实际发生的好的和坏的"经历"更重要。但无论如何，挫折感和偏见之间的关系已经确立。

在第14章中引用的几项研究中，我们已经看到经济危机会产生偏见。读者会记得坎贝尔的证明，当工作满意度低的时候，反犹太主义就会很高，还有贝特尔海姆和亚诺维茨给出的证据，即向下流动和反黑人偏见之间的相关性。

挫折—攻击—位移的顺序甚至已经在实验中得到了证明。参加夏令营的18~20岁的男孩被要求在一个涉及严重挫折的情况前后分别表明他们对日本人和墨西哥人的态度。（他们没有被允许参加当地剧院的银行之夜，而是被要求留在营地并参加一系列艰苦的测试）。在经历了挫折之后，他们认为日本人和墨西哥人所具有的理想品质的数量比之前少。他们也在一定程度上将更多的不良品质归因于这两个民族。[6]虽然这个实验只是诱发了一种情绪，并测量了它的短期效果，但它确实证明了一种负面情绪对少数群体的判断的影响。

（4）偏远社区的挫折。许多挫折是与更广泛的生活条件有关的。例如，美国激烈的竞争文化，一定会使那些未能达到所设立的高水平的个人感到恼怒，如在学校、知名度、职业成就、社会地位方面。

这种竞争性很可能部分地解释了这样的感觉：每个新来者都将会减少自己的成功机会。目前许多人对接纳难民的对立情绪就是一个典型例子。

移民限制是最近的一个现象。在国家发展的早期阶段，每个人的成功显然取决于人口的增加。奴隶是需要的，一个人拥有的奴隶越多，他的地位就越高。需要移民，他们被引进工厂和农场工作。东方人在加利福尼亚受到欢迎，因为每个人都需要很多人手来开发资源，无论是白人还是黄种人。渐渐地，情况发生了变化。人们认为，这些曾经受到热烈欢迎的移民，大大改善了自己的生活。他们逐渐成为自由人、土地所有者，并经常拥有显赫的地位和财富。由于担心没有足够的财富或声望可供分享，公众舆论发生了变化。它的第一个表现是1908年的《排华法案》。1924年，配额制度将所有移民的财富冻结在一个较低的水平。后来的紧急立法，只允许接纳欧洲数以百万计的流离失所者中的少数人，并且对其进行严加限制，但即使如此，其规定也引起了人们的警惕和抵制。经济学家告诉我们，更自由的移民对国家来说是件好事。但并不是经济建议决定了移民政策的制定，而是感到挫败的本国公民，正确地或错误地认为移民阻碍了他们追求更高的地位。[7]

一个公认的事实是，反犹太主义往往会在重大社会变革带来的普遍挫折和不安全时期上升。更具体地说，每当战后重新调整时期，特别是战败后，每当政府不稳定，以及经济萧条时，反犹太主义似乎就会兴起。[8]

战争时期也是国内敌对行动的滋生期，这是一个具有讽刺意味的事实。人们可能会认为，在国家危难的时候，在有外部敌人要打败的情况下，所有团体都会团结起来。一个共同的敌人往往会巩固一个国家的人民。从某种意义上说，这是事实。然而，与此同时，战争也给民众带来了各种新的挫折：配给、税收、忧虑、伤亡。最终的结果是国内摩擦加剧。1943年是美国战争最严重的时期，美国6个最大的城市中有4个发生了灾难性的种族骚乱。发生了纳粹模式的反犹太主义事件。在收集和分析的1000条战时谣言中，有三分之二的谣言攻击了美国的某些群体——犹太人、黑人、劳工、政府、红十字会或武装部队。[9]

挫折感的容忍度

挫折和偏见之间存在某种关系，我们现在已经充分证明了这一点。然而，并不是每个受挫折的人都会有偏见。人们以不同的方式处理他们的挫折，有些人比其他人有更多的挫折容忍度。

在一项关于挫折感的实验研究中，林赛有一个相关的发现。他选择了10名从以前的测试中验证为种族偏见非常高的学生，以及10名已知种族偏见极低的学生。这20名受试者轮流一次一个，参加一个小组实验。实验是这样安排的，受试者与4个陌生的学生（都是演员）合作进行卡片分类任务。实验是被林赛操纵的，所以只有受试者，导致小组无法达到目的，因此失去了金钱奖励。演员们都很有礼貌，但显然对他的失败感到很委屈。尽管他很努力，但他无法挽回自己的失误。在这个系列实验中，没有人"看穿"这个骗局，所有人都明显地感到不安和不舒服。但是，这也是重要的发现——在统计学上，那些偏见强的人似乎比那些偏见弱的人更容易受挫。这一事实为实验过程中被隐藏的观察者所证实，也被随后对实验对象的访谈所确定，实验最终被解释。[10]

这一发现可以用各种方式来解释。例如，可能是具有较强偏见的人在任何情况下都更容易受到挫折，他们的天性中甚至可能有一种体质天生自带的易怒性。或者，具有较强偏见的人可能特别需要地位，并渴望得到同伙的好感，当情况阻碍了这种附属需求（就像这次一样），这些人就会表现出极大的痛苦。正是他们对地位的强烈渴望是目前挫折的基础，并最终导致他们的较强的偏见。最后，可能是某种内在控制是区别因素。那些具有较强偏见的人缺乏退让或"哲学"的态度，而那些偏见较弱的人却拥有这种态度。对于我们现在的目的来说，这些解释中哪一个是真的并不重要。只要注意到有证据表明有偏见的人比宽容的人更容易受挫折影响就足够了。

对挫折感的反应

我们将讨论的问题是整个偏见问题的核心。一方面，有大量的证据表明，挫折可能会通过攻击性的转移而产生对别的群体的敌对情绪。另一方面，我们必须小心，不要过分重视这个过程，虽然它很重要。根本不像一些狂热支持者所说的那样，"挫折总是导致某种攻击性"。如果是这样，那么我们所有的人（因为我们都有挫折感）都会有大量的攻击性，并且容易产生偏见。

对挫折最常见的反应根本不是攻击性，而是简单又直接地试图克服我们道路上的障碍。[11]的确，小婴儿对挫折的反应通常是愤怒。但在学习的过程中，孩子，以及后来的成年人，获得了相当程度的挫折容忍度，并学会了用毅力、计划和明智的解决方案来替代最初的愤怒倾向。

以林赛的实验为根据，我们可以说，有偏见的人是那些拥有较少的挫折容忍度的人，因此他们在面对自己挫折时没有什么技巧，表现出来的是婴儿式的愤怒和情绪转移。

除了挫折容忍度这一可变因素，以及对我们的挫折采取攻击性（愤怒）或计划性（克服）的不同倾向外，还有一个区别是个人的特点。尽管有时我们都会感到恼怒和攻击性冲动，但我们如何引导它们？为了与我们在第9章和第20章中的讨论一致，我们可以说，一些受挫的人倾向于把挫折感归咎于自己，这些人是自责型的。有些人对生活中的挫折很超脱，很明智，他们不责怪任何人，他们是不惩罚自己型的。但其他人的特点是努力看到并寻求外部因素去指责。这种外向型的反应可能是现实的（如果确定了挫折的真正来源），也可能是不现实的（如果责任被转移）。[12]

当然，只有在惩罚性的反应类型中，我们才能发现替罪羊的作用。以下是一个典型的例子：

一个钢铁工人对他的工作很不满意。这份工作的热量和噪声都很强烈，不太安全，他没能像他曾经希望的那样成为一名工程师。在他痛苦的抱怨过程中，他抨击了"管理这个地方的该死的犹太人"。事实上，这个地方不是由犹太人管理的，没有一个犹太人与工厂的所有权或管理权有关。

我们的结论是，有些人有时会对令人沮丧的环境做出攻击性的反应；有些人则采取一种外向的态度，不把责任归咎于自己，而是归咎于外部条件；有些人不责备挫折的真正来源，而是把责任转移到其他对象身上，特别是转移到可利用的其他群体身上。这个过程虽然常见，但肯定不是普遍的。一个人是否采取这种做法，可能取决于他的内在性格，也取决于他在处理挫折时所建立的习惯，以及当时的总体情况（例如：他的文化是否鼓励他像纳瓦霍人那样指责女巫，或者像希特勒敦促德国人民那样指责犹太人）。

替罪羊理论的进一步探讨

替罪羊理论之所以流行，有一个原因是它很容易理解。这个事实可能也是其有效性的一个论据，因为理解的容易性必定与经验的普遍性有某种联系。一本7岁儿童的故事书包含了一个典型的替罪羊主题的例子。这个故事的内容如下：

一只有进取心的猪和几只鸭子做伴，乘坐一个没有舵的气球在高空飞行。一个心怀不轨的农夫想抓住气球，但机警的小猪用番茄汤罐头砸向农夫。农夫被汤溅了一身，彻底愤怒了。一个满脸脏兮兮的男孩从谷仓里走出来，帮他擦掉汤汁。但农夫把小男孩狠狠地锤了起来。他这样做有三个原因：第一，气球跑掉了；第二，他现在要洗个澡才能把黏稠的汤弄掉；第三，无论如何这么做似乎是对的。作者补充说："我没有说它们是好理由，但事实就是这样。"

几乎找不到一个更完整的替罪羊的例子了，即使是小孩子也能理解故事中要表达的这一点。

实际上，替罪羊理论有两个版本。在第15章中，我们总结了《圣经》中的版本。那里的顺序是：

个人不当行为→内疚→转移

这个版本将在第24章再次引起我们的注意。本章考虑的版本有些不同：

挫败感→攻击性→转移

本章中的所有例子都只涉及第二种版本的替罪羊理论。

这个版本的理论假设了三个阶段。（1）挫折感产生攻击性；（2）攻击性被转移到相对无防御能力的"替罪羊"身上；（3）这种被转移的敌意被合理化，并通过指责、投射、刻板印象来证明。

对这一序列采取的正确态度是接受它，但必须牢记某些重要的条件。[13]

（1）挫折并不总是导致攻击性的产生。该理论完全没有提到社会条件，或气质类型，或在受挫时倾向于寻求攻击性出路的人格类型。它也没有告诉我们哪些挫折的来源会诱使人去寻找替罪羊。本章的前部分，有人提出，某些领域所产生的挫折似乎比其他领域的更有可能引起转移。

（2）攻击性并不总是会被转移的。愤怒可能是针对自己的，是自我惩罚。如果是这样，就不会寻找替罪羊。该理论本身并没有告诉我们，哪些个人或社会因素导致了外向型和内向型反应。它也没有告诉我们，在什么情况下个人会对他的挫折感的真正来源进行攻击，在什么情况下他会寻找替罪羊。我们必须研究个人的性格来找到答案。

（3）迁移并不像该理论似乎暗示的那样，实际上它只是在缓解挫折感。因为转移对象事实上与挫折感无关，所以这种感觉仍在继续。德国并没有因为杀了犹太人而在经济上得到改善，在家庭生活上也没有得到幸福，它的国家问题也没有一个得到解决。南方的贫穷白人并没有因为指责黑人而提高自己的生活水平，转移永远无法消除挫折感。这不是一个成功的释放攻击性的方法，因为持续的挫折感会不断建立新的攻击性。大自然从来没有创造出一个比转移更不合理的机制。

（4）该理论对替罪羊的选择只字未提。为什么有些少数民族被人喜欢或忽视，而另一些则被人憎恨，这一点完全没有得到解释，有不同程度和类型的讨厌这一事实也是如此。正如我们在第15章中所看到的，替罪羊的选择与转移过程本身没有任何内在的关系。

（5）无防备的少数种族总是被选为转移对象，这种说法并不准确。个人也可能成为替罪羊，多数人也是如此。犹太人可能对外邦人有偏见，黑人可能仇恨整个白人种族。转移（或至少是过度概括）在这里起作用，但替罪羊并不总是像该理论倾向于暗示的那样是一只"安全的山羊"。

（6）现有的证据并没有表明，转移倾向在偏见较强的人中比在偏见较弱的人中更常见。我们不能把替罪羊的倾向仅仅放在一个有偏见的人的习惯性倾向上，以取代攻击性。在前面引用的林赛的实验中，一般来说，有较强偏见的人比偏见弱的人更倾向于找替罪羊。偏见程度高的人（那些在现实生活中明显将少数群体作为替罪羊的人）是不同的，不是因为他们的转移倾向，而是因为其他。总的来说，他们似乎更有攻击性，正如我们所看到的，他们更"容易受挫"，而且他们总体上似乎在遵守社会习俗方面比较传统。并非所有这些因素都是挫折——攻击性——转移理论所固有的。换句话说，这个理论本身并不能完全解释为什么有些人有偏见，有些人没有。

（7）最后，该理论本身忽略了现实的社会冲突的可能性。在某些情况下，看似转移现象的可能是针对挫折感的真正来源的攻击行为。例如，可能有许多 X 组的成员在这种情况下，Y 组所感受到的敌意在某种程度上是正常的。他们对 X 组的敌意在某种程度上是基于"当之无愧的声誉"。替罪羊理论，就像所有其他的偏见理论一样，应该确保它不会被误用在现实的社会冲突的案例中。

心理动力学的意义

上述对替罪羊理论不足之处的探讨并不是要使其失效，它们的目的只是传达两点警告。（1）没有任何一种关于偏见的理论是充分的。一些基本的现象根本没有被替罪羊理论所涉及；（2）这个理论太广泛了。它未能提供许多所需的差异：为什么有些人以攻击性的方式回应挫折；为什么某些类型的挫折更有可能诱发将愤怒转移到其他群体身上；为什么有些人坚持转移，尽管它作为一种适应模式是完全失败。或者，为什么有些人控制住了转移的倾向，并且从不让它影响他们的种族态度。

我们还没提及替罪羊理论的一个重要特征，即它假定个人有大量无意识的心理活动。指责"管理这个地方"的犹太人的钢铁工人并不知道他是在编造一个完全虚妄的恶棍来解释他的困境，被浇了一头汤的农民不知道为什么要把那个满脸污垢的男孩铐起来，但他就是觉得"反正是个好主意"。大多数德国人并没有看到他们在第一次世界大战中的耻辱性失败与他们后来的反犹太主义之间的联系。

很少有人知道他们憎恨少数族群的真正原因，他们编造的理由只是合理化他们的偏见。这是所有关于偏见的心理动力学理论的中心论点。替罪羊理论就属于这种类型。但也有其他的情况。当我们说偏见帮助掩饰了严重的自卑感；或者说偏见给人以安全感；或者说偏见与被压抑的性欲联系在一起；或者说偏见有助于缓解个人的内疚感，我们谈论的所有情况下都属于心理动力学范畴。在所有这些情况下，人们都没有意识到偏见在他们生活中的心理功能。

以下各章是我们对偏见的心理动力学讨论的延续，其中所包含的主要见解在许多情况下都是来自精神分析。有时，我们将不得不对理论化的结论进行严格的批判，就像我们对待挫折—攻击性—转移这个结论那样。然而这种批判性丝毫不会减少我们对弗洛伊德及其精神分析的尊敬和感激之情。

参考文献

（1）引自 P. W. Massing, *Rehearsal for Destruction*, New York: Harper, 1949, 99。

（2）J. Dollard, L. Doob, N. E. Miller, O. H. Mowrer, & R. R. Sears. *Frustration and Aggression*. New Haven: Yale Univ. Press,1939.

（3）Sibylle K. Escalona. Overt sympathy with the enemy in maladjusted children. *American Journal of Orthopsychiatry*,1946, 16, 333-340.

（4）R. H. Bixler. How G.S. became a scapegoater, *Journal of Abnormal and Social Psychology*, 1948, 43, 230-232.

（5）B. Bettelheim & M. Janowitz. *Dynamics of Prejudice: A Psychological and Sociological*

Study of Veterans. New York: Harper, 1950, 64.

（6）N. E. Miller & R. Bugelski. Minor studies of aggression: Ⅱ . The influence of frustrations imposed by the in-group on attitudes expressed toward out-groups. *Journal of Psychology*, 1948, 25, 437-442.

（7）参照 E. S. Bogardus, A race-relations cycle, *American Journal of Sociology*, 1930, 35, 612-617。

（8）参照 K. S. Pinson, Anti-Semitism, In Encyclopedia Britannica, Vol. 2, 74-78, Chicago: *Encyclopedia Britannica*, 1946。另可参照 *Universal Jewish Encyclopedia* (I. Landman, Ed.)Vol. 1, 341-409, New York: Universal Jewish Encyclopedia, 1939。

（9）G. W. Allport &L. Postman. *The Psychology of Rumor*. New York: Henry Holt, 1947, 12.

（10）G. Lindzey. Differences betwen the high and low in prejudice and their implications for a theory of prejudice. *Journal of Personality*, 1950, 19, 16-40.

（11）参照 R. S. Woodworth, *Psychology: A Study of Mental Life*, New York: Henry Holt, 1921, 163。另可参照 G. W. Allport, J. S. Bruner, & E. M. Jandorf, Personality under social catastrophe, *Character and Personality*, 1941, 10, 1-22。

（12）参照 S. Rosenzweig, The picture-association method and its application in a study of reactions to frustration, *Journal of Personality*, 1945, 14, 3-23。其中，作者开发了一种区分挫折情境下内责型、外责型和不责型的测试。

（13）对这一主题的一般性批判见 B. Zawadski, Limitations of the scapegoat theory of prejudice, *Journal of Abnormal and Social Psychology*, 1948, 43, 127-141。

第22章　攻击性与仇恨

在上一章中，我们提及了攻击性与挫折和转移之间的关系。但还需要进一步阐释，因为攻击性往往被认为是解释大多数社会弊病根源的核心。在发生了许多流血事件的20世纪里，社会科学家的注意力都集中在攻击性上。它经常被用作一个基本的解释原则。这个概念是从西格蒙德·弗洛伊德那里流行起来的，此后所有心理学流派都认为它是可行的。

攻击性的本质

在弗洛伊德自己的著作中，以及在许多其他精神动力学家的著作中，倾向于将攻击性视为一种广泛的、本能的、类似于蒸汽一样的推动力量。它被认为是生命中少数几个主要推动力之一。它是无处不在的、紧迫的，基本上不可避免。弗洛伊德写道：

> 男人很难不去满足他们身上的这种攻击性倾向……只要还有一些人能够作为攻击性发泄的对象，就有可能把相当多的人团结在一起。[1]

他把这种本能等同于杀死或摧毁侵略对象的欲望。归根结底，它甚至是为了自我毁灭。在我们的天性中，塔纳托斯（Thanatos）的盲目冲动不亚于厄洛斯（Eros），它与爱神形成了鲜明的对比。但在生活过程中，攻击性和爱常常被混为一谈，因此，甚至我们的附属需求也被破坏性冲动所腐蚀。

按照这一思路，一些精神分析学家在婴儿行为中看到了攻击性的主导地位。喂食的行为被认为是一种破坏性的吞噬。吮吸是一种攻击的形式。西梅尔（Simmel）写道，我们的原始祖先是食人者。

> 我们都是带着本能的冲动进入生活的，不仅要吞食食物，而且要吞噬所有令人沮丧的物体。在婴儿期的个体获得爱的能力之前，它被与环境的原始仇恨关系所支配。[2]

现在，这种攻击性理论的后果是使战争、破坏行为、犯罪行为、个人和团体冲突看起来完全自然的，甚至是不可避免的。最好的情况是，无处不在的攻击性冲动被升华、被耗尽，被转移到可接受的或破坏性较小的渠道。每个人都会需要一个替罪羊，我们将不得不为我们的攻击性行为发现或发明受害者。

我们完全可以拒绝这种对攻击性的单一概念。它不是一种单一的吞噬力量。这个词涵盖了几种不同类型的行为，有几种不同的原因。让我们看一下其中的一些。[3]

（1）当动物吃植物或另一个动物时，或者当孩子自己抢一个玩具时，这里除了有机体的欲望外，没有其他意图。其他人可能会称这种行为为攻击性的，但行为主体不会这样认为。一个2岁的孩子似乎具有"破坏性"，但他的掠夺行为完全是他热切的好奇心和兴趣所附带的。从他的角度来看，他并不具有攻击性，甚至当他从另一个孩子那里抢走玩具时也是如此。

（2）这个词有时被用来作为自信的同义词。我们听到有人说，美国人很有攻击性。这意味着他们（他们中的一些人）用一种直率的方式来解决生活中的问题。这种类型的攻击性不是指个人。它本身与对他人造成的伤害没有必然的联系。在一项对幼儿园儿童的研究中，洛伊丝·墨菲发现，最具同情心的儿童也更具有"攻击性"（相关系数为 +0.44）。[4] 这一有趣的发现似乎意味着，那些外向的儿童，即与他人互动的儿童，更有可能参与所有类型的社交。他们与其说是"好斗"，不如说是活跃。

（3）有时这个词的意思不仅仅是自信，它指的是一种对战斗的天生热爱。人们喜欢为战斗而战斗。据说爱尔兰人在这个意义上是好斗的（无论对错）。一个流行的民族笑话说明了这一点。有两个女人一直在讨论她们的祖先——

一个爱尔兰女人：那么麦卡锡家族是谁的后裔呢？

麦卡锡夫人：我想让你知道，他们不是任何人的后裔，他们是自己扑打出来的。

（4）有时，伤害对手的意图是竞争活动过程中的一个副产品。在这里，实现某个目标的愿望是最重要的，但情况紧迫，以至于行为主体在必要时毫不犹豫地使用武力或欺骗手段。侵略者打算不顾他人的抵抗而实现一个目标。帝国主义和扩张所带来的大量国家的侵略性都属于这一范畴。

（5）真正的虐待狂有时会以伤害受害者为乐。在这种情况下，攻击性就不像前两种情况里所展示的，是实现目标的工具了，而其本身就是一种目的。希特勒的许多冲锋队成员对德国犹太人的侵略似乎就是这种程度的。

（6）最后，我们来看看前一章所讨论的愤怒和攻击的类型。它可以被称为反应性。当挫折已经发生时，个人没有以现实的计划或毅力来面对它，也没有辞职退缩或自我责备。相反，他变得愤怒，并对障碍物本身进行攻击——或者，正如我们所看到的，他可能将敌意转移到一个替代对象（替罪羊）身上。在对偏见的理解中，最值得关注的就是这种反应性攻击。

无论这个简短的分析还意味着什么，它都清楚地表明，本能主义的、推动式的攻击性理论是站不住脚的。有太多的不同动机和太多的行为类型。把婴儿的良性吮吸、美国商人的进取心、虐待狂的残忍行为和失去工作的人的愤怒都归为同一本能的表现，这似乎很荒谬。它们的相似性似乎在于观察者的心态，而不是心理动力学上的认同。

读者应该注意到，虽然我们在这里否定了弗洛伊德攻击性理论的一个方面，但我们却接受了其另一个方面。攻击性不是一种需要发泄的巨大本能。然而，反应性攻击是大多数人似乎都有的一种能力，这种能力有时会导致愤怒转移。挫折——攻击性——转移理论是整个弗洛伊德理论的一个部分。正如我们在上一章中所看到的，这一部分是有效的，只要牢记几个重要的限定条件。

"本能"和"能力"之间的区别是至关重要的。本能需要的是一个出口，能力只是潜在的，而且可能永远不会被发挥出来。这个区别对于我们对偏见的看法显然是至关重要的。如果涉及本能——总是在寻求满足，那么限制或消除偏见的前景就很黯淡。如果只是涉及一种反应能力，那么很可能可以创造出内在和外在的条件，以避免完全唤醒这种能力。至少在理论上，我们可以在家庭和社区中创造出不那么令人沮丧的环境；我们可以训练孩子们在不进行外部攻击的情况下应对这种挫折；或者我们可以训练他们将这种攻击指向他们挫折的真正来源，而不是替罪羊身上。

"排空"问题

我们有时会遇到"自由漂浮的攻击性"这一术语。因此，人类学家克拉克洪写道："在每个已知的人类社会中，似乎都存在着不同程度的'自由漂浮的攻击性'。"[5]克拉克洪继续解释说，通过反应性假设，在大多数文化中，儿童在社会化过程中受到限制，在所有社会中，严重的剥夺和挫折发生在整个人生的成年阶段。攻击性冲动必须有一个积累和融合的过程。有时，长期的刺激会积累起大量模糊的、不相干的抗议；有时，当生活比较顺利时，这种"自由漂浮的攻击性"可能相对较少。

在这一点上，我们可以接受这个概念。无论是对整个社会的人还是对个人，它似乎都是有意义的。当我们遇到一个充满抱怨、怨恨、有许多对外群体偏见的人时，我们可以有把握地假设他有许多未解决的反应性攻击，无疑是通过一系列长期的挫折积累起来的，他不知道该如何处理。

但我们不能接受克拉克洪接下来用锅炉和安全阀的意象来解释这种侵略的过程。

在许多社会中，这种"自由漂浮的攻击性"主要是通过定期（或几乎持续）的战争来消耗掉的。一些文化，在它们的繁荣时期，似乎能够将大部分的侵略性引导到社会的创造性渠道（文学和艺术、公共工程、发明、地理探索等）。在大多数社会中，大多数时候，这种能量的大部分被分散到各种渠道中：

进入日常生活中的小规模愤怒爆发，进入建设性活动，进入偶尔的战争。但是，历史表明，在大多数国家的大多数年代中，这种攻击性的能量在或长或短的时间内集中于社会中的部分或少数群体之上。[6]

说"自由漂浮的攻击性"可能被引导到文学、艺术、公共工程的创造性工作中，这种说法太牵强了。通常情况下，画一幅画或起草一份蓝图是没有攻击性的。这段话似乎完全回到了弗洛伊德的观点，即存在一定量的攻击性。它可以"漂浮"在任何地方。它甚至可能被升华为非攻击性（和平地追求）。

同样值得怀疑的是"自由漂浮的攻击性"可能被战争"耗尽"的说法。我们所掌握的证据表明，事实完全相反。如果排空的理论是正确的，我们应该看到，在战争时期一个国家的内部争吵会减少。在第二次世界大战期间，当美国公民的"自由漂浮的攻击性"被全力指向德国、意大利和日本等敌人时，我们应该在国内获得安宁。但情况却恰恰相反。在前几章中，我们注意到敌意的谣言是多么地激烈，种族骚乱是多么地严重——比和平时期要严重得多。目前美国国内对苏联的敌意也没有"排解"对自由派、知识分子、劳工、犹太人、黑人或华盛顿政府的攻击。它似乎反而加剧了这些攻击。

斯塔格纳研究了大学生攻击性行为的表现，他报告说，在一个方向上的攻击性丝毫不会减少一个学生在其他方向上的攻击性的可能性。相反，一个以一种方式"引导"攻击性的人很可能也会以其他方式"引导"。各种表达途径之间的相关系数 +0.40。[7]

对文化的比较研究显示了同样的趋势。如果一个社会是好战的，那么这个社会中的个人就会有相互攻击的行为，攻击性也会出现在这个社会文化的神话中。在不好战的社会中，这些攻击性的证据是缺乏的。里夫族和阿帕奇族说明了前一种趋势，霍皮族和阿拉佩什族则说明了后一种趋势。博格斯（Boggs）通过对一个社会中的个人、群体和意识形态的攻击性的各种测量，发现了相关性在 +0.20 至 +0.54。[8]他的结论是，攻击性行为在特定的案例中要么存在，要么相对缺乏，而当存在时则高度普遍化。

所有这些证据都对"自由漂浮的侵略性"可能被"排空",从一个对象转移到另一个对象的理论产生了质疑。在较小的程度上,它对挫折——攻击性的顺序也有一定的影响,因为不太可能更具攻击性的社会(或个人)总是更有挫折感。霍皮人和阿拉佩什人的生活总体上似乎并不比里夫人或阿帕奇人轻松。但在这种情况下,我们可以认为,霍皮人和阿拉佩什人已经学会了如何以非攻击性的方式处理他们的挫折,而里夫人和阿帕奇人的文化则鼓励对挫折做出极端的反应。然而,似乎没有办法挽救"排空"理论。某一数量的"自由漂浮的攻击性"可以通过这种、那种或其他方式耗尽,这根本不是真的。

否认"排空"并不意味着否认"转移"。在两个方面,这两个概念是完全不一样的。(1)转移仅指有时在反应性攻击中发现的一种特定倾向。它可以通过实验证明发生。一个有限的冲动获得了一个替代对象。另一方面,"自由漂浮"的侵略性与"排空",暗示着可能升华的渠道——即使是以非攻击性的方式。(2)转移并不意味着,在一个渠道中"释放"攻击性会减少在另一个渠道中"释放"的可能性。攻击性表达得越多,它反而会产生得越多。"排空"理论的观点则恰恰相反。

攻击性作为一种人格特征

虽然我们对弗洛伊德关于攻击性的观点的某些方面进行了批判,但我们认同的是,一个人处理其攻击性冲动的特有方式是其性格结构的一个重要特征。

然而,与弗洛伊德不同,我们假设侵略是一种能力,而不是一种本能。它主要是一个反应性问题。在一些人中,它是在与特定的客观刺激情况下进行的,并没有成为一种深层次的人格特征。正常的反应性攻击具有某些适应性特征,伯格勒(Bergler)列举如下:

(1)只用于自卫或保卫他人;

(2)针对的是真正的敌人——挫折的真正来源;

(3)不伴有内疚感,因为该行为被认为是完全合理的;

(4)不是过度的,而是足够的;

（5）在适当的时候使用，如当敌人是脆弱的时候；

（6）使用的方式是行为主体期望努力获得成功的方式；

（7）不容易被激怒，但只有当进攻是可预见的；

（8）不被过去产生的无关紧要的挫折所迷惑，也许是在幼儿时期。[9]

这种类型的理性适应性攻击不会导致神经病症，也不会导致偏见的产生。只有当这些正常的标准被违反时，我们才会在人格中遭受有害的攻击性形式。一个人可能不知道挫折的真正来源（违反了标准2），因此被迫将他的敌意转移到一个不真实的敌人身上。另一个人，知道他的挫折的来源，但可能发现他无法成功地直接消灭它（违反标准6）。另一个人可能会发现，由于童年的挫折感挥之不去，每一天的烦恼都会大大增加（违反标准7和标准8）。

按照这一思路，我们得出的结论是，处理攻击性冲动只对那些出于某种原因不能遵循正常途径的人来说才是一个严重的问题。在他们身上，攻击性不仅仅是一种能力，它已成为一种特质。它不再是理性和适应性的，而是习惯性和强迫性的，反应可能是过度的、转移的、不恰当的。在真正的神经性攻击中，我们发现所有的八个标准都被违反了。

无序的攻击性可能因此成为一种根深蒂固的性格障碍。它可能是因为正常的反应性攻击受阻，许多家庭和个人因素，这一点在精神分析中已经提及。而且，它可能部分来自文化压力。

攻击性的社会模式化

美国的竞争性生活方式赋予了某些类型攻击性以重视。小男孩被期望为自己挺身而出，并在必要时加入战斗。在某些地区，习俗制裁对选定的少数群体充满了言语和行为上的敌意。但是，文化不仅为攻击性行为的发展提供了规范，它还为个人遭受的许多特有的挫折提供了来源。

以西方文化为例。帕森斯已经指出了社会结构的某些特征，这些特征对攻击性的演变有显著的影响，从而使个人容易产生偏见。[10] 在西方家庭中（也许特别是在美国），父亲一天中大部分时间都不在家，孩子一直和母亲在一起，只有母亲为他的行为提供示范和指导。对母亲的早期认同通常会形成。由于家庭中的女儿很早就知道她也将成为一个家庭主妇和母亲，这种认知几乎没有给她带来任何麻烦——至少在几年内。然而，小儿子却很早就处于冲突之中。女人的行为方式不适合他。虽然他已经习惯了这种方式，但他很早就感觉到对自己有一个不同的期望。他了解到，男性拥有权利、行动自由和力量，女人则较弱。然而，他与母亲的联系是紧密的。她给他的爱满足了他最深的需求。这种爱可能取决于他是否勇敢，是否像一个小大人，因此，在某种意义上，背离了他所认同的女性气质。成年男性的精神困境源于"恋母情结"和"娘娘腔情结"，而儿子正试图摆脱这种情结。

作为一种过度补偿，男孩后来可能会更加认同父亲，特别是模仿他的男性化的行为方式。男孩文化中的粗暴、强硬和讨厌的行为，至少可以部分解释为对母亲影响的一种过度反应。虽然大多数男性以某种方式完成了过渡，并最终设法在对母亲的孝心和必要的成年男子气概之间取得平衡，但也有一些情况是继续过度依赖母亲，并对外部世界采取过度的攻击性。有证据表明，在这些案例中，会发现有很大一部分是反犹太主义的男性。患者认为自己有男子气概，有攻击性、强硬，但他还没有学会控制自己被动和依赖的状态。其结果是一种代偿性的敌意，而这种敌意是由社会认可的替罪羊来承担的。[11]

父亲常常在引导儿子形成男子气概方面扮演着自己的角色。他是具有美国西部传统的竞争文化的载体，他鼓励儿子去发挥自己的能力，他的要求通常超过孩子这个年龄该有的水平。这个标准被设定得比一般年轻人能达到的要高。一个常见的反应是将纯粹的攻击性与男子气概混为一谈。这个男孩至少可以说得很强硬，大声批评，并斥责外部群体。这种虚假的凶猛模式可能在一段时间内变成真正的敌意。在我们的文化中，帮派模式和"坏孩子"模式基本上是强制性男子气概的标志。在某种程度上，种族偏见也是如此。德国文化在许多方面与我们的文化不同，但似乎很可能纳粹对强制性男子气概的崇拜，伴随着对犹太人的凶残迫害，也与普遍的家庭模式有关。

美国家庭中的女儿躲过了这种特殊的冲突。但她们也有挫折的文化来源，她们中的许多人对我们的文化中分配给妇女的低级角色怀有怨恨。同样，女人几乎把一切都押在了成功的、浪漫的婚姻上。如果婚姻是不成功的，她日后的选择比男人要少。因此，她在婚姻中的挫折感可能比男人的挫折感要强烈得多。同样地，她也没有逃脱文化中对男性理想的强调。她也想变得适度"强硬"，但由于她在社会秩序中的女性角色，这种倾向可能被更坚定地压制。

研究表明，这种情况与种族偏见的发展有关系。研究发现，反犹太主义的女大学生的特点是在传统的女性外表下有大量的压抑的攻击性，而这种攻击性在对犹太人宽容的女性中程度则低许多。[12]

谈到美国的职业状况，它似乎也招致了反应性的攻击性和转移。取得成就的标准非常高（每个儿子通常都被期望在财富和声望上超过他的父亲），所以失败和挫折经常发生。然而，激起攻击性的职业环境根本没有提供任何合法的出路。

人们可以说，西方社会一般来说，在产生攻击性的群体中，攻击性被严格禁止直接表达。因此，有大量的烦躁情绪需要随时被转移。当我们考虑到家庭和职业中挫折的普遍性，以及为不方便表达的敌意的压抑感时，我们可能会想，这么多的人都没有发展出对外群体的偏见。

这里提出的社会学分析类型有助于解释一个社会中偏见模式的一致性。然而，它并没有解释所遇到的巨大的个体差异。要做到这一点，需要我们把注意力转回到人格的发展上，将其作为一个选择性的媒介。

仇恨的本质

愤怒是一种短暂的情绪状态，因某些正在进行的活动的失败而被唤起。由于它是在某一特定时间由可识别的刺激物引起的，导致了直接攻击挫折来源的冲动，并对该来源造成伤害。

很久以前，亚里士多德就指出，愤怒与仇恨的不同之处在于，愤怒通常只针对个人，而仇恨可能是针对整个阶层的人。他还注意到，一个人在发怒后往往会为自己的行为感到抱歉，并同情他所攻击的对象，但在表达仇恨时，很少会有悔意。仇恨是根深蒂固的，并且不断地"渴望消灭仇恨的对象"。[13]

换而言之，我们可以说，愤怒是一种情绪，而仇恨则必须归类为一种情感——对一个人或一类人持续性的攻击性冲动。因为它是由习惯性的痛苦感觉和指责思想组成的，所以它构成了个人精神情感生活中的一个顽固的部分。由于它对社会造成了破坏，并受到宗教的谴责，所以它具有强烈的伦理色彩，尽管仇恨者通常会设法避免在这个问题上发生冲突。就其本质而言，仇恨是外在的，这意味着仇恨者确信错误在于他所仇恨的对象。只要他相信这一点，他就不会为自己不善的心理状态感到内疚。

为什么经常选择外部群体而不是个人作为仇恨和攻击的对象呢？有一个很好的解释。毕竟人与人之间很像，他人让我们想到自己。人们几乎不可能不同情受害者，攻击他，我们自己也会感到一些痛苦。我们自己的"身体形象"会被牵扯进来，因为他的身体就像我们自己的身体。但是没有一个群体的身体形象。它是更抽象的，更非个人化的。如果有一些明显的区别性特征，情况更是如此（参见第8章）。不同颜色的皮肤在某种程度上把这个人从我们自己的圈子里移除。我们不太可能把他当作一个个体，而更可能只把他当作一个外群体成员。但即便如此，他仍然至少有一部分像我们自己。

这种同情的倾向似乎可以解释我们经常注意到的一个现象：讨厌抽象群体的人在实际行为中，往往会对群体中的个别成员更公平和善意。

为什么仇恨群体比仇恨个人更容易？还有一个原因：我们不需要用现实来检验我们对一个群体的不利的刻板印象。事实上，如果我们将我们认识的个别成员作为"例外"，我们持有这种偏见就更为合理。

弗洛姆（Fromm）指出，有必要区分两种仇恨：一种可以称为"理性的"；另一种则是"性格所决定的"。[14] 前者具有重要的生物学功能。当人的基本自然权利受到侵犯时，它就会产生。一个人憎恨任何威胁到他自己的自由、生命和价值的东西。同时，如果社会化程度高，他也会憎恨任何威胁到其他人类的自由、生命和价值的东西。在第二次世界大战期间，荷兰、挪威和其他国家被占领期间，大部分居民对纳粹侵略者的憎恨已经众所周知了。这是一种"冷酷"的仇恨，只是偶尔会导致公开的攻击性行为。这不是一时的愤怒，而是一种持久的鄙视。入侵者被尽可能地视为不存在。在荷兰，一名纳粹士兵进入一节拥挤的火车车厢，被车厢里的人完全无视。他注意到他们的仇恨，但仍然试图讨好他们，他说："请你们给我腾出一点空间，让我呼吸一下空气，好吗？"结果他们继续无视他。

性格所致的仇恨要比理性的仇恨更让我们担心。正如弗洛姆所指出的，在这里人们有一种持续的仇恨准备。这种情绪与现实没有什么关系，尽管它可能是生活中一连串痛苦的失望的产物。这些挫折融合成一种"自由漂浮的仇恨"，是"自由漂浮的攻击性"的主观对应物。这个人带着一种模糊的、气质上的错误感，他希望将其分化。他必须有憎恨的对象。仇恨的真正根源可能令他困惑，但他想出一些方便选择的受害者和一些合理的理由。犹太人在密谋反对他，或者政客们想让事情变得更糟。受挫的生命一般会有最高限度的性格所致的仇恨。

除非一个人重视的东西被侵犯，否则这两种仇恨都不可能存在（第2章）。爱是恨的先决条件。在破坏友好关系的因素遭到仇视之前，友好关系一定已经被破坏了。这一事实与第338页引用的西梅尔的断言相悖，即在个人获得爱的能力之前，他被一种原始的对环境的仇恨关系所支配。这是一个严重错误的观点。

在一个人的生命之初，支配他的是与母亲的依赖性、隶属性关系。很少有破坏性本能的迹象。出生后，在哺乳、休息和玩耍时，孩子对环境的依附性仍占主导地位。早期的社交微笑象征着对人的满意。婴儿对他的整个环境是积极的，几乎接受每一种类型的刺激，接触每一种类型的人。他的生活以热切的外向性为标志，通常还有积极的社会关系。

当受到威胁或挫折时，最初的附属倾向可能会让位于惊恐和防御。伊恩·苏蒂如是说："地球上没有仇恨，只有爱变成了仇恨；地狱里没有愤怒，只有个孩子在轻蔑。"[15]因此，仇恨的起源是次要的、偶然的，而且在发展过程中相对较晚。它总是一个附属欲望受挫的问题，以及随之而来的对一个人的自尊或价值观的羞辱。

也许整个人类关系领域中最令人困惑的问题是：为什么我们在与其他人的接触中，符合并满足我们主要的归属需求的相对较少，而为什么有那么多的人带着仇恨和敌对的情绪？为什么忠诚和爱是如此之少和受到限制，为什么人类根本上感到他们永远无法爱或被爱得足够多？

这个问题的答案似乎有三个方向。一个是关于困扰人们的挫折感和生活的艰难程度。由于严重的挫折感，人们很容易将反复出现的愤怒融合成合理化的仇恨。为了避免伤害，至少获得一种安全感，排斥比包容更容易。

第二个原因与习得过程有关。我们在前几章中已经了解到，在排斥性家庭中长大的孩子，受到父母的偏见的影响，几乎不可能在社会关系中形成信任或有亲和力的态度。由于没有得到什么感情，他们也就没有能力给予感情。

最后，有一种省力的办法就是对人际关系采取排他性（我们在第10章谈到了"最小的努力"）。通过对伟大的人类群体采取否定的观点，我们在某种程度上使生活更简单。例如，如果我拒绝所有的外国人，我就不必为他们费心，除了不让他们进入我的国家。如果我可以把所有的黑人视为低等和令人讨厌的种族，那么我就可以方便地处理掉我十分之一的同胞。如果我可以把天主教徒归入另一个类别并拒绝他们，我的生活就会进一步简化。然后，我再把犹太人切掉……继续如此。

因此，带有各种程度和种类的仇恨与攻击性的偏见模式，在个人的世界观中占有一席之地。它有一种我们无法否认的方便性，但它仍然与人们自己的梦想相去甚远。最根本的是，人们仍然渴望在生活中与同伴和平友好地相处。

参考文献

（1）S. Freud. *Civilization and Its Discontents*. London: Hogarth Press, (Translated)1949, 90.

（2）E. Simmel (Ed.). *Anti-Semitism:A social Disease*. New York: International Universities Press, 1948, 41.

（3）该分析与以下研究中的分析类似：F. Baumgarten, Zur Psychologie der Aggression, *Gesundheit and Wohlfahrt*, 1947, 3, 1-7。

（4）Lois B. Murphy. *Social Behavior and Child Personality*. New York: Columbia Univ. Press, 1937.

（5）C. M. Kluckhohn. Group tensions: analysis of a case history. In L. Bryson, L. Finkelstein, & R. MacIver (Eds.), *Approaches to National Unity*. New York: Harper, 1945, 224.

（6）Ibid.

（7）R. Stagner. Studies of aggressive social attitudes: I. Measurement and inter-relation of selected attitudes. *Journal of Social Psychology*, 1944, 20, 109-120.

(8) S. T. Boggs, *A Comparative Cultural Study of Aggression*. (Unpublished) Cambridge: Harvard University, Social Relations Library, 1947.

(9) E. Bergler. *The Basic Neurosis*. New York: Grune & Stratton, 1949, 78.

(10) T. Parsons. Certain primary sources and patterns of aggression in the social structure of the western world. *Psychiatry*, 1947, 10, 167–181.

(11) Else Frenkel-Brunswik & R. N. Sanford. Some personality factors in anti-Semitism. *Journal of Psychology*, 1945, 20, 271–291.

(12) Ibid.

(13) Aristotle. *Rhetoric*. Book Ⅱ .

(14) E.Fromm. *Man for Himself*. New York: Rinehart, 1947, 214 ff.

(15) I. D. Suttie. *The Origins of Love and Hate*. London: Kegan Paul, 1935, 23.

第23章　焦虑，性，内疚

现在我们可以理解反犹太主义者的立场了。他们心存恐惧。当然，他们害怕的不是犹太人，而是他们自己。他们害怕自己的良心，害怕自己的自由，害怕自己的本能，害怕自己的责任，害怕团结，害怕改变，害怕社会，害怕世界——他们害怕除了犹太人之外的一切。

——让 - 保罗·萨特

我们所要说的关于恐惧、性和内疚与偏见的关系，在许多方面与我们对攻击性的心理动力学分析相似。

恐惧与焦虑

理性和适应性的恐惧需要对危险的来源有准确的认识。疾病、即将到来的火灾或洪水、路人等都是构成现实恐惧的条件。当我们准确地感知到威胁的来源时，我们通常会对其进行反击或撤回安全地带。

有时，恐惧来源于正确感知，但人却还无法控制它。一个害怕失去工作的工人或生活在对核战争担忧中的公民被恐惧所左右，但他们却无能为力。在这种情况下，恐惧变成慢性的，我们称之为"焦虑"。

慢性焦虑使我们处于警戒状态，让我们容易将各种刺激视为威胁。一个人如果一直生活在失去工作的恐惧中，就会感到周围充满危险。他敏感地认为黑人或外国人试图夺走他的工作，这就是一种现实的恐惧的转移。

有时，恐惧的来源并不为人所知，或者已经被遗忘或被压抑。恐惧可能仅仅是在面对外部世界危险时内心软弱感觉不断增加的产物，人们可能一次又一次地在与生活的交锋中败下阵来。因此，他产生了一种普遍的不足感。他对生活本身感到恐惧。他害怕自己的无能，并对那些被他视为威胁的能力更强的人产生了怀疑。

焦虑是一种分散的、非理性的恐惧，不针对适当的目标，不受自我洞察力的控制。就像一个油渍，它已经蔓延到整个生活中，并玷污了个人的社会关系。由于他的从属需求远未得到满足，他可能会变得具有强迫性——对某些人（也许是他自己的孩子）过度占有，对其他人过度排斥。但这些强迫性的社会关系造成了进一步的焦虑，加剧了恶性循环。

存在主义者告诉我们，焦虑是每个生命的基本要素。它比攻击性更突出，因为人类生存的条件是未知的、可怕的，尽管它们并不总是令人沮丧。正是这个原因，恐惧甚至比攻击性更容易扩散，比它更加促进性格的形成。

然而，焦虑与攻击性一样，人们往往会为它感到羞耻。我们的道德准则重视勇气和自力更生，骄傲和自尊使我们去掩饰我们的焦虑。虽然我们会一定程度上压抑它，但我们也给它一个转移的出口——社会认可的恐惧来源。如果这些人承认他们大部分焦虑的真正来源，即个人的不足和对生活的恐惧，那他们就不会受到尊重了。

当然，可能有现实的恐惧因素与转移的恐惧混在一起。日本战败后，公众舆论发生了显著变化。在此之前，敌意是永无止境的。不仅这个国家的人被认为是狡猾的亚洲人，而且即使是忠诚的日裔美国人也被赶进"搬迁"阵营。1943年，苏联人被爱戴，日本人被惧怕。5年后，这种情况或多或少地发生了逆转。这种转变表明，即使在同时发生大量转移的情况下，也可能存在一个现实主义的核心。如果有合理的恐惧目标，人们会更倾向于这些目标。

就我们现在的知识而言，性格上的焦虑似乎是来源于早期生活的不良开始。在之前的章节中，我们已经多次注意到儿童训练的特殊性，这些特殊性可能会引起持久的焦虑。特别是男孩，他们努力克服困难，以成为男性角色，而且可能对其成功程度而患上持久的焦虑。严苛的父母创造了一种极其忧虑的状况，我们知道这可能是神经紊乱、犯罪和敌意的基础。下面的案例并不极端，但可以说明可能涉及的过程的微妙性：

> 在乔治4岁的时候，他的母亲生下了一个弟弟。乔治很害怕，怕他的弟弟取代他在母亲心中的地位。他担心且忧虑，并开始讨厌他的弟弟。弟弟生病

时，母亲的确把更多的注意力放在他的身上而不是乔治的身上。这个4岁的孩子感到越来越反感，越来越没有安全感。他有时试图伤害他的弟弟，但当然这会被阻止和惩罚。不幸的是，母亲在恢复对两个孩子同等态度之前就去世了。乔治从未从这种双重剥夺中恢复过来。

当他开始上学时，他的性格是多疑的。他特别反感陌生人搬到自己社区附近来，和每个新来的人都要打一架。这种测试陌生人的方法在男孩圈子里是很常见的。他们必须证明自己和大家一样，才能被接受。在几个星期内，对陌生人的不信任就会被瓦解，原来就住在这里的男孩和新来的男孩就会达成共识。

即使是在最初的打架仪式之后，有些类型的陌生人是乔治无法接受的。他们是那些在他看来绝对与这个社区格格不入的男孩。他们是如此的不同，以至于（像他的弟弟一样）他们似乎是无法被同化的入侵者。他们有奇怪的家，奇怪的食物，奇怪的颜色和庆祝奇怪的节日。这种奇怪的感觉不会消失。新来的人表现很突出，到处都能看到（就像他早年的弟弟一样）。乔治最初的怀疑和敌意并没有消退。他可以接受像他一样的男孩（自爱），但他会拒绝那些与他的自我形象格格不入的男孩（他弟弟的象征）。对乔治来说，种族成员的差异具有与他和他弟弟差异一样的功能意义。

在社区中，有许多像乔治一样有兄弟姐妹的人，他们不一定要解决与兄弟姐妹之间的竞争。出于与早期被剥夺有关的其他原因，他们遭受着未知的忧虑。像乔治一样，他们认为人与人之间的差异是危险的。他们感到焦虑，却找不到确切的原因，他们试图发现焦虑的原因。他们确信，这在于一些可以被合理化的差异，这就是他们恐惧的来源。当一个社区中所有焦虑的乔治把他们的恐惧放在一起，并一致同意一个想象中的原因（黑人、犹太人），可能会产生大量由恐惧引发的敌意。[1]

来自经济的不安感

虽然许多焦虑起源于童年，但成人时期也有一些因素是焦虑强有力的来源，特别是与经济困难有关的焦虑。对此，我们已经引用了大量的证据（特别是在第14章），大意是阶层下移、失业和抑郁期，以及普遍的经济不满都与偏见相关。

有时，正如我们同样看到的那样，可能涉及现实的冲突，例如，当黑人工人的技能升级，成为某些工作带来更多的竞争者时，一个族群的成员可能真的会密谋垄断一个企业、一个工厂或一个职业，这也是不可想象的。但通常情况下，人们感受到的"威胁"并不是针对这种情况下的现实。忐忑不安的边缘人对外族成员的任何野心或进步的迹象都会感到隐约的恐惧，无论它是否构成现实的危险。

在大多数国家，人们对自己的财产有强烈的占有欲。这是一个保守主义的堡垒。任何威胁，不管是真实的还是想象的，都会招致焦虑和愤怒（这种混合特别会导致仇恨的增长）。在纳粹控制时期，被送入中欧集中营的许多犹太人的经历中发现了这种关系。这些犹太人经常把他们的财产委托给一些外邦朋友。大多数犹太人被杀害，财产就自动成为朋友的财产。但偶尔有一个犹太人回来，发现他因为索要自己的财产而受到了强烈的憎恨，这些财产也许已经被受托人用完了，有时是为了买食物。一个犹太人预见到了这种结果，拒绝要求外邦朋友看守他的财物，他说："我的敌人想让我死，这还不够吗？我不希望我的朋友也希望我死。"

无尽的贪婪当然是偏见的一个原因。如果我们从历史的角度来审视对殖民地人民、犹太人和先住民（包括美国印第安人）的感情，我们可能会发现，贪婪的合理化是一个主要来源。这个公式很简单：贪婪→攫取→合理化。

经济忧虑在反犹太主义中的作用经常被提及。在美国，富人似乎特别容易受到反犹太主义的影响。[2] 原因可能是犹太人被看作一个象征性的竞争者，压制他就是象征性地避免所有潜在的威胁。所以，他不仅被排除在职业之外，还被排除在学校、俱乐部和社区之外。通过这种方式，产生了一种似是而非的安全感和优越感。麦克威廉斯将整个过程描述为"特权的伪装"。[3]

自　尊

经济上的忧虑来源于饥饿和生存的需要。但在这一理性功能得到满足后，忧虑也会继续存在，它们延伸到对地位、声望和自尊的需要。食物不再是问题，金钱也不再是问题，除非它能买到生活中始终短缺的东西：不同的地位。

不是每个人都能踏入"上流社会"的，也不是每个人都想。但大多数人都想比他们现在所处的地位高。墨菲（Murphy）写道："这种饥饿感像维生素缺乏症一样。"他认为这是种族偏见的主要根源。[4]

与对地位的渴望相匹配的是对自己的地位可能不安全的担忧。维持不稳定地位的努力会带来对他人几乎是反射性的贬低。阿希（Asch）举了一个例子：

> 我们在南方人的种族自豪感中看到了这一点，在保全面子和自我辩解中看到了这一点，这可能是源于对自己地位的深刻怀疑，这种怀疑大多不是自觉的、无法忍受的。面对北方人对南方人的骄傲，面对新兴工业时腐朽庄园主的骄傲，面对旧贵族时新工业家的骄傲，面对岌岌可危的低等黑人的可怜时白人的骄傲，这些都是一个民族的反应，他们不确定自己的失败是不是自己的错。[5]

哲学家休谟（Hume）曾经指出，只有当我们与那些幸运的人差距比较小，即我们之间可以相互比较时，嫉妒才会出现——"小差异的自恋"。一个小学生不会嫉妒亚里士多德，但他可能会嫉妒他的邻居，因为他得了一个 A，使得自己的成绩看起来是如此之低。奴隶们可能不会嫉妒他们富有的主人，因为差距太大，但他们很可能会嫉妒其他比他们更高一级的奴隶。每当原有的固定阶级被打破或阶级间流动性增加时，嫉妒就会多得多。美国人在教育、机会和自由方面差不多，这让他们彼此感到嫉妒。这就是为什么矛盾的是仇恨的增加很可能伴随着阶级差距的缩小。

向任何人推销的最简单的想法是，他比别人好。三 K 党和种族主义煽动者的吸引力就在于这种技巧。势利眼是保持自己地位的一种方式，尤其适用于那些地位低下的人。通过把他们的注意力转移到不受欢迎的外部群体，他们能够从比较中获得适度的自尊。外围群体，作为地位的建立者，有一个特殊的优势，那就是近在咫尺，看得见（或至少叫得上名字），并通过共同协议占据较低的位置，从而为自己的地位提升感提供社会支持。

自我主义（身份地位）的主题已经贯穿了我们的许多章节。也许墨菲认为它是偏见的"主要根源"是对的，我们现在讨论的目的是把这个主题与恐惧和焦虑的因素适当联系起来。我们觉得，更高地位会消除我们的基本忧虑，为此，我们努力为自己争取一个更高的地位——往往以牺牲我们的同伴为代价。

性

性，像愤怒或恐惧一样，可能会贯穿我们一生，并可能以隐蔽的方式影响社会态度。像这些其他情绪一样，当它被理性地和适应性地引导时，它的扩散性较小。但在性不适应、挫折和冲突中，一种紧张感从生活中的情欲领域向外扩散到许多旁门左道。有些人认为，如果不参考性适应不良，就不可能理解美国的群体偏见，特别是白人对黑人的偏见。英国人类学家丁沃尔（Dingwall）写道：

> 性在美国的生活中占主导地位，其方式和方法是世界上其他地方所没有的。如果不充分认识其影响和结果，就不可能对黑人问题进行解释。[6]

我们可以忽略美国人比其他国家的人更有性欲这一未经证实的断言，同时承认一个重要问题已经提出。

一位北方城市的家庭主妇被问到她是否会反对黑人住在同一条街上。她回答说：

> 我不想和黑人住在一起。他们体味太重。他们和我们是不同的种族。这就是产生种族仇恨的原因。当我和黑人睡在同一张床上时，我就会和他们一起生活。但你知道我们不会这样做的。

在这里，性障碍侵入了一个逻辑上不相关的问题——就是在同一条街上居住的简单问题。

暴露出性兴趣和性指责的绝不仅仅是反黑人的偏见。一本反天主教的小册子的广告是这样写的：

> 修女手脚被绑，嘴被堵，躺在地牢里，因为她拒绝服从牧师……修女被锁

在一个房间里，赤身裸体地与三个醉酒的神父在一起……毒药、谋杀、强奸、折磨和杀死婴儿……如果你想知道修道院墙后发生了什么，请阅读《死亡之屋》或《修道院的暴行》。

将淫乱与罗马天主教会联系起来，是仇视天主教的人熟悉的老把戏。一个世纪前，关于淫乱的黑暗故事很常见，这也是当时兴盛的一无所知党的政治诽谤运动的一部分。

19世纪对摩门教的猛烈迫害与他们一夫多妻制的教义和对此偶尔的实践有关。尽管在1896年被法律终止的多配偶制是一项不健全的社会政策，但在当时的反摩门教小册子中却透露出一种对淫乱的兴趣和放荡的幻想。一些人因自己性生活中的冲突而增加了对该教派的反对程度。为什么要允许其他人比他们有更多的性伙伴选择？

在欧洲，指责犹太人不道德的性行为是很常见的。他们被说成纵欲过度、强奸、变态的人。希特勒，他自己的性生活远非正常，却一次又一次地设法指责犹太人变态，指责他们有梅毒，以及希特勒自己害怕的其他疾病。施特赖希（Streicher），这位纳粹头号犹太猎手，至少在私人谈话中，提到割礼的次数和提到犹太人的次数差不多。[7] 某种奇特的情结似乎在困扰着他，（会不会是他的阉割焦虑症？）他设法将其投射到犹太人身上。

但在美国，人们很少听到对犹太人的性指控。这是因为反犹太主义较少，还是因为美国的犹太人比欧洲的犹太人更有道德感吗？这两种解释似乎都不对。正如我们在第15章中所看到的，更可能的原因是，在美国，我们在黑人身上找到了我们性指责的首选目标。

有一个微妙的心理学原因，即黑人的特征有利于与性联系起来。黑人似乎是黑暗的、神秘的、遥远的，但同时又是温暖的、有人性的、有可能接近的。这些神秘和禁忌的元素存在于清教社会的性吸引力中。性是被禁止的，有色人种是被禁止的，这些想法开始融合在一起。有偏见的人称宽容的人为"黑鬼爱好者"，这并非偶然。这个词的选择表明，他们正在与自己被黑人的吸引作斗争。

该国数以百万计的混血儿也证明了种族间的性吸引存在的事实。肤色和社会地位的差异似乎在性方面是令人兴奋的，而不是令人排斥的。人们经常注意到，与下层阶级的人交往对地位较高的人似乎特别有吸引力。贵族家庭的女儿与马车夫私奔，这几乎是文学作品中熟悉的主题，就像浪子在与下层阶级妇女厮混，挥霍自己的资产一样。两者都揭示了同样的事实。

我们注意到，晒太阳是为了使皮肤变黑，是男性和女性为了提高自己的吸引力而沉迷的一种消遣活动。肤色的对比是很有趣的。莫雷诺报告说，白人和黑人少女之间的同性迷恋在劳教所中很常见，因为在许多情况下，肤色的差异似乎可以替代性别的差异。[8]

黑人对生活的看法是开放的、不加掩饰的，这一事实（或传说）进一步增强了他们的吸引力。许多性生活受到压抑的人也希望有同样的自由。他们对他人性生活的开放性和直接性越来越嫉妒和恼怒。幻想很容易与事实混淆。

这种不正当的迷恋在一些生活枯燥得令人无法忍受的地方可能会变得痴迷。在莉莲·史密斯（Lillian Smith）的小说《奇怪的果实》中，她描写了一个南方小镇的情感缺乏。人们在宗教狂欢中，或在种族冲突的刺激中寻求逃避。或者人们可能在黑人身上看到他们所缺乏的品质，嘲笑、渴望或迫害他们。禁忌的果实引起了截然不同的情绪反应。海伦·麦克莱恩（Helen Mclean）写道：

> 白人称黑人是自然的孩子，简单、可爱、没有野心，是对自己的每一个冲动都让步的人，他们制造了一个符号，让那些在本能满足方面受到抑制和残缺的人得到了秘密的满足。事实上，白人非常不愿意放弃这样一个象征。[9]

现在，这种常见的跨种族性迷恋很少正常表现出来。青少年的混合约会几乎是社会不允许的。合法的通婚，就算有可能的话，也是很少见的，而且受到社会复杂因素的干扰，即使对最虔诚的夫妇也会带来严重的问题，因此，私通是秘密的、非法的，并伴随着内疚感。然而，这种魅力非常强烈，甚至这种最严格的禁忌经常被打破，但更多的是由白人男性打破，而不是由白人女性。

将这种性状况与偏见联系起来的心理动力学过程需要分别从白人女性和白人男性两个角度来阐释。（当然，我们必须明白，不是每个人都以同样的方式受到影响，但这个过程可能足够普遍，成为形成和维持偏见的一个重要因素。）

假设一个白人妇女被黑人男性所吸引。她不可能承认，甚至对自己承认，她发现他的肤色和较低的地位有吸引力。然而，她可能会"投射"她的感觉，并相应地想象这种欲望存在于另一面——黑人男性对她有性侵犯的倾向。内在的诱惑被认为是外在的威胁。将她的冲突过度泛化，她对整个黑人种族产生了一种焦虑和敌意。

从白人男性角度来看，这个过程可能更加复杂。假设他对自己的性能力和吸引力感到焦虑。一项对成年囚犯的研究发现，这种情况与高度偏见之间有密切关系。总的来说，对少数族群持对抗态度的男性，他们对自己的性被动或同性恋趋势表现出更激烈的反抗。这种抗议采取了极其强硬和敌对的形式。这些人比那些在性方面更安全的人犯下更多的性犯罪，而前者的假男子气概使他们对少数民族更加敌视。[10]

同样，一个对自己的婚姻不满意的男性，当他听到对黑人的性能力认可的传闻时，可能会感到嫉妒。他还可能对黑人感到不满，当这个黑人设法接近可能成为他女朋友的女孩时感到恐惧。因此，可能会产生一种竞争状态，其依据是同一类型的推理，即工作数量是有限的，如果黑人拥有这些工作，白人的工作机会将被剥夺。

或者假设白人男性与黑人女性一起厮混，这种关系是非法的，会引起罪恶感。虚伪的正义感让他觉得，黑人男性原则上应该有同样的机会接触白人女性。嫉妒加上罪恶感产生了令人不快的冲突。他也通过"投射"找到了一条出路。好色的黑人男性才是真正的威胁，他会夺去白人女性的贞操。在义愤填膺的爆发中，他自己夺去黑人女性贞操的事实被忘却了。这种愤慨既可以减轻罪恶感，也可以帮助白人男性恢复自尊。

出于这个原因，男性黑人因性犯罪（与白人妇女）而受到的惩罚异常地重。（尽管事实上，大部分的犯罪行为是在白人一方。）1958—1948年，在南部13个州，15名白人和187名黑人因强奸罪被处决。在这些州，黑人只占人口的23.8%。除非我们假设黑人实施强奸的频率是白人的53倍（与他们在人口中的数量成正比），否则我们不得不得出结论，偏见在很大程度上造成了这种犯罪的不平等的处决数据。[11]

毫无疑问，取消性禁令将减少性的魅力和冲突。但这项禁令是几个因素的牢固组合。首先，它建立在清教徒对任何形式的性行为的观点之上。性本身是禁忌，但由于黑人和白人之间几乎不可能进行正常的社会交往和通婚，任何亲密关系似乎都带有通奸的意味。[12]

核心问题是通婚。由于这听起来是一个法律的、值得尊重的问题，它几乎成为所有讨论的焦点。两个健康人之间的通婚对后代没有削弱影响的事实被忽视了。基于生物学，反对通婚是不合理的。然而，在目前的社会状况下，它可能会给父母和后代带来障碍和冲突，因此又可以合理地反对，但这种反对很少用这种温和的措辞来表述，这样做就意味着应该改善目前的社会状况，使异族通婚能够安全进行。

在大多数情况下，婚姻问题是不理性的。它包括性吸引、性压抑、内疚、地位优越、职业优势和焦虑的激烈融合。正是因为通婚将会象征着偏见的废除，所以才会有如此激烈的斗争。

也许整个情况最有趣的特点是，通婚问题在讨论中占主导地位。当一个黑人拥有一双好鞋并学会写一封有文采的信时，一些白人会认为他想娶他们的妹妹。也许大多数关于歧视的讨论都以一个致命的问题结束，"但你会希望黑人娶你的妹妹吗？"其推理似乎是，除非维持所有形式的歧视，否则就会导致通婚。同样的论点被用来为奴隶制辩护。近100年前，亚伯拉罕·林肯不得不抗议"那种假冒的逻辑，它假定，如果我不想要黑人妇女做奴隶，我就一定想要她做妻子"。[13]

为什么有偏见的人几乎总是躲在婚姻问题的背后，这本身就是一个合理化的经验。他采取的是公认的最有可能迷惑对手的论点。即使是最宽容的人也可能不欢迎通婚——因为在一个有偏见的社会中这样是不明智的。因此，他可能会说："不，我不会。"这时，偏执者就有了优势，便会反击说："现在，你看，最终都有一条不可逾越的鸿沟，因此，我坚持认为我们必须把黑人视为一个不同的、不受欢迎的群体，这是正确的。我对他们的所有批评都是合理的。我们最好不要放下界线，因为这将提高他们对通婚的期望和希望。"所以，通婚问题（实际上与黑人问题的大多数阶段无关）被强行引入，以保护偏见并为之辩护。[14]

内　疚

一个非天主教徒的男孩与一个天主教女孩的情感破裂了，而在这段恋情之前，他在与另一个天主教女孩的感情里游刃有余。他写道：

两个女孩都恳求我回来和她们结婚。她们承诺只要我愿意，什么都可以做。她们的卑躬屈膝让我感到厌恶。但我意识到，天主教会只有一个无知、偏执的追随者。

不是他，而是教会，在某种程度上要为这种不愉快的情况负责。一个外邦商人犯了不道德的行为，迫使一个犹太人的竞争对手破产了。他也安慰自己说：

好吧，他们总是想把基督徒赶走，所以我不得不先发制人了。

学生是个无赖，外邦人是个骗子。但在主观上，每个人都通过投射来逃避自己的罪恶感；别人是有罪的，而不是他。

更微妙的是来自临床研究的证据。我们在第18章中谈到，通过压抑的训练，孩子们对自己的冲动感到恐惧，因此也会害怕别人的冲动。我们提到的加利福尼亚的研究显示，在有偏见的人中，有一种明显的倾向，即把别人（而不是自己）视为可责备的人。有趣的证实来自印度类似的研究中，心理学家米特拉在印度教男孩中发现，他们对穆斯林有最大的偏见，在罗夏测试中，他们有高度的无意识内疚反应的倾向。[15]

虽然几乎所有的人都在不同程度上有内疚感，但并不是所有的人都把这种情绪状况与他们的种族态度混在一起。如同愤怒、仇恨、恐惧和性欲的情况一样，对内疚也有理性和适应性的反应。只有某些性格的人允许这些状态进入性格条件下的偏执的形成。

人们处理内疚感的方式，有些是良性的、健康的，有些则几乎不可避免地导致了对外部群体的偏见。让我们列出处理内疚感的主要模式。其中一些与第20章中描述的解决心理冲突的方法密切相关。

（1）忏悔和赔偿。这是得到最高道德认可的反应。它是完全内省的，抵挡住了将责任转嫁到其他人身上的所有诱惑。一个通常对自己的过失感到忏悔和悔恨的人，不可能在别人身上，特别是在外部群体中，找到很多可以批评的地方。

有时，虽然不经常，我们会发现在迫害外族的人中，有一些皈依者会忏悔，并在此后一直致力于支持他们最初所憎恨的人的事业。圣保罗的皈依代表了这种转变。更常见的是，一个敏感的人，他为自己的集体感到内疚。一些致力于改善黑人条件的白人工人很可能有一些这样的动机。作为高度内向的人，他们觉得自己的群体有错，并努力工作，以弥补过失。

　　（2）局部和零星的恢复。有些人自己坚定地支持白人至上的观念，在一定程度上会为改善黑人的处境而努力。他们觉得，只要他们时不时地采取行动，就可以坚持基本的偏见，就好像它不存在一样。拉罗什富科写道："我们经常做好事"，"以便我们能不受惩罚地做坏事"。在一个社区，最积极地阻止黑人进入社区和"在他们的位置上"的妇女，同时被发现是最积极地投身于黑人慈善事业。这是一个"交替"和"妥协"的案例，在第20章中讨论过。

　　（3）否认内疚。一个常见的逃避内疚感的方法是断言没有理由产生这种感觉。一个惯常的歧视黑人的理由是："他们自己更快乐。"一个常见的南方自负是，黑人更喜欢南方而不是北方的雇主，因为前者"更理解"他们。在第二次世界大战期间，人们经常说，出于这个原因，黑人更愿意在南方而不是北方的白人军官手下服役。另外，有人认为黑人非常喜欢白人而不是有色人种军官。事实是完全相反的。在一次民意调查中，当被问及是愿意在白人还是黑人中尉手下服役时，只有4%的北方黑人和6%的南方黑人更喜欢白人。此外，只有1%的北方黑人喜欢来自南方的白人军官，而这样的南方黑人只有4%。[16]

　　（4）诋毁指控者。没有人喜欢另一个人指责他的不当行为。面对正义的指责，一个常见的防御措施是宣布指责者的指控在某种程度上是不符合事实的。哈姆雷特面对他的母亲，指责她不忠，嫁给了杀害她丈夫的人。他的母亲没有面对自己的罪行，而是责备哈姆雷特的僵化，将他的指控归咎于他的疯狂。哈姆雷特试图告诉她，她不过是在合理化逃避自己良心的行为。

　　　　……母亲，为了上帝的慈悲，

　　　　不要自己安慰自己，

以为我这一番话只是出于疯狂；

那样的思想不过是骗人的油膏，

不是真的对您的过失而发，

只能使您溃烂的良心上结起一层薄膜，

那内部的毒疮却在底下越长越大，

向上天承认你的罪恶吧！忏悔过去，警戒未来，

不要把肥料浇在莠草上，

使它们格外蔓延起来。[17]

在族群关系中，那些要唤起良知之声的人被称为"煽动者""麻烦制造者""共产主义者"。

（5）条件的合理性。最简单的回避就是说被讨厌的人要负全部责任。在第20章中，我们看到许多有偏见的人都走这条路。这就是毫无顾忌的偏见。"谁能容忍他们？看，他们是肮脏的、懒惰的、性放纵的。"这些品质可能正是我们必须在自己身上需要去除的，这一事实使我们更容易在别人身上看到它们。在任何情况下，完全的外在性，诉诸应得的声誉理论，避免了内疚的必要。

（6）投射。内疚感，根据定义，是指我为某些错误行为而自责。但在这个列表中，只有第一项（忏悔和赔偿）是严格符合这个定义的。只有它是一种合理的适应性反应模式，所有其他的都是逃避罪责的手段。逃避内疚的过程有一个共同的特点：自我指称的感知被压制，而支持一些外部（责他）的感知。在某处有内疚，是的，但它不是我的内疚。

因此，在所有逃避罪责的行为中，都有一些投射性机制在起作用。我们已经列出了一些例子，但它们并不包括我们发现的所有类型的案例。例如：有一种手段是指出别人更大的罪恶，以减少我们自己的罪恶感。本节开头引用的那个商人认为，鉴于整个犹太人群体更加不诚实，所以他自己的欺骗行为是可以原谅的。

无论何时，无论以何种方式，一个人对自己情感生活没有做出正确评价，并让位于对其他人的不正确判断，我们就称其为心理动力学上的投射过程。它对于理解

偏见非常重要，我们将在下一章专门讨论它。

参考文献

（1）参照 A. H. Kaufman, The problem of human difference and prejudice, *Joural of Orthopsychiatry*, 1947, 17, 352-356。

（2）H. H. Harlan Some factors affecting attitudes toward Jews. *American Sociological Review*, 1942, 7, 816-827.

（3）C. McWilliams. *A Mask for Privilege*. Boston: Little, Brown, 1948.

（4）G. Murphy. Preface to E. Hartley, *Problems in Prejudice*. New York: King's Crovm, 1946, viii.

（5）S. Asch. *Social Psychology*. New York: Prentice-Hall, 1952, 605.

（6）E. J. Dingwall. *Racial Pride and Prejudice*. London: Watts, 1946, 69.

（7）G. M. Gilbert. *Nüremberg Diary*. New York: Farrar, Straus, 1947, passim.

（8）J. L. Moreno. *Who Shall Survive*? Washington: Nervous & Mental Disease Publishing, 1934, 229.

（9）Helen V. McLean. Psychodynamic factors in racial relations. *The annals of the American Academy of Political and Social Science*, 1946, 244, 159-166.

（10）W. R. Morrow. A Psychodynamic analysis of the crimes of prejudiced and unprejudiced male prisoners. *Bulletin of the Menninger Clinic*, 1949, 13, 204-212.

（11）J. A. Dombrowski. Execution for rape is a race penalty. *The Southern Patriot*, 1950, 8, 1-2.

（12）这几页的解释从来没提到黑人的观点是怎样的。不仅对于白人，也许对于黑人而言，肤色差异和社会禁忌也一样能够增加跨种族约会的魅力。有可能敌意和怨恨与性欲同时释放，时不时会导致残忍的强奸案件发生。但这种潜力和冲动似乎不可能在黑人身上比在白人身上强烈得多。实际上，一些研究指出，恐惧、依赖性和家庭破碎在黑人男性中间创造出一种被动性和无力感，这在某种程度上令人惊讶。参照 A. Kardiner & L. Ovesey, *The Mark of Oppression*, New York: W. W. Norton, 1951。

（13）1858 年 7 月 10 日给芝加哥法官史蒂芬·道格拉斯的回信。

（14）包容者要如何回答"你想把妹妹嫁给黑人吗？"这样一个致命的问题，已经引发了一些创造性的思考。我们的建议是："也许不会，但我也绝不会把她嫁给你。"

（15）引自 G. Murphy, *In the Minds of Men*, New York: Basic Books, 1953, 228。

（16）S. A. Stoufer, et al *The American Soldier*: *Adiustment During Army Life*. Prince.ton: Princeton : Princeton Univ. Press, 1949, Vol.1, 581.

（17）*Hamlet*, Act Ⅲ, Scene 4.

第24章　投射

投射被定义为将属于我们自己的动机或特征错误地归于他人身上，或以某种方式解释或证明我们自己的动机或特征的倾向。至少有三种投射类型。我们将其称为：

（1）直接投射；（2）人错—己过投影；（3）互补投影。

在我们详细讨论每一项之前，最好先了解一下相关背景知识，因为投射是一个隐藏于意识之外的过程，不容易理解。

嫉　妒

我们从最简单的事件类型开始。一个嫉妒别人的人知道他自己在嫉妒。这么多的情绪状况并没有被隔绝在意识之外。但是，简单的嫉妒会立即导致一些奇怪的伴随性心理过程。

以第二次世界大战中前线部队的态度为例。他们嫉妒那些工作不那么危险的部队，如被分配到军需团、总部或战线后的其他地方。由于被剥夺了这些特权，他们经常发展出两种可被称为初期偏见的观点。[1]（1）他们对没有参加战斗的部队越来越反感，并对所有后方的部队提出批评。大约有一半的前线士兵公开承认这种怨恨的感觉，尽管事实是，后方的士兵没有义务要对前线士兵的危险或不适负责。从这个事实中我们可以认识到，一个人可能会对那些碰巧比我们享有更多特权的完全无辜的人感到怨恨，同时也会让步于一种不合逻辑的倾向，把自己的困境归咎于他们。他们被看作造成自己不适的原因，尽管他们并不是。这种倾向我们将在补充性投射中进一步讨论。（2）同时，前线部队产生了一种优越感。尽管他们希望与安全的部队交换位置，但他们觉得自己比他们有很大的优势。强烈的群体内自尊心成为一种弥补不足的方式。在这里，我们看到内群体的忠诚和外群体的蔑视之间的相互关系。它们是同一枚硬币的两面。

当然，嫉妒并不总是导致偏见，尽管在这种情况下，我们显然有一种初步的偏见，如果没有部队的轮换，这种偏见无疑会成为定式。我们的观点是，在嫉妒的状态下，我们心里很有可能产生一种基本的形式的投射。嫉妒会导致一个人对别人产生不好的看法——甚至比一般情况更糟。

作为性格特征的责他性

我们已经指出，责他性可能是一种性格特征（第21章）。有些人不断寻找借口。希特勒就是这样一个人。他把自己早年的许多失败归咎于糟糕的世界、不好的学校、不公的命运。当他在学校没有通过考试时，他指责疾病。对于他在政治上的失败，他归咎于他人。对于在斯大林格勒的失败，他指责他的将军们。对于发动战争，他指责丘吉尔、罗斯福和犹太人，似乎没有任何记录显示他为任何失误或失败而责备自己。

极端愤慨中有一种令人振奋的东西。对别人，甚至对命运感到愤怒，就像在狂欢。这种快乐是双重的，一部分是对压抑的紧张和挫折的生理缓解，另一部分是对一个人的自尊的恢复。不是我，而是其他人完全有错。我是无罪的，有德行的，受罪多于犯罪。

对儿童的研究表明，为自己不负责任找借口的趋势发展得非常早。托儿所的一天充满了各种各样的借口。"我不能用纸杯喝橙汁，它会让我呕吐。""我不能侧着睡，我妈妈不让我这样睡。"渐渐地，这种倾向可能会演变成将责任归咎于其他孩子。有趣的是，在六七岁之前，孩子们几乎没有为自己的错误行为指责过别人，尽管在这个年龄之前，他们可能会找借口，逃避责任。

一位心理学家对具有某种"肮脏交易情结"的人格进行了专门研究。他们是那些在成长过程中坚信自己生活的痛苦是由不幸和他人的过错造成的。关于这种类型的人，调查者写道：

把责任扔给别人，让他们觉得自己如天使般纯洁。这种将自己的缺点投射到别人身上的做法是有这种情结的人最不讨人喜欢的性格特征之一。[2]

指责他人的倾向有各种各样的程度——从强烈的偏执狂（第26章）到最温和的任性类型。在任何一种情况下，它都代表着从理性和客观的思维转向投射性思维。

让我们来看看一个明显温和的指责倾向的案例，看看它是如何导致偏离现实的分析的：

一位大学校长被邀请向犹太听众发表关于偏见问题的演讲。他接受了邀请，但在演讲中，他把全部时间用于告诫犹太人要表现得更好，这样非犹太人就会很容易喜欢他们了。

一些人听到这个消息后说："他这样做不是很妥当。"其他人说："好吧，但这是一件有勇气的事情，因为犹太人肯定不是完美的。他们中的许多人是令人讨厌的。"

校长进行指导的方式带有典型的指责倾向。让犹太人使自己不要那么令人讨厌；让天主教徒证明他们不是法西斯分子；让黑人表现出更大的雄心。这种方法（虽然看起来很合理）是基于错误的假设。就犹太人而言，这意味着他们比非犹太人有更多令人讨厌的特征（这一点从未被证明）。此外，它还假设，仅仅作为一个不受欢迎群体的成员就是令人反感的。它还假设，如果存在令人讨厌的个人，他们最初是有过错的，而不是（通常是真实的）他们性格中令人讨厌的防御性特征可能是被厌恶导致的。校长把改变的责任只放在其中一方的身上。

尽管对群体差异及其原因的客观讨论是一个合理的话题，但我们注意到，即使是一个以公平心态为荣的人，也很容易偏向一种将大部分责任归咎于对方的态度。

压　抑

除非内在的（有洞察力的）感知受到某种程度的阻碍，否则投射就无法发生。在我们讨论的一些例子中，这种情况已经普遍存在。受"肮脏交易情结"困扰的人只是对自己的全部情况缺乏洞察力，他不知道自己在多大程度上应该为此负责。由于拒绝面对自己的内部缺陷，然后自由地寻找外部的替罪羊。当然，希特勒并不具备自我洞察的能力，否则，他不可能如此一贯地认为"犹太财阀民主贩子"应对他的困境负责。

压抑意味着将个人冲突情况的全部或部分排除在意识和适应性反应之外。任何不受意识欢迎的东西都可能被压抑，特别是冲突中那些如果坦率面对会降低我们自尊的因素。被压抑的东西往往与恐惧和焦虑有关，仇恨，特别是对父母的仇恨；不被认可的性欲；过去的行为，如果面对它，会引起内疚，以及先前的内疚和羞耻感；贪婪；残忍和侵略的冲动；一个人对幼年依赖的渴望；一个人受伤的自尊；以及所有自我主义的原始表现。这个清单可以扩展到包括任何反社会或不受欢迎的冲动以及个人没有与他有意识的生活成功结合来处理的情绪或情感。（必须指出的是，并非所有的压抑都是有害的，因为有些压抑可能是为了更大的利益而牺牲了不需要的冲动。因此，一个人的生活哲学可以完全有效地排除贪婪、不诚实或自由主义的倾向。在这个意义上的压制是必要的和良性的。我们在这里只是说无效的压制，在这种情况下，麻烦残留的影响可能会扰乱人格，使他的社会关系陷入困境。）

当无效的压抑发生时，人会生活在痛苦之中。他的麻烦的动机仍然以一种无序的方式活跃着。他不能将他的不安转化为适当的行为。因此，在他的动机和他的行为之间，投射机制可能会介入。他将整个情况外化。他被剥夺了对自己的看法，完全从外部世界的角度来思考。如果他自己的破坏性冲动使他烦恼，他就在别人身上看到它。

现实中的墨迹

如果外在物体缺乏牢固的自身结构，那么将内在的状态投射到外在的物体上就容易得多。在白天，我们很难把路边的树苗看成一个公路上的人。我们内心的焦虑可能是巨大的，但如果暴徒不在那里，我们仍然不会在光天化日之下看到他们。在晚上，当物体变得朦胧时，恐惧的投射则会更容易。

临床心理学中所谓的"投射型测试"总是涉及非结构化的形式，个人可以很容易地在上面投射出他想要的内在状态。给他看一张有点模糊的老年妇女和年轻男子的照片，他可能会说这是关于一对母子。而他对这张照片所讲的故事则很可能暴露了他自己的压抑的想法（也许是过度依赖、敌意甚至乱伦的想法）。

最著名的投射媒介是墨迹（罗夏测试）。在墨迹的不成形的涂抹中，有些人看到的东西是很特别的。有意义的不仅是他们看到的物体，还有他们处理和组织墨迹的细节和他们构图的方式。

"对于反犹太主义者来说，"阿克曼（Ackerman）和贾霍达（Jahoda）写道，"犹太人是一个活生生的罗夏墨迹。"[3]这句话的意思很清楚。犹太人是神秘的、未知的，是没有牢固的自身结构的。他可能是任何东西，传统上说他是邪恶的。人们可以把他作为内心压抑的内疚、焦虑和仇恨的外部代表。

说犹太人是一个很好的投射目标，其实还有一个原因。那些内心遭受严重压抑的人（也许到了神经质的程度）常常感到自己是异类。他们被无意识的动荡所左右，感到陌生和失去个性。这种自我异化的感觉促使他们寻找一个同样陌生和异化的投射目标，寻找像他们自己的无意识一样陌生的东西。他们想要的是一个陌生但仍然是人类的对象，犹太人就是这样一个群体，黑人也是如此。社会习俗（刻板印象）告诉个人，他应该在一个群体中投射哪些品质，在另一个群体中投射哪些品质。我们已经注意到，在欧洲，对犹太人的性放荡指控比在美国更为常见。而在美国，黑人受到各种指责，包括对其肮脏和懒惰的指控。犹太人（在历史上与基督教的创立和一神教有关）是一个特别好的对象，可以用来投射基督徒自己的道德失范。

不要以为只有犹太人和黑人才是"投射"的对象。在许多情况下，波兰人、墨西哥人、大企业、政府也是。一个在个人所得税上作假的公民往往将华盛顿视为一个巨大的官僚墨迹，充斥着贪污和腐败。（也许在这里应该重复我们以前说过的话，即指控中的"真实内核"并不能证明不涉及偏见。大多数人都有足够的理性，如果可以的话，他们会抓住一个合理的投射对象。事实是，一个人仍然会逃避自己的内疚，通过他提出的指控类型，通过他提出指控时的爽快和高兴，以及通过他注意和夸大的对象的特定缺陷。）

让我们看一看一个相互指责的案例——相互投射的墨迹。贝特尔海姆（Bettelheim）曾是纳粹集中营的囚犯，他报告说，集中营中的犹太囚犯和盖世太保看守对彼此的看法大致相同。

> 两者都认为另一群体的成员是虐待狂、肮脏的、不聪明的、属于劣等种族，而且他们沉溺于性变态。两个群体都指责对方只对物质产品感兴趣，不尊重理想，或不尊重道德和智力价值。[4]

双方对彼此怎么会有同样的指责？很难找到比纳粹和犹太人更不同的两组人。他们的群体特征，无论如何衡量（第6章），都不可能完全相同。那么，我们必须排除两种观点都是准确和符合现实的可能性。显然，并不是所有被赋予群体的特征都适用于任何一个群体的所有成员——无论如何，过度概括的因素显然是存在的。

这种相互指责在一定程度上似乎意味着"我恨你的群体，我通过宣布你的群体是德国传统价值观的对立面来证明这种恨意的合理性"。由于纳粹和犹太人都有一个共同的文化，因此也有一个共同的参照群体（第3章），两者都以同样的方式来描绘恶棍，即与文化理想相反。

直接投射

以纳粹曾指责犹太人是"虐待狂"为例。没有什么比这更直接的投射了。一方面，犹太文化的传统完全没有虐待狂的渊源，而且被极端迫害的生活环境会阻止任何虐待狂行为，即使部分犹太人有这种冲动，也很难实施。另一方面，许多纳粹分子在折磨犹太人时明显感到高兴，这表明虐待狂实际上是党卫军认可的行为。

这里是一个明显的直接投射例子。一个完全属于自己的属性，与对方的毫无关系，却将其投射到对方身上。这一手段的保护意义是显而易见的：它是一种安慰自己的假象。一个人可以不赞成一种邪恶的品质，但只有当他认为这种品质存在于他人身上而不是自己身上时，他才可以放心地这样做。直接投射是一种解决个人冲突的手段，它把实际上属于投射者的情感、动机和行为归于另一个人（或群体），而不是归于应该被指责的自己。

了解直接投射和刻板印象之间的关系很重要。假设自己身上有一些不受欢迎的特质，也许是贪婪、欲望、懒惰和不整洁。被投射的对象就是成为上述坏品质的代表，他们将成为这些邪恶的化身。被投射者身上这些不好的品质达到一个极端，以至于他丝毫不会怀疑自己是无罪的。因此，犹太人被认为是贪婪的，黑人被认为是非常懒惰的，墨西哥人被认为是肮脏的。持有这种极端刻板印象的人甚至不需要怀疑自己有这些可憎的倾向。

直接投射既可以发生在自己身上相当具体的特征上，也可以发生在一个人对自己的总体看法上。西尔斯（Sears）的一个实验说明了这种具体的倾向，他发现在一个兄弟会团体中的某些人倾向于把他们自己的过分顽固和吝啬归因于其他男人。[5]

临床观察发现，一个对自己评价低的人很可能对其他人评价也低，这就是总体投射的倾向。在治疗工作中的这一发现表明，帮助一个人获得自尊往往比试图提高他对别人的尊重更有效。只有尊重自己的人，才能够尊重他人。对他人的憎恨可能是自我憎恨的镜像反映。[6]

阿道夫·希特勒对犹太人的仇恨给我们提供了一个直接投射的经典例子。从他早期生活的记录中拼凑出来的以下事实很重要：

> 他的父亲是一个名叫施克尔格鲁伯（Schicklgruber）的女人的私生子，是一个脾气暴躁的退休海关官员，阿道夫曾与他多次发生争执。而希特勒的母亲很勤劳，而且对他很好，但在他还是青少年的时候就死于癌症。希特勒对母亲如此依恋，可以说他有强烈的俄狄浦斯情结。他的父亲和母亲是表兄妹，他们的婚姻需要得到主教的许可。后来，希特勒对他同父异母的妹妹安吉拉有着强烈的感情。他还与安吉拉的女儿格利，也就是他的侄女，有过一次热恋。这种关系的性质是乱伦。就在格利准备与希特勒断绝关系时，她被枪杀了（是自杀还是谋杀，没有人知道）。这些令人不快的故事表明希特勒有足够的理由在乱伦问题上感到内疚（自觉或不自觉地）。

那么这个内疚投射在哪里呢？根据他自己的说法，当他14岁或15岁时，独自生活在维也纳，非常贫困和痛苦，他的注意力被吸引到"犹太人问题"上。在他的著作中，他特别指责犹太人在性方面（包括乱伦）的不端行为。例如，在《我的奋斗》中，他写道："黑发的犹太男孩，脸上浮现出邪恶的笑容，埋伏在那里等待着毫无戒心的女孩，他用自己的血玷污了她。"希特勒是黑头发的。他的朋友在开玩笑时称他为犹太人。在写到他离开维也纳前往慕尼黑时，他解释说，他已经开始讨厌维也纳了。"我厌恶种族的混合……犹太人和更多的犹太人。对我来说，这个大城市就像乱伦的化身。"除了乱伦，其他各种性方面的不端行为都被他归咎于犹太人：卖淫和性病（从希特勒的著作来看，他对性病特别关注和反感）。虽然我们不需要在这里讨论这个问题，但有强有力的证据表明，希特勒有严重的性变态，他为此着迷，有时厌恶自己——如果他不能厌恶其他人的同样倾向的话。

从这些证据中可以看出，希特勒将自己的卑劣本性给了犹太人，并在谴责后者时回避了将指责的矛头指向自己。格特鲁德·库尔特（Gertrud Kurth）指出了这种特殊的直接投射的历史后果，他写道："吞噬600万犹太人的世界末日般的恐怖洪流是在消灭那个乱伦的、黑发的小怪物（阿道夫·希特勒的海德先生）的徒劳努力中释放出来的。"[7]

这种类型（或任何类型）的投射没有解决任何基本问题。它只是一个暂时的、自我恢复的把戏。为什么自然界会存在这样一个不合理的机制，这一点我们还不清楚。它本质上是一种精神上的手段，但并没有从根本上缓解人的内疚感或帮助人建立持久的自尊心。替罪羊只是对持续的、未被承认的自我憎恨的一种伪装。一个恶性循环就这样形成了。有罪恶感的人越是恨自己，就越是恨替罪羊。但他越是憎恨替罪羊，就越不相信自己的逻辑和清白，因此，他要投射的罪恶感就越多。[8]

人错—他过机制

伊奇瑟已经很好地论证了，在他人身上察觉到他们根本不具备的品质是相当病态的。同时，放大他人的缺陷（或美德），同时我们也有这些缺陷（也许只是轻微的程度），是一种更正常的人性弱点。[9]

人错—他过机制被定义为夸大别人所具有的某样品质，但其实我们也有这样的品质，只是我们没有意识到而已。

大多数作家认为这个过程和直接投射没有任何区别。它们确实是相似的，但值得观察它们的区别。很少有"被投射对象"完全没有我们赋予它的邪恶。任何人都可以找到某些不诚实的犹太人，或某些懒惰的黑人。因此，在这些群体的某些人那里，存在着缺陷。观察墨迹的人抓住了这个细节（因为它反映了他自己的冲突），并夸大了它的严重性。通过这样做，他逃避了自己也存在着这个缺陷的事实。

就纳粹和犹太人之间的相互指责而言，其中一些反映了这种机制。例如，双方的大多数人无疑都有一些压抑的性冲突。因此，他们特别放大了对另一群体的变态指控。同样，双方都意识到自己未能达到德国知识分子理想的人的标准。他们抓住对方同样的缺点，认为对方严重缺乏文化和爱国主义精神。

那么，人错—他过投射是一种"知觉强调"（第10章）。我们所看到的比存在的更多。我们看到它是因为它反映了我们自己无意识情况下的思想状态。

这和我们所说的直接投射之间的区别可以借助教皇的一句名言来概括："在黄疸病的眼睛看来，所有的东西都是黄色的。"这句话本身指的是直接投射。但如果我们加上"所有黄色的东西在有黄疸病的眼睛看来变得更黄"，这指的就是人错—他过机制了。

补充性投射

现在我们要阐释一个明显不同的投射形式。这不是一种镜像的感知，而更像是一种合理化的感知。它与我们为自己不安的情绪寻找原因有关。我们可以把补充性投射简单地定义为通过参考想象中的他人的意图和行为来解释和证明我们自己的心理状态的过程，其中想象中的他人意图和行为都是不符合现实的，如果是与现实相符，那就不存在投射了。[10]

有实验阐明了补充性投射的运作。给一群参加聚会的孩子看一些陌生男人的照片，并向他们讲述每个人——他有多友好，他们有多喜欢他，等等。随后，孩子们在黑暗的房子里玩了一个令人毛骨悚然的"谋杀"游戏。在这次令人恐惧的经历之后，他们再次对照片进行了描述，结果每一个陌生的男人对孩子们来说都有一种威胁性的外表。他们似乎是危险的陌生人。孩子们实际上是在说：我们害怕，所以他们是有威胁的。[11]

补充性投射在偏见问题上有很多体现，特别是对那些根源于焦虑或低自尊的偏见。胆小的家庭主妇（她不知道她沉重的焦虑负担的原因）害怕流浪汉。她把门锁上，防止他们进来，并以怀疑的眼光看待所有的旅行者。她也可能很容易成为可怕谣言的受害者，相信黑人囤积了碎冰锥来攻击白人，或者天主教堂的地下室里有很多枪。由于周围有这么多危险的团体，她原本莫名其妙的焦虑，在她的心目中变得合理。

再次回到贝特尔海姆关于纳粹和犹太人的报告，双方都把对方视为"劣等种族"。这种特殊的合理化可以被看作一种补充性的投射。首先，每个群体的成员都希望提高他们的自尊。要想地位高，就必须使他人地位变低。因此，将对方视为"劣等种族"自动满足了这种需要。

结　论

最后四章讨论的是偏见的心理动力学。这些所描述的过程正是人类本性中非理性的冲动。它们代表了无意识心理中的幼稚、压抑、防御、攻击性和投射性的部分。如果一个人的性格结构中这些机制很突出，那么他就很难成为一个完全成熟的成年人，也很难在社会关系中做出成熟的调整。

尽管这些过程在解释偏见方面很重要，但不能将偏见产生的原因完全归结于它们。文化传统、社会规范、儿童被教导的内容和他被教导的方式、父母的模式、语义混乱、对群体差异的无知、分类的原则，以及许多其他因素都起着作用。最重要的是个人如何将所有这些影响，包括他的无意识冲突和他的心理动力反应，整合成他的日常行为习惯。我们的下一个任务就是研究这个问题的结构方面。

参考文献

（1）以下材料取自 S. A. Stoufer, et al.*The American Soldier: Combat and Its Afermath*, Princeton: Princeton Univ.Press, 1949, Vol. 2, Chapter 6。

（2）Franziska Baumgarten. Der Benachteiligungskomplex. *Gesundheit und Wohifahrt*. 1946, 9, 463-476.

（3）N. W. Ackerman and Marie Jahoda. *Anti-Semitism and Emotional Disorder*. New York: Harper, 1950, 58.

（4）B.Bettelheim. Dynamism of anti-Semitism in Gentile and Jew. *Journal of Abnormal and Social Psychology*, 1947, 42, 157.

（5）R. R. Sears. Experimental studies of projection, I. Attribution of traits. *Journal of Social Psychology*, 1936, 7, 151-163.

（6）Elizabeth T. Sheerer. An analysis of the relationship between acceptance of and respect for self and acceptance and respect for others in ten counseling cases. *Journal of Consulting Psychology*, 1949, 13, 169-175.

（7）Gertrud M. Kurth. The Jew and Adolf Hitler. *Psychoanalytic Quarterly*, 1947, 16, 11-32.

（8）对投射的无用性的讨论参见 A. Kardiner&L. Ovesey, *The Mark of Oppression*, New York: W.W. Norton, 1951。

（9）G. Ichheiser. Projection and the mote-beam mechanism. *Journal of Abnormal and Social Psychology*, 1947, 42, 131-133.

（10）对互补式投射与直接投射之间区别的讨论见 H. A. Murray, The effect of fear upon estimates of the maliciousness of other personalities, *Journal of Social Psychology*, 1933, 4, 310-329(特别是 p.313)。

（11）Ibid.

第七部分　性格结构

▽

第25章 偏见型人格

正如我们所看到的,偏见可能成为一个人生活的一部分,因为它对一个人的经济生活是至关重要的。它并不总是以这种方式起作用,因为有些偏见仅仅是服从性的,有轻微的民族中心主义,而且基本上与整体人格无关(第17章)。但它往往是有机的,与生命过程不可分割的。我们现在将更细致地研究这种情况。

研究方法

在研究性格条件下的偏见方面,有两种方法被证明是富有成效的,即纵向研究和横向研究。

在纵向方法中,调查者试图通过一个特定的生活史来追溯可能导致目前偏见模式的因素。可以使用访谈方法,如加利福尼亚大学的研究,或精神分析法,如在阿克曼(Ackerman)和亚霍达(Johoda)的调查中。还有高夫(Gough)、哈里斯(Harris)和马丁(Martin)所采用的巧妙手段,他们将儿童目前的偏见程度与他们的母亲的偏见程度进行了比较,从而揭示了可能在目前偏见中运作的情景因素。所有这些研究已在第18章中详细阐释了。

横向研究试图找出当代的偏见模式是什么样的,特别是种族态度与其他社会态度和一个人的一般生活观之间的关系。使用这种方法,我们发现了一些有趣的关系。例如:弗伦克尔·布伦斯维克报告说,偏见程度高的儿童倾向于赞同以下观念(其中没有一个直接涉及族群问题):[1]

做任何事情都只有一个正确的方法。

如果一个人不注意防范，就会有人把他当作傻瓜。

如果老师能更严格一些，那就更好了。

只有像我这样的人，才有权利获得幸福。

女孩应该只学习对做家务有用的东西。

战争总是存在的，这是人类本性的一部分。

你出生时的星星的位置体现了你的性格和个性。

当同样的方法应用于成年人时，也会出现类似的结果。某些类型的命题被偏见程度高的人的认可频率高于宽容的成年人。[2]

这个世界是一个危险的地方，其中的人基本上是邪恶和危险的。

我们在美国的生活方式中没有足够的纪律性。

总的来说，我对诈骗犯的恐惧超过对黑帮分子的恐惧。

乍一看，这些命题似乎与偏见毫无关系。然而，事实证明，所有这些其实都与偏见有关。这一发现说明，偏见经常深深渗透在一种生活方式中。

功能性偏见

在所有性格条件下的偏见案例中，出现了一个共同的因素，纽科姆（Newcomb）称之为"威胁导向"。[3]潜在的不安全感似乎来源于人格，这个人不能以直率的方式毫不畏惧地面对世界。他似乎害怕自己，害怕自己的本能，害怕自己的意识，害怕变化，也害怕社会环境。由于他既不能与自己，也不能与别人舒适地生活在一起，他被迫改变他的生活方式，包括他的社会态度，以适应他当下的状况。开始时，并不是他的具体社会态度有问题，而是他自己的自我有问题。

他所需要的支柱必须发挥这几种功能，即它必须为过去的失败提供保证，为现在的行为提供安全的指导，并确保面对未来的信心。虽然偏见本身并不能完成上述所有这些事情，但它作为整个保护性调整的一个重要存在而发展。

可以肯定的是，并非所有性格条件下的偏见在每一个偏见型人格中都有完全相同的目的，因为"威胁导向"因人而异。例如：对于一些人来说，它可能与童年时期和父母或兄弟姐妹的未解决的冲突有关，而对于另一些人来说，则与成年后的持续失败有关。但在任何情况下，我们都有可能发现自我疏离，渴望明确性、安全和权威等特点。出于任何原因感到受到威胁的性格，很可能会演化出类似的适应一般生活的模式。

这种模式的一个基本特征是压抑。由于这个人在他有意识的生活中无法面对和掌控呈现在他面前的冲突，他会全部或部分地压抑它们。这些冲突被分割开来，被遗忘，没有被面对。自我根本无法整合人格内部产生的无数冲动和外部环境的无数压力，这种失败产生了不安全的感觉，而这些感觉反过来又产生了压抑。

因此，对偏执性格研究的一个突出结果似乎是发现了有意识和无意识层之间的鲜明裂痕。在对反犹太主义大学女生的研究中，她们表面上看起来是迷人的、快乐的、适应性强的、完全正常的女孩。她们有礼貌，有道德，似乎对父母和朋友很忠诚。这是一个普通的观察者会看到的情况。但深入探究（借助于预测性测试、访谈、案例历史），发现这些女孩其实并不是这样。在传统的外表下，潜藏着强烈的焦虑，埋藏着对父母的仇恨，有破坏性和残忍的冲动。然而，对于宽容的大学生来说，同样的裂痕并不存在。他们的生活更像一个整体。压抑更少，更温和。他们呈现给世界的角色不是一个面具，而是他们的真实个性。[4] 由于压抑少，他们没有自我隔离，坦然面对自己的冲突，他们不需要被投射对象。

这项研究以及其他研究显示，这种压抑的后果可能是：

对父母的矛盾心理	道德主义
二分法	对确定性的需求
冲突的外部化	制度化
专制主义	

所有这些特征都可以被看作支持一个软弱的自我的手段，因为它不能正视和毫

不畏惧地面对冲突。因此，它们是一种人格的标志，在这种人格中，偏见具有重要的功能意义。

对父母的矛盾心理

在上述对反犹太主义女学生的研究中，作者发现，"这些女孩无一例外地宣称她们爱自己的父母"。然而，在她们对图片的解释中（主题认知测试），指责父母卑鄙和残忍，指责父母表现出对女儿的嫉妒、怀疑和敌意。相比之下，在同一测试中，没有偏见的受试者在与面试官公开讨论他们的父母时，对他们的批评要多得多，但在投射性测试中表现出的敌意较少。[5] 后面这些女孩对其父母的情绪更加分化。也就是说，她们看到了父母的缺点并公开批评他们，但她们也看到了父母的优点，而且总体上与父母相处得很愉快。有偏见的女孩们很纠结：在大众看来，表面上看一切都很甜蜜和轻松，但在女孩们内心深处，往往有强烈的抗议声。这种情绪已经变得两极分化，反犹太主义的女孩们更多地幻想过她们的父母死去。

尽管存在这种深藏的敌意，但有偏见的年轻人和他们的父母之间的意识形态摩擦似乎较少。作为孩子，他们继承了父母的观点，特别是他们的民族态度。他们这样做是因为意识形态的模仿是父母所要求且会奖励的。在第18章中，我们研究了在有偏见的家庭中可能存在的儿童培养条件。在那里我们看到，服从、惩罚、实际的或威胁的拒绝等要素是非常突出的。权利的关系而不是爱的关系占了上风。在这种情况下，孩子往往很难完全认同父母，因为他的情感需求没有得到满足。他通过模仿，在奖励、惩罚和责备的胁迫下学习。他不能完全接受自己和自己的失败，而是必须时刻警惕自己失去父母的喜爱。在这样的家庭环境中，孩子永远不知道自己的处境，他走的每一步都有威胁笼罩着他。

道德主义

这种焦虑反映在大多数有偏见的人所采取的僵化道德主义观点上。与宽容的人相比，他们更严格坚持整洁、良好的礼仪和惯例。当被问及"最尴尬的经历是什么？"

时，反犹太主义女孩的回答是在公共场合违反社会风俗和惯例。而没有偏见的女孩则更多地谈到个人关系中的不足之处，如未能达到朋友的期望。另外，反犹太主义的女孩在对他人进行道德评判时往往很严厉。一个人说"我会判处任何罢工者50年的监禁"。相比之下，宽容的受试者对违反社会风俗的行为表现得更为宽松。他们对社会上的不端行为，包括违反性标准的行为的谴责较少。他们宽容人类的弱点，就像他们宽容少数群体一样。

对儿童的调查研究显示了同样的倾向。当被问及怎样才是完美的男孩或女孩时，有偏见的孩子通常会提到纯洁、干净、有礼貌，更自由的孩子往往只会提到陪伴和一起玩得开心。[6]

纳粹特别强调传统美德。希特勒宣扬并在许多方面践行禁欲主义。公开的性变态行为受到强烈谴责，有时甚至被处以死刑。严格的礼仪支配着军事和社会生活的每个阶段。犹太人不断被指责违反了传统准则——他们的肮脏、吝啬、不诚实和不道德。虽然自命不凡的道德主义盛行，但似乎很少与个人行为相结合。这是一种虚假的礼节，为的是使所有对犹太人的征用和折磨显得"合法"。

这种顾虑重重的遗传理论与孩子早期未能正确处理自己的冲动有关。假设每当他弄脏自己时，每当他被发现在手淫时（我们记得，有偏见的孩子的母亲更有可能因为这种行为而惩罚孩子），每当他发脾气时，每当他打他的父母时，都会受到惩罚，让他感到内疚。一个发现自己的每一个冲动都是恶劣的孩子，当他屈服于冲动时感到自己不被喜爱，他长大后很可能会因为自己的许多过失而憎恨自己。他带着婴儿时期的内疚负担。因此，当他看到别人有任何违反传统准则的行为时，他就会变得焦虑不安。他希望惩罚违法者，就像他自己受到的惩罚一样。他对那些困扰他的冲动产生了恐惧感。当一个人对别人的罪过过度关注时，这种倾向可以被看作一种"反应形成"。由于不得不与自己身上恶劣的冲动作斗争，他就不能对别人放任自流，宽宏大量。

相比之下，宽容的人似乎已经学会了如何在生命的早期接受社会禁忌的冲动。他不害怕自己的本能，他不是一个假正经的人，他以一种自然的方式看待身体机能。他知道任何人都有可能失足。在他自己的成长过程中，他的父母熟练地教导他社会上正确的行为准则，而在他没有遵守这条准则时，不会收回他们的爱。宽容的人在学会接受自己本性中的邪恶后，每当他看到（或想象）他人身上类似的邪恶时，就不会变得焦虑和恐惧。他的观点是人道的、同情的、理解的。

道德主义只是表面上的遵守，它不能解决内部的冲突。它是紧张的、强迫性的、投射性的。真正的道德是更放松的、完整的，并与整个生活模式相一致的。

二分法

我们在前面的章节写到，有偏见的儿童比无偏见的儿童更经常地认为"只有两种人：弱者和强者"，还有"做任何事情只有一种正确的方法"。有偏见的成年人也表现出同样的倾向。有族群偏见的男性更倾向于认同这样的主张："只有两种女人：纯洁的和坏的。"

那些在认知操作中倾向于二分法的人（第10章），正是强调内群体和外群体之间区别的人。他们不会同意这首著名的格言所表达的情感：

> 在我们这些最坏的人中，有那么多优点。
> 我们中最好的人也有那么多缺陷。
> 我们中的任何一个人几乎没有必要谈论我们中的其他人。

对于有偏见的人来说，"两极化逻辑"的功能意义并不遥远。我们已经注意到他不能接受自己本性中善与恶的交错。因此，他对正确和错误长期保持敏感。这种内在的分界线会投射到外部世界，他会断然给予批准或不批准。

对确定性的需要

在第10章中，我们断言近年来最重要的心理学发现之一，是偏见的动态往往与认知的动态平行。也就是说，作为偏见特征的思维方式，大体上反映了被偏见者对任何事物的思考方式。我们已经在二分法的倾向方面提出了这个观点。现在我们可以通过引用一系列与"对模糊性的容忍"有关的实验来强调这一点。

实验者把他的实验对象放在一个黑暗的房间里。只有一个光点是可见的。在没有任何视觉锚点或习惯指导的情况下，所有受试者在这种情况下都看到光向不同方向摇摆。（可能是视网膜或大脑的内部条件造成的。）然而，实验者发现，有偏见的人很快就为自己建立了一个标准。也就是说，他们报告说，从一个试验到另一个试验，光在一个恒定的方向上移动，而且是移动了恒定的英寸数。他们需要稳定，并在客观上不存在稳定的情况下制造稳定。相比之下，宽容的人往往需要更长的时间来为自己建立一个规范。也就是说，他们可以在更长的试验期容忍情况的模糊性。[7]

另一位实验者研究了高偏见和低偏见的人的记忆痕迹。他采用了一个截断的金字塔的图画，如图13所示。[8]

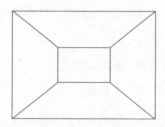

图13　用于研究记忆痕迹的截断金字塔

在短暂地观察了该图形后，被试者被要求立即按照记忆画出它。

两组中约有40%的人倾向于画一个对称的图形，使图形的两个边相等。这种对称化是很正常的，因为我们的记忆确实倾向于简化，达到"更好的格式塔"的水平。但特别有趣的是，在四周的间隔之后，更多的偏见程度高的被试者平行了对边。62%的高偏见者和只有34%的低偏见者这样做了。

在这里，似乎偏见程度高的人不能长久地容忍设计的模糊性，他们需要一个坚定的、简单的、明确的记忆。另外，那些偏见低的人似乎在说："我知道这是一个截断的金字塔，但我也知道它可能不是那样简单，它有一些个别的和不寻常的东西。"简而言之，虽然偏见程度低的人也倾向于形成简化的记忆，但他们相对来说更能够牢记威廉·詹姆斯所说的"感觉如此，但是……"

对明确性需求的另一个表现是，有偏见的人一般会坚持过去的解决方案。如果给他们看一幅线条明确的猫的图片，在随后的一系列短暂的曝光中，这幅图逐渐发生了变化，直到出现了狗的线图，那么偏见较深的人就会更长时间地坚持猫的形象。他们不会这么快就看到这种变化，他们也不会报告说："我不知道这是什么。"(9)

从这个实验中我们看到，有偏见的人更倾向于坚持不懈，这意味着旧的和尝试过的解决方案被认为是提供安全的保证。这个实验还揭示了一个有趣的相关现象，有偏见的人似乎害怕说"我不知道"。这样做会使他们脱离他们的认知范围。这一发现在很多不同的调查中都得到了体现。在一个实验中，罗凯奇要求他的受试者在一个关于识别名字和面孔的实验中告诉他哪个名字应该和哪个面孔相关联。那些偏见高的人做出了许多错误的猜测，而那些偏见低的人经常承认失败并拒绝猜测。(10)罗珀在研究一项民意调查的结果时报告说，反犹太主义程度高的人在被问及对当前事件的看法时，给出"不知道"的回答比例很低。(11)有偏见的人，似乎在他们"知道答案"时更有安全感。

对确定性的需求可能会导致认知过程的局限性。一个人不能看到他自己问题的所有相关方面。罗凯奇将由此产生的解决方案类型称为"狭隘"。一个实验阐明了这个过程：

按字母顺序向大学新生介绍了以下概念：佛教、资本主义、天主教、基督教、民主、法西斯主义、犹太主义、新教。学生们被要求说出这些概念以何种方式相互关联。罗凯奇将结果总结如下：

分析显示，描述所代表的认知分组可以沿着一个单一的连续体排序，从全面的，到孤立的，到狭隘的。全面的分组是指所有概念都看成一个单一的整体（例如："所有的都是信仰"）。孤立的分组是指概念被分解成两个或更多的子结构，子结构之间很少或没有联系（例如："一些是宗教概念，一些是政府概念"）。狭隘的分组是指描述中省略了客观存在的一个或多个部分，其余部分被组织成一个或多个子结构（例如："只有佛教、天主教、基督教、犹太教和新教是相关的，因为它们都相信上帝"）。[12]

事实证明，在很大程度上，那些偏见程度高的人给出了狭隘的分组，即遗漏了一些相关的概念；那些偏见程度低的人考虑到了所有的概念，给出了全面的分组；而那些偏见中等的人则倾向于孤立的分组。

罗凯奇也报告了同样的思维局限性，他注意到有偏见的受试者在接受罗夏测试时往往会更拘谨，甚至过分地小心翼翼，而其他群体则更多地看到整体，更多地产生关联。[13]

所有这些实验都指向了同一个方向。有偏见的人要求他们的世界有明确的结构，即使是一个狭窄和不充分的结构。在没有秩序的地方，他们就强加秩序。当需要新的解决方案时，他们会更倾向于已经尝试过或测试过的方案。只要有可能，他们就抓住熟悉的、安全的、简单的、确定的东西。

对于这种对模糊性的不容忍，至少有两种理论。两者都可能是正确的。一种认为，有偏见的人的自我形象是严重混乱的。从早期生活开始，他们就无法整合他们好的和坏的本性，结果是自我本身并没有提供一个固定的锚点。因此，通过补偿，个人必须找到外部的明确性来指导他。他自己没有内在的明确性。

另一种理论稍微复杂一些，认为当他们还是孩子的时候，有偏见的人遭受了很多剥夺，许多东西都被禁止了。所以，他们对延迟和满足越来越担心，因为延迟可能意味着被剥夺。因此，他们形成了对快速和明确的答案的需要。用抽象思维进行思考，哪怕冒着含混不清和不确定的风险。最好不要犹豫，最好采用具体的，哪怕是僵硬的思维模式。为了支持这一观点，我们可以回顾前面所讲的：有偏见的人似乎更容易受到挫折的影响。他们的低容忍度很可能是他们希望能够看到他们所站的位置的原因，只有在一个清晰的结构化的知觉领域，他们才能避免受到挫折。

外在化

在上一章中，我们看到，有偏见的人进行了投射，将自己的品质投射到别人身上，看不到自己也有这样的品质。事实上，沿着这条线，他们在自我洞察力方面似

乎也有缺陷。⁽¹⁴⁾

对有偏见的人来说，事情似乎发生在"外面"。他无法控制自己的命运。例如：他认为，"虽然很多人可能会嘲笑，但可以证明占星术可以解释很多事情"。相比之下，宽容的人倾向于相信我们的命运不在于占星术测出来的结果，而在于我们自己。⁽¹⁵⁾

有偏见的女孩在根据图片讲故事时（主题认知测试），讲的故事常没有女主角的积极参与。行动是由命运决定的（例如：女主角的未婚夫在战斗中被杀），而不是由她自己决定的。当被问及"什么会让一个人发疯"这个问题时，有偏见的人回答说是来自外界的威胁，或者说是"脑子里不断闪过的想法"，这两种回答都表明是不受控制的外部因素，不是一个人自己的缺点或行为会"让人发疯"。⁽¹⁶⁾

为了解释这种倾向，我们可以再次将自我疏远作为一个基本因素。对一个处于内心冲突中的人来说，避免自我指责是比较容易和安全的。最好是认为事情发生在他身上，而不是由他引起的。责他性，作为一种特质，是这种普遍化倾向的一种表现。与群体偏见的关系是显而易见的：不是我憎恨和伤害别人，而是他们憎恨和伤害了我。

制度化

有性格偏见的人喜欢秩序，特别是社会秩序。在他明确的机构成员关系中，他找到了他需要的安全和明确性。社会、学校、教堂、国家，可以作为他个人生活中的防御手段。倚靠它们可以使他免于倚靠自己。

研究表明，总的来说，有偏见的人比没有偏见的人更加关注制度。反犹太主义的女大学生更热衷于参加她们的联谊会，她们更具有宗教性，她们更强烈地"爱国"。当被问及"最令人敬畏的经历是什么"，她们通常会回答外部的爱国主义事件和宗教事件。⁽¹⁷⁾

许多研究发现偏见和"爱国主义"之间有密切联系。正如下一章所示，极端的偏执者几乎都是极端爱国主义者。在纳粹德国，民族主义和迫害少数群体之间的联系清晰可见。这似乎也适用于其他国家。南希·C.莫尔斯和F.H.奥尔波特在美国郊区的一个中产阶级社区进行的一项调查，特别具有启发意义。⁽¹⁸⁾

这些调查人员进行了一项充满雄心的任务，即在几个所谓的反犹太主义的原因中发现哪一个实际上是最突出和最明显的。这个方法很复杂，需要一项92页的测试、量表和问卷的小册子。175名受试者的合作是通过向他们当地俱乐部的财务部支付一定数额的钱来保证合作的，当每完成一本小册子，就需要将其交给调查人员。

首先，这个方法测量了反犹太主义的几个方面：受试者对犹太人有多少厌恶感，他们会说多少反对犹太人的话，以及他们在敌对和歧视行为中实际会走多远。

然后，它测试了几个假设，例如：反犹太主义可能与不安全感或对未来的恐惧有关；与实际的经济需求或不确定性有关；与挫折感有关；与对犹太人的"本质"信仰有关；与"国家参与感"有关。

这最后一个变量是通过一系列同意或不同意的命题来衡量的，其中一个命题是："虽然有些人觉得他们是世界公民，他们属于人类而不是任何一个国家，但就我而言，我觉得我首先、最后而且永远是一个美国人。"

通过所采用的方法，调查人员发现他们的调查对象中存在着高度的反犹太主义。只有10%的人似乎完全没有反犹太主义倾向，大约16%的人的反犹太情绪达到了极端的，几乎是暴力的程度。

虽然有一些证据表明，不安全感和挫折感的确是反犹太主义的影响因素，但调查人员发现，最重要的单一因素是"国家参与感"。在所有其他变量保持不变的情况下，只有这个因素站得住脚，只有它符合与偏见的"独特共变"的标准。同样重要的是"本质上的信念"——犹太人在某种程度上是完全不同于其他民族的。但是只有当强烈的民族主义观点同样存在时，这种信念才会与偏见有效地联系起来。因此，"爱国主义"可能是掩盖偏执的面具。

这项研究的结果很重要。人们会注意到，反犹太主义不仅仅是一种消极的态度。相反，它试图促使反犹太主义者去做一些事情，即找到一个有制度安全和保障的落脚点。国家就是他们选择的落脚点，这是非常理想的，正因为它是国家，所以无论对错，它比一般人的地位更高，比世界更可取。国家具有他们所需要的明确性。研究表明，民族主义的程度越高，反犹太主义的程度就越高。

需要注意的是，这里强调的是积极的安全。反犹太主义不仅仅是由恐惧和焦虑所带来的不良影响，因为许多忧虑和沮丧的人也从未变成反犹太主义者，所以重要的是处理恐惧和挫折的方式。上述将其上升到制度的方式，特别是民族主义的方式，似乎是产生偏见问题的关键。

事实上，带有偏见的人以他们的方式定义"民族"以适应他们自己的需要。国家首先是对他们个人的保护（主要保护），是他们的内部团体。他认为把那些他认为是威胁性的入侵者和敌人（美国的少数群体）排除在其范围之外是理所当然的。更重要的是，国家代表着原状，它是一个保守的代理人，在国家里面有所有他们认可的安全生活的一切。他们的民族主义是保守主义的一种形式。根据他们的定义，国家是抵制变化的。因此，他们不信任自由主义者、改革者、权利法案的支持者：这些人无不威胁着要改变他们对国家下的定义。[19]

权威主义

生活在一个民主国家是一件麻烦的事情。发现这一点后，有偏见的人会宣称，美国不是一个民主国家，而只是个"共和国"。个人会造成不确定性、无序性和变化。生活在一个确定的等级制度中更容易，在那里人们是已经分好了各种类型的，而且群体不会不断变化和解散。

为了避免这种生活在民主国家的麻烦，有偏见的人在社会中寻找等级制度。权力安排是明确的，是他们可以理解和依靠的。他们喜欢权威，认为美国需要的是"更多的纪律"。当然，他们所说的纪律是指外在的纪律，可以说，他们更愿意看到人们的骨气表现出来而不是藏在心里。当学生们被要求列出他们最钦佩的伟人的名字时，有偏见的学生通常会列出对他人行使权力和控制的领导人的名字（拿破仑、俾斯麦），而没有偏见的学生列出的，更多的是艺术家、人道主义者、科学家（林肯、爱因斯坦）。[20]

这种对权威的需要反映了对人的深深不信任。在本章前面，我们注意到有偏见的人倾向于同意"世界是一个危险的地方，人基本上是邪恶的和危险的"。现在，民主的基本理念正好相反。它告诉我们要信任一个人，直到这个人证明自己是不值得信任的。而有偏见的人则相反，他不信任任何人，直到别人证明自己是值得信任的。

在对以下问题的回答中也可以看到同样的怀疑。"如果要我对以下类型的罪犯作出选择，我会说我更害怕（a）黑帮分子，（b）诈骗犯。"大约一半的受访者选择第一种，一半选择第二种。但那些更害怕诈骗犯的人总体上有更高的偏见程度。他们感到被骗的威胁比被直接的人身攻击的威胁更大。通常看来，对黑帮分子的恐惧（身体上的威胁）是一种更自然、更正常的恐惧，而没有偏见的人所害怕的正是这种。[21]

对有偏见的人来说，控制这些怀疑的最好办法是建立一个有秩序的、有权威的、强大的社会。强烈的民族主义在他们看来是一件好事，希特勒和墨索里尼也不是那么糟。美国需要的是一个强有力的领导人——一个骑在马背上的人！

我们有证据表明，权威模式可能在很小的时候就已经形成。有偏见的孩子比其他人更容易相信"老师应该告诉孩子们该做什么，而不是担心孩子们想要什么"。即使到了7岁，如果老师没有给他指示该怎么做，没有使他的任务明确化和权威化，这一类型的孩子也会感到苦恼和无所适从。[22]

讨　论

我们对偏见型人格（有些作者称之为"权威型人格"）的描述主要是基于最近的研究结果。虽然这个模式的大致框架很清楚，但证据的权重和连锁关系还不完整。与专制型相比，研究者们发现了一种相反的相关品质模式，这些品质构成了有时被称为"民主""成熟""有成就"或"自我实现"的人格。[23]将在第27章对这种模式进行更全面的研究。

这种比较所依据的大部分研究都是基于对两端受试者群体的研究，即那些偏见程度非常高或者非常低的人。中间的，中等程度的受试者通常被忽略了。这个研究方式是可以理解的，但是它过分强调了类型。我们可能会忘记，有很多混合型或普通型的人格，他们的偏见并不遵循这里描述的固定模式。

迄今为止的研究还有一个方法上的不足。大多数的研究只从一个方向研究。比如研究者选取了一个偏见程度高的受试者群和一个偏见程度低的受试者群，然后发现，例如：前者在感知或解决问题的任务中表现出对模糊性的极大不能容忍。但研究者没有使用反向控制，即选取一组对模糊性不能容忍的受试者，然后考察这组人是否有更多的种族偏见。在我们能够完全确定之前，应该对所声称的相关关系进行双向论证。

但是，尽管有这些不足的存在，由于这个研究领域还很新，我们不可能全部清晰阐释本章中所得出的结论。我们的结论可能过于尖锐，以后可能需要修改和补充，但基本的事实是确定的：偏见是许多人生活中的一个部分，它深深存在于人格的结构中。在这种情况下，偏见是无法仅仅靠改变一点来消除的。要改变它，就必须改变整个生活的模式。

参考文献

（1）Else Frenkel-Brunswik. A study of prejudice in children. *Human Relations*, 1948, 1, 295-306.

（2）G. W. Allport &B. M. Kramer. Some roots of prejudice. *Journal of Psycholog*, 1946, 22, 9-39.

（3）T. M. Newcomb. *Social Psychology*. New York: Dryden, 1950, 588.

（4）Else Frenkel-Brunswik&R. N. Sanford. Some personality factors in anti-Semitism. *Journal of Psychology*, 1945, 20, 271-291.

（5）Ibid.

（6）参见前面注释1。

（7）J. Block & Jeanne Block. An investigation of the relationship between intolerance of ambiguity and ethnocentrism. *Journal of Personality*, 1951, 19, 303-311.

（8）J. Fisher. The memory process and certain psychosocial attitudes,with special reference to the law of Prägnanz. *Journal of Personality*, 1951, 19, 406-420.

（9）Else Frenkel-Brunswik. Intolerance of ambiguity as an emotional and perceptual personality variable. *Journal of Personality*, 1949, 18, 108-143. 高偏见者无用的执拗倾向在罗克奇的问题解决实验中得到了验证，见 M.Rokeach, Generalized mental rigidity as a factor in ethnocentrism, *Journal of Abnormal and Social Psychology*, 1948, 43, 259-278。

（10）M. Rokeach. Attitude as a determinant of distortions in recall. *Journal of Abnormal and Social Psychology*, 1952, 47, Supplement, 482-488.

（11）E. Roper. United States anti-Semites. *Fortune*, February 1946, 257 ff.

（12）M. Rokeach, A method for studying individual differences in narrow-mindedness, *Journal of Personality*, 1951, 20, 219-233; 另见 "Narrow-mindedness" and personality, *Journal of Personality*, 1951, 20, 234-251。

（13）S. Reichard. Rorschach study of prejudiced personality. *American Journal of Orthopsychi-atry*, 1948, 18, 280-286.

（14）大量证据收录于 T. W. Adomo, et al.*The Authoritarian Personality*, New York: 388 Harper, 1950; 另收录于 G. W. Allport &B. M. Kramer, Op. cit。

（15）Else Frenkel-Brunswik and R. N. Ford. The anti-Semitic personality: a research report. In E.Simmel(Ed.), *Anti-Semitism: A Social Disease*. New York: International Universitier Press, 1948, 96-124.

（16）Ibid.

（17）参见前面注释 4。

（18）Nancy C. Morse & F. H. Allport. The causation of anti-Semitism: an investigation of seven hypotheses. Journal of Psychology, 1952, 34, 197-233.

（19）其他研究确认了偏见与政治经济和宗教上的保守主义之间的相关。例如：参见 R. Stagner, Studies of aggressive social attitudes, *Journal of Social Psychology*, 1944, 20, 109-140。

（20）参见前面注释 4。

（21）G. W. Allport & B. M. Kramer, Op. cit.

（22）B. J. Kutner. *Patterns of Mental Functioning Associated with Prejudice in Children.* (Unpublished.)Cambridge: Harvard College Library, 1950.

（23）此两种人格类型的最全面、最标准的对比收录于 T. W. Adorno,et al., Op. cit。相关的讨论见 E. Fromm, *Man for Himself*, New York: Rinehart, 1947; A. H. Maslow, The authoritarian character structure, *Journal of Social Psychology*, 1943, 18, 401-411; A. H. Maslow, Self-actualizing people: a study of psychological health, Personality Symposium, 1949, 1, 11-34。

第26章 煽动

煽动者利用虚假的问题来转移公众对真正问题的注意力。并非所有的人都选择少数群体的所谓不当行为作为他们的虚假问题，但很多人确实都这样做了。他们的言论特别吸引前一章所提及的权威型人格的人。

据估计，在美国有1000万种族主义煽动者的追随者。然而，这一数字看起来是危险的，而且可能过高，因为并非所有参加煽动者集会的人都是其追随者。不管怎么说，根据福斯特的说法，在1949年，美国有49种反犹太主义的期刊，有60多个有反犹太主义记录的组织。[1] 再加上专门从事反天主教和反黑人的期刊和组织，尽管记录有所重叠，但总数还是很惊人。

样本材料

鼓动者的所言所写都有一种固定特征，尽管这种特征不容易定义。以下是1948年"基督教民族主义"会议的摘录，很有代表性。

> 我们从美国的各个角落聚集在一起，目的只有一个，那就是采取必要的措施，击退物质主义的浪潮，击退威胁要吞噬我们亲爱的国家——美利坚合众国的邪恶力量。我们受到耶稣基督和美利坚合众国的指引，在十字架和国旗下集会，向华尔街的国际金融家和全世界的犹太恐怖分子表明，他们已经失败。我们正在创建的政党是一座丰碑，表明这世界上对邪恶、对奴隶制的抵抗仍然存在着……

> 为什么没有人告诉美国人民，9000万美元的马歇尔计划资金将被交给国际

银行，这些钱将用来养活黑市商人和社会主义勒索者并填满他们的钱包，而这些人正在摧毁整个欧洲的基督教。如果我们再给他们机会的话，他们是否将在这里也摧毁基督教？在两党的外交政策下，我们被我们已死去的前权威者富兰克林·德拉诺·罗斯福的秘密交易和秘密承诺所累！在两党的外交政策下，我们成了允许将撒旦般的摩根索政策强加给德国人民的罪人。数以百万计的基督徒的妇女和儿童被故意饿死。现在，为什么没有人告诉美国人民，这个摩根索政策是由一群疯狂的犹太人发明的。

在旧政党的纲领中寻找国际犹太阴谋问题、犹太复国主义和犹太恐怖主义问题的解决办法时，我们发现的唯一办法是哭哭啼啼地表示同情，因为旧政党在巴勒斯坦创建所谓的犹太国家方面做了贡献。我们看到，这些纲领里并没有提及美国的犹太盖世太保，他们胁迫和诬蔑那些支持基督教美国主义的美国公民。我们看到，纲领里没有对犹太复国主义和犹太人实行的双重效忠的谴责，犹太人利用美国的力量来武装一支外国军队。我们没有看到对犹太恐怖团伙的谴责，这些团伙在美国的街道上游荡，剥夺了美国基督徒的言论自由和集会权利。

现在，所有这些在华盛顿被曝光的人都是费利克斯·法兰克福特的学生，我想现在是时候看看他在哈佛大学教这些学生什么了。现在，当这些人仍然在华盛顿特区的权力和重要位置上时，我们的政府怎么可能安全。现在是我们对美国政府进行清洗的时候了，我们正在组织基督教民族主义党来清理那些接管我们政府的老鼠。

现在，我们在黑人问题上说法不是蛊惑人心的。我们要讲真话，我们要讲我们相信的东西，我们要讲什么是解决美国种族问题的唯一办法。我们主张修改宪法，使黑白种族的隔离成为美利坚合众国的法律。我们还主张将黑人和白人之间的通婚定为联邦犯罪！

我想讲一个小故事，那天我在密西西比州的杰克逊市，与那里的一些好朋友见面时听到的。一个黑人去了圣路易斯，娶了一个白种女人，他回到密西西比州杰克逊市，那些男孩在街上把他逼到墙角，说："莫斯，你不能和那个白种女人待在这个镇上。我们不允许黑鬼与白种女人在一起，与白种女人结婚，你知道的。"他说："伙计，你错得离谱了，那个女人有一半是北方人，一半是犹太人，她身上没有一点白人血统。"

很多人试图清算考夫林神父、查尔斯·林德伯格、马丁·迪斯、伯顿·惠勒、杰拉尔德·史密斯。威胁他们，煽动他们，讽刺他们，嘲笑他们，毁掉他们，让他们退出社会活动，承蒙上帝恩典，我拒绝退出社会活动。我在迪斯委员会事件上是对的，我在阿尔杰·希斯事件上是对的，我在斯特蒂尼乌斯事件上是对的，我在联合国问题上是对的，我在……在埃莉诺·罗斯福事件上是对的！

从来没有一个商人被毁掉，从来没有更多的人被总统家庭虐待、摇晃、践踏，与过去15年里那个被称为盗贼、骗子、斯大林绥靖者、战争贩子所做的事一样！上帝把美国从罗斯福家族手中拯救出来吧！

乍一看，上述材料似乎无法进行分析。

但其明显的主题是仇恨。在这篇相对较短的长篇大论中提到的被憎恨的人有：唯物主义、国际金融家、犹太人、黑市商人、摩根索、犹太复国主义者、费利克斯·法兰克福、哈佛大学、黑人、阿尔杰·希斯、当时的国务卿斯特蒂涅斯、前总统罗斯福、罗斯福夫人和罗斯福家族。主要的坏人似乎是犹太人，他们被提到的次数和组合比任何其他人都要多。此外，还有一种对罗斯福家族特别的憎恨。天主教徒并没有受到谴责，因为在一个大型的城市集会中，听众中可能有许多天主教徒，煽动者可能在争取他们的支持。

我们从这种多样化的敌意中了解到（正如我们从第5章的统计分析中了解到的那样），对少数族群的仇恨并不是孤立的。这种仇恨是普遍化的，任何被感觉到是威胁的东西都会被憎恨。

威胁从未被明确界定。但在滥用的背后所体现的是一个明显的主题，即对自由主义或社会变革的恐惧。罗斯福夫妇首先是变革的象征，尤其是对经济生活和种族关系的保守模式的威胁。知识分子（这里的象征是哈佛大学）被憎恨，因为它也带来了变化，同时也加剧了非知识分子的自卑感。黑人状况的改善也同样会带来变化。犹太人总是与冒险、风险和边缘价值联系在一起（第15章）。专制主义人格无法面对所有这些不确定性、非传统性和失去熟悉的固定点（第25章）。

他们的安全象征像他们的恐惧象征一样有趣。作为偶像被提及的有耶稣基督、美利坚合众国的旗帜、十字架和国旗、考夫林神父、查尔斯·林德伯格、马丁·迪斯、伯顿·惠勒、杰拉尔德·K.史密斯。本文中没有引用的演讲部分，有对保罗·里维尔、内森·黑尔、林肯、李以及乔治·华盛顿——"有史以来最强大的基督教民族主义者"的赞誉。在演讲者和听众看来，这些偶像都是保守主义的象征，代表着民族主义、孤立主义、反犹太主义，或是作为制度主义者最终安全落脚点的传统宗教（第28章）。

在这个演讲样本中了解了一些消极和积极的象征，以及它们如何首先反映出恐惧和不安全的主题之后，让我们更详细地考虑一下它的吸引力。煽动者的演讲都是相似的，重要的是它们的模式。

煽动者的计划

在《欺骗的先知》一书中，洛温塔尔和古特曼分析了大量类似的演讲和小册子。所有这些演讲中都有一个相同的抗议和仇恨的内容。煽动者所说的内容似乎可以归结为以下几点：[2]

你被骗了。由于犹太人、新政拥护者和其他变革代理人的阴谋，你的社会地位不安全了。像我们这样真诚而朴实的人总是被愚弄。我们必须做点什么。

有很多的阴谋反对我们。这是由华尔街、犹太银行家、国际主义者、国务院等恶人一手策划的。我们必须做点什么。

阴谋家们在性方面也是腐败的。他们"在财富中打滚，在酒中沐浴，与被他们诱惑的美国女人们为伍。""使年轻人放荡不羁，破坏了非犹太人的士气。"外国人享受所有的禁果。

我们现在的政府是腐败的。两党制是个骗局。民主是一个"骗人的词"。"自由主义是无政府主义。"公民自由是"愚蠢的自由"。我们的道德观不能是普遍主义的，我们必须为自己着想。

厄运就在眼前。看看美国产业工会联合会和激进的联盟。他们和犹太人正在迅速掌权，将会立即出现革命的暴力。我们必须有所行动。

我们不能相信外国人。国际主义是一种威胁。但我们也不能相信我们自己的政府。外来的白蚁在里面钻来钻去。

我们的敌人是低等动物：爬行动物、昆虫、病菌、次等人类。灭绝他们是必须的，我们必须有所行动。

没有中间状态。世界是分裂的。那些不支持我们的人在反对我们。这是一场富人和穷人之间的战争，真正的美国人和"外国人"之间的战争。"欧洲—亚洲—非洲塔木德哲学与基督教教义是相反的。"

不能有任何种族血缘上的污染。我们必须保持种族的纯洁和精英性。卑鄙的污染来自与自由主义的道德被孤立者打交道。

但灾难就在眼前，你能做什么？贫穷、简单、真诚的人们需要一个领袖。看哪，我就是这样一个领袖。错的不是美国，而是在职的腐败分子。改变其中的人员，我是可以做到的。我将改变整个臭气熏天的局面。你会有一个更快乐和安全的生活。

情况太紧急了，不允许有多余的思考。只要你把钱给我，我之后就告诉你该怎么做。

每个人都在反对我。我是你们的殉道者。新闻界、犹太人、臭名昭著的官僚们都想让我闭嘴。敌人谋害我的生命，但上帝会保护我。我将领导你们。我将在各地点燃公众的思想。我将清算数百万的官僚和犹太人。

也许我们会在华盛顿游行……

所有内容到这里就结束了，因为法律禁止煽动暴力和主张用武力推翻政府。兴奋之余，人们对一个流淌着牛奶和蜂蜜的乌托邦留下了模糊的承诺，并暗示将找到一些合法或不合法的方式来进入这个新耶路撒冷。当然，在欧洲的各个国家，这种蛊惑人心的说法已经转化为行动。整个政府被类似呼吁所左右的暴民扫地出门。

煽动者对他的追随者所遭受的不满和萎靡不振的原因做了一个戏剧性且错误的诊断。毫无疑问，他们很沮丧、很痛苦，自己与社会格格不入，这一点是毫无疑问的。真正的问题没有说出来，他们会指向经济结构的缺陷，指向人们未能找到解决战争的方法，指向在学校、工业和社区生活中忽视了人际关系的基本原则，以及最重要的是内在缺乏心理健康和自我坚定。

这种真正复杂的因果关系被完全忽略了。受害者得到保证，他们不应该受到责备。他们岌岌可危的自尊受到安慰性的保护，说他们是基督徒、真正的爱国者、精英。他们甚至被告知，讨厌犹太人并不是反犹太主义的表现。他们的极端行为每每被证明是合理的，他们的自我防卫得到加强。

虽然煽动者从来没有提供一个合理的方案来缓解社会的不正常和个人的不愉快，但在一个有稳固政府结构的国家，也没有提供一个明确的暴力方案。在煽动者能够安全地发动革命之前，需要有一个摇摇欲坠的社会结构，如德国、西班牙、意大利和俄国的社会结构。繁荣和稳定是对煽动者不利的恶劣因素。

然而，有时即使在一个稳定的国家，他也可能在地方上获得一定程度的政治权力，比如在城市或州。

无论成功与否，煽动者根本上是在鼓吹一场遵循法西斯主义模式的极权主义革命。在美国，为了不使国家的历史价值受到太明显的侵犯，需要某些表面的手段。煽动者通常抗议说他们不是反犹太主义者，他们反对法西斯主义。有人说，如果法西斯主义来到美国，它将以反法西斯主义运动为幌子，其标志是清晰可见的，这个计划在所有国家基本上都是一样的。

在一份题为"如何识别美国亲法西斯分子"的备忘录中，民主之友协会列出了以下特征：[3]

①种族主义是所有群体都有的。事实上，它是各地亲法西斯主义运动的基石。在美国，它以白人至上的形式出现。

②反犹太主义是所有亲法西斯主义和"百分之百美国人"团体的共同特征。在新教占主导地位的地区，反天主教有时被反犹太主义所取代，但煽动者发现反犹太主义是最有效的政治武器。

③反传统主义、反难民主义和反一切外国事物是一个主要特征。世界各地的法西斯主义都宣称有强烈的"本土主义"，并且无一例外地反对"外国人"

和其他国家的人。

④民族主义是关键。极端民族主义者声称他自己的国家是"主宰国家"，就像他声称他自己的人民是"主宰种族"一样。权力是他们的基调。

⑤孤立主义是该模式的一个独特部分。孤立主义者的立场是，这个国家在两个大洋坚不可摧的背后是安全的。

⑥反国际主义也是这种模式的一部分。这种反国际主义包括反对联合国和所有其他旨在达成国际和解与合作，促进和平的努力。

⑦反劳工，特别是反有组织的劳工，是一个主要的特征，尽管常常被掩盖。

⑧对其他法西斯分子的同情在亲法西斯分子中很常见。在战争期间，它被引向对佩坦及其维希政府的同情。后来，它变成了对佛朗哥和贝隆政权的同情和辩护。

⑨反民主是另一个共同点。法西斯分子到处宣称，"民主是腐朽的"。在美国，最受欢迎的主题是，我们的国家是一个"共和国"，而不是一个"民主国家"。"共和国"是精英的统治，而民主实际上是共产主义的同义词。

⑩对战争、武力和暴力的赞美是一个主要的主题。战争被认为是创造性的活动，军事英雄受到赞美。支持法西斯主义的口号之一是坚持"生活就是斗争，斗争就是战争，战争就是生活"。

美国的民主具有强大的韧性，因为它已经经受了几十年这种类似的煽动，事实上，从建国前就已经开始了。(4)但今天，紧张局势的加剧，文化的滞后（社会技能未能跟上技术的步伐），使煽动的吸引力比以往任何时候都大。这不是一天一夜之间就能诞生的运动。它的种子总是存在的，它的增长可能是渐进的，在某一点上不易察觉，然后是突然的，令人震惊的。它随着特定煽动者的兴衰而消长。但有时它的根基会在国会委员会、地方和州的政治团体、某些报纸和某些电台评论员中牢牢扎根。

总的来说，民主传统似乎仍处于优势地位。每一场法西斯运动都会产生一股强大的逆流。然而，在我们的时代，社会压力的增加和社会变革的加速造成了一种不稳定的状况。问题是，在恐慌和恐惧驱使人们更多地接受蛊惑人心的谣言之前，是否能制定出实际的诊断和政策来改善国内和国际的弊病，改变人们的观念。

追随者

追随煽动者的人对他们所从事的事业没有准确的概念。对于目标和实现目标的手段都是模糊的。煽动者可能自己也不知道，或者，如果他知道的话，他觉得只把注意力集中在自己身上是更有利的。他已经知道，具体的形象（领导人）比抽象的形象更容易被牢牢记住。

由于没有办法摆脱困境（除了遥远而模糊的不确定的暴力可能性），追随者被迫相信煽动者的指导，并盲目地投身于他。他为他们提供了抗议和仇恨的渠道，而这些愤怒的乐趣只是用来转移注意力和被暂时满足的。美国人就是美国人，基督徒就是基督徒，这些人是最好的人，是真正的精英，这种同义反复的保证让人感到安慰。一个人是基督徒，因为他不是犹太人；一个人是美国人，因为他不是外国人；一个人是普通人，因为他不是知识分子。这种安慰可能看起来很牵强，但它能增强自尊心。

我们需要对本土主义组织的成员进行全面、科学的研究。观察家们报告说，这个组织的成员似乎是那些显然在生活中没有成功的人，他们大多超过40岁，没有受过教育，不知所措，面部表情严峻。一些人可能是无爱的生物，准备在煽动者身上找到幻想中的爱人和保护者。

结果很可能是，追随者几乎都是感觉自己是某种程度上被拒绝的人。不幸福的家庭生活、不满意的婚姻，在他们中可能经常出现。他们的年龄表明，他们已经活了足够长的时间，对自己的职业和社会关系感到无望了。由于他们在个人资源或资金方面没有什么积累，他们害怕未来，并乐意将他们的不安全感归因于蛊惑人心的恶势力。由于被剥夺了现实的满足感和主观的安全感，他们对社会有一种虚无主义的看法，并沉溺于愤怒的幻想。他们需要一个专属的安全落脚点，在那里他们受挫的希望可能会得到满足。所有的自由主义者、知识分子、异己分子和其他变革的推动者都必须被排除在外。可以肯定的是，他们也希望有某种变化，但只是那种能够提供个人安全和改善他们自身弱点的变化。

我们在前几章中所研究的每一种性格条件下的偏见来源都有助于解释煽动者的追随者们。煽动会使仇恨和焦虑外化。它是对投射的一种制度性帮助，它证明并鼓励八卦小报思维、刻板印象，以及相信世界是由骗子组成的信念。它将生活分为明确的选择：遵循简单的法西斯主义模式，否则将发生灾难。没有过渡状态，没有国家解决方案。虽然最终的目标是模糊的，但"跟随领袖"的规则仍然满足了对明确性的需求。通过宣称每一个社会问题都是群体外的不当行为的结果，煽动者始终避免将其追随者的注意力集中在他们自己痛苦的内部冲突上。他们的压抑因此得到了保障，所有的自我防御机制都得到了加强。

一项小规模的实验研究让我们对那些容易受煽动者影响的人的特质有了一定的了解。此项实验的对象是芝加哥的退伍军人，他们之前接受过采访，他们的观点和个人生活都是已知的。向他们邮寄了两份反犹太主义的宣传册。两周后，这些人被重新采访。结果发现，有些人接受并同意这些信息，有些人则拒绝接受。前一组人是由以前表现出不宽容或只在口头上表示宽容的人组成。他们不属于那些有强烈支持宽容信念的退伍军人。此外，他们认为这些小册子是来自权威的、可靠的、没有偏见的来源。最后，他们认为这些文件令人放心，这些文件减轻了他们的焦虑，没有引起新的恐惧或冲突。从这些证据来看，到目前为止，煽动的吸引力建立在与该吸引力相符的以前的态度和信仰上。在受试者看来，它具有权威性，它减少了焦虑。如果它做到了所有这些，它就有可能被接受。[5]

作为个人的煽动者

煽动者之所以能够兴盛，是因为权威型人格需要他们。然而，他们的动机并不是无私的。他们也有利益可图。

在许多情况下，煽动是一个有利可图的骗局。会费和礼物、购买衬衫和其他标志物，可以使领导人继续维持生计。[6]在这场游戏中，人们发了小财，当组织因管理不善、法律纠纷或追随者对新奇事物的渴望而失败时，一大笔钱已经被捞走。

政治动机也很常见。夸张而模糊的承诺（加上仇恨的呼吁）使参议员和众议员以及地方办公室的候选人当选。这些技巧很有戏剧性，足以成为很好的头条新闻或邀请电台评论。其结果是，煽动者的名字变得众所周知，而这种突出的地位使他在连任中发现了一种财富。他的技巧是唤起人们的希望（例如："分享财富"），也唤起人们的恐惧。这两种技巧的巧妙运用使希特勒在短时间内在德国上台。

但煽动者的动机可能更加复杂。他们也有性格上的偏见。很少能找到一个完全冷酷和工于心计的政治家，他只是为了利益而使用反犹太主义和相关的伎俩。

思考一下希特勒的反犹太主义策略。它的一些根源可能在于他的自卑和性冲突，正如本书之前所讨论的那样。但他似乎不太可能仅仅为了满足个人感情而将反犹太主义作为一项国家政策来实施。也许他和他的心腹想要犹太人的金钱和财产，直接征用犹太人的财富可能是一个促成因素，尽管在这里，收益是否真正抵消了帝国因商业和市场的混乱而造成的资本损失也是值得怀疑的。主要动机是为1918年的失败和随后的通货膨胀向德国人民提供一个替罪羊。民族主义和团结通过这样的方式得到了加强。所有这些动机可能都存在，同时还有另一个动机。希特勒不仅在德国，而且在整个世界都试图通过摆出圣乔治屠龙的姿态来为自己赢得青睐。由于反犹太主义在所有国家都很普遍，他希望被看作所有人的朋友。在许多国家，人们表示他们喜欢希特勒只有一个原因，他反对犹太人。他指望通过这种争取同情的方式，使他在对别国的粗暴交往中得到支持。他获得了一些同情，这一点毋庸置疑；但从长远来看，他高估了这一特殊王牌的价值。

已经掌权的煽动者可能会利用反仇恨的呼吁来转移注意力。他们满脑子都是自己的阴谋，不断告诉人们他们正在被从危险中拯救出来。他们利用少数族群，就像罗马皇帝利用面包和马戏团一样。

而人民中出现大规模的萎靡不振，煽动者才会成功。如果他们的目标追随者是具有强大内心安全感和成熟自我发展的人，他们就会失败。但通常有足够多的潜在追随者（有人称他们为"先知"）来回报他们的努力。群众对煽动者来说是必要的。当没有煽动者的时候，民众就不可能被激怒。麦威亚斯把珍珠港事件后日裔美国人的待遇归咎于某些职业爱国者和政治迫害者。[7] 如果希特勒从未存在过，第二次世界大战的暴力和德国对犹太人的迫害是否会避免，这是一个永远无法回答的问题。不过，似乎很可能的是，灾难的发生离不开一个煽动者。但当时机成熟时，即使一个煽动者不出现，另一个煽动者也会出现。

总而言之，煽动者的动机可能是非常复杂的。虽然不是全部，但许多煽动者本身就是权威的人格类型，拥有熟练的语言技巧。虽然有些人追求权力和金钱，但他们中的大多数人都是有性格的，特别是那些既没有钱也没有政治权力的小人物，他们通过印刷的小册子和登台演说来赢得胜利。也许他们是在满足某种炫耀性的倾向，但除非他们自己的偏执很强烈，否则他们不会采取这种特殊的展示途径。他们中的一些人就像许多大人物一样，似乎接近了偏执狂的边缘。

偏执狂

克雷佩林在对精神疾病进行分类的过程中，将偏执的想法定义为"不受经验纠正的错误判断"。根据这个相当广泛的定义，许多想法，包括偏见，都是偏执的。

然而，真正的偏执狂有一种不可打破的固化思维。他的想法是妄想的、与现实脱节的，不受任何影响的。

一个有偏执症的女人有一种固定的妄想，认为自己是一个死人。医生试图用逻辑来证明她的错误。医生问她："死人会流血吗？""不。"她回答。"那么，如果我刺破你的手指，你会流血吗？""不。"那女人回答说，"我不会流血，我已经死了。""那试试看。"医生说，并刺破了她的手指。当病人看到一滴血出现时，她惊讶地说："哦，原来死人是会流血的，不是吗？"

偏执症想法的一个特点是，它们通常是局部的。也就是说，患者可能在所有事情上都是正常的，除了在他混乱理念的区域。就好像他以前所有的痛苦、所有的冲突都凝结在一个有限的妄想系统中。我们看到，排斥性的家庭生活是大多数偏执症患者的特征。仿佛他们早年所有分散的痛苦都被集中起来，并在一套想法中得到合理化，通常大意是，患者正在受到迫害，也许是被他的邻居，或者是被犹太人。

偏执的想法有时与其他形式的精神疾病混在一起，但往往它们本身似乎构成了一个实体，称为"纯偏执狂"。而有时这种病症并不明显，只需要诊断为边缘状态——"偏执倾向"。

大多数精神分析学家和许多精神病学家认为，任何程度或类型的偏执狂都是被压抑的同性恋的后果。有一些临床证据可以支持这一想法，[8]解释是这样的：许多人，特别是如果他们在童年时曾因任何性活动而受到严厉的惩罚，就不能面对自己的同性恋冲动。他们压制自己这样的冲动，实际上是对自己说："我不爱他，我恨他。"类似的反应形成，我们在对黑人的性仇恨案例中遇到过（第23章）。这种冲突变得外部化，补充性投射开始发挥作用。"我恨他的原因是他恨我，他对我有敌意，他在迫害我。"在这一系列曲折的合理化过程中，最后一步是转移和概括。"不仅是他恨我，对我有企图，而且黑人、犹太人都在追杀我。"这些可能被视为替代性符号，或者仅仅是方便的、社会认可的替罪羊，对患者来说，这些替罪羊说明他觉得有人在迫害他。

不管这个精心设计的理论是否完全正确，偏执狂思维的公式似乎总是由以下几个步骤组成。（1）有剥夺、挫折、某种不足（如果不是性的，则是其他高度个人化的东西）。（2）由于压抑和投射，被视为完全在自己之外。（偏执症患者完全缺乏对其失调区域的洞察力。）（3）由于外部原因被看作一种严重的威胁，这个来源被强烈地憎恨，并对它产生攻击性。在极端情况下，患者可能攻击或消灭"有罪"的一方。有些妄想症患者会有杀人倾向。

当一个真正的偏执狂成为一个煽动者时，可能会导致灾难。当然，如果他在所有其他的领导阶段都是正常而精明的，那么他的成就就会更大。如果是这样，他的妄想系统就会显得合理，他就会吸引更多的追随者，特别是在那些本身就有潜在的偏执想法的人中。结合足够多的偏执狂，或足够多的有偏执倾向的人，可能会产生一群危险的暴民。[9]

偏执倾向解释了为什么反犹太主义者的强迫性驱动力似乎从未放松。受影响的人一直都很紧张。即使是公众的不认可、嘲笑、曝光或监禁也不能阻止他。尽管他可能会停止煽动听众使用暴力，但他有一种强烈的、无幽默感的、咄咄逼人的气势，没有什么可以动摇。无论是论证还是经验都无法改变他的观点。如果有人向他提供矛盾的证据，他就会像上文中认为自己是死人的女人一样，扭曲证据，以肯定他之前的想法。

对我们的目的来说，特别重要的是要注意到，偏执狂可能存在于其他正常人身上，而且偏执狂倾向的所有程度都会发生。投射机制是偏执狂的核心，但它也存在于正常人身上。我们并不能指出什么时候正常的状态结束了，病态开始了。

偏执狂代表了偏见的极端病态。目前，似乎不可能找出治疗方案。谁能发明出治疗偏执狂的药方，谁就是人类的恩人。

解决控制癌症问题的一个方法是研究那些使生物体健康并防止细胞恶性生长的条件。同样地，我们也希望能从对宽容型人格的研究中了解到对偏执狂、投射和偏见的控制，在宽容型人格里这些形式的病症未能扎根，是什么造就了宽容型人格？

参考文献

（1）A. Forster. *A Measure of Freedom*. New York: Doubleday, 1950, 222-234.

（2）L. Lowenthal & N. Guterman. *Prophets of Deceit: A Study of the Techniques of the American Agitator*. New York: Harper, 1949.

（3）How to spot American pro-fascists. *friends of Democracy's Battle*, 1947, 5, No. 12. Issued by Friends of Democracy Inc., 137 East 57th St., New York 22, N. Y.

（4）参照 L. Lowenthal and N. Guterman, Op. cit., 111。

（5）B. Betclhein & M. Janowiz. Reactions to fascist propaganda-a pilot study. *Public Opinion Quarterly*, 1950, 14, 53-60。

（6）A.Forster. Op. cit.

（7）C.McWilliams. *Prejudice*. Boston: Little, Brown, 1944, 112.

（8）J. Page &J. Warkentin. Masculinity and paranoia. *Journal of Abnormal and Social Psychology*,1938, 33, 527-531.

（9）称一个民族都是偏执症患者就有些过火了，例如有学者在讨论希特勒统治下的德国时的观点。参照 R. M. Brickner, *Is Germany Incurable*? Philadelphia:J.B.Lippincott, 1943。但即使是一小撮偏执症患者也能够产生很大的破坏性。

第27章　宽容型人格

"容忍"似乎是一个软弱无力的词。当我们说我们忍受头痛，或我们破旧的公寓，或一个邻居，我们当然不是说我们喜欢他们，而只是说尽管我们不喜欢他们，我们将忍受他们。在一个社区中容忍新来者，只是一种消极的体面行为。

然而，这个词也有一个更宽泛的含义。我们说，一个与各种人都友好相处的人是宽容的人。他不歧视任何种族、肤色或信仰。他不仅能忍受，在一般情况下还能认可他的同伴。我们想讨论的正是这种更温暖的宽容。然而，不幸的是，英语中缺乏一个更好的词语来表达一个人不论他人属于哪个群体，都对他们友好和信任的态度。

一些作家更倾向于使用"民主人格"或"生产性人格"这样的词语。虽然这些词语具有明显的相关性，但对于我们的目的来说，它们涵盖了太多的领域。他们的出发点不一定是民族态度，而我们必须从民族态度出发。

在我们对偏见型人格的讨论中（第25章），我们注意到有两种研究方法被普遍采用。纵向方法把注意力集中在偏见态度的发展上，从儿童训练的最早阶段开始。横向法试图研究目前的模式，并问道：今天在整个人格中，民族态度的组织和功能是什么？这两种方法也同样适用于调查宽容的个性。但是，不幸的是，关于"好邻居"的研究不如关于"坏邻居"的研究多。吸引调查员的是犯罪者而不是守法公民。医学研究者感兴趣的是疾病，而不是健康。通常，社会科学家感兴趣的是偏执的病态，而不是健康的宽容状态。[1]因此，我们对宽容的了解比对偏见的了解少，这一点并不奇怪。

早期生活

我们大部分的遗传知识来自偏见研究中使用的对照组。正如我们在第25章中所看到的，习惯上是将一组宽容的人与一组不宽容的人进行对照，然后注意区分两者的背景因素。

宽容的孩子，一般来自有宽松气氛的家庭。无论做什么，他们都感到受欢迎、被接受、被爱。惩罚并不严厉，也不专制，孩子不必每时每刻都要注意那些可能使父母对他生气的冲动。[2]

因此，"威胁取向"经常出现在有偏见的儿童的生活中，而在宽容的儿童的生活中几乎不存在。他们生活的基调是安全而不是威胁。随着自我意识的发展，儿童能够将自己的快乐追求倾向与外部环境的要求以及自己发展中的良知综合起来。他的自我得到了足够的满足，而没有诉诸压抑，也没有导致他通过投射将责任推给他人。因此，他的精神情感生活的有意识和无意识层之间没有明显的分界。

他们对父母的态度是有区别的。也就是说，当孩子在整体上接受父母时，他不会对说出父母的缺点感到恐惧。与有偏见的孩子不同，宽容的孩子不是有意地爱父母，而下意识地恨他们。宽容孩子的态度是有模式的、公开的、有感情的，但不是虚伪的。他接受父母的本来面目，而不是生活在对他们优越力量的恐惧中。

由于道德冲突总的来说得到了令人满意的处理，因此宽容的孩子对他人所犯的错误不那么固执，也不那么倾向于苛责。违反习俗和守则的行为可以被容忍。同伴间良好的关系和相处的乐趣被认为比良好的礼仪和"适当的"行为更重要。

宽容的人（甚至在童年时）的心理灵活性更大，这表现在他拒绝接受二值逻辑。他很少认同这些观点，如"只有两种人：弱者和强者"，或"做任何事只有一种正确的方法"。他不会把他的环境分成完全正确和完全不正确的两部分。对他来说，存在着灰色的中间地带，他也不会对两性的角色进行严格区分，他不同意"女孩应该只学习对家务有用的东西"。

在学校（和以后的生活中），宽容的人与有偏见的人相比，在进行一项任务之前，不需要精确、有序、明确的指示。他们可以"容忍模糊"，没有对明确性和结构性的执着要求。他们觉得可以直接说"我不知道"，也可以通过等待获取更多的信息。他们不太害怕延迟；他们没有特别需要快速分类，也不需要坚持已经做出的分类。

宽容的人对挫折的容忍度似乎相对较高，他们在受到剥夺的威胁时不会陷入恐慌。他们在自我中感到安全，不太倾向于将冲突外化（投射）。当事情出错时，没有必要责备他人：可以责备自己且不陷入惊恐状态。

这似乎是宽容的社会态度的一般基础。毫无疑问，这种基础工作在很大程度上是家庭教育的产物，是父母使用的奖励和惩罚方式的产物，也是家庭生活的氛围的产物。但是，如果认为不考虑先天气质也可能帮助孩子形成宽容的态度，那就错了。一位学生写道：

> 从我记事起，我就被教育要善待其他人和地球上的生物。我的父母讲述了一件事，当时我大约5岁，跑进屋里哭，因为外面有个男孩在"摇晃大自然"。当他们看向窗外时，他们看到一个男孩在将树上的橡子摇晃下来。即使在这个年龄，我也不喜欢暴力，这种感觉至今仍然存在。在我童年的早期，我就被教导不要盯着瘸子或盲人看，要对有需要的人慷慨解囊，我相信这种教育对防止形成对少数群体的偏见有很大帮助。

这个案例表明，可以将气质和具体的教育结合在一起，产生一种亲和的世界观。

许多促成宽容态度形成的因素在对反纳粹德国人的调查中得到了体现。（这种跨文化的证据总是受欢迎的，因为它帮助我们看到研究在多大程度上是在处理人性中的普遍原则，而在多大程度上似乎只是文化在起作用。）大卫·利维报告了某些抵抗希特勒不容忍政权的德国男性的背景。[3]他发现，这些男性比一般的德国人与他们的父亲有着更密切和友好的关系，他们的父亲基本不是严厉的管教者。此外，他们的母亲在感情上也比一般人更有表现力。由于没有兄弟姐妹，这种早期和基本的安全感在许多情况下得到了加强。这些发现有力地支持了我们所报告的美国研究，并使我们更加确信，早期训练是使儿童变得宽容的一个重要因素。

列维的研究还发现，这些反纳粹分子的家庭往往有通过不同宗教或民族通婚的情况。同样，这些人通过广泛阅读或旅行开阔了他们的视野。换句话说，家庭氛围不是产生宽容的唯一因素，后来的经验也很重要。

我们得出的结论是，宽容很少是由单一的因素形成的，而是几种力量朝同一方向推动的结果。在这个方向上的力量越多（气质、家庭氛围、父母的具体教导、多元化的经验、学校和社区的影响），一个人的人格就越容易变得宽容。

不同的宽容

宽容的人在其种族态度强烈的程度上有所不同。对一些人来说，公平竞争似乎总是处于他们最关心的问题，在他们的动机中起着至关重要的作用。德国的反纳粹分子就是一个典型的例子。他们一直都知道希特勒的种族主义，以及他们自己在反对种族主义的职责。由于这个问题危及他们的生命，他们不得不把它放在突出位置。

其他宽容的人似乎从未关注过这个问题。他们的观点总是倾向于民主，对他们来说，没有外邦人和犹太人之分，没有犯人和自由人之分。所有的人都是平等的：团体成员资格对大多数人来说是不重要的。我们在第8章中写到，对犹太人没有偏见的人，比起那些有偏见的人，更经常无法通过面部表情来区分犹太人和外邦人，因为那些有偏见的人对这个问题更加在意。

有一种说法是，最宽容的人是那些种族态度完全不明显的人。他们对区分群体没有兴趣。对他们来说，一个人就是一个人。但在我们的社会中，这种良性的意识是很难实现的，因为人类关系在很大程度上是以种姓和阶级为基础的。尽管人们可能希望把黑人仅仅作为一个人对待，但情况迫使人们认识到种族问题。社会歧视的普遍存在往往会使种族态度变得突出。

除了种族态度的强烈程度之外，我们还应该进一步区分服从性容忍和性格特征容忍，就像我们在偏见的情况下做的那样（第17章）。在一个不出现民族问题的社区里，或者在一个习惯性地按照宽容准则处理民族问题的社区里，我们可以期望人们把平等视为理所当然。在宽容的团体规范的左右下，他们是服从者。然而，性格上的宽容是一种积极的人格组织状态，它和性格上的偏见一样，在整个人格系统中具有功能上的意义。

性格上的宽容总是意味着一个人对他人总是带有积极性的尊重，无论他们是谁。这种尊重可能与许多生活风格联系在一起。有些人似乎有一种普遍的感情状态，一种真正的善意特征。另一些人在他们的价值观中更具有审美性，并以文化差异为乐，发现外群体的成员很有趣。有些人将他们的宽容融入政治自由主义和进步哲学的框架中。对有些人来说，正义感是最重要的。还有一些人将国内少数群体的公平待遇与国际友好问题联系在一起。他们认为，除非有色人种在国内得到更公平的对待，否则与世界有色人种的和平关系是不可能实现的。[4] 简而言之，性格上的宽容是建立在积极的世界观基础上的。

激进的与温和的宽容

一些宽容的人是斗士。他们不会容忍任何侵犯他人权利的行为。他们不容忍歧视行为。有时他们组成一个小组（如种族平等委员会），对餐馆、旅馆和公共交通工具进行测试，看是否有歧视行为。他们伪装自己，偷偷调查并最终揭发煽动者。[5] 他们支持并贯彻法律诉讼，以挑战和击败隔离制度。他们加入更加激进的改革派组织，每当涉及民权的热点问题时，他们就会在立法听证会上发言，或者在纠察队中出现。

我们是否可以说，这些激进者本身就有偏见？有时是的，有时不是。在他们中，有一些"反面的偏执者"，例如：他们可能会像一些白人憎恨黑人一样不理性地憎恨南方白人。同样的过度归类和同样的隐性心理动力学可能在运作。反向偏执者可能会错误地将所有有偏见的人归类为"法西斯"，或者指责所有雇主剥削他们的雇员。许多为"平等"而奋斗的鼓动者似乎也是这样的例子。偏见，再次参考第1章，只要对一个群体存在非理性的敌意，且这个群体的邪恶属性被夸大和过度概括，就会存在偏见。根据这个定义，一些改革者的偏见并不比他们试图改革的人少。

然而，其他激进分子似乎能够对这个问题进行更精细的分析。他们看到，在特定的时间采取特定的行动，也许是通过一项特定的立法法案，将促进少数群体的利益，他们因此投入这场战斗中。他们这样做是基于对自己的价值观的现实评价，而不是对对手的成见。或者他们可能故意选择蔑视社会习俗，冒着被排斥的风险，以显示对被排斥者的友谊，这也是为了实现个人价值。在这种情况下，不存在对反对者的过度定性。坚定的信念与偏见是不同的。当被要求定义信念和偏见之间的区别时，有人回答说："你可以不带私人情感地谈论你的信念。"这个答案并不完全令人满意，尽管它有一定的道理。信念绝不是没有情感，它是一种有纪律的、有区别的情感，指向消除现实的障碍。相比之下，偏见背后的情感是扩散的和过度泛化的，由很多不相关事物导致的。

强烈的民主情绪可能会导致好战。这一发现来自东布罗斯和莱文森的研究。[6]研究者给他们的受试者做了两个测试：一个是民族中心主义的测试（E量表）；一个是"意识形态的好战性和和平主义"的测试（JMP量表）。结果发现，那些适度反对民族中心主义的人倾向于支持温和的改革方法。那些强烈反对民族中心主义的人在他们的观点中更加激进。相关系数为 +0.74。例如：激进分子赞同以下主张：

> 现在应该使用一切可能的手段，包括法律，给黑人和其他少数群体以平等的社会地位和权利。
>
> 一个人可以是民主的，相信言论自由的，但仍然拒绝法西斯分子的发言和举行集会的权利。
>
> 目前共和党和民主党之间的差异非常小，我们需要一个真正代表人民的政党。

正如作者所指出的，在许多具有民主信仰的人中，存在着一种并非种族和民族问题的好战性。他们想要广泛的改革，而且现在就想要。

和平的民主人士（他们在反对种族中心主义方面也倾向于不那么极端）在方法上比较温和，并赞同渐进的改革运动。特别是他们赞同以下主张：

> 在右派和左派的冲突意识形态之间，对于聪明的人来说有一个中间地带。
>
> "宽容大度"仍然是一个很好的生活准则。
>
> 反对反犹太人的言论并没有什么好处，你只会陷入无意义的争论。
>
> 国际紧张局势主要是由于缺乏对其他民族和国家的了解。
>
> 首选的行动模式是教育、耐心、渐进主义——一种"和平主义"模式。

虽然正如这项研究所证明的那样，强烈的反民族中心主义的人确实有好战的倾向，但这种关联性仍然不是必然的。极端民主的人完全有可能在其改革理论中成为渐进主义者和"和平主义者"。伟大的黑人领袖布克·华盛顿就是一个例子。

自由主义与激进主义

无论宽容的人是激进的还是温和的，他的政治观点都很可能是自由主义的。有偏见的人往往是保守派，相关系数为0.50。[7] 根据此类研究中使用的量表，"自由主义者"是一个对现状持批评态度的人，他希望有进步的社会变革。他不强调粗犷的个人主义和商业成功的重要性，他将通过增加劳工和政府在经济生活中的作用来削弱商业的力量。他倾向于对人性采取一种乐观的看法——人性可以被改变，变得更好。激进主义被大多数人定义为这种模式的一个更强烈的等级。

但是，正如我们所指出的，在自由主义者和完全反对目前社会结构的极端激进分子之间，似乎存在着质的区别。激进分子的民族情绪往往蕴含在对整个社会的暴力抗议中。他们对一种制度的憎恨比他们改善少数民族状况的愿望更为强烈。

因此，说激进主义只是自由主义的一个极端是不准确的。这两种主义的功能意义可能有大的不同。自由平等主义者可能觉得，从所有方面考虑，社会发展得很好，但为了加强对人的尊重还是需要进行改进，如果这个人遭受贫困、疾病，还是因为少数群体身份受到限制。自由主义者的生活目标是改善主义——使事情变得更好。另外，激进者的整个存在框架是消极的，充满了仇恨。他想把事情搞得天翻地覆，而不担心所产生的后果。

自由主义和激进主义都与对种族的宽容呈正相关，这一事实为偏执者（他们很可能是政治保守派）提供了强有力的武器。他们可以利用这一证据指控那些相信平等权利的人是"激进分子"。这就像是说，所有75岁以上的人都赞成社会保障，因此，所有赞成社会保障的人都是75岁以上的人。然而，曲解逻辑帮助偏执者做成他们想做的事。

教　育

　　除了比有偏见的人更自由（或更激进），宽容的人是否也更聪明？初步看来是这样的，因为分叉、过度分类、投射、转移，不都是愚蠢的标志吗？

　　但是，这个问题很复杂。即使是偏执狂也可能在其有偏见的领域之外有很高的智力。有偏见的人往往是成功人士，并没有表现出"低智商"所带来的普遍愚蠢。

　　如果我们参考对儿童的研究，我们会发现宽容与高智力有轻微的联系。相关系数大约为 +0.30.。[8] 这并不高，而且受到社会阶层的影响。智商较低的儿童往往来自贫穷的家庭，他们受的教育和机遇较少，无知和偏见可能较多。因此，我们不能确定容忍度和聪明程度之间是否存在基本的相关性，或者说阶级和家庭训练的条件是两者的基础。

　　如果我们被问到，受教育程度较高的人是否比受教育程度较低的人更宽容，我们的立场就会更坚定一些。南非的一项研究给出了一个强有力的肯定答案。[9] 在被问及他们对本地人的态度时，受教育程度不同的白人给出了以下回答：

倾向于更多的工作机会：

84% 的人受过大学教育

30% 的人只受过小学教育

赞成平等的教育机会：

85% 的人受过大学教育

39% 的人只受过小学教育

赞成更多的政治权利：

77% 的人受过大学教育

27% 的人只受过小学教育

从这些数据来看，教育有明显的效果。也许是由于高等教育减轻了个人的不安全感和焦虑感，或者是教育使个人能够将社会视为一个整体，并理解一个群体的福利与所有群体的福利相关。

在美国进行的类似研究也得出了同样的结论，尽管没有那么明显。南非研究中使用的问题通常显示出10%~20%的教育差异，而不是这里报告的50%。[10]

不过还是需要注意两类问题的区别（在第1章中提到）：与态度有关的问题及涉及信仰和知识的问题。诚然，当受过高等教育的人与只受过小学教育的人相比，在有关少数族群的知识方面存在着巨大的差异。例如：前者有更多的人知道黑人血统与白人血统没有本质的区别，而且大多数黑人对自己的命运严重不满。知识方面的问题往往产生30%~40%的差异。但容忍度并没有跟上知识的步伐。平均而言，态度与教育水平的关系较小。

一项研究表明，大学生的容忍度分数随着他们父母的受教育水平而变化。超过400名学生参加了一个偏见测试。分数被分为两组——较宽容的和不宽容的。表12显示了结果。[11]

表12　偏见分数的百分比分布与父母教育的关系

	较宽容的	不宽容的
父母双方受教育程度都是大学	60.3%	39.7%
父母一方受教育程度是大学	53.0%	47.0%
父母双方受教育程度都不高	41.2%	58.8%

因此，我们的结论是，教育确实在相当大的程度上有助于提高容忍度，而且这种帮助显然会传给下一代。这种教育上容忍度的提高是不是由于安全感的增强，更多的批判性思维习惯，或者更高深的知识，我们就不得而知了。这种结果的产生不可能在很大程度上归功于跨文化问题的教育，因为直到最近几年，学校或学院里几乎还没有这种教育。

在有跨文化教育的地方，个人的容忍度应该会提高。而且有一些证据表明确实如此。在一项研究中发现，声称接受过专门的跨文化教育的大学生中，超过70%的人在偏见得分的分布中属于更宽容的那一半。[12]

这些学生报告说（引用他们自己的话）：他们学到了"种族优劣论的基本常识"，或者说"少数族群和其他任何人都一样，有的好，有的坏"。

虽然教育，特别是具体的跨文化教育，显然有助于形成宽容性格的，但我们注意到，它绝不总是如此。这种关联性是有的，但并不高。因此，我们不能同意"偏见问题完全是一个教育问题"的观点。

共情能力

宽容的一个重要因素是我们知之甚少的一种能力。这种能力有时被称为同理心，尽管我们可以称之为"衡量人的能力""社会智慧""社会敏感性"，或者借用更具表现力的德语术语——人际关系技能（Menschenkenntnis）。

有充分证据表明，宽容的人比不宽容的人对人格的判断更准确。

例如：在一项实验中，一个在衡量权威主义的量表上排名靠前的大学生与另一个在这张量表上排名靠后的同性别大学生结成一对。在20分钟内，这些学生相互闲谈他们喜欢的广播、电视或电影。通过这种方式，每个人都对对方形成了印象，就像人们在与陌生人进行短暂的闲聊时不可避免的那样。当然，实验的目的对参与者来说是未知的。谈话结束后，每个学生都被带到一个单独的房间，给他一份问卷，让他按照他认为与他交谈过的另一个学生会做出的反应来填写问卷。用这种方法对27组学生进行了测试。

结果显示，高度权威者"投射"了自己的态度。也就是说，他们认为他们实验中的对话者会以权威的方式回答测试问题（然而，他们实验中的对话者在专制主义量表上排名都很低）。相比之下，非权威的学生对其伙伴的态度估计得更加正确。他们不仅认为他们是权威者，而且还更正确地估计了他们对某些其他问题的反应，揭示了其他类型的人格趋势。简而言之，宽容的学生似乎比不宽容的学生更懂得如何"衡量"他们的对话者。[13]

诺琳·诺维克进行的另一项（未发表的）研究使这个问题变得更加清晰。美国一所培训学校的一些外国学生被要求从他们的同学中选出那些他们认为如果在他们国家从事美国外交工作，最有可能取得成功并被接受的美国人。这一测试带来了惊人一致的意见：一些美国人在所有外国都会受到欢迎，而其他一些人则没有人想要。以总是被选中和从未被选中的这两个极端群体为例，调查者随后寻求差异化的特征。为什么有的人被选中，有的人不被选中？

关键因素是"移情能力"。那些被选中的学生有明显的设身处地的能力，他们有打量别人的技巧，他们对别人的态度更敏感，他们是人际关系技巧能力者。未被选中的人缺乏这种社会敏感性。

这项研究中的两个发现特别重要。（1）人际关系的技巧不是特定文化所特有的，测试中所有外国学生都选择了相同的优秀人士。（2）优秀主要包括移情能力，一种灵活的能力，了解对方的思想状态，并适应它。

为什么移情能力会促进形成宽容呢？这难道不是因为一个人如果能正确地衡量另一个人，就没有必要感到忧虑和不安全吗？他能够准确地理解他所感知到的东西，他感到有信心在必要时可以避开不愉快的关系。现实的感知力赋予他避免摩擦和保持良好关系的能力。另外，一个缺乏这种能力的人不能相信自己与他人打交道的技巧。他被迫保持警惕，把陌生人归为一类，并对他们做出共同反应。由于缺乏微妙的辨别能力，他只能通过刻板印象来判断他人。

同理心能力的基础是什么，我们不得而知。也许是安全的家庭环境、审美敏感性和高社会价值的共同产物。为了我们的目的，我们只需注意到，不管它的起源是什么，它似乎是拥有宽容型人格中的一个突出特征。

自我洞察

有点类似的是自我洞察的特质。研究表明，对自己的了解往往与对他人的宽容程度有关。有自我意识、自我批评的人，不会有把属于自己的责任推给别人的习惯。他们知道自己的能力和缺点。

关于这一点有各种证据可以证明。加利福尼亚州对宽容和偏见群体的研究报告指出，宽容的人的自我理想往往要求他们弥补自己所缺乏的，而有偏见的人则把他们现在的形象作为他们的理想。宽容的人似乎更有基本的安全感，可以更容易地看到自我理想和实际现实之间的差距。[14]他们了解自己，并不满足于他们拥有的东西。他们的自我意识减轻了将自己的缺点投射到别人身上的倾向。

在另一项研究中，询问宽容的人和有偏见的人，他们是否觉得自己的偏见比普通人多或少。几乎所有宽容的人都知道自己的偏见较少，但只有五分之一的有偏见的受试者知道自己的偏见超过平均水平。[15]

一些调查人员呼吁注意宽容的人的个性中普遍存在的内向性。他们对想象的过程、幻想、理论思考和艺术活动都有兴趣。与此相反，有偏见的人的兴趣是外向的，把他们的冲突外化，并发现他们的环境比他们自己更有吸引力。宽容的人更渴望个人自主性，而不是外部的落脚点。[16]

同理心、自我洞察力、内向性这些因素是很难提交到实验室，用临床调查测试的。但令人惊讶的是，我们上述的研究皆取得了一些成果。然而，有一个相关的特质，到现在为止，还没有成功的心理学研究，即幽默感。我们有理由认为一个人的幽默感与他的自我洞察力的程度密切相关。[17]然而，幽默到底是什么，很难说，它的精确测量也超出了目前心理学的能力。但我们敢断言，幽默可能是与偏见有关的一个重要变量。那些参加过煽动者会议的人，在这些会议上，面无表情的听众为不宽容的言论鼓掌，经常评论他们的"无幽默感"。这种判断只是印象上的。然而，如果第25章正确地定义了偏见型人格的综合征，我们很容易相信幽默是一种缺失的成分，同时也相信它是宽容综合征中的一种存在成分。一个能够自嘲的人，不太可能觉得自己高人一等。

自责性

这种内向性和自知、自嘲的能力促成我们在第9章和第24章中所研究的自责倾向。自我责备取代了投射的外部责备。[18]

一位研究人员在研究对苏维埃俄国的态度时，向许多受试者提出了这样的问题："当事情出错时，你是更倾向于对其他人感到愤怒，还是感觉糟糕并为这种情况自责？"那些表示自责的人不太倾向于对苏维埃俄国进行过度谩骂。因此，自责性的特征甚至反映在国际态度上。

这种特质还有另一种更积极的作用：它使人对弱势者产生同情心。当然，这种同情可能是一种混合的心理状态。它可能是真心的，也可能只是一种互惠互利。帮助弱势群体很容易让人感到自我膨胀。有时，盲目地一边倒具有强迫性和神经质的特点。但是，无论这种同情是无私的还是为自己服务的，它都可能与自责倾向有关。

在这里，我们应该提请注意一个相当普遍的社会化人格模式。这种类型的宽容的人对弱者感到真正的同情；他自己也有很深的自卑和无用的感觉；他有自我责备的倾向；他能迅速而敏锐地同情别人的痛苦，并在帮助改善他的同伴的命运中找到快乐。并非所有自责性的人都会发展出这种性格，但这种模式并不罕见。

对模糊的容忍

读者会记得，我们对有偏见的人的心理运作的独特认知过程的几次讨论。我们已经在不同的章节（特别是第10章和第25章）中证明了他们分类的僵化，他们对二分法的敏感性，对选择性知觉、对记忆痕迹的简化，以及他们对明确的心理结构的需要，甚至在与偏见没有直接关系的过程中。在所有这些情况下，我们的证据都来自基于有偏见和无偏见的受试者群体的对比研究。因此，我们可以自信地断言，宽容型人格的特征性心理操作也是以独特的（和相反的）属性为标志的。

要用一个短语来描述灵活性、差异化和现实性是不容易的，总的来说，这似乎是宽容的个人精神生活的特征。也许最好的概括上述特征的短语是埃尔斯·弗兰克尔·不伦瑞克提出的，"对模糊性的容忍"。[19]虽然这个标签本身并不重要，重要的是要记住所涉及的原则，即对种族群体的容忍性思考与偏见性思考一样，都是对整个认知运作风格的反映。

个人价值观

但宽容的思维不仅是认知操作风格的反映，也是整个生活风格的反映。

当我们谈到整体生活风格时，我们想到的是本章中提到的所有离散变量的组织和整合方式。这里有一种宽容的模式，它不仅仅是一种宽容的态度。气质、情绪安全感、自责性、有不同的类别、自我洞察力、幽默感、对挫折的容忍度和对模糊性的容忍度，所有这些以及许多其他的成分都可能属于该模式。它是一种综合体，但心理学家倾向于以拆解的方式进行分析。出于这个原因，心理学发现很难弄清其"整体风格"。

然而，有一项研究接近了模式的问题。它显示了宽容是如何嵌入一个人的生活价值取向中的。[20] 调查者根据爱德华·斯普兰格最初提出的六个类别来衡量大学生的价值观 [21]。他还用列文森·桑福德反犹太主义量表 [22] 测量对犹太人的偏见。在后一个量表的高低两端抽取25%的极端案例，价值观的排序结果如下：

	高程度反犹太主义的25%	低程度反犹太主义的25%
最高价值	政治的	审美的
	经济的	社会的
	宗教的	宗教的
	社会的	理论的
	理论的	经济的
最低价值	审美的	政治的

两组的价值顺序几乎正好相反。当我们考虑量表所定义的价值观的性质时，这一发现具有相当大的意义。政治价值意味着对权力的兴趣，它意味着这个人习惯于从等级、控制、支配地位的角度来看待日常生活。某些东西被视为比其他东西更高、更好、更有价值。一个通过这种视角看待生活的人，自然会把外部群体视为地位低下，不值得一提的，甚至是可鄙的；或者他会把他们看作对自己地位的威胁；或者看作为了获得对社会控制的默许。我们对这种解释的信心得到了加强，因为我们发现最宽容的人很少或根本没有从权力等级的角度来看待生活。对他们来说，政治价值是最低的。

现在，审美价值（在宽容派中最高，在反犹派中最低）代表了对特殊性的兴趣。它意味着生活中的每一个事件，无论是日落、花园、交响乐还是个性，都要根据其自身的特点进行欣赏。审美态度是不需要分类的，每个单一的经验都是自成一体的，具有其内在的价值。审美的人是个性化的。当他遇到某人时，他把他作为一个人，而不是作为群体中的一个成员来判断。根据表格中的结果我们可以看到，审美价值在反犹太主义者的排序中是最低的，而在非反犹太主义者的排序中是很高的，这一现象很有启发性。

有趣的是，排在第二位的价值也很有趣。经济价值代表了对效用的兴趣。它有什么用？——这是一个经济学家最常问的问题。这种价值类型往往被包裹在商品的生产和分配中，或者在银行和金融中。在一个竞争性的社会中，经济和政治价值自然是相关的（它们在价值研究中的相关性约为0.30）。反犹太主义者经常将犹太人视为经济上的威胁，是金钱至上的人（是反犹太主义者自己金钱至上的投射），是竞争对手。宽容的人，并不主要从经济角度看待生活，在经济威胁方面对少数族群不敏感。

社会价值，对于宽容的人来说排在价值榜的第二位，代表着爱、同情和利他主义。当这种价值很高时，种族偏见就不能在生活中有巨大影响。当它与审美兴趣相结合时尤其如此，审美兴趣与社会价值一样，呼吁注意个人的优点，并抵制将人进行分类。

显然，最没有决定性的两种价值是宗教和理论，这很容易解释。正如我们将在下一章所讲的，宗教可能增加和减少偏见，完全取决于个人如何看待宗教。那么，在这项研究中，它的影响被抵消了，所以这个价值出现在中间位置。至于理论价值，它代表着对普遍真理的兴趣。对于反犹太主义群体来说，它仅次于最低值。显然，有偏见的人很少关注真理这一价值。这个价值对于宽容的人来说未能站在更高的位置，无疑是由于，尽管它很重要，但审美、社会和宗教价值在宽容的形成中起着更具决定性的作用。

生活哲学

在 E.M. 福斯特关于偏见的经典小说《印度之行》中，几个英国人正在筹备一个聚会。被邀请的客人名单越来越长。甚至包括一些穆斯林和印度教徒。其中一个英国人惊愕地说："我们必须把某些人从名单上去除，否则我们都不会去聚会。"

宽容的人则持有相反的观点。当他们邀请许多人参加他们的聚会时，他们实际上感到更强大和更满足，排他主义的生活方式不适合他们。

本章阐述了人们喜欢包容主义生活方式的多种原因。有些人似乎天生就很温柔。其他人显然是因为他们早期的训练。有些人的审美和社会价值已经高度发展，教育水平起到了一定的作用；对政治问题的普遍自由观也是如此。自我洞察力也在其中有一定的影响，同样，衡量他人的能力（同理心）也是如此。最重要的是，基本的安全感和自我力量是同时存在的，它抵消了压抑、指责他人和为个人安全而产生的权威主义倾向。

问题的核心似乎是，每个人都在健全自己的本性：比如通过"沉降"来学习（第19章）。他可能采取两条道路中的一条。一条道路要求通过排斥，通过拒绝来获得安全感。这个人局限于一个狭窄的岛屿，限制他的圈子，严格选择让他安心的东西，拒绝威胁他的东西。另一条路是放松、自我信任，因此也是对他人的信任。没有必要将陌生人排除在自己的聚会之外，自爱与对他人的爱是相容的。这种宽容的取向是可能的，因为在处理内心与社会冲突中已经体会到安全感。与有偏见的人不同，宽容的人并不认为世界是一个丛林，在那里人基本上是邪恶的和危险的。

正如我们在第22章中所讲到的，一些现代的爱与恨的理论坚持认为，所有人的原始取向是信任和依附的生活哲学。这种倾向从母亲和孩子、地球和生物的早期依赖关系中自然产生，这种羁绊关系是所有幸福的来源。当仇恨和敌意在生活中增长时，它们是对这种自然亲和力趋势的扭曲。仇恨的结果是对挫折和贫困的错误处理，这导致了自我核心的瓦解。[23]

如果这种观点是正确的，成熟和民主人格的发展在很大程度上是一个建立内在安全的问题。只有当生活中没有不可容忍的威胁时，或者当这些威胁以内在力量得到充分处理时，人们才能对各种类型的人感到放心。

参考文献

（1）社会研究即将迎来焦点的转向，哈佛大学的资助研究已经全面投入普通大学生的身心健康课题之中。参照 C. L. Hcath, *What People Are: A Study of Normal Young Men*, Cambridge: Harvard Univ. Press, 1945。同样在哈佛大学，索罗金成立了一个研究中心专门研究"好邻居"的生活条件。参照 P. A. Sorokin, *Altruistic Love: A Study of American "Good Neighbors" and Christian Saints*, Boston:Beacon Press, 1950。本章这些研究结论的证据（除特别指明外）见第18、25章所列。

（2）The evidence for these assertions and others made in this section (unless otherwise specified) is presented in Chapters 18 and 25.

（3）D. M. Levy. Anti-Nazis: criteria of differentiation. *Psychiatry*, 1948, 11, 125-167.

（4）参照 J. LaFarge, *No Postponement*, New York: Longmans, Green, 1950。

（5）参照 J. R. Carlson, *Under Cover*, New York: E. P. Dutton, 1943,Also the publications by Friends of Democracy, inc.。

（6）L. A. Dombrose & D. J. Levinson. Ideological "militancy" and "pacifism" in democratic individuals. *Journal of Social Psychology*, 1950, 32, 101–113.

（7）参见 S. P. Adinarayaniah, A research in color prejudice, *British Journal of Psychology*, 1941, 31, 217–229。另见 T. W. Adorno, et al., *The Authoritarian Personality*, New York: Harper, 1950, esp. 179。

（8）参照 R. D. Minard, Race attitudes of Lowa children, *University of Iowa Studies in Character*, 1931, 4, No. 2。另可参照 Ruth Zeligs & G.Hendrickson, Racial attitudes of 200 sixth-grade children, *Sociology and Social Research*, 1933, 18, 26–36。

（9）E. G. Malherbe. *Race Attitudes and Education. Johannesburg*, S. A.: Institute of Race Relations, 1946.

（10）S. A. Stouffer, et al. *The American Soldier: Adjustment During Army Life*. Princeton: Princeton Univ. Press,1949; Riva Gerstein. Probing Canadian prejudices: a preliminary objective survey. *Journal of Psychology*, 1947, 23, 151–159; Babette Samelson. *The Patterning of Attitudes and Beliefs Regarding the American Negro*. (Unpublished.) Cambridge: Radcliffe College Library, 1945.

（11）G. W. Allport &B.M.Kramer,Some roots of prejudice. *Journal of Psychology*, 1946, 22, 9–39.

（12）Ibid.

（13）A. Scodel &P. Mussen. Socila perceptionis of authoritarians and non-authoritarians. *Journal of Abnormal and Social Psychology*, 1953, 48, 181–184.

（14）T. W. Adorno, et al. Op. cit., 430.

（15）G. W. Allport & B. M. Kramer. Op. cit.

（16）参照 E. L. Hartley, *Problems in Prejudice*, New York: Kings Crown, 1946。

（17）参照 G. W. Allport, *Personality: A Psychological Interpretation*, New York: Hetry Holt, 1937, 220–225。

（18）M. B. Smith. *Functional and Descriptive Analysis of Public Opinion*. (Unpublished) Cambridge: Harvard College Library, 1947.

（19）Else Frenkel-Brunswik. Intolerance of ambiguity as an emotional and perceptual personality variable. *Journal of Personality*, 1949, 18, 108–143.

（20）R. I. Evans. Personal values as factors in anti-Semitism. *Journal of Abnormal and Social Psychology*, 1952, 47, 749–756.

（21）G. W. Allport & P. E. Vernon. A test for personal values. *Journal of Abnormal and Social Psychology*, 1931, 26, 231–248. 该测验在 1951 年进行了修订，见 G. W. Allport, P. E. Vernon, & G.

Lindzey, *Study of Values*, Boston: Houghton Mifflin, 1951。

（22）D. J. Levinson & R. N. Sanford. A scale for measurement of anti-Semitism. *Journal of Psychology*, 1944, 17, 339-370.

（23）对这一观点更全面的阐述，请参见 E. Fromm, *Man for Himself*, New York: Rinehart, 1947; I.Suttle, *The Origins of Love and Hate*, London: Kegan Paul, 1935; G. W. Allport, Basic principles in improving human relations, Chapter 2 in K. W. Bigelow (Ed.), *Cultural Groups and Human Relations*, New York: Columbia Univ. Press, 1951。

第28章　宗教与偏见

上帝用同一种血创造万国。

——《使徒行传》

宗教是一种诅咒，它在已经四分五裂的世界里进一步创造纷争。

——"二战"老兵

　　宗教的作用是自相矛盾的。它制造偏见，又消除偏见。虽然伟大的宗教信条是普遍主义的，都强调兄弟情谊，但这些信条的实践往往是分裂和残酷的。宗教理想的崇高被以这些理想的名义进行的可怕的迫害所抵消。有些人说消除偏见的唯一方法是更多的宗教，有些人说唯一的方法是废除宗教。教徒的偏见比一般人多，他们的偏见也比一般人少。我们将在本章尝试解开这个悖论。

现实冲突

　　首先，我们应该清楚地认识到，在宗教的各个方面都存在着某些自然的，也许是无法解决的冲突。

　　首先是某些宗教的主张，即每个宗教都拥有绝对的和最终的真理。信奉不同绝对论的人不可能发现自己的观点一致。当传教士积极向不同的绝对论者传教时，这种冲突就最为尖锐。例如：非洲的伊斯兰教和基督教传教士长期以来一直存在分歧。双方都坚持认为，如果他们的信条在实践中得到完全实现，就会消除人与人之间的所有种族障碍。但实际上，任何一种宗教的绝对性都只能被一部分人类所接受。

　　天主教就其本质而言，必须相信犹太教和新教是错误的。犹太教和新教的不同教派强烈地感觉到，他们自己信仰的其他教派在许多信仰点上是不正常的。在世界各大宗教中，印度教在原则上似乎是最宽容的，因为它承认，"真理只有一个，但人们以不同的方式为它命名"。神有许多有效的方面和化身。同时，历史悠久的印度教在自己的信徒中产生了种姓制度的罪恶，并不是没有导致分裂。

由于没有一种宗教能成功地将全世界统一起来，差异点可能成为真正的冲突焦点。当一个真诚的信徒试图用剑来改变一个非信徒的信仰时，非信徒（他是一个不同的绝对信仰者）可能会抵制劝说，直到死亡。殉教者有时是偏见的受害者，但他们也可能是现实冲突的受害者。只要存在具有不同中心价值观的人类，就会有分歧。而那些为自己的信念英勇争辩的人，或者那些为自己的信念赴汤蹈火的人，不一定有偏见，也不一定是偏见的受害者。

虽然现实冲突的理由相当充分，但大多数宗教都有改善后的教义，以减少冲突。例如：他们认为，虽然外部群体活在错误中，但他们也可以通过上帝的怜悯在他自己的时间得到拯救。怜悯是一种美德。原则上，神学很少认可对异教徒的残忍行为，尽管在实践中，残暴行为已经足够普遍。在现代，因纯粹的宗教问题而产生公开冲突的情况较少。事实是，希望表达某些绝对信仰的人退回到他们自己的团体中。在大多数情况下，他们允许其他人有类似的特权。

在美国，目前有很多关于天主教会是否对民主自由构成潜在威胁的讨论，如果天主教徒获得政府的多数控制权，他们是否会剥夺其他人的信仰自由。以这种方式表述，这个问题是现实的，而且大概可以得到一个事实性的答案。如果答案是肯定的，那么肯定会发生现实的绝对性冲突。如果答案是否定的，那么这个问题就应该以合理的理由放弃。如果尽管有明确的负面证据，但指控仍然存在，那么偏见就会发生作用。

但是，这个特定的问题，就像其他许多问题一样，很少被保持在一个事实的层面上。双方的党派都出现了，用无关紧要的指责来掩盖这个问题。反天主教徒只是利用这个问题来掩盖他们的仇恨。由于他们不喜欢天主教徒，他们很快就把任何天主教教义或做法视为对民主自由的"威胁"。他们的看法和解释是有选择性的。与此相反，处于困境中的天主教徒对这些无关紧要的事情很反感，以至于他们也从基本问题上转移了注意力，并提出了反指控。

总而言之，虽然相反的几组绝对论之间往往存在着不可调和的分歧，但在实践中，通常有办法以和平的方式容纳这些分歧。事实上，宗教中的一些绝对论本身就具有高度的整合性，有助于这种调和。然而，好战则有可能使冲突尖锐化，以至于发生公开冲突。最明显的是，宗教问题有成为各种无关紧要的问题的集合点的趋势。而每当无关紧要的事情给现实的冲突蒙上阴影时，偏见就会占据主导地位。

宗教中的分裂因素

宗教之所以成为偏见的焦点，主要是因为它通常代表的不仅仅是信仰，它是一个群体的文化传统的枢纽。无论一个宗教的起源多么崇高，它都会因为接管文化功能而迅速变得世俗化。伊斯兰教不仅仅是一种宗教，它是一个紧密相连的文化集群，由与非伊斯兰世界有明显分界的民族所信仰。基督教与西方文明如此紧密相连，以至于很难区分其最初的核心；基督教的各个教派已经与亚文化和民族团体捆绑在一起，因此，宗教分裂与民族和国家分裂并驾齐驱。最显著的例子是犹太人。虽然他们主要是一个宗教团体，但他们同样被视为一个种族、一个国家、一个民族、一种文化（第15章）。当宗教上的区别被赋予双重职责时，偏见的理由就被奠定了。因为偏见意味着无能的、过度包容的类别被用来代替批判性的思考。

教会的神职人员可能而且经常成为一种文化的捍卫者。他们也是在无能的范畴内工作。在捍卫其信仰的绝对性时，他们倾向于将其所在群体作为一个整体来捍卫，在信仰的绝对性中为其所在群体的世俗做法找理由。他们经常用宗教制裁来证明种族偏见的合理性。一位从波兰移民到美国的人讲述了以下的经历：

> 我清楚地记得我12岁时在学校上的一节宗教课。一些学生问牧师，是否可以抵制犹太人的商店。牧师让我们的良知得到安抚："虽然上帝要我们爱所有的同胞，但他并没有说我们不应该比其他人更爱其中的一些人。因此，爱波兰人胜过爱犹太人，只光顾波兰人的生意是正确的。"

牧师是一个虔诚的骗子，他扭曲宗教以适应世俗的偏见，并播下偏执的种子，这可能而且确实在掠夺和大屠杀中失控。新教在为种族的自我利益寻找神学合理性方面也同样虚伪。

因此，虔诚可能是对那些本质上与宗教无关的偏见的一种方便的掩饰。威廉·詹姆斯在下面这段话中提出了这个观点：

> 激怒犹太人，猎杀阿尔比根人和瓦尔登斯人，向贵格会教徒扔石块，躲避卫理公会教徒，谋杀摩门教徒和屠杀亚美尼亚人，与其说是表达了各种肇事者的积极虔诚，不如说是表达了人类原始的恐惧症，表达了我们都有的那种好斗精神，以及对异类的天生仇恨。虔诚只是用来掩饰的面具，其内在力量是部落的本能。[1]

我们引用这段话是因为它说明宗教与许多迫害无关，所以，我们不需要赞同詹姆斯的看法，即偏见的本源是"原生的人类新恐惧症"。

当人们用他们的宗教来为追求权力、声望、财富和种族的自我利益辩护时，不可避免地会产生可憎的结果。这时，宗教和偏见就会融合在一起。人们往往可以从民族中心主义的口号中发现这种融合。"十字架和旗帜""白人、新教徒、外邦人、美国人""被选中的人""上帝与我们同在""上帝的国家"。

一些神学家解释这种对宗教的曲解时说，罪人是围绕他们自己的利益建立宗教的人。每当人转向上帝而不离开自我时，邪恶就会出现。换句话说，犯下傲慢之罪的人没有学会宗教的本质不是自我辩护、自我支持，而是谦卑、自我否定和对他人的爱。

没有什么比歪曲自己对宗教教义的理解以适应自己的偏见更容易了。一位特别反犹太的天主教神父宣称，基督教不是爱的宗教，而是复仇和仇恨的宗教。对他来说，天主教就是这样。一系列的新教教派通过对福音的相似的曲解而兴盛起来。[2]

我们不能否认，历史上已经出现了无穷无尽的这种曲解宗教的行为。特别注意的是，有思想的人似乎很容易从虔诚滑向偏见。甚至教会的某些圣人也表现出这种倾向。以下是一篇布道的摘录：

> 犹太教堂比妓院还糟糕……它是恶棍的巢穴……它是犹太人的犯罪集团所在地……是杀死基督的人聚会的地方……是贼窝；是名声不好的地方，是不义

的住处……对于他们的灵魂，我也会说同样的话……放荡和酗酒让他们像羊和猪一样……我们甚至不应该和他们打招呼，或与他们有丝毫的交谈……他们是淫乱的、贪婪的、背信弃义的强盗。[3]

显然，这篇布道是在公元4世纪时写的，它是由教会最伟大的圣徒之一，最古老的礼仪和许多崇高的祈祷文的作者，金口圣约翰写的。我们不得不得出结论，有些人在他们生活的某些区域认同真正的宗教和普遍主义，而在其他区域则带有偏见和特殊主义。天主教对待犹太人的历史就是以这种冲突为标志的。在某些时候，偏执的因素占了上风，在其他时候，广泛的同情心占了上风，正如教皇皮乌斯十一世的宣言所表达的那样："反犹太主义是一场运动，我们基督徒在其中没有任何的参与。在精神上，我们是闪米特族人。"

在美国的吉姆·克罗教会中，同样可以看到民族中心主义态度对普世性宗教的污染。大多数新教黑人到专供黑人活动的教堂。[4]天主教教堂的种族隔离没有那么明显。在这两者中，它正在慢慢减少。[5]但这种批评似乎是有道理的，在美国的大部分历史中，教会一直是种族关系现状的维护者，而不是改善现状的十字军战士。

我们认为，虽然宗教之间的现实冲突可能偶尔发生，但大多数所谓的宗教偏执实际上是民族中心主义的自我利益和宗教之间混淆的结果，后者被要求将前者合理化和正当化。

宗教机构的极端多样性使情况更加恶化。1936年美国宗教团体的普查结果显示，大约有5600万名教徒。其中，约3100万是新教徒，2000万是天主教徒，460万是犹太教徒。总共有256个教派，有52个团体，每个都有超过5万名成员，占总数的95%。还应该加上少量的印度教徒、穆斯林、佛教徒和印度本土宗教的信徒。世界上任何地方都不可能像这个国家一样存在如此多的宗教信仰形式（和非信仰形式）。许多教派的存在是因为旧世界的教派被移民移植到这个国家，尽管有些教派，如后期圣徒、基督门徒和各种五旬节团体，是本土的。尽管最近新教团体之间发生了一些温和的基督教合一的小冲突，但在可预见的未来不可能会发生任何程度的统一。

因此，在其机构组织中，宗教是分裂的。今天，许多信条的区别并不像它们最初被划定时那么尖锐，也不那么重要。此外，自美国殖民地早期以来，普遍的宗教

426

赦免运动已经取得了很多成果。《宪法》和《权利法案》标志着与旧世界和殖民地长期以来的宗教不容忍做法的巨大差异。但与此同时，存在的分歧使人们很容易用种姓、社会阶层、民族血统、文化差异和种族等不相干的考虑来曲解宗教的普遍性信条。天主教徒较少因其信仰而被贬低，但继承了最初针对移民的偏见，因为他们往往受教育程度较低。圣公会教徒不再因为他们的教义而受到迫害，但有时会因为势利和身处上层社会而受到厌恶。五旬节派教徒被认为是落后的，与其说宗教是他们的神学，不如说是他们的情感主义。耶和华见证人因为轻微的政治偏离而受到迫害，在这些情况下，偏见都不是以宗教为主。

事实上，如果我们仔细考虑这个问题，就会怀疑偏执行为是否完全是宗教性的。信仰的差异是存在的，现实的冲突可能发生。但是，只有当宗教成为教徒内部群体优越性的证明，并且出于超出信仰偏差的原因而过度贬低外部群体时，偏执行为才会出现。

宗教团体的偏见不同吗

许多研究都是针对新教徒或天主教徒作为一个群体是否表现出更多的偏见这一问题。结果完全是模棱两可的：有些研究发现天主教徒更偏执，有些是新教徒，有些则没有发现区别。[6]

在发现差异的地方，似乎有可能不是直接由于宗教不同而产生的变化。因此，在天主教徒受教育程度较低和社会经济地位较低的地区，他们可能表现出适合这些非宗教变量的略高程度的偏见。在新教徒受教育程度较低和地位较低的社区，他们似乎更有偏见。

虽然没有总体上的差异，但该领域的一项研究特别值得关注。调查者用波伽德斯社会距离量表测试了一所东部大学的900名新生。[7]平均而言，天主教、新教和犹太教学生之间没有差异。每组学生欢迎或拒绝的不同国家的人都与其他组一样多。然而，调查者确实发现，这些宗教团体中的每一个人都有独特的拒绝模式。

> 犹太学生对加拿大人、英国人、芬兰人、法国人、德国人、爱尔兰人、挪威人、苏格兰人和瑞典人的排斥程度最高（对我国"多数"或"受欢迎"群

体的排斥）。天主教学生对印度人、日本人、黑人和菲律宾人的排斥程度最高（对有色人种的排斥可能与"异教徒"的概念有关）。新教学生对亚美尼亚人、希腊人、意大利人、犹太人、墨西哥人、波兰人、叙利亚人的排斥程度最高（对我们文化中熟悉的"少数民族"群体的排斥）。

这项富有启发性的研究表明，虽然平均偏见可能是一样的，但特殊群体可能还有他们自己的价值观决定的对特定群体的厌恶。因此，犹太学生似乎对皮肤白皙、占主导地位的多数群体反感，这些群体传统上把他们放在一个较低的位置。天主教徒似乎对非基督教种族（大多数的有色人种）更排斥。新教徒则对社会地位较低的群体带有偏见。

虽然这项研究没有发现犹太受试者的平均偏见较低，但大多数调查者确实注意到了这种趋势。例如：在一项研究中，78%的犹太受试者在对黑人的态度方面属于更积极的那一半分数。[8] 这样的结论是很常见的。在第9章中，我们讨论了迫害对犹太人态度的影响，并发现对弱者的认同，以及由此产生的同情，是这个特殊群体的共同反应。

我们缺乏数据来进行更精细的比较，例如：一个新教教派与另一个教派的比较。从目前的迹象来看，这样的分析很可能是无益的。

然而，我们确实有一些惊人的发现，关于一般的宗教训练强度与偏见的关系。

超过400名学生被问到这样一个问题："宗教对你的成长过程影响有多大？"那些认为宗教是一个明显的或适度的因素的人，我们发现其偏见的程度远远高于那些认为宗教在他们的教育中是一个轻微或不存在的因素的人。[9] 其他研究显示，没有宗教信仰的人平均比教会成员表现出更少的偏见。

两种宗教狂热

尽管对宗教主义者来说是令人痛心的，但这一发现仍需要更仔细地探究。它不仅否定了宗教教育的普遍性，还与其他证据相矛盾。在同一调查中，学生们被要求讲述他们的宗教教育是如何影响他们的民族态度的。他们给出了两种类型的回答。

一些人坦率地说，这种影响是负面的，他们被教导要鄙视其他宗教和文化群体。但有些人说影响是完全积极的。

> 教会教导我，我们都是平等的，不应该以任何理由迫害少数群体。
> 它帮助我理解这些群体的感受，并理解他们也是人。

第25章中所涉及的加州调查也注意到了宗教教义的这种双重影响。在那里我们了解到，许多反犹太主义者是清教徒、道德主义者、教会的忠实成员。然而，同样的调查人员报告说：

> 那些反犹太主义程度较低的人绝不是大多没有宗教信仰，但宗教采取了另一种形式。他们似乎是在更深的层次上体验到宗教，并注入了伦理学和哲学的特征，而不是像将宗教视为手段而非目的的高人所特有的功利主义的强硬。[10]

因此，虽然总体而言，教会成员的身份似乎更经常与偏见联系在一起，但在许多情况下，其影响恰恰是相反的。宗教是一个高度个人化的问题，它在不同的生活中具有相当不同的意义。它的功能意义可以从支持幼稚的思维形式，到支持指导性的和全面的生活观点，这使个人从自我中心转向对邻居的真正的爱。

为了在这个问题上获得更多的启示，在一个大学研讨会上讲述了一个（未发表的）实验，是对一位天主教牧师和一位新教神职人员进行的调查。

我们在一个天主教教区和一个新教教区中挑选了两组教友。这两组人可以分别称为"虔诚的"和"制度化的"。在天主教教区，他们是由一个对实验一无所知的人挑选的，但他与教区居民非常熟悉。他选择了20名男子，在他看来，他们的信仰"真正有意义"，以及20名"似乎更受宗教活动的政治和社会方面影响的人"。两个新教（浸礼会）小组是以不同的方式选择的。一组由22名经常参加圣经班的人组成，另一组由15名不经常参加的人组成。所有受试者都填写了一份由多个问题组成的调查问卷，被要求表明他们对以下陈述的同意或不同意程度：

虽然有几个例外，但总的来说，犹太人都是很相似的。

我可以想出在什么情况下对黑人动用私刑是合理的。

一般来说，黑人是不可信任的。

犹太人身上存在的一个大问题是，他们从不满足于此，而是总是试图争取更好的工作和更多的钱。

两项研究中使用的问题略有不同，浸礼会使用的问卷中包括反天主教的言论。

但在这两项研究中，都出现了同样的结果：那些被认为是最虔诚的人，对他们的宗教更投入的人，比其他人的偏见少得多。对制度的依恋和带有政治性质的依恋是与偏见相关的。

根据我们在第25章和第27章的讨论，这一发现很容易理解。加入一个教会是因为它是一个安全的、强大的、优越的内部团体，这可能是权威性格的标志——偏见。加入一个教会是因为其基本的兄弟情谊信条表达了一个人真诚地相信的理想——宽容。所以，"制度化"的宗教观和"内在化"的宗教观在人格中具有相反的影响。

西蒙·佩特案

宗教的双向性——走向偏见和远离偏见，在《圣经》中使徒彼得的经典故事中得到了生动的阐释。[11] 在教会的早期，人们对福音的普遍性感到困惑。它仅仅是一部犹太教的新约吗？还是说，它也是为外部群体准备的？基督和早期使徒的血统是犹太人，而基督教的框架是犹太教。因此，人们很容易认为基督教是为犹太人保留的一种救赎教义。更重要的是，当时犹太人对所有非犹太人有强烈的偏见，即使是基督教的犹太人也很自然地认为救赎不是为外邦人准备的。

有一个名叫哥尼流的意大利百夫长住在恺撒利亚镇，离彼得所住的约帕镇不远。彼得当时正在传教的路上。哥尼流是个虔诚的人，他希望听到更多关于基督教的新教义。因此，他给彼得发了信息，邀请他到恺撒利亚来做客，在新的信仰中指导他的家人。

这个邀请使彼得心中的冲突达到了顶点。他知道，根据他自己的部落习俗，"犹太人和别的民族的人作伴或来往是不合法的"。同时，他也知道基督对被遗弃者的同情。在哥尼流的使者到达前不久，彼得见到了一个异象。由于非常饥饿，他睡着了。

> 在梦中他看见天开了，有一个器皿降到他面前，好像一张大布四角结着，放下来平摊在地上。
> 里面有地上各样的四脚兽、爬行动物和空中的飞鸟。
> 有一个声音对他说，起来，彼得，杀了吃吧。
> 彼得说，主啊，不是这样，因为我从来没有吃过俗物和不洁的东西。
> 那声音又对他说，神所洁净的，不可当作俗物。

这个梦既反映了彼得的冲突，也指出了他应该遵循的做法。因此，他有点不情愿地去了哥尼流的家，坦率地告诉他自己所处的冲突，具体说明约束他的部落禁忌，然后才问哥尼流为什么如此迫切地邀请他。

当哥尼流说话的时候，彼得被他的真诚和虔诚所打动，说："事实上，我意识到上帝是一视同仁的。"于是彼得传道，哥尼流和他的伙伴们对宗教的热情越来越高。以至于彼得和他的犹太同伴们"惊奇，因为圣灵的恩赐也给予了外邦人"。最后，彼得为这群人举行了洗礼，他完全知道这一步的不寻常之处。

回到耶路撒冷后，他被他的犹太同僚愤怒地质问，他们说："你走进未受割礼之人的家，并与他们一起吃饭。"犹太同僚可能对哥尼流给外邦人施洗进入新的信仰感到更震惊和愤怒。福音仅仅是为这个教派内的人服务的。

然后彼得把这个故事从头到尾给他们讲了一遍，并解释了他自己的心态变化，哥尼流的诚意如何使他摆脱了基督教的民族中心主义观点，因为神已经授予外邦人同样的信仰。"我是谁，"彼得总结说，"我可以违抗上帝吗？"

故事的结尾是对耶路撒冷犹太人的劝说，并由此改变了教会的政策：

> 听完这些话后，他们沉默不语，将荣耀归于神。他们说，神也赐予异教徒改过自新的机会。

这种内部和普遍主义对宗教理解之间的冲突一直持续到今天。并非每个人都像彼得和他的伙伴们那样解决了这个问题。恰恰相反，我们已经发现：平均而言，教会成员似乎比非成员更有偏见。

正是对宗教的民族中心主义解释的盛行，使许多宽容的人与教会疏远。他们转向叛教，因为历史上的宗教已经被群体内安全寻求者的世俗偏见所淹没。[12] 他们判断宗教的标准不是《圣经》的纯洁性，而是它被大多数信徒所歪曲。正如我们所说，"制度化"和"内部化"的宗教观具有天壤之别。

宗教与性格结构

那么很明显的是，宗教与偏见没有明确的关系。宗教的影响是重要的，但它的作用方向是相互矛盾的。为宗教辩护的人忽视了它的民族中心主义和自我抬高，它的反对者则几乎看不到其他的东西。如果要进行明确分析，则要求对宗教的功能作用进行鲜明的区分，一方面是在限制性的和不成熟的人格中，另一方面是在成熟的和有效率的生活中。[13] 有些人抓住传统宗教对种族的坚持，以获得安慰和安全，另一些人则把它的普遍主义教义作为行为的真正指南。

许多为改善群体关系而热心工作的人，是被他们的宗教信条所激励，即爱他们周围的人。他们和布克·T. 华盛顿一样说："我不会让任何人把我的灵魂变得充满仇恨。"他们认可《箴言》中的一段话：上帝憎恶一个"在弟兄间挑拨离间"的人。他们真诚地相信，"仇恨他弟兄的人活在黑暗中"。他们也知道，"宗教"一词指的不仅仅是他们自己的宗教，例如：黄金法则是所有伟大的宗教（犹太教、佛教、道教、穆罕默德教、印度教以及基督教）所共有的。他们知道，无论存在什么样的绝对差异，它们都被共同的肯定部分所抵消，包括人类的兄弟情谊教义。

在对退伍军人的民族态度的调查中，贝特尔海姆和亚诺维茨发现，有稳定宗教信仰的退伍军人往往更加宽容。他们将稳定性定义为中心教义的内化：

> 如果教会的道德教义被个人接受，不是因为害怕被诅咒或社会不认可，而是因为他认为这些教义是绝对的行为标准，与外部威胁或认可无关，那么我们

说个人已经"内化"了这些道德戒律。

作者将这种内在的控制感和稳定性与依赖于外部世界的控制区分开来，包括来源于父母和宗教机构的支配。[14]

除了赋予稳定的自我控制和提供明确的行为标准外，宗教还可以通过对傲慢之罪的警告而促进人变得宽容。因为一个虔诚的人必须承认自己的缺点。正如我们在其他方面所发现的，自我责备——自责性——导致宽容，它使人谦逊，防止傲慢。

可以肯定的是，许多民主人士没有宗教信仰。他们的稳定和控制是以非宗教的道德术语来体现的。他们相信"人人生而自由，人人生而平等"，或者仅仅是赞同"活到老，学到老"这句格言。对他们来说，西方文明中的礼仪规范都是犹太教—基督教的衍生品，这一点并不重要，因为他们认为即使在信仰减弱的情况下，这些道德规范也会继续存在。

然而，宗教是大多数人的生活哲学中的一个重要因素。从上述内容我们得出结论，它可能是民族中心主义的，促使形成以偏见和排他性为特征的生活方式；或者，它可能是一种普遍主义的秩序，极力促进兄弟情谊在思想和行为中的践行。因此，如果不明确我们所指的宗教种类和它在个人生活中的作用，我们就不能理智地谈论宗教和偏见之间的关系。

参考文献

（1）W. James. *Varieties of Religious Experience*. New York: Random House, 1902. Modern Library edition, 331.

（2）有关当代新教教派的复仇和憎恶的叙述参见 R. L. Roy, *Apostles of Discord*, Boston: Beacon Press, 1953。

（3）引自 M. Hay, *The Foot of Pride*, Boston: Beacon Press, 1950, 26-32。该书提供了天主教对待犹太人的详尽历史。

（4）F. S. Loescher. *The Protestant Church and the Negro*. New York: Association Pres, 1948.

（5）黑人和白人教会的隔离完全是白人不愿意混合的结果。很多社区尤其是北方各州，黑人在白人教会里是非常受欢迎的。但他们有时更偏爱于自成一体，既因为他们自得其乐也因为这样有机会雇用自己的黑人神职人员。如果白人或混合教会能够雇用更多的黑人神职人员的话，教会的肤色屏障就会消失得更快。

（6）这种模糊性从以下两篇文献中可见一斑：A. Rose, *Studies in Reduction of Pre-judice*, Chicago: American Council on Race Relations, 1949; H. J. Parry, Protetants, Catholics and prejudice, *International Journal of Opinion and Attitude Research*, 1949, 3, 205-213。

（7）Dorothy T. Spoerl. Some aspects of prejudice as affected by religion and education. *Journal of Social Psychology*, 1951, 33, 69-76.

（8）G. W. Allport & B. M. Kramer. Some roots of prejudice. *Journal of Psychology*, 1946, 22, 9-39, 27.

（9）Ibid, 25.

（10）Else Frenkel-Brunswik & R. N. Sanford. The anti-Semitic personality: a research report. In E.Simmel (Ed.), *Anti-Semitism: A Social Disease*. New York: International Universities Press, 1948, 96-124.

（11）*The Acts of the Apostles*, Chapters 10 and 11.

（12）有研究证明这是大学生频繁背教的主要原因，特别是对于几个世纪以来对以宗教名义进行迫害的故事较为敏感的犹太教学生来说。参照 G. W. Allport, J. M. Gillespie, &Jacqueline Young, The religion of the post-war college student, *Journal of Psychology*, 1948, 25, 3-33。从一个广泛的视角上说，无论是早期犹太—基督教针对非犹太人的偏见，还是现代基督教针对犹太人的偏见，实际上都影响了犹太教和基督教的普世主义精神的布施。

（13）参照 G. W. Allport, *The Individual and His Religion*, New York: Macmillan, 1950。（尤其是 Chapter 3。）

（14）B. Bettelheim & M. Janowitz.Ethnic tolerance: a function of social and personal control. *American Journal of Sociology*, 1949, 55, 137-145.

第八部分 缓解群体间紧张关系

▽

第29章　应该立法吗？

致力于改善群体关系的组织可以分为公共机构和私人机构。

前者包括所谓的市长委员会、州长委员会或公民团结委员会，它们根据行政命令或立法条例在城市或州设立。公共机构同样包括城市、州或联邦委员会，它们有权执行反歧视法，有时包括所有相关法律，有时只是一些特定的法律，如涉及住房或公平就业的法律。有时公共机构只是一个事实调查机构，如总统民权委员会，它1947年的深刻报告成为宽容强大的号召力。[1] 当然，除了这些公共机构之外，还有社区的基本执法机构，特别是地方和州的警察，他们的职责是防止混乱、暴乱和公开的侵略行为，并为少数群体提供所有的法律保护。

私人机构的类型更多，从妇女俱乐部、服务俱乐部或教会的小型"种族关系"或"好邻居"委员会，到大规模的国家组织，如反诽谤联盟、民主之友公司、全国有色人种促进会，以及全国群体间关系官员协会等协调机构。许多拥有公共机构（如市长委员会）的社区也有私人公民委员会。

总的来说，公共机构比私人机构更保守，因为它们不断地受到来自社区内有偏见和无偏见的人的压力。私人机构更适合成为监督者，并计划和发起改革。如果公共机构变得官僚主义和无能，它们作为公共机构的鞭策者和批评者就可以起到很好的作用。但从声望和执行法规的角度来看，公共机构更有优势。原则上，一个社区两种类型的组织都需要，而且在很多情况下，这两种组织为了一个共同目标和谐地运作。

在本章中，我们只关注一种类型的公共机构（立法），以及它们活动的一个阶段（民权立法）。然而，我们应该意识到，政府的补救措施绝非都是立法性质的。行政命令也可以，而且通过它已经做成了很多事。罗斯福总统在1941年成立了一个紧急的公平就业实践委员会，这是一个历史性的案例。他在其授权范围内行事，裁定不得将联邦合同授予在政策上拒绝雇用少数群体成员的公司。早些时候，罗斯福在大萧条期间采取了类似的措施，要求所有公共工程合同必须包括非歧视性条款。黑人、西班牙裔美国人、印第安人，所有弱势的群体都受益了。总统以下的行政人员也利用他们的权力，确保联邦住房项目和其他由政府补贴的设施被所有群体平等享用。近年来，武装部队的最高当局已经发布命令，在消除战斗部队中的传统隔离方面取得了很大进展。

立法简史(2)

宪法、权利法案、第十四条和第十五条修正案，为所有种族的美国人建立了一个民主平等的框架。但在这个框架内，一直占主导地位仅是对法律条文宽泛的解释。

南北战争结束后，国会通过了几项法律，旨在确保被解放的黑人奴隶享有的平等是有效的。"废除并永远禁止奴隶制"，取缔"三K党"，规定因种族或肤色而干涉投票权为犯罪行为，甚至禁止在旅馆、公共交通工具或其他公共场所的歧视行为。与此同时，被打败的、愤怒的南方各州立法机构正忙于制定相反类型的法律，通常称为"黑人法典"，旨在尽可能彻底地剥夺被解放的黑人的权利。在动荡的重建时期，只有在联邦军队驻扎在南方的短暂时期内，国会的民权立法才得以执行。

很快，通过制定与北方相反的法律，南方重新获得了"统治黑人"的权利。1877年的民主党国会投票废除了大部分重建时期的民权立法。最高法院对第十四条和第十五条修正案进行了极其狭隘的解释，将其法律实施权主要留给了各个州。在这种鼓励下，某些州立即通过了种族隔离法，并通过各种潜规则合法地剥夺了黑人的选举权。支持各州权利观点的是1896年著名的普莱西诉弗格森案的判决。在这个案件中，法院接受了"种族隔离但平等"的理论，根据这一理论，通过种族隔离的法规实际上并没有否认黑人的平等。该判决支持路易斯安那州的一项法规，该法规要求铁路公司按肤色隔离乘客，但该判决带有一项原则，实际上是对所有形式的隔离给予宪法认可。

在恢复南方对黑人的统治方面，也许更重要的是参议院中的拉布战术。通过援引无限制辩论的权利，所有反对民权立法的参议员（通常在几个志同道合的同事的帮助下）可以永久地阻碍法案的通过。这种手段非常有效，自1875年以来，参议院没有批准过任何民权法。除非修改参议院规则以控制这种拉布战术，否则也不可能早日颁布任何此类法律，无论国会两院的大多数议员多么赞成。正是出于这个原因，民权立法的支持者们把注意力集中在获得有效的中止权规则上，但即使是对参议院规则进行这种修改的建议也会引起辩论战。主要是由于拉布，反对人头税、私刑和支持平等就业机会的联邦法律未能通过。众议院一次又一次地批准了这些措施，而且众所周知，这些措施得到了大多数参议员的支持，但它们仍然不能成为国家法律的一部分。

最高法院的裁决和拉布战术所造成的僵局在许多北方州引起了反响。他们主动为少数族群立法。到1909年，北方18个州制定了禁止公共场所歧视的法律。然而，直到最近几年，名副其实的民权法案才在各州立法机构涌现。在1949年，有100多个反对歧视的法案被提出。虽然只有一小部分获得通过，但每年积累的保护性法规却令人印象深刻。一些法案禁止在就业、公共住房和国民警卫队中的歧视。另一些法规消除了教育、公共设施中的隔离现象，取消了投票的人头税要求，或规定出版反种族宣传品是一种刑事诽谤。南方某些州已经慢慢废除了一些歧视性的法律，并消除了教育和投票方面的障碍。

时代的变化也对最高法院产生了影响。自19世纪宣布"立法无法消除种族本能"以来，这样的裁决趋势就已经改变。近年来，它裁定财产销售中的限制性契约不能在土地法庭上强制执行；外国人土地法（禁止东方人拥有财产）和州际运输工具上的隔离是违宪的；专业培训机构必须为所有学生的教育提供真正平等。通过坚持体系设施平等，法院拥有了反对种族隔离的有力武器，即使它不应该明确推翻其普莱西诉弗格森案的裁决。大多数实行种族隔离的州会发现，提供两套真正平等体系的成本过高。据估计，在南方，要使有色人种儿童的教育机会达到与白人平等的水平，需要花费10亿美元。所以，法院对真正平等的规定的要求将加速种族隔离政策的崩溃，因为它们在经济上是站不住脚的。

但更重要的是"种族隔离但平等"的逻辑是否能站得住脚。除了给一个美国群体打上劣等的烙印外，种族隔离没有任何根本目的。越来越多的注意力集中在这个问题上，反对种族隔离的情绪也在增长。正如我们将在本章后面看到的那样，这个问题现在比以往任何时候都更多地出现在最高法院面前，它是否愿意面对这个问题，也许愿意推翻其对普莱西诉弗格森案的裁决，将是衡量正在发生的社会变革程度的一个标准。

立法的类型

广义上讲，主要有三类保护少数群体的立法。（1）民权法，（2）就业法，（3）群体诽谤法。[3] 当然，我们必须认识到，许多不直接针对保护少数群体的法律可能具有更大的影响。例如，最低工资立法有助于提高一个贫困群体的生活水平，使他们的健康、教育和自尊得到改善，其进一步的结果是他们显得更容易被多数群体成员的伙伴和邻居接受。同样，有效地打击犯罪的法律可能会消除犯罪团伙，因为这些团伙往往是按种族组织的，有时会把自己的种族偏见带入团伙战争。反对私刑的法律也有类似的效果。

民权法包括禁止任何公共娱乐场所、任何酒店、餐馆、医院、公共车辆、图书馆等因种族、肤色、信仰或民族出身而歧视顾客的法规。大部分北部和西部的州都有这样的法律。然而，这些法律并不经常被有效执行，一部分原因是执法官员认为这些法律不重要，一部分原因是在某些地方，偏见的民风足以约束官员进行执法，还有一部分原因是受到歧视的人很少投诉（溜走更容易）。当公诉人起诉时，所征收的罚款很少，通常是10～100美元，公诉人认为这些案件只是麻烦。法律很少规定要吊销违法者的执照。一个酒店经营者将中国人或黑人拒之门外，可能被认定有罪，并被罚款几美元。他付了钱，将这笔微不足道的费用计入他的广告预算或管理费用，并继续他的非法政策。

这类法律的合宪性是公认的，目前它们的普及也可能预示着将来会有更严格的执行。然而，人们普遍认为，执法需要一个委员会，它有权调查投诉，与违法者进行非正式谈判，对违法者进行法律意义上的教育，并在必要时有权吊销执照。

最近立法的主题也包括公平的教育。某些根据国家特许经营权运作的私立学校排斥少数群体成员这一事实被披露后（例如：一些医学院歧视犹太和意大利申请人），限制性立法已经通过。学校被禁止寻求有关申请者群体成员的信息（通过照片或诱导性问题），录取将只取决于成绩。实际上，这种类型的法律给许多从未实行过歧视的学校带来了官僚主义的困难。然而，它的支持者认为，它达到了一个理想的目的。毋庸置疑，依法实行教育隔离的各州并没有这样的法规。

公平就业法：罗斯福总统建立战时机构以确保公平就业机会，这一行政命令吸引美国公众的兴趣。[4] 但国会没有为该行政命令的有效运作拨出足够的资金，也没有同时通过立法对违法者进行处罚或赋予委员会对违法行为进行调查的权力，从而阻碍了行政命令的实施。战时机构到期后，国会未能通过法律将其确立为一个正式的政府机构。

但是，尽管国会有阻力，美国公平雇用实施委员会似乎是“一个时机已到的想法”。自1945年纽约通过艾夫斯—奎因法律以来，大约一半的北部和西部州都颁布了类似的法律。在许多情况下，城市也通过了公平就业法条例。通常情况下，对违反法律的行为没有任何惩罚措施，除了让委员会感到不舒服的会议和可能具有破坏性的宣传。然而，通过调解已经取得了很多成果，在大多数有技巧的执法（实际上是“调解”）委员会工作的地方，其结果被认为是非常成功的。除了带来新的工作机会外，少数群体的士气也因为他们作为劳动公民的权利是公众关注的问题而得到提高。

1950年，《商业周刊》向拥有法定公平雇用实施委员会的各州的几个大雇主发出质询，实际上是问：“它是否妨碍了你们？”编辑们在总结意见时说：“公平就业法并没有引起反对者所预测的混乱状况。不满的求职者并没有向委员会提出大量投诉。个人的摩擦一点也不严重。即使是那些反对公平就业法的人现在也没有强烈的敌意。”此外，雇主们似乎同意，该法没有干涉他们选择最有能力的工人的基本权利。[5]

这类法律的经验为处理偏见带来了新的启示。它表明通过说服、调查、宣传可以减轻偏见。这种方法不是胁迫，而是调解。事实证明，很少有雇主坚持他们的偏见，他们只是在遵循他们所认为的公认的民俗。当他们确信客户、雇员和法律都喜欢，或至少希望无歧视的条件占上风时，他们就会与之合作并放弃偏见。

现在，如果事先询问员工和顾客，他们确实经常口头反对与某些少数群体成员一起工作，或由他们提供服务。但事实证明，当平等得到实践时，很少有人会坚持自己的偏见。通常，人们甚至没有意识到自己已经发生了变化。

口头表达的偏见和平等主义行为之间的不一致通过在纽约市一家大型百货商店进行的实验得到体现。[6] 一个黑人和白人店员一起工作。在不知道在商店里被监视的情况下，由黑人提供服务的顾客被跟踪到街上，接受了采访。一些接受过黑人服务的人表示"他们反对由黑人店员提供服务"。然后，他们被问及是否曾在百货公司见过任何黑人店员。四分之一的人说没有。显然，他们要么没有察觉到（要么没有想起）刚刚为他们服务的销售人员的肤色。口头表达的偏见和行为之间这种奇怪的脱节是有启发性的。它表明，在日常生活中，只要问题没有被带入意识和口头表达，平等就会被认为是理所当然的。

同一项研究表明，在那些回忆起曾被黑人服务过的人中，偏见可能因这一经历而有所减弱。他们实际上说："好吧，让黑人在某些部门工作是可以的。"一个曾在服装店工作过的人，认同这种安排，但会说和黑人不应该在食品部工作，有更亲密的关系。但那些曾在食品店接受过黑人服务的人则倾向于说，这种工作安排是可以接受的，但黑人不应该在服装店工作。这种偏见仍然存在，但它显然被削弱了，而且处于守势。

公平就业法不仅在实践中没有带来什么麻烦，而且在改善群体关系方面具有战略意义。它们提供了比某些少数族群以前享有的更高收入和地位水平的工作。这个过程符合米尔达尔所说的改善黑人与白人关系的一个重要原则。[7] 他断言，有一个"歧视的等级顺序"。白人，至少是南方的白人，最反对通婚，其次是社会平等，然后依次是平等使用公共设施、政治平等、法律平等，最少反对工作平等。黑人自己的排名顺序正好相反。他首先渴望的是平等的工作机会（他的经济困境是他许多或者说大部分麻烦的根本原因）。因此，公平雇用实施委员会的立法在心理学上有重要的意义，它解决歧视问题的方式，即使黑人得到最大的满足，而使白人的不满降到最低。

群体诽谤和煽动法构成了一个更有争议的立法补救措施。

旨在遏制群体诽谤的立法是一项已经确立的法律原则的逻辑延伸。如果一个人发表他的观点，说×先生是个骗子和叛徒，如果他不能证明他的指控，×先生可能会得到丰厚的赔偿，特别是如果他的生意因此被毁了，他在社会上的威望会受到损害。但是，如果同一个人发表他的观点，说日本人或犹太裔美国人都是骗子和叛徒，如果说×先生是一个日本裔美国人，可能会因为抵制和蔑视而遭受相当多的损失，但没有法律规定可以补偿他。公司和志愿协会（如哥伦布骑士团）可以成功地起诉诽谤，但民族和种族团体却没有得到保护。在过去的几年里，有一些这样的法规被通过（如在马萨诸塞州），但其执行情况几乎为零。

虽然在原则上是合理的，但这种法律很难执行。如果它们规定诽谤者必须有恶意，这种意图就很难证明。而在目前关于群体差异研究的早期阶段，要最终证明诽谤性言论是错误的并不容易。此外，这种法律不受欢迎，在宪法上也是被边缘化的，因为它们似乎削弱了自由言论的权利。公开批评，无论公正与否，都是民主权利传统的一部分，除非它煽动了暴力。正如我们在第26章中所看到的，煽动者通常在这一点上停止了他们的漫骂。

在仔细考虑了支持和反对集体诽谤立法的情况后，总统的民权委员会并不赞同这类法律。委员会认为，对批评的解决方法是反批评，对讨论的解决方法是更多的讨论，只要它是公开的和光明正大的。然而，该委员会确实主张制定一项法律，规定通过邮件发送匿名的仇恨言语是一种联邦犯罪行为。当偏见的力量和公民权利的力量之间发生如此严重的战斗时，似乎至少应该让反对者表明自己的身份，以便能够直接解决这个问题。

所有控制煽动者的法律都受到了宪法的阻碍。公开破坏和平或煽动暴力的行为一直都受到法律的惩罚。因此，反对通过特别立法来控制种族主义乌合之众的人认为，没有必要这样做。支持者认为，针对少数群体的蛊惑人心的言论会造成不好的影响。这种影响是持久的，每一次攻击性言论的发表都是一次累积，直到最后形成一种危险的局面。最高法院不可能接受这样的推理，因为它是根据奥利弗·温德尔·霍姆斯法官在1919年写的裁决来运作的，该裁决宣布，只有暴力行为出现且造成危害时才允许限制言论自由。只有当暴民行动因煽动者的咆哮而显得迫在眉睫时，警察才可以进行干预。许多人认为这项裁决是明智的，因为如果警察被赋予更多的自由，他们可能会在广泛的反仇恨法的掩护下，压制那些对他们不友好的批评。

同样的论点也适用于限制使用公共财产的建议，即拒绝向其信息绝对不符合公共利益的煽动者发放许可证。这样的法规不会阻止煽动者在私人场所发言。诚然，这样的法律将明确规定，在公共场所必须尊重民主的良心。然而，它们也可能为任性的管理开辟道路。发证机构可能会允许某些类型的偏执者发言，而让其他人保持沉默，或者，在最坏的情况下，可能会在法律的掩盖下拒绝给予政治对手发言的特权。

虽然有很多人主张制定诽谤法，但大众似乎反对这些法律。对偏见的解决办法不是压制，而是由无偏见的意见进行自由的反击。同样的论点也适用于对电影、广播或新闻的审查制度。

立法能影响偏见吗

我们已经注意到，19世纪末最高法院为其保守的决定辩护，理由是法律无力对抗"种族本能"。这种自由放任的态度代表着那个时期的许多社会思想。当时的一位主流社会学家威廉·格雷厄姆·萨姆纳断言，"依靠国家政策不能改变民俗"。即使在今天，人们也经常听到同样的观点，"你不能通过立法来消除偏见"。

这个观点听起来似乎很有道理，但实际上它有两个方面的缺陷。首先，我们可以完全确定的是歧视性的法律会增加偏见，那么，为什么反歧视的立法不会减少偏见呢？

其次，事实上立法根本不是针对偏见，至少不是直接针对偏见。它的目的是使优势平等，减少歧视。只有改善副产品，人们才能得到平等的地位和正常的相识（第16章）。提高少数群体的技能，提高他们的生活水平，改善他们的健康和教育，都有类似的间接效果。此外，法律规范的建立创造了公众的良知和预期行为的标准，检测偏见的公开迹象。立法不是为了控制偏见，而只是为了控制将其公开表达。但是，当表达方式发生变化时，从长远来看，思想也可能会发生变化。

然而，也有一些有说服力的论据反对立法的方式。例如，它可能会产生对法律的蔑视和无视。总的来说，美国人以轻视他们的法律而闻名。正如米达尔所说，

"美国已经成为一个在实践中允许很多东西，但同时又有很多东西被法律禁止的国家"。[8]因此，增加那些不会被遵守的法规，或者只会受到无视和冷漠的法规，是明智的吗？即使经过几年的运作和大量的宣传，纽约州的大多数人仍然不知道公平就业法的存在。那些知道该法律的人都了解这样一个事实：明显的歧视案例通常没有提出投诉或采取任何措施来援引该法律。这种普遍的冷漠可能伴随着这样的观念：一些更高的"自然法"赋予人们权利，可以选择憎恨谁，与他们不喜欢的人分开，并无视干涉的法规。只有忙于工作的人才会试图将道德纳入其他人的法律。

还有一点：法律，尤其是在美国很常见的清教徒类型的法律，是治标不治本的。强迫酒店经理接受菲律宾客人，并不能从根本上消除他对东方人的偏见。强迫一个孩子在学校里坐在黑人孩子旁边，并不能消除他的家庭对黑人的反感中可能存在的经济恐惧。人是由更深层次的力量塑造的，而不是由表面的压力。

最后，在"文件上"的法律和"行动中"的法律之间存在着相当大的差距。没有严格的执法，任何法律都是一纸空文。有人认为，美国的执法标准很低，因此在人际关系领域进行立法特别不明智。这类法律很难执行，它们有时与公众的意愿相悖，而且很少有人知道这些法律是什么，或者关心这些法律。

诸如此类的考虑导致一些人认为，立法是最不可能成功减少群体冲突的工具。

但是，这些论据大多数都有道理。尽管除非有相当大比例的人赞成一项法律，否则它不会起作用，但如果说民风必须永远优先于国风，那也是错误的。正是南方的吉姆·克劳法在很大程度上创造了新的民风。同样，我们已经看到，公平就业法很快就在工厂或百货公司创造了新的民风。在几个星期内，黑人、墨西哥人或犹太人就被接受为理所当然的职员，而几十年来他们一直被排斥在这些工作之外。

人们常说，必须通过教育为补救性立法铺平道路。在一定程度上，这种说法无疑是正确的。辩论、听证会和积极的选民都是必不可少的。但是，当最初的工作完成后，立法又变成了教育。广大人民群众并没有提前成为皈依者，相反，他们被既成事实所改变。一个众所周知的心理学事实是，大多数人在喧嚣平息后会欣然接受选举或立法的结果。即使是那些极力支持民主党候选人的人也会毫无怨恨地接受当选的共和党人。而那些反对公平就业法或民权法的人，如果这些法律获得通过，通

444

常会遵守多数人的决定。他们允许自己接受普遍存在的新规范。

我们在这里说的是民主社会的基本习惯。在经过自由的，而且往往是激烈的辩论之后，公民会向多数人的意志低头。如果立法符合他们自己的个人良知，他们就会以一种特殊的方式接受。在这一点上，民权立法具有明显的优势。在第20章中，我们看到大多数美国人都有一种深刻的内心信念，即歧视是错误的，是不爱国的。虽然他们自己的偏见可能会使他们在反对拟议中的法律时感到不安和抗拒，但如果符合他们"更好的本性"的法律被通过并执行，他们也会松一口气。人们需要并希望他们的良知得到法律的支持，这一点在群体关系领域中最为突出。

实际上，在美国，至少如宪法所表述的那样，走国家道路是比民俗道路更早的。宪法明确规定，全面民主应占上风。因此，这个国家的"官方"道德水平很高，尽管私人道德水平在许多方面很低。与某些其他国家，例如希特勒统治下的德国，形成了鲜明的对比。在那里，官方道德（歧视、迫害、征用少数群体）很低，而许多公民个人的道德则高得无法估量。但在美国，官方道德设置了一个很高的理想。此外，人们期望国家的法律能够引领和指导民风。即使是违法者也可能在原则上认可这些法律。我们知道，交通法经常被违反，但没有人愿意生活在没有交通法的世界里。

虽然法律不能完全防止违法行为，但它们肯定会起到约束的作用。法律能够阻止那些能被劝阻的人，而不能阻止十足的偏执狂或煽动者。例如，禁止纵火的法律也不能阻止纵火狂人。我们可以说，法律限制了中间范围的普通人，他们需要法律作为塑造其习惯的导师。

赞成补救性立法的最后一个论点是其打破恶性循环的能力。当群体关系不好时，它们往往会恶化。因此，被剥夺了平等就业机会、平等教育机会、平等的健康和成长设施的黑人就会陷入低下的地位。于是，他被视为人类的低等种族，受到蔑视。因此，他能够得到好的机会越来越少，他的情况也变得更糟。无论是个人努力还是教育，都无法打破这种恶性循环。只有强有力的、得到公众支持的立法才能做到这一点。可能需要警察权力来启动住房、健康、教育和就业方面的螺旋式改善。

当歧视被消除时，偏见，正如我们所说的，往往会减少。恶性循环开始自我逆转。在就业、住房和军队中消除歧视，这显然创造了更友好的民族态度（第16章）。经验证明，融合迄今为止被隔离的群体所面临的困难通常比预期的要少。但往往需要一部法律或强有力的行政命令来启动这一进程。米达尔所说的"累积原则"认为，提高黑人的生活水平会降低白人对他们的偏见，这反过来又会提高黑人的生活水平。这种秩序性的良性循环可以在法律的推广下建立起来。

总结一下：虽然许多美国人确实不会遵守他们强烈反对的法律，但他们中的大多数人在他们的良心深处确实赞同民权和反歧视立法，甚至在抗议中也会赞同。符合个人良知的法律有可能被遵守；即使不被遵守，它们仍然建立了一个道德规范，在个人面前展示了他的行为应该是什么。法律的鞭策往往会打破一个恶性循环，从而开始出现一个愈合的过程。个人、社区中与法律无关的力量因此得到了解放。立法必须等待教育一说并不完全正确，至少不能等待完整和完美的教育，因为立法本身就是教育过程的一部分。

我们并不是说，任何旨在改善群体关系的法律都是明智的。有很多编撰不当的法律。其中一些法律非常模糊且不具有可行性，它们的教育和良心指导的效果也是零。从长远来看，审查和压制的法律是自取灭亡的。虽然某些法律也许应该有严厉的惩罚，但一般来说，少数群体的立法应该尽可能依靠调查、宣传、劝说和调解，这才是一个合理的原则。

这是有特殊原因的。一个有偏见的人在这个问题上是极其敏感的。一个人可以指责自己推诿或偷窃，但很少指责自己有偏见。我们在之前的章节中一再指出，在有偏见的头脑中，有无意识的力量在起作用，还有随时的辩护和辩解来使他察觉不到自己的敌意。因此，明智的做法是，假设违反反歧视法的人不愿意或不能感到内疚，必须允许他保住面子，而且和解的方法比惩罚更能达到预期效果。

我们已经谈论过，如果法律与人的良知相一致，而且执行得很巧妙，那么大体上就会得到遵守。我们应该补充一个条件：他们不应该被认为是由一个外来的意志强加的。南方人对"北方人的干涉"有一种叛逆式的抵抗。即使是原本可以接受的法律，如果被认为是对个人（或地区）的侮辱，也会受到抵制。我们并不是说，除非法律是由自己的立法代表发起的，否则将无法成功运作，但具有"外来统治"的色彩可能会降低其有效性。偏见不可能因法律而减少，因为法律的通过方式可能会引起其他偏见。

立法与社会科学

　　尽管最近代表少数群体的立法活动不断涌现，但在各州的法规中，维护种族隔离的法律仍然比反对歧视的法律占有更大的比例。[9] 虽然趋势似乎正朝着新的方向稳步改变，但美国的法定道德需要很长时间才能赶上宪法道德。

　　为了理解现有的情况，有必要从更广的历史角度出发。南方在内战中遭受的痛苦和屈辱是一种无法估量的创伤。所以他们对北方、黑人和整个社会变革采取了带有侵略性的敌对行动，所有这些都可以用某种逻辑来指责这种不可容忍的状况。从心理上来说，为了恢复自尊，他们与北方进行对抗，使黑人即使不是真的被奴役，至少也是处于从属地位。

　　这种需求如此强烈，甚至美国最高法院也感到无力抵抗，并在一系列的裁决中，最终在普莱西诉弗格森案中，几乎向南方屈服。为了证明自己的立场是正确的，法院做出了一系列心理学上的假设，这些假设在后来的日子里才被证明是错误的。这些假设如下。（1）种族隔离不会给有色人种打上劣等的烙印。（2）立法无力消除"种族本能"或废除基于身体差异的区分，因此，政府的干预对于解决种族隔离制度背后的问题是无用的。（3）如果对隔离制度不闻不问，那么种族之间的和谐关系将通过相互调整的过程逐步发展。[10] 随着时间的推移，所有这些假设都已被证明是错误的。

　　现在的问题是，现代社会科学是否可以对法院和立法机构提供实际帮助，从而防止对拟议行动的心理和社会后果做出错误的假设。在19世纪，这个问题还为时过早；而在20世纪，也许就不是这样了。在这一章中，我们报告了几十项近期的客观研究，这些研究对社会立法有潜在影响。我们现在有能力预测种族隔离和放弃种族隔离的后果；我们对遭受歧视的少数群体的反应有很多了解；我们对民权法的冲动性抗议以及这些抗议通常短暂的原因也有了解。这些以及其他许多发现，代表了社会科学对澄清和改进法律裁决的潜在贡献。

　　无论是法院还是州和联邦立法机构，都还没有接受社会科学在这一领域的运用。尽管科学对成功处理人类关系的研究相对较少，但如果需要的话，一些援助还是唾手可得的。但到目前为止，我们在这个方向上只有一点进展。一个涉及最高法院裁决的案例可以说明目前的情况。

首先应该指出的是，在最高法院准备辩护状和进行辩论需要大量的技术和资金支持。一个人实际上是无能为力的，只有当他有训练有素的律师的支持，并且他的案件得到慈善家或机构的资助时，他才能寻求补救措施。经验表明，专门处理民权问题的律师和组织能够帮助取得最好的结果。[11]

我们所报告的案例代表了这些专门机构之一在最近试图使歧视性做法无效时所准备的论据。它对我们的目的很重要，因为它的几个中心点和大部分证据都来自群体关系的社会科学研究。这个论据超越了一种老套的说辞——"隔离却又平等"的设施实际上并不平等。

该案的辩护词试图证明，即使提供了平等的机制，强制隔离本身也是歧视性的，因此是违宪的。原告亨德森先生是一名黑人，因为南方铁路公司拒绝在其一节餐车中为他服务而提起诉讼。[12]

随后，铁路公司改变了政策，在每个餐厅的十三张桌子中，有一张是专门供黑人使用的，并且用隔板与白人用餐者隔开。州际商业委员会认为，这一规则符合《州际商业法》。该决定得到了地区法院的支持。本简报是对该决定向最高法院提出的上诉。

它明确指出，它并不主张强迫种族混杂在一起。没有人必须在黑人面前吃饭，如果他不愿意这样做。个人偏见是自己的事。但强制隔离剥夺了有色人种和白人乘客的选择自由。

然后，辩护律师认为，实行种族隔离是为了显示黑人低人一等。每个人都知道，强制隔离是一种劣等的标志。在这一点上引用了许多权威人士的意见，以及对黑人的研究，揭示了他们在这种公认耻辱下的痛苦。

案件摘要的论点也同样攻击了普莱西判决所依据的假设，显示出的证据表明，在饮食、旅行、排队买票方面的单独设施，都标志着黑人是一个低等的社会种族。

然后，该论点声称，种族隔离对公众利益有害。一项社会心理学调查的结果表明种族隔离的影响并不仅仅局限于黑人。[13] 849名在种族关系领域具有某种特殊资格的社会科学家被问及他们对强制隔离的看法，有517人回答。其中90%的人说他们认为即使提供平等的机制，也会对被隔离的群体产生有害的影响；2%的人认为没有有害的影响，剩下8%的人没有回答这个问题或没有意见。当被问及他们认为隔离对实施隔离的群体有什么影响时，83%的人认为这些影响是有害的。这些影响包括引起的焦虑，以免被隔离的人造反；同样，实施隔离的人在他们自己的眼中成为伪君子，被迫生活在一个虚假的口号和自我欺骗的世界中。

引用权威的话来说，精神疾病是由种族隔离和其他形式的歧视所产生的紧张关系诱发的。

有人进一步争辩说，由于强制隔离导致的相互不信任和无知，国家利益受到损害。实验和大众意见都认为，种族之间的正常接触会减少偏见。许多国家没有肤色界线，这表明种族偏见既不是本能的，也不是遗传的，而是可能被人为所设的障碍，如隔离所导致的。

报告超越国内层面，指出了如果最高法院继续纵容种族隔离，美国在国际舞台上将处于一个不利的地位。

法院裁定原告胜诉，判定州际旅行中的餐车隔离违反了法律。我们无法确定，在法院的判决中，来自社会科学研究的论证部分是否起到了显著的作用。重要的是，来自社会科学调查的数据被应用到该问题的解决中。

总　结

如果得到执行，立法可能是反歧视斗争中的一个有力工具。法院的裁决也可以使过去遗留下来的歧视性律法失效。然而，法律行动对减少个人偏见只有间接影响。它不能强迫思想或灌输主观的宽容。它实际上是在说："你的态度和偏见是你自己的，但你不能把它们表现出来，以至于危及美国公民群体的生命、生计或内心的平静。"法律的目的只是控制不容忍态度的外在表现。但是，心理学表明，外在的行动最终会对内在的思想和情感习惯产生影响。出于这个原因，我们将立法行动列为减少公共歧视和私人偏见的主要方法之一。

最近的某些发展使我们相信，民族关系领域的社会科学研究在未来可能会在公共立法政策的形成中发挥更大的作用，从而间接地缓解群体间的紧张关系。

参考文献

（1）President's Committee on Civil Rights (C. E. Wilson, Chairman). *To secure these rights*. Washington: U. S. Government Printing Office, 1947.

（2）更全面的解释参见 *Report on civil rights legislation in the States*, Chicago: American Council on Race Relations, March 1949, 4, No. 3; J. H. Burma, Race relations and anti-discriminatory legislation, *American Journal of Sociology*, 1951, 56, 416-423。尤其有价值的是 W. Maslow & J. B. Robison, Civil rights legislation and the fight for equality, 1862-1952, *University of Chicago Law Review*, 1953, 20, 363-413。

（3）对三种法律类型的更加全面的讨论参见 W. Maslow, The law and race relations, *The Annals of the American Academy of Political and Social Science*, 1946, 244, 75-81。

（4）公共意见调查中大部分人对公平就业实施委员会持支持态度。结果总结于 Maslow and Robison, Op. cit., 396。

（5）*Business Week*, February 25, 1950, 114-117. 其他关于公平就业实施委员会的评价都是积极的。参见 M. Ross, *All Manner of Men*, New York: Harcourt, Brace, 1948。

（6）G. Saengor, *The Social Psychology of Prejudice: Achieving Intercultural Understanding and Cooperation in a Democracy*. New York: Harper, 1953, Chapter 15.

（7）G. Myrdal. *An American Dilemma*. New York: Harper, Vol. 1, 60 ff.

（8）Ibid., 17.

（9）W. Maslow & J. B. Robison. Op. cit., 365.

（10）T.I. Emerson. Segregation and the law. *The Nation*, 1950, 170, 269-271.

（11）运用法律手段捍卫少数群体权利的代表性机构有：全美有色人种协进会（National Association for the Advancement of Colored People）、美国公民自由协会（American Civil Liberties Union）、(美国犹太人大会）法律与社会行动委员会 [Comomission for Law and Social Action (of the American Jewish Congress)]。

（12）亨德森诉美国州际商务委员会和南方铁路公司案（Henderson vs. The United States of America, Interstate Commerce Commission and Southern Railway Company)。案例描述改编自 T. S. Kendler, Contributions of the psychologist to constitutional law, *American Psychologist*, 1950, 5, 505-510。

（13）报告自 M.Deutscher and I. Chein, The psychological effects of enforced segregation: a survey of social science opinion, *Journal of Psychology*, 1948, 26, 259-287。

第30章 方案的评估

我们现在的任务是看看我们对偏见和歧视原因的研究现在如何能够应用于补救方案。

在上一章中讨论的立法补救措施，是在某些科学考虑的基础上被审查和批准的。我们把几条证据汇集到这个特殊的补救方案上。我们的逻辑是这样的。

在我们对偏见的社会文化根源的调查中（第14章），我们注意到美国社会中存在的各种加重偏见因素，如移动的便利，有时会把一个少数族群突然带到一个工业地区。其结果是，相对密度迅速增加，老居民认为有"威胁"。如果通过限制性契约，隔离学校，或其他歧视性的做法，少数群体被"隔离"了，沟通的障碍就会增加，随之而来的是猜疑、怨恨和紧张。使得减少偏见的接触类型（第16章）变得不可能实现。邻居们不是以平和的方式生活，而是要以警惕和防御的方式生活。

现在，民权立法的论点在于，它可以改变社会文化结构，使之朝着改善追求共同利益的平等地位接触的机会的方向发展。例如，通过取缔限制性契约，最高法院使黑人在某种程度上更容易在社区中分散开来，从而避免导致"威胁"观念的产生。同样，所有的反歧视立法都有助于化解隔离所带来的障碍，促进"平等地位接触"，以便它们可以运作，减少偏见和紧张关系。

还有一些社会科学的发现与立法补救措施的问题相关。就拿有偏见的人是否会遵守反歧视法规的问题来说。在这一点上，与我们对持有偏见者身上引起的心理冲突的讨论（第20章）是相关的，正如我们对服从（第17章）和人们对有罪的处理（第23章）的讨论一样。正是这些社会科学的发现使我们预测，反歧视立法原则上会被大多数美国公民接受和遵守，尽管初步的抗议是可以预测的。

我们不需要进一步阐述这一点，我们只是说，社会科学告诉我们，如果我们希望减少社会中的偏见，需要加强立法在科学上的合理性，并且将其高度优先化。

但立法补救措施只是改善种族关系和消除偏见的方法之一。下面这个清单展示了细分后的其他方法：

　　　　正式的教育方法

　　　　接触和结识计划

　　　　团体再培训方法

　　　　大众传媒

　　　　劝说

　　　　个人治疗

在这个清单中，我们排除了宏大的历史和经济变化。虽然这些可能是最重要的，但它们太广泛了，不能成为任何计划的目标，或者说，这种变化最好是通过立法来实现。例如，在经济领域，我们已经表明，促进少数族群生活水平提高的工资改革可望提高他们的自尊心，减少防御性，同时使他们与社区中的其他成员保持平等地位。

上述的清单全面地涵盖了今天由众多机构采用的补救方案的类型，这些机构的目标是改善美国国内的群体关系。特别是私人机构正在采用这些方法，他们每年在这些方法上花费数百万美元，而这些机构也在越来越多地转向社会科学寻求指导。

社会科学可以通过两种方式提供帮助。首先，正如我们刚才所展示的，它可以从原因论证到结果。在对偏见的根源进行心理和社会分析的基础上，它可以在一定程度上成功地预测一个特定的操作模式是可能成功还是失败；其次，它可以以事后的方式评估已经尝试过的项目的结果。

我们现在要考虑的是社会科学对项目评估的贡献。[1]

研究方法

衡量态度变化的方法是近些年才发展起来的。我们越是尝试应用这些方法，就越能发现其中的复杂性。[2] 下面的例子说明了其中的一些困难。

1950年，全国有色人种研究生护士协会在独立存在了42年后解散了。这样做是因为黑人护士终于被欢迎成为美国护士协会大多数地方分会的成员。这里是一个态度改变导致一种隔离形式终止的例子。

但这是什么原因呢？它是通过某些黑人和白人护士的努力实现的吗？目前公平就业立法的趋势，或者最近最高法院判决的主旨，是不是其中一个因素？各个国家机构的善意和兄弟情谊的宣传是否起了作用？还是说这种变化是所有这些和许多其他压力的结果？

某种原因或某些原因对其产生了影响，但要追踪其顺序并不容易。

评价研究的理想要点有三个：（1）首先必须有一个可识别的项目来进行评估（一门教学课程、一项法律、一部电影、一种群体间的新型接触），这个要素被称为自变量。（2）必须有一些可衡量的变化指标。可以在体验前后进行态度量表，或进行访谈，或计算社区内的紧张指数（例如：向警方报告的群体冲突的数量），这些标准被称为因变量。（3）与上述两个因素相比不太重要，但仍然重要的是使用控制组。当自变量被应用时，我们应该证明所测量的变化毫无疑问是这个事实的结果。如果我们有一个不受自变量影响的对照组（在年龄、智力、地位上相匹配），我们就能做到最好。如果他们也（出于某种神秘的原因）显示出同等数量的变化，那么我们就不能断定是我们的自变量有效，而是其他一些因素影响到了这两组人。

调查人员往往没有意识到控制组的必要性。在对18个跨文化教育的大学项目进行的调查中，结果发现其中只有4个项目采用了对照组。[3] 必须承认，控制并不总是有效的。假设有两组学生被调查，一组接受教学课程，另一组作为对照。现在学生们在校外闲谈。一组学生学到的经验可能会私下传给另一组。在这种情况下，实验组就污染了对照组。

评价研究的理想设计可以归纳为以下方案：

	因变量	自变量	因变量
实验组	衡量偏见的标准→接触到项目→衡量偏见的标准		
对照组	衡量偏见的标准→没有接触到项目→衡量偏见的标准		

在评估项目效果的时间方面出现了一个问题。通常情况下，在项目结束后立即进行评估（测试、访谈等）是最容易的。但是，如果我们当时发现了变化，谁知道它是否会持续下去？如果没有发现变化，谁知道这个项目是否会产生"潜伏效应"，在几个月甚至几年后首次显示出它的影响？也许理想的计划是立即测量效果，然后在间隔一年后再次测量。

上述所言足以表明评价研究领域有许多障碍。很难保持自变量不受别的因素影响；很难设计出合适的变量；当研究结果出来后，人们不能总是自信地解释它们，因为各种不需要的变量已经闯入了研究设计中。在一个复杂的社区中，日常生活的繁忙程度与实验室单纯的试管非常不同。

然而，尽管有这些困难存在，还是有几十项评估研究，假装告诉人们某种类型的项目对特定人群的效果如何。[4]一位调查了这些研究的作者发现自己处于绝望之中：

调查结果的不一致令人困惑。有时报告说偏见减少了，或者至少是不利意见减少了；有时没有减少。有时结论是偏见在这个方面减少了，但在那个方面没有减少；有时关系是相反的。有时，一类学生被报告为反应更强烈；有时是另一类。[5]

情况虽然复杂，但并不像作者想的那么绝望。

正规教育项目

调查员进行了一项研究，目的是考察广为人知的斯普林菲尔德跨文化教育计划①的效果。[6]该计划（自变量）具有一定的广泛性和灵活性，包括儿童在该市公立学校就读期间各个年级的各种类型的教学。[7]

---

① 多萝西·T. 斯波尔，受宗教和教育影响的偏见的某些方面，《社会心理学杂志》，1951年，第33期，69—76页。

调查员在马萨诸塞州斯普林菲尔德的一所私立大学任教，他有机会研究大量的新生，这些新生在该市的学校中根据计划成长起来。此外，还有更多来自斯普林菲尔德以外的新生，可以说，他们的背景中没有那么多的跨文化训练。这些非斯普林菲尔德的学生组成了对照组。

对于因变量，调查员采用了波伽德斯社会距离量表。新生们（共764人）指出了一些民族，那些他们不会承认其国家、邻居，以及婚姻关系密切的亲属等的民族。

研究的结果总结在表13中。

表13　波伽德斯社会距离量表的平均分

教育	人数	平均数	标准差	标准差的平均数
在普林菲尔德受教育的学生	237	64.76	26.21	1.70
没有在普林菲尔德受教育的学生	527	67.60	24.39	1.06

（平均分越高，偏见的程度越高）

我们注意到，这种特殊的设计并不要求进行事前和事后的衡量。因此，我们不能像我们期望的那样证明，参加这次调查的年轻人在他们接受教育前的偏见程度是相同的。例如：如果出于某种原因，斯普林菲尔德的孩子们具有不同的社会组成，或者在成长过程中比外面的孩子们有更少的偏见，那么最后的比较就不能作为衡量斯普林菲尔德跨文化教育计划成功的标准。然而，没有理由认为两个样本中的儿童在一开始就有任何这样的系统性差异。

作者发现，这种差异确实有利于斯普林菲尔德学校的教育系统。在该计划下长大的孩子比其他孩子表现出更小的社交距离。在统计学上，这种差异产生的临界比率为2.00。虽然这种程度的差异可能是偶然的产物，但不可能完全只是偶然。作者指出，斯普林菲尔德的孩子们只在计划中度过了部分学年，因为该计划是在他们的学习进度相当快之后才开始实施的。出于这个原因，只有未来的学生才能取得最好的效果。

这项研究的一个有趣的侧重点是，与整个大趋势相反，来自斯普林菲尔德学校的犹太儿童比来自斯普林菲尔德以外的犹太学生表现出更多的不容忍。这方面的进步完全是由该校的新教徒和天主教徒学生共同完成的。还有一种可能的解释是，犹太青年对少数群体的问题意识过强，在接下来的小学和中学阶段，他们的怨气越来越重。

我们不可能展示出所有现有的教育项目的评估研究。它们在类型上有很大差别。有些，如斯普林菲尔德计划，是"综合性的"，包含许多种类的教学技术。有些评估关注的是特殊和有限项目的影响。劳埃德·库克将后者归为六个方法。[8]（1）"信息性方法"通过讲座和课本教学传授知识。（2）"替代体验法"采用电影、戏剧、小说和其他手段，邀请学生认同外群体的成员。（3）"社区研究—行动方法"要求进行实地考察、地区调查、在社会机构或社区项目中工作。（4）"展览、节日和庆典"鼓励对少数族群的习俗和我们的旧世界遗产怀有同情心。（5）"小团体进程"应用了许多团体动力学的原则，包括讨论、社会戏剧和团体再培训。（6）"个人会议"允许进行治疗性访谈和咨询。

我们还不能明确地说，这六种方法中哪一种能有最大的效果。虽然相当肯定的是，在大约三分之二的实验中出现了理想的效果，而不良的效果则非常少，但我们仍然不能确定哪些方法是最成功的。正如库克所指出的，证据似乎表明间接方法是有效的。我们所说的间接方法是指那些不专门研究少数族群的项目，也不专注于偏见现象本身。当学生在社区项目中失去自我时，当他参与到现实环境中时，并发展出威廉·詹姆斯所说的，参与其中比站在一旁泛泛了解要更有收获。

信息化的方法。这个暂时性的结论显然使信息方法处于守势。人们一直认为，在头脑中植入正确的思想会产生正确的行为。许多学校建筑仍然张贴着苏格拉底的座右铭：知识就是美德。但是，现在人们普遍认为，学生是否准备好学习知识，取决于他的态度。除非态度认真，否则知识是不会记在脑子里的。事实本身是没有人性的，只有态度是有人性的。纯粹的事实培训往往有三种同样失败的结果，即它很快就被遗忘，或者它被扭曲以使现有的态度合理化，或者被搁置在大脑的一个角落，对行动完全没有影响。

这种知识与行为分离的经常性现象在一些同时测试信仰和态度的调查中被揭示

456

出来。跨文化教育可能具有纠正错误信仰的力量，而不会明显地改变态度。例如：儿童会学习黑人苦难的历史，但不会学习与之宽容相处。

然而，也有一个相反的论点可以提出。也许学生们在短期内不会有任何收获，或者会扭曲事实以支撑他们的偏见。但是，从长远来看，准确的信息可能是改善人类关系的好帮手。举一个例子，米达尔指出，现在没有在智力上值得尊重的种族理论来合理化黑人在这个国家中的地位。由于人们并非完全没有理性，科学证据无法支持种族劣根性的理论，这一事实几乎无法逐渐改变他们的态度。

跨文化教育的基本前提实际上是，一个只知道自己文化的人不会意识到他只知道自己的文化。一个一直认为太阳在自己的群体中升起和落下，并将外国人视为来自外部奇怪黑生物的孩子，是一个对自己的生活环境缺乏了解的孩子。他永远不会看清美国人的生活方式是什么，那只是人们为了满足自己的需要而发明的许多替代生活模式之一。如果没有在学校获得的跨文化信息，孩子就无从得知这一信息，因为大多数孩子的认知来自家庭和社区，他们没有机会以客观的方式了解外部群体。因此我们得出结论，教学正确客观的信息不会自动改变偏见，但从长远来看，它可能有帮助。

但是，我们必须提出一个疑问，科学和事实的指导会包含对少数群体不利的信息吗？会的。如果一个群体的邪恶特征的出现率可能比另一个群体高（第6、7、9章），这种信息不应该被压制。如果我们要追寻真理，我们必须追寻它的全部，而不仅仅是追寻符合条件的部分。少数族群中开明的成员赞成公布所有科学和事实的发现，因为他们相信，当整个真相被了解时，就会发现大多数常见的成见和指责都是错误的。如果一小部分指控被证明是合理的，那么，从许多少数族群生活的不利条件出发，对这些发现进行适当的解释，将改善对问题的看法，并激励改革。例如，受迫害群体的一些成员有时会产生防御心理，这是一个不应秘而不宣的事实，而应该直面这一事实并带有同理心地去解决它。

我们该如何总结呢？首先应承认一点，单纯的信息并不一定能改变态度或行动。更重要的是，根据现有的研究，其效果似乎比其他教育方法的效果要小。但同时，几乎没有任何证据表明合理的事实性信息会造成伤害。也许它所带来的好处是被长期延迟的，可能会给刻板印象型偏见造成冲击。此外，其他教育方法（如项目）所带来的更大效果似乎也需要健全的事实性指导作为支撑。总而言之，我们应该抵制那些要求我们完全放弃正规教育的非理性立场。事实可能是不够的，但它们却是必不可少的。

直接方法 VS 间接方法。由此引出一个问题：将注意力直接集中在群体间问题上是否有好处。例如，让孩子们讨论"黑人问题"本身是好的，还是让他们通过更偶然的方式来处理这个问题更好？有些人认为，与直接关注社会问题的课程相比，英语或地理课程为跨文化研究提供了更好的知识文化背景。为什么要在孩子的头脑中强化冲突感？对他来说，学习人类群体之间的相似性，认为求同存异是可能实现的，这样要好得多。

在这个问题上，我们不能一概而论。虽然孩子可以通过间接的方法学会将文化多元化视为理所当然，但他仍然可能对明显的肤色差异、反复出现的犹太节日和宗教多样性感到困惑。除非他了解这些问题，否则他的教育是不完整的。这似乎又需要一定程度的直接性。对于年龄较大的学生，直接法可能更有价值，特别是如果通过他们自己的经验，他们已经做好直面问题的准备。

在一个专门针对一周研讨会的三种教学模式的实验中，拉比·卡根报告说，直接法的效果最大。[9] 他给一组基督教学生讲授旧约文学，避免提及基督教与犹太教的摩擦或当今他们之间的问题。在这种间接方法中，他只是强调犹太人对《圣经》历史的积极贡献。第二组教授同样的主题，但经常提到偏见的问题，允许在课堂上讲述个人经历，阐发自己的情感。这种直接的方法是最有效的。第三组是通过间接方法进行教学的，但教学是通过私人会议来补充的，涵盖了学生的经验并允许宣泄。这种方法被他称为重点访谈。一位基督徒同事对所有学生进行了前后测试。作者指出，间接方法没有产生明显的变化；直接方法明显有效；焦点访谈也产生了积极的结果。总的来说，他倾向于直接方法。值得注意的是，人群中少数极度反犹太的学生在运用这些方法的教学中，态度都没有发生变化。

在这项研究中，直接法的相对成功可能是由于小组的组成。这些学生都是高中生，因为他们对宗教事务感兴趣而被选中参与这项测试，所以，他们中的大多数人可能已经准备好坦率地面对民族问题，并将他们的态度转向正确的方向。

因此，我们认为，目前关于这个问题的证据是不完整的。只有未来我们才能决定在什么群体和什么情况下，直接或间接的方法更受欢迎。

通过替代经验的方法。一些证据表明，电影、小说、戏剧可能是有效的，这可能是因为它们能引起对少数群体成员的认同。有迹象表明，对某些儿童来说，这种方法可能比信息或项目方法更有效。如果这一发现在未来的研究中得到证实，我们将面临一种有趣的可能性。可能是现实层面的讨论对有些人来说构成了太强的威胁，在虚拟层面上对认同进行更温和的呼吁可能更为有效。也许将来我们会决定，跨文化项目应该从小说、戏剧和电影开始，并逐渐进入现实中。

项目方法。跨文化教育中的其余大多数方法都要求学生积极参加。学生要到少数民族居住的社区进行实地考察，与他们一起参加节日或社区项目。学生与少数民族建立了朋友关系，而不仅仅是在课本上学习关于他们的知识。大多数调查人员赞成参与法，而不是其他方法。因为它可以适用于学校课程，也可以用于成人。

接触和结识项目

各种参与和行动方案所依据的假设是，接触和结识会带来友好关系。从第16章我们知道，情况并不总是如此。在一个等级森严的社会体系中，或在同样缺乏地位的人（贫穷的白人和贫穷的黑人）之间，或在将彼此视为威胁的个人之间的接触，是百害而无一利的。

然而，我们在这里讨论的项目，努力使不同群体的人以相互尊重的方式走到一起。要做到这一点并不容易，因为人为的因素可能很容易破坏这种努力。勒温指出，许多关于种族或社区关系的委员会并没有真正参与到项目中，他们只是开会讨论这个问题。由于缺乏明确的客观目标，这种"善意的"接触可能会导致受挫，甚至是对立。[10]

为了达到最好的效果，接触和结识项目应该营造社会地位的平等感，应该简单地追求目标，避免人为因素的影响，并在可能的情况下得到所在社区的认可。这种联系越深入、越真实，其效果就越明显。虽然将不同民族的成员安排在一起工作可能会有一些帮助，但如果这些成员将自己视为团队的一部分，那么收获会更大。

我们再次看到，在接触和结识项目的最佳条件出现之前，废除种族隔离是多么重要。人们会记得，甘地呼吁消除贱民制度，这是他为印度制订的计划中的第一点。我们完全也可以呼吁将废除种族隔离作为美国计划的第一要点。

接触和结识计划有许多具体的形式。社区会议或街区委员会在芝加哥和其他一些地方进行了成功的尝试。在这里，不同种族的邻居们为了改善他们所居住的地区而会面。在共同活动的过程中，敌意减弱了，宽容增加了。

雷切尔·杜波依斯积极介绍了一种加速相识的具体技巧。[11] 正如我们在第16章中所看到的，该计划将不同种族背景的人聚集在一起，举办"邻里节"。领导者可以通过要求某个成员讲述他对秋天、节日或对他小时候喜欢的食物的回忆来开始讨论。他的讲述让其他参与者想起了同样的怀旧记忆，很快小组就热烈地讨论起地区和民族习俗。共同的记忆、温暖和经常性的幽默，形成了一种真实的共同感。群体的习俗和它们的意义被认为是非常相似的。一个成员可能开始唱民歌或教其他人跳民族舞，很快就会出现普遍的欢快气氛。虽然这种技巧本身不会形成持久的接触，但它是一个破冰者，在一个以前可能只存在障碍的社区中人们结识的过程。

虽然接触和结识项目的结果没有被全部评估，但我们从那些已经被评估的项目中得知（第16章中报告了几个项目），只要能建立平等地位的关系和更亲密的结识，就有可能提高人们的容忍度。

在这方面，对成人适用的东西对儿童也同样适用。我们已经引用了一些教育家的观点，即如果学校的跨文化教育能使儿童与社区中的各民族群体进行有目的的、现实的接触，那么这种教育会更加有效。在这方面，可以引用一个针对一年级儿童的精心设计的实验。

特拉格和亚罗根据背景和智力将费城学校的学生分为三组。其中一组根据精心准备的课程接受了14次跨文化关系的培训，其中社区访问、在黑人家里的聚会以及其他积极的经验发挥了很大作用。该计划的重点是让孩子们看到，每一种职业、每一种宗教、每一个种族都可以在社区的多元化生活中发挥有效的作用。

第二组学生也接受了14次关于群体关系的指导，但其方法非常不同。它强调美国的社会结构是有等级的，离经叛道的群体有"好笑的习俗"，以及"事物本来的样子"才是正确的。虽然这个小组的孩子们没有被故意灌输偏见，但他们的定形观念被允许保持不被纠正，他们被允许从有偏见的教材中得出自己的推论，比如公立学校通常使用的教材（例如：从描绘荷兰儿童或小黑三宝的书籍中得出的古板做法）。

第三组儿童根本没有接受过类似的训练，但他们的时间都花在了手工作业上。

在7周的实验期前后，通过标准访谈和其他方式，对儿童的偏见进行了测量。结果发现，"文化多元化"组的儿童平均减少了偏见，增加了容忍度，"现状"组的成见和不容忍有所增加，而对照组则没有明显的变化。

这个实验的一个特别突出的特点是，两种教学方式都使用了相同的教师。每个人都用文化多元主义的方法教一个班，用维持现状的方法教一个班。因此，评估的不是两个教师的成就，而是两种形式或风格的教学法，通过适当的培训，一个教师可能会掌握这些教学法。教师们从这种严格的角色扮演练习中获得的经验对他们有极大的启发，使他们改用文化多元主义方法。[12]

这里我们有一个有趣的所谓"行动研究"的例子，即基于一个特定项目的研究，其明确目的是测试其有效性。其结果加强了我们对强调文化多元化和社区内愉快接触的文化教育的有效性的信心。同样，它也指出了在传统的、维持现状的学校课程中进行的许多关于群体差异的教学的有害影响。最后，就教师本身而言，它指出了通过角色扮演和对两种观点的共情而改变的态度。

团体再培训

现代社会科学最明显的进步之一来自角色扮演和其他一些形成"强制移情"技术的发明。我们刚刚提到的学校教师尝到了甜头，但它的使用构成了被称为"再培训"的更广泛运动的一部分——"团体动力学"的一个分支。人们发现，许多人很乐意在一个承诺帮助他们提高人际关系技能的项目中团结起来。他们希望学习民主领导的技巧。虽然他们加入再培训小组并不是为了摆脱他们的偏见，但他们可能很快就会知道，正是他们自己的态度和偏见阻碍了他们作为工头、教师和管理人员的效率。

与读小册子或听布道的公民不同，参加再培训计划的人能够看清自己。他被要求扮演其他人的角色，如雇员、学生、黑人仆人，他通过这种"心理剧"了解到站在别人立场上的感觉，他还能洞察到自己的动机、焦虑和预测。有时，这样的培训项目还辅以与咨询师的私人会谈，帮助他在自我审视的道路上走得更远。随着视角的增长，对他人的感受和想法有了更深的理解。伴随着这样的个人参与，对人类关系的原则有了更好的概念性理解。（13）

对这类培训的评估表明，如果能够得到社会支持，效果会更好。例如：在一项旨在提高社区关系工作技能的研究中，发现那些在没有其他培训团队成员居住的地区，孤立无援的工人往往效率较低。他们变得灰心丧气，被偏见的社会规范压倒。另外，两个或更多接受过再培训并留在一起的人，会给对方以必要的支持，并更有效地贯彻他们新获得的见解和技能。（14）

并非所有的再培训都是这里描述的直接的、自我意识的和自我批评的类型，它也可能是更客观的。有一个例子是参加社区自我调查的人所接受的再培训。志愿者们聚集在一起，研究他们城市或地区的群体关系。设计研究、提出问题、进行访谈、计算"歧视指数"（在住房、就业、学校中发现的）的经验是非常有教育意义的。后续活动更是如此，因为在努力改善所发现的情况时，必然会在知识、社区技能和同情心方面有进一步的收获。（15）

外向型训练的另一个例子是与第20章中提到的"事件控制"方法有关的。其目的与任何团体再训练一样，是同时打破几个人的抑制和僵化，以便他们在追求共同目标时变得更加有效。在这种特殊情况下，那些接受培训的人希望发展一种在日常生活中使用的技能，以便消除我们国家谈话中带有偏执言论的习惯。例如，在公共场所，一个陌生人对犹太人恶语相向，这传到了许多旁观者的耳朵里，人们该怎么说？当然，在很多情况下，适当的做法是保持沉默，但在其他情况下，沉默代表着对这种恶毒言语的默许，因此，我们的正义感促使我们站出来大声反驳。研究表明，平静的语气，明显的诚意，并表达出这种言论是非美国式的观点，对旁观者有有利的影响。但要鼓起勇气说话并不容易，更不用说找到合适的词语和控制自己的声音。

需要在小组环境中，在监督下进行数小时的练习。[16]

这些再培训项目中的大多数都有一个明显的局限性。它们的目的是使宽容的人摆脱压制，并为他提供反抗偏见的技能。很明显，团体再培训不能用于那些既抗拒该方法又抗拒反偏见目标的人。然而，只要有耐心和技巧，为其他目的而成立的团体或班级可以通过简单的阶段来引导他们练习团体动力学的技巧。

此外，这一技巧也可以被部分应用在教学中。例如，学生可以很容易地被引导到角色扮演中。[17]通过扮演别的种族中的儿童，他们可以通过他自己的感觉来了解歧视引起的不适和防御性。亚瑟兰采用了一种相关的技术，他报告说，在一群孩子中进行游戏治疗，结果改善了群体中严重的种族冲突。[18]三个或四个孩子，包括白人和有色人种，被放在一个有玩偶和微型家具的游戏环境中。这种安排是冲突和敌意的投射产生的条件。随着游戏的进行，孩子们逐渐开始和解，关系发生了真正的重新调整。

大众传媒

我们有理由怀疑大众传媒作为控制偏见的手段的有效性。人们的耳朵和眼睛整天被各种诱惑所轰炸，往往会形成一种对宣传的盲目性和忽视。当夹在报道战争、阴谋、仇恨和犯罪的新闻中时，温和的兄弟情谊之类的新闻怎么可能受到关注？更重要的是，支持宽容的宣传是有选择地被感知的。那些不想将宽容纳入自己信仰体系的人很容易忽视这类消息。通常，那些宽容的人不需要这类新闻的宣传。但这种普遍的悲观主义不应阻碍我们更深入地探索。毕竟，我们知道，广告和电影在一定程度上塑造了我们的民族文化。难道它们不能被用于重塑文化且从中获益吗？

尽管相关研究仍然有些贫乏，但是现在也有些已证实的规律。[19]

（1）虽然单个节目，如一部电影的宣传效果也许不是那么明显，但几个相关的节目所产生的效果显然比简单的相加要大。实际的宣传人员很了解这种金字塔式的刺激原理。任何宣传专家都知道，仅有一个节目是不够的，必须有多个节目组成一个项目。

（2）第二个暂定原则涉及效果的特殊性。1951年春天，波士顿的一家电影院放映了电影《愤怒之声》。这部电影在结尾处明确表达了一个思想：冲突只能通过耐心和理解来解决，而不是通过暴力。观众被这个戏剧性的故事深深打动，为这一思想鼓掌。在同一节目的后面，一部新闻片描述了已故参议员塔夫脱关于国际关系的讲话。他提出了相同的观点：冲突只能通过耐心和理解来解决，而不是通过暴力。同样的观众发出了嘘嘘声。他们在一种情况下学到的东西并没有延续到另一种情况，一些研究证实了这一点。意见可能会发生变化，但这种变化往往只限于狭窄的环境，即使有，也只是概括性的。

（3）第三条原则与态度倒退有关。一段时间后，人们往往会回到原来的观点，但并不是全部。

（4）然而，这种倒退并不普遍。霍夫兰和他的同事在研究军队中教育影片的短期和长期效果时发现，虽然态度退步很普遍，但在一些人身上却出现了反向趋势[20]——"睡眠者效应"。这些延迟效应主要发生在"强硬派"身上，他们起初抵制电影所传递的信息，但后来又接受了它。睡眠者效应在受过良好教育的人中尤其明显，他们最初的观点与其他大多数受过教育的人的观点相反。作者认为，这些人潜在地具有支持宣传信息的倾向性，但必须首先克服内心对宣传信息的抵触。道理似乎是，支持宽容的宣传对那些态度矛盾的人来说可能会产生长期的影响，特别是受过良好教育的人中。

（5）当没有根深蒂固的抵触情绪时，宣传会更有效。研究表明，持观望态度的人比深陷其中的人更容易受到影响。我们在此回顾一下，有许多保护性的机制将偏执者与外界隔离开来（第25章）。

（6）当宣传有一个明确的领域时，它就会更有效。在极权主义国家存在的宣传垄断，迫使毫无防备的公民遭受单一的宣传，他们无法长期保持抵抗能力。反宣传，如果被允许的话，就会使个人回到他自己的判断力上，并把他从对现实的片面看法中解放出来。根据这一原则，我们可以认为支持宽容的宣传是必要的，与其说是为了它的积极作用，不如说是对站在另一边的煽动者宣传的抵抗。

（7）为了有效，宣传应该减轻焦虑。贝特尔海姆和亚诺维茨发现，对人安全框架的根基进行打击的宣传往往会受到抵制[21]，针对现有安全体系的呼吁则更为有效。

（8）最后一条原则是关于威望象征的重要性。凯特·史密斯可以在一天内通过广播卖出数百万美元的战争债券。埃莉诺·罗斯福和宾·克罗斯比，对广大人民来说都是有威望的人，他们对宽容的支持可能会赢得更多的践行者。

劝　诫

我们不知道说教、训诫或道德动员会的效果如何。几个世纪以来，宗教领袖一直劝说他们的追随者实践兄弟之爱，但其效果似乎微乎其微。然而，我们不能确定这种方法是徒劳的。如果没有这种不断地劝诫，事情可能会比现在糟糕得多。

一个合理的猜测是，劝诫有助于加强已皈依者的好的倾向。这一成果不可以被忽视，因为如果没有宗教和道德对他们信念的强化，已经皈依的人可能不会保持他们对改善群体关系的努力。但是，对于有个性的偏执者和发现自己的社会环境过于强大的守旧者来说，劝诫很可能效果不大。

个人治疗

从理论上讲，也许最好的改变态度的方法是个人心理治疗，因为正如我们所看到的，偏见往往深深地嵌入整个人格中。一个寻求心理医生或咨询师帮助的痛苦的人通常渴望改变，他可能已经准备好重新调整他对生活的许多基本取向。虽然可以说病人来找治疗师的明确目的不是改变他的种族态度，但随着治疗过程的进展，这些态度可能会扮演一个突出的角色，而且可以想象，这些态度会与病人其他看待生活的固定方式一起被消解或重组。

尽管各种精神分析学家报告了他们的临床经验，但对这一假设还没有做出结论性的研究。他们的经验特别有说服力，因为大多数病人认为精神分析是一种"犹太运动"，而仅仅这一事实肯定会激起可能存在的反犹太主义偏见。治疗的过程如下：

在分析的早期，病人进入了被称为"消极转移"的阶段。他将治疗过程中造成的痛苦归咎于分析者，并憎恨他的支配地位和优势，憎恨他是父母的替代品。有时分析师是个犹太人；即使他不是，病人也认为精神分析是一种犹太运动。这种情况引起了他个人的反犹太主义情绪，这些情绪很可能在他对分析师的不满中爆发出来。

随着治疗的进展，随着病人对其整个价值模式的洞察，反犹太主义可能会减弱。原则上，我们应该期望，只要任何类型的偏见与神经症有关，神经症的治愈应该会导致偏见的减少。

精神分析只是一种治疗模式。几乎任何关于个人问题的长期访谈都有可能发现所有主要的敌对行为。在谈及这些问题时，病人往往会获得一个新的视角。如果在治疗过程中，他发现了一个更普遍的健康和建设性的生活方式，他的偏见可能会减少。

调查员对一位女士进行长时间的访谈，访谈内容是关于她对少数族群的经历和态度，并没有任何治疗的意图。但在报告过程中，该妇女讲述了她的反犹太主义情绪。在回顾她过去与犹太人和邻里反犹太主义的全部经历时，她逐渐有了很强的自我洞察力。最后她感叹道："可怜的犹太人，我想我们把一切问题都归咎于他们，不是吗？"[22] 除非她在相当长的时间内（大约3个小时）将注意力固定在她的信仰体系上，否则她就不会追踪到偏见的来源，并通过合理的角度看待它。

在治疗或准治疗条件下，态度转变的概率尚不清楚，需要更多的研究。但是，由于这种方法的深度和与人格所有部分的相互联系，即使这种方法被证明是所有方法中最有效的，但它所能涉及的人口比例却是很小。

情感宣泄

经验表明，在某些情况下，特别是在个人治疗和团体再培训中，经常会发生情感上的宣泄。当偏见的话题被提出来讨论时，一个觉得自己的观点受到攻击或不被认可的人可能需要这种爆发，以带来内心的平静。

宣泄有一种治愈的效果。它暂时缓解了紧张，并可能为个人改变态度做好准备。空气被释放后，修补内胎就更容易了。有一首打油诗表达了宣泄和紧张之间的关系：

> 我对我的朋友发怒；我讲出来，我的愤怒就结束了。我对我的仇人发怒；我不说，我的怒气就增长了。

并非每一种敌意的表达都有宣泄的效果。恰恰相反，正如我们在第22章中所看到的，显示攻击性不是一个安全阀；相反，它是一种习惯的形成，一个人表现出的攻击性越多，他就会产生更多的攻击性。只有在某些特殊情况下，一个先"爆粗口"的人后来才会愿意并能够理解争论的另一方。

在一个东部城市，发生了一些令人不快的民族冲突事件。被激怒的市民向当地警察部队施加压力，要求他们开设一门课程，讲授群体对立的背景，以及警察在防止和处理冲突中的作用。

参加这一强制性课程的警察感到不满，因为安排这一课程的事实本身就是对他们的能力和公正性的一种质疑。这种不公正感，加上他们自己对某些少数群体的偏见，造成了一种紧张的状况，使教学变得困难且几乎不可能。每当有人提出关于社区内黑人的客观观点时，一些警察一定会用某个邪恶的黑人在被捕时咬他的故事来作为回应。

教学过程中的每一步都遇到了陈规陋习、尖酸刻薄的逸事和来自班级的敌意。所有的教学内容似乎都没有被注意到。它只激起了一股骂声，部分针对教师，部分针对讨论中的少数群体。课堂上经常会有抱怨。"为什么每个人都在挑剔警察？""我们从来没有遇到过任何麻烦。为什么我们需要这个课程？""为什么犹太人不去管他们自己的事？如果他们在灰烬中发现一只死猫，他们就说这是反犹太主义。""黑人领导应该控制他们的人民，而不是让他们对抗警察。"

在这种自尊心受到伤害的情况下，现有的偏见不可能被改变。当一个人认为自己受到攻击时，他是很难被教育的。

该课程持续了8个小时，前6个小时主要用于这种类型的宣泄。教员没有提出反驳，而是尽可能同情地听着大家敌意的爆发。渐渐地，似乎发生了变化。首先，全班同学对自己的抱怨感到厌烦。最后的态度似乎是："我们已经说过了，现在我们要听听你对这个问题有什么要说的。"

此外，有许多明显的夸大其词的愤怒，后续出现了某种怯懦的情绪。起初声称"我们从未遇到过任何麻烦，这里没有问题"的人，很快就讲述了他所遇到的几起冲突事件，作为一名警察，他不知道如何处理。一个起初抨击犹太人的人，在后来的讲话中试图弥补错误。在某种程度上，宣泄可能是有效的，因为一个人非理性的爆发冲击了自己的良心。

当眼前的紧张被缓解后，警察似乎更自由地重新构建他对整个局势的看法。即使在表达敌意的同时，他也可能在为未来的行为制订个人计划，以使行为更容易被社会接受。因此，某位官员可能在想，特别是在课程结束时，有点像这样："好吧，我已经大发雷霆过了。该死的，我有权利这样做，我们被挑剔的方式很糟糕。每个人都有偏见，但我不希望在我的地区出现任何麻烦。我最好留意一下某某，他很可能会采取行动，他讨厌黑人和犹太人。我想我会……"在这里，他开始在想象中构建一个未来处理他辖区内问题的计划。

无法证明这种心理过程是在宣泄过程中发生的，但观察者对这一特定课程的印象是，在最后两个小时里，当对立情绪消失后，课程开始被认真学习，自我洞察力的效果是可观的。[23]

宣泄本身并不具有治疗作用。它最好的一点是，它为不那么紧张的情况做好了准备。在发表了自己的意见之后，受伤害的人可能会更愿意倾听其他的观点。如果他的发言被夸大和失去公平性，那么由此产生的羞愧感会改变他的愤怒，并促进他形成更客观的观点。

不建议每个项目一开始就进行宣泄，这样做会在一开始就创造一种消极的气氛。当需要宣泄的时候，它会自动出现。当人们感到自己受到攻击时，最有可能需要宣泄。当这种情况出现时，除非允许宣泄，否则无法取得进展。有了耐心、技巧和运气，领导者可以在适当的时候引导宣泄进入建设性的渠道。

参考文献

（1）下面的某些讨论引用自 G. W. Allport, *The resolution of intergroup tensions*, New York: National Conference of Christians and Jews, 1953; L. A. Cook(Ed.), *College Programs in Intergroup Relations*, Chicago: American Council on Education,1950; P. A. Sorokin (Ed.), *Forms and Techniques of Altruistic and Spiritual Growth*, Boston:Beacon Press, 1954, Ch. 24。

（2）关于偏见性态度测量的技术性讨论，读者可参阅 Marie Jahoda, M. Deutsch, & S. W. Cook, *Research Methods in Social Relations:With Special Reference to Prejudice*, New York: Dryden Press, 1951; Susan Deri, Dorothy Dinnerstein,J.Harding, & A. D. Pepitone, Techniques for the diagnosis and measurement of intergroup attitudes and behavior, *Psychological Bulletin*, 1948, 45, 248-271。

（3）L. A. Cook(Ed.). Op. cit.

（4）该类评估型研究的调查报告自 O. Klineberg, *Tensions affecting international understanding: A survey of research*, New York:Social Science Research Council, 1950, Bulletin 62, Chapter 4; R. M. Williams, Jr., *The reduction of intergroup tensions:a survey of research on problems of ethnic, racial, and religious group relations*, New York: Social Science Research Council, 1947, Bulletin 57; A. M. Rose, *Studies in the reduction of prejudice*(Mimeographed), Chicago: Americon Council on Race Relations, 1947。

（5）R. Biersted. Information ang attitude. In R. M. Maciver(Ed.), *The More Perfect Union*. New York: Macmillan, 1948, Appendix 5.

（6）Dorothy T. Spoerl. Some aspects of prejudice as affected by religion and education Journal of Social Psychology, 1951, 33, 69-76.

（7）J. W. Wise. *The Springfield Plan*. New York: Viking, 1945.

（8）参见前面的注释 1。

（9）H.E.Kagan. *Changing the Attitudes of Christian toward Jew*. New York: Columbia Univ. Press, 1952.

（10）K. Levin. Research on minority problems. *Technology Review*, 1946, 48, 163-164, 182-190.

（11）Rachel D. DuBois. *Neighbors in Action*. New York: Harper, 1950.

（12）Helen G. Trager & Marian R. Yarrow. *They Learn What They Live*. New York: Harper, 1952.

（13）对群体动力学的一个基本介绍参见 S. Chase, *Roads to Agreement*, New York: 50Harper, 1951, Chapter 9。

（14）R. Lippitt. *Training in Community Relations*. New York: Harper, 1949.

（15）M. H. Wormser & C. Selltiz. *How to Conduct a Community Self-survey of Civil Rights*. New York: Association Press, 1951.

（16）A. F. Citron, I. Chein, & J. Harding.Anti-minority remarks: a problem for action research. *Journal of Abnormal and Social Psychology*, 1950, 45, 99-126.

（17）G. Shaftel & R. F. Shartel. Report on the use of "practice action level" in the Stanford University project for American ideals. *Sociatry*, 1948, 2, 243-253.

（18）Virginia M.Axline. Play therapy and race conflict in young children. *Journal of Abnormal and Social Psychology*, 1948, 43, 279-286.

（19）研究的参考文献收录于以下专著：J. T. Klapper, *The Effects of Mass Media*, New York: Columbia University Bureau of Applied Social Research, 1950。

（20）C. I. Hovland, et al. *Experiments on Mass Communication*. Princeton: Princeton Univ.

Press, 1949.

（21）B. Bettclheim & M. Janowitz. Relations to fascist propaganda: a pilot study. *Public Opinion Quarterly*, 1950, 14, 53-60.

（22）N. W. Ackerman & Marie Jaroda. *Anti-Semitism and Emotional Disorder*. New York: Harper, 1950. R. M. Lowenstein. *Christians and Jews: A Psychoanalytic Study*. New York: International Universities Press, 1950. E. Simmel (Ed.). *Anti-Semitism: A Social Disease*. New York: International Universities Press, 1948.

（23）事例更充分的再解释参见 G. W. Allport, Catharsis and the reduction of prejudice, *Journal of Social Issues*, 1945, 1, 3-10。

第31章　局限与前景

我们不能恳求人们"在知晓所有事实之前"必须等待，因为我们很清楚我们永远不可能知晓所有事实。我们也不能说"事实胜于雄辩"，不能指望政治家和公民帮我们得出符合实际的结论。事实往往过于复杂，很难不辩自明。在相关的价值前提下，只有经过组织的事实才符合实际的需要。没有人比我们自己更适合完成这项任务。

——纲纳·缪达尔

在前两章中，我们对旨在减少歧视或改变态度以提高容忍度的补救方案进行了采样。我们从两个角度：对歧视和偏见的原因进行基本研究，以及在有证据的情况下的科学评估对这些项目进行了评价。我们的调查并不十分全面，因为在最近几年，这些项目如雨后春笋般涌现，科学界对这些项目的兴趣也越来越高。[1]

只是在过去十年中，我们才发现评估的迫切需求，这一要求本身也值得评估。一个项目的负责人或一个董事会将他们的活动提交并进行公正的评判，这需要勇气。有时主动权来自捐赠者，通常是商人，他们实际上说："我愿意为项目提供资金，条件是你必须发现我的钱是否投资得当。"这种态度代表了客观性的提高，也减少了无指导性的信仰和情感色彩。我们已经提及过（第29章）社会科学开始在法律领域发挥作用的方式，它在私人努力领域甚至受到更广泛的欢迎和寻求。顺带一提，我们希望提请注意这样一个事实：社会科学的评估服务不仅是群体间机构的需要，而且与教育、社会工作、犯罪学、治疗以及其他以产生态度变化为目标的领域的项目有关。[2]

虽然这种趋势无疑是社会和科学进步的标志，但在某种程度上也可能是自取灭亡。实践者可能会变得过于依赖研究者，而研究者又可能无法实现对他寄予的巨大希望。民族关系的问题并不适合于包装。正如我们在前一章中所看到的，几乎不可能设计出一个能够考虑到所有变量的评估性实验。问题的根源过于复杂，无法证明完全依靠科学的挖掘是合理的。正如米达尔所说，我们不能"等到所有的事实都出来了"，也许它们永远不会全部出来。

但我们可以依靠基础研究和评估性研究继续下去，得到更多的重视。在我们转而考虑限制研究使用的各种实际和理论障碍时，应牢记这一点。

特殊障碍

任何一个在跨文化关系领域工作的人都知道，在社区里他经常会听到这样的话："没有问题。"家长、教师、政府官员、警察、社区领导人似乎没有意识到摩擦和敌意的暗流涌动。除非爆发暴力事件，否则就是"没有问题"。[3]

我们在第20章中谈到了"否认机制"，即当冲突有可能破坏其平衡时，人会有自我保护的倾向。否认的策略是对干扰思想的快速本能反应。

有时，这种否认并不那么根深蒂固，而是建立在对现状的习惯基础之上。人们非常习惯于现行的种姓和歧视制度，所以他们认为这种制度是永远固定的，是不会改变的，所有人对它都是满意的。我们之前已经提到，大多数美国白人认为，美国黑人总体上对现状很满意，这种假设与事实严重不符。但是，即使承认无知和习惯造成了一些否认，我们也必须承认，其实是更深层次的机制在起作用。我们之前已经看到，那些有严重偏见的人倾向于否认他们有偏见。由于缺乏个人洞察力，他们无法客观地看待他们社区的状况。即使是一个没有偏见的公民，也有可能对不公正和紧张局势视而不见，因为这些不公正和紧张局势如果被承认，就会打乱他生活的主旋律。

这种障碍在学校教育系统中屡见不鲜，校长、教师和家长经常反对引入跨文化教育。在充满偏见的社区，我们经常会听到："没有问题，我们不都是美国人吗？""为什么要给孩子们灌输思想？"这种态度让我们想起许多家长、学校和教会对性教育的抵制，理由是孩子们可能会有禁忌的想法（但这些想法肯定早已或多或少存在于他们的头脑中了）。

除了冷漠和否认，还有其他障碍。在第二次世界大战后的五年里，由私人支持的美国种族关系委员会一直密切跟踪补救措施。在其最后的报告中，它总结了实施过程中所遇到的主要障碍。[4] 除了否认之外，它还呼吁注意群体关系组织之间不正当的竞争。美国种族关系委员会还指出，人们毫无理由地相信单一因素能够提供解决方案，相信某个专门从事某种技术的组织所倡导的万能药。它特别批评了对大众传媒和教育项目作用的过度强调。美国种族关系委员指出了社会结构的重要性，例如它认为南方的传统结构体系似乎阻碍了该地区的所有努力，同时也给整个国家带来了不好的影响。

最后，报告呼吁注意这样一种倾向，即许多人由于无知或恶意而将所有民权倡导者和所有民族关系工作者认定为"颠覆"分子。麦卡锡主义是游荡在这个领域的每个工作者身上的幽灵。虽然受害者自己看到了骂人的不合理性，但大多数公民并没有。如何打击这种非理性的过度归类是一个令人头疼的问题。东西方意识形态之间的现实冲突蔓延开来，甚至涉及完全不相关的东西。我们已在第15章讨论过这个问题，但找到解决办法并非易事。

所有这些障碍都是非常严重的问题，因为它们代表了非理性主义在人们和社会系统中最根深蒂固的方面。所有人都认为改善群体关系并非易事。

结构性论点

美国种族关系委员会的报告似乎对单一项目的有效性持悲观态度。它强调了社会规范的全面影响，这些规范就像抵制补救活动的铁幕。这一重要观点值得仔细研究，因为它涉及整个问题的核心。

社会学家指出，我们所有人都被限制在一个或多个社会系统中。虽然这些系统有一定的可变性，但它们并不具有无限的可塑性。在每个系统内，由于经济竞争、拥挤的住房或交通设施，或者由于传统的冲突，群体之间会不可避免地出现紧张关系。为了应对这种紧张关系，社会赋予某些群体以优越的地位，而其他群体则处于次要地位。习俗规定了有限的特权、商品和声望的分配。既得利益者是这个系统中的枢纽，他们尤其抵制任何企图变革的尝试。此外，传统将某些群体标记为系统内的合法替罪羊。敌意被认为是理所当然的。例如，轻微的种族骚乱可能被视为现有压力的副产品而被容忍。警察局局长可能会对民族帮派的争斗睁一只眼闭一只眼，宣布它们是正常且自然的"孩子行为"。当然，如果破坏过于严重，就会动用防暴队，或者改革者要求通过立法来缓解过度的紧张。但这种救济只适用于恢复不安的平衡，如果救济过度，也会破坏这个系统。

经济决定论者的观点也类似（第13章和第14章）。他们认为，所有关于个人因果关系的理论都不可靠。一个基本的结构是，具有较高社会经济地位的人不能也不会容忍劳动者、移民、黑人和其他平民与自己享有平等的地位。偏见只不过是为经济上的自我利益辩护的一种发明。在一些激烈的改革带来真正的工业民主之前，所有偏见所依赖的基本社会基础不可能得到有效的改变。

你和我通常不会意识到我们的行为在多大程度上受到社会系统这种特点的制约和调节。我们不应该指望通过几个小时的跨文化教育来抵消环境带来的全部压力。看过支持宽容的电影的人，仅会把它看作一个具体的插曲，而不会让它威胁到他们生活系统的基础。

该理论还认为，如果不改变种族隔离、就业习俗或移民，就会产生一连串的影响，累积起来就会在整个结构中产生威胁性的断裂。每个民族都是其他民族的盟友。如果让太强的初始推动力出现，它可能导致力量的加速，从而破坏整个系统，以及我们的安全感。这就是社会学家的结构性观点。我们已在第3章讨论了这种偏见的"群体规范"理论。

我们可以回顾一下，心理学家也有一个结构性的论点。偏见的态度并不像进入眼睛里的微小异物，可以在不干扰整个有机体完整性的情况下被拿出。恰恰相反，偏见往往深深地嵌入人格结构中，除非整个生命的内在组织被彻底改造，否则它是无法改变的。只要态度对有机体有"功能性的意义"，就会出现这种嵌入性。你不能指望在不改变整体的情况下改变部分，而改造一个人的整体又并非易事。

但心理学家又补充道，并非所有的态度都是根深蒂固的。有三个方面的区别似乎很有帮助。

（1）首先是个人，他将自己的态度与自己的第一手经验紧密联系在一起，同时考虑到社会习俗和需求。他能根据社会现实调整自己的态度，与社会现实契合，同时完全忠实于自己的经验。尽管社会体系存在于他生活的方方面面，但他的态度是灵活的。他清楚地认识到外部群体受到的不公平待遇，即使在不利的制度下，他也对他们很友好。无论他是一个激进的或温和的改革者，或者根本就不是改革者，严格意义上来讲，他的态度仍然是属于他自己的，而不是完全由周围的群体规范决定的。

（2）其次是我们所谈到的那些态度，人们形成了一种内部整体，是自我服务的、僵化的，有时是神经质的。现实对他们来说无所谓：他们既不知道也不关心有关少数群体的事实是什么，也不关心从长远来看，广泛的歧视性习俗有多大的危害。这些态度的功能性意义很深，除非性格结构改变，否则他们也不会变（第25章）。

（3）最后，我们经常发现，许多人的民族态度缺乏内部整体性。他们的态度是变化的、无形的，而且在大多数情况下是与眼前的情况有关的。这个人可以说是矛盾的，或者更准确地说，是多变的，因为他缺乏一个坚定的态度结构，他在每一种压力下都会弯曲。正是对这样的人，支持宽容的呼吁可能是有效的。愉快的经历、戏剧性的教训、对美国信条的援引，可能足以使友好的态度初步形成。这种类型的人很容易接受教育，接受大众媒体的呼吁，并接受有价值的经验，这可能会开启心理组织一个新的关注点，而之前只有对普遍偏见的偶然遵守。

我们没有办法知道这些类型中的每一种可能各占多少比例。严格意义上的结构性观点会坚持认为，所有这些人都受到他们所处的个人和社会系统的影响，甚至比我们预估的还要大。

一些专家强调个人与社会系统的相互依存关系。他们说，我们在攻击一种态度时，必须充分考虑到这两种系统，这两种系统结合在一起，将这种态度嵌入一个结构矩阵中。[5]纽科姆对这一情况做了如下说明："当个人继续在一个相对稳定的参照系中感知对象时，态度往往是持久的（相对不变的）。"[6]一个稳定的参考框架可能被固定在社会环境中（所有的移民都住在铁轨的一边，所有的美国本地人都住在另一边）。或者它可能是一个内在的参考框架（我受到任何外国人的威胁），或者它可能两者都是。这种综合的结构性观点坚持认为，相关参考框架的转变必须先于态度的改变。

批评。无论是社会学的、心理学的，还是两者的，结构性观点都有很大的优点。它解释了为什么零散的努力不会比它们更有效。它告诉我们，我们的问题被桎梏在了社会生活的结构中。它使我们相信，"眼中的异物"理论过于简单。

然而，如果我们不小心，结构性观点可能会导致错误的心理学和错误的悲观主义。如果说在我们改变个人态度之前，我们必须改变整个结构，这确实是不合理的，因为至少在某种程度上，结构是许多人的态度的产物。改变必须从某个地方开始。事实上，根据结构理论，它可以从任何地方开始，因为每个系统在某种程度上都会被其任何部分的变化所改变。一个社会或心理系统是各种力量的平衡，但它是一个不稳定的平衡。例如，正如米达尔所表明的，"美国困境"就是这种不稳定的情况。我们对社会系统的所有官方定义都要求平等，而这个系统的许多（不是全部）非正式特征则要求不平等。因此，即使在我们最结构化的系统中也存在着一种"非结构化"的状态。虽然你的个性或我的个性肯定是一个系统的，但我们能说它是不受变化影响的吗？或者说整体的改变必须先于部分的改变？这样的观点是荒谬的。

尽管美国拥有一个相当稳定的阶级体系，在这个体系中，各种族群体有其被赋予的地位，偏见伴随出现，但在美国的体系中也有一些因素使其不断变化。例如，美国人似乎对态度的可改变性非常有信心，这个国家的广告巨头就是建立在这种信念之上的。我们对教育的力量同样充满信心，我们的系统本身拒绝"你不能改变人性"的信念。总的来说，它否定了血脉决定论。美国的科学、哲学、社会政策明显地倾向于"环境主义"。虽然这种信仰可能不完全合理，但关键是信仰本身是一个最重要的因素。如果每个人都期望通过教育、宣传、治疗来改变态度，那么他们当然比没有这种期待的人更容易改变。我们对改变的热情可能会带来改变，一个社会体系不一定会阻碍改变，有时它也会鼓励改变。

积极的原则

我们不是要拒绝结构性论点，而是要指出不能用它来为悲观主义做辩护。它提醒人们注意现有的限制，但并不否认人类关系中的新视野正在打开。

例如，哪里是改变社会结构或人格结构的最佳起点呢？这是一个非常明智的问题。在前几章中，我们已经获得了一些关于这个问题的信息，尽管不是最终的，以下原则很有意义。

（1）由于这个问题是多方面的，所以不可能有一个固定的解决方案。最明智的做法是同时在各条战线展开工作。如果没有一个单一方法有大的效果，但来自许多方向的许多小方法可以有大的累积结果。它们甚至可能给整个系统带来推动力，导致加速变化，直到达到一个新的、更令人满意的平衡。

（2）世界改良论应该是我们的指南。那些谈论所有少数民族最终被同化为一个民族的人，其实说的只是一个遥远的乌托邦。可以肯定的是，在一个同质化的社会中不会有少数群体的问题，但在美国，我们的损失似乎比我们的收获更大。在任何情况下，可以肯定的是，加速同化的人为尝试不会成功。我们只有通过学习，在未来很长一段时间内与种族和文化多元化共处，才能改善人类关系。

（3）我们有理由相信，我们的努力会产生一些巨大的影响。对一个系统的改造总是有的。因此，一个接触过跨文化教育、宽容宣传、角色扮演的人，可能会表现出比以前更宽容的行为。但从态度改变的角度来看，这种"不坚定"的状态是一个必要的阶段。一个楔子已经打好了。虽然个人可能感到比以前更不舒服，但他至少有机会以更宽容的方式重组他的观点。调查表明，意识到并对自己的偏见感到羞愧的人，在消除偏见的道路上会走得更远。[7]

（4）偶尔也会出现"回弹效应"。所做的努力可能只是为了加强对现有态度的反对，或者消解人们带有敌意的观点。[8]我们所掌握的证据表明，这种影响是相对较小的，同时这种影响是否可能是暂时的，因为任何足以引起防御性的策略都可能同时种下疑虑的种子。此外，"回弹效应"似乎也可能主要发生在具有偏执倾向的头脑中，在那里，任何刺激、任何类型，都会被吸收到僵化的系统中。可以肯定的是，始终存在着这样一种危险，即一个特定的项目可能会被严重扭曲，以至于公众无法理解其预期的含义。(9) 但是，这种意义上的回弹仅仅是由于无能和没有对方案进行预先测试而造成的，因此是可以避免的。

（5）从我们对大众传媒的了解来看，不指望仅靠它就能取得明显的效果似乎是明智的。相对来说，只有少数人处于"结构化"的精确阶段，并具有相应的心态，可以接受这些信息。此外，根据现有的情况，把大众宣传的重点非常明智地放在具体问题上，例如公平就业做法，而不是放在不能被理解的模糊呼吁上。

（6）有关群体的历史和特征、偏见的本质的这些科学合理的教学与出版物当然不会有什么危害。然而，这并不是许多教育家所认为的万能药。信息的涌现可能有三个良性的影响。（a）它维持了少数群体的信心，使他们看到正在努力用真理来掩盖偏见；（b）它鼓励和加强宽容的人，把他们的态度与知识结合起来；（c）它倾向于破坏偏执者的合理化。例如，在科学事实的影响下，对黑人的生物劣根性的信念正在动摇，今天的种族主义学说处于防御状态。斯宾诺莎指出，错误的观念会导致冲动，因为它们非常混乱，没有人可以将它们作为现实调整的基础。相比之下，正确和充分的想法为真正评估生活中的问题铺平了道路。虽然不是每个人都会接受正确的想法，但提供这些想法仍然是有益处的。

（7）行动通常比只有信息要好。因此，项目最好让个人参与其中，也许是社区自我调查或邻里节日。当他做一些事情时，他就会朝好的方向改变。认识越深，接触越现实，结果越好。

例如，通过在社区工作，个人可以了解到，他的自尊和他的归属感实际上都没有受到黑人邻居的威胁。他可能会了解到，当社会条件改善时，他自己作为公民的安全感也会得到加强。虽然说教和劝告可能在这个过程中起到一定的作用，但这个经验不会仅仅在口头上学到，它将在肌肉、神经和腺体中通过参与得到最好的学习。

（8）我们常用的方法对偏执者基本不可能起作用，因为他们的人格结构非常难以改变，这要求把排斥外部群体作为生活的条件。然而，即使是对僵化的人来说，也有可能进行个别治疗——这是一种昂贵的方法，而且肯定会受到他们的抵制，但至少在原则上，我们还不需要对这种极端情况完全绝望，特别是如果在年轻时解决，也许是在儿童指导诊所，或者由明智的教师解决。

（9）虽然在这一点上没有相关的研究，但调侃和幽默似乎有助于消解乌合之众的浮夸和对非理性的痴迷。笑是反对偏执的武器，但它却常常生锈，因为改革者经常会表现出不必要的庄严和沉重。

（10）现在转到社会项目（社会系统），首先有一个集体共识，即攻击种族隔离和歧视要比直接攻击偏见更为明智。因为即使一个人在孤立的情况下改变了个人的态度，他仍然面临着他无法逾越的社会规范。除非种族隔离被削弱，否则将不存在允许追求共同目标时进行平等接触的条件。

（11）利用最有可能发生社会变革的脆弱点，似乎是明智之举。正如桑格所说，"集中精力于阻力最小的领域"。总的来说，住房和经济机会方面的成功是最容易实现的。幸运的是，这也正是少数群体最迫切希望得到的。

（12）一般来说，除了最初的抗议之外，符合我们民主信条的既成事实几乎都会被接受。那些允许黑人进入公共工作岗位的城市发现，这一变化很快就不再引起人们的注意。健全的立法也同样被接受。正式的政策一旦确立，就很难被撤销。它们建立的模式一旦被接受，就会形成有利于其维持的习惯和条件。

行政人员比他们自己意识到的更有权力通过行政命令在工业、政府和学校建立理想的变革。1848年，一个黑人申请进入哈佛大学。人们对此提出了强烈的抗议。当时的校长爱德华·埃弗雷特回答说："如果这个男孩通过考试，他将被录取，如果白人学生选择退出，学院的所有收入都将用于他的教育。"（10）不用说，没有人退学，反对的声音也很快平息了。学院既没有失去收入，也没有失去威望，尽管这两者起初似乎都受到了威胁。当决定符合良知时，不需要进一步争论的、干净利落的行政决定就会被人们很快接受。

（13）不应忘记激进改革者的作用。迄今为止，正是自由主义者的积极要求成为许多成果的决定性因素。我们在第29章看到，立法运动有时是由激进的私人组织带头的。正是个人主义者约翰·布朗和小说家哈里特·比彻·斯托将黑人奴隶的困境戏剧化，激发了人们的良知，直到奴隶制被废除。个人可能是改变社会制度的决定性因素。

这些结论代表了从研究和理论中得出的一些积极原则，但并不打算将它们作为一幅完整的蓝图，这样是自命不凡的。这些观点代表了某些楔子，如果有技巧地推动这些楔子，就可以期望破解偏见和歧视的外壳。

跨文化教育的必要性

在不过度展开我们对方案的讨论的情况下，我们希望再次强调学校的作用。我们这样做一部分是因为美国人对教育的特别有信心，另一部分则是因为在学校实施补救方案比在家庭中更容易。在学校中，孩子们是一个巨大的可塑性群体，他们学习摆在他们面前的东西。虽然学校董事会、校长和教师可能会抵制跨文化教育的引入，但它也越来越多地被纳入课程中。

正如我们在本卷第五部分所讲的，习得偏见和习得宽容是微妙而复杂的过程。家庭无疑比学校更重要。而家庭的气氛与父母对有关少数群体的具体教育同样重要，甚至更重要。

希望教师能抵消家庭环境的影响，这是一个非常大的期望，但正如前一章中所引用的评价性研究表明，有很多事情是可以完成的。学校，就像教会和国家的法律一样，可以在孩子面前树立比在家里学到的更高的准则，即使家庭中的偏见教育没有完全被克服，也可以创造一种良性的和健康的冲突。

就像在家里一样，学校里孩子周围的气氛是非常重要的。如果性别或种族隔离盛行，如果权威主义和等级制度在系统中占主导地位，孩子就会不由自主地了解到权利和地位是人类关系中的主导因素。另外，如果学校系统是民主的，如果老师和孩子都是受人尊重的个体，那么教导尊重的课程就会很容易被记住。在整个社会中，教学系统的结构可能会对所教授的具体的跨文化课程产生消极的影响。(11)

我们已经看到，让儿童整个参与跨文化活动的那种教学，可能比单纯的口头学习或劝告更有效。虽然教授信息也是必不可少的，但当事实被嵌入感兴趣活动的土壤中时，它的黏性会最好。

上述观点是正确的，可问题是儿童或青少年在学校培训过程中应该学到哪些具体的课程？跨文化教育的内容应该是什么？在这里，和以前一样，我们不能声称拥有所有的证据，但我们可以提出一些跨文化教育的必要条件。

我们不需要担心这些课程应该在什么年龄段教授。如果以简单的方式教授，所有的观点都可以让年幼的孩子理解；如果以更全面的方式，可以用来教授高中或大学的高年级学生。事实上，通过"分级课程"，在不同的进步水平上，同样的内容可以而且应该年复一年地用于教学。

（1）种族的意义。学校可提供各种影片、幻灯片和小册子，在这些媒介中尽可能详细地介绍人类学的事实，让孩子们能够明白了解。孩子当然应该了解种族的遗传定义和社会定义之间的混乱情况。例如：他应该明白，许多"有色人种"在种族上既是白种人也是黑种人，但种姓的定义掩盖了这一生物学事实。对于各种形式的种族主义的误解，以及种族主义神话背后的心理学，可以给大一点的孩子讲述。

（2）习俗及其在各族群中的意义。学校也在传统课堂上教授这一内容，但其方式令人怀疑。现代展览，节日以及来自不同民族背景的儿童在课堂上的报告才是更有效、更吸引人的方式。特别需要的是对语言和宗教背景的理解，特别是对宗教圣日的意义的描述。参观社区内的礼拜场所有助于巩固这一课程。

（3）群体差异的本质。这不太容易教学，但为了概括前面两课的内容，需要对人类群体的差异和相似的地方有一个正确的理解。正是在这里，错误的刻板印象，如"信仰"方面，可以得到消除。有些差异只是想象出来的，有些落在重叠的正态曲线上，有些遵循J形曲线分布（第6章），这些事实可以用简化的方式来教授。一个了解群体差异确切性质的孩子，不太可能形成过于宽泛的分类。这堂课同样应该包括重述生物和社会因素在产生这些差异中的作用。

（4）小报思维的性质。可以让儿童在很小的时候就意识到他们对人过于简单的分类。他们可以知道，外国人 A 和外国人 B 是不一样的。可以让他们知道学习中的语言优先法则是如何给他们带来危险的，特别是以"黑鬼"和"笨蛋"这样的带有贬义的词语。语义学和初级心理学方面的简单课程对儿童来说既不枯燥也不难理解。

（5）替罪羊机制。即使是一个7岁的孩子也能理解内疚和侵略性的转移。随着儿童年龄的增长，他们可以看到这一原则与古往今来对少数族群的迫害有关。良好的教学可以让孩子们明白这个道理，让他注意自己的投射，避免在个人关系中做一个替罪羊。

（6）有时因受害而产生的特质。由于受迫害而形成的自我防御的方式并不难理解（第9章），尽管这是一个非常微妙的教训。其危险在于形成了一种陈规定型的观念，大意是所有犹太人都有野心和攻击性，以弥补他们的缺陷；或者所有黑人都倾向于沉闷的仇恨或小偷小摸。然而，这一课可以在不主要提及少数群体的情况下讲授。它本质上是一个精神卫生课。首先，通过小说，一个年轻人可以了解到一个残疾（也许是残废）儿童的补偿措施。他可以从这一点出发，在课堂上讨论假想的案例。通过角色扮演，他可能对自我防御的运作有了深入了解。到了14岁，青少年可能会被引导看到，他自己的不安全感是由于他缺乏坚实的基础：他有时被期望像个孩子，有时被期望像个成年人。他想成为一个成年人，但其他人的行为使他不确定自己是属于未成年还是成年人的世界。教师可以指出，青少年的困境与许多少数群体不得不生活在永久的不确定性之下相似。像青少年一样，他们有时会表现出不安、紧张、自我防卫，这偶尔会导致令人反感的行为。对年轻人来说，更好的是要了解自我防卫行为的理由，而不是让他认为令人反感的特征是人类某些群体所固有的。

（7）关于歧视和偏见的事实。不应让学生们对他们所处的社会缺陷一无所知。他们应该知道，美国信条要求的平等比已经实现的要多。孩子们应该知道住房、教育和工作机会的不平等情况。他们应该知道黑人和其他少数民族对自己的处境有何感受；他们特别反感什么；什么东西伤害了他们的感情，以及什么是基本的礼貌。在这方面可以使用电影，也可以使用"抗议文学"，特别是美国年轻黑人的传记，如理查德·赖特的《黑人男孩》。

（8）多重忠诚是可能的。学校一直在灌输爱国主义，但效忠的条件往往是狭隘的。对国家的忠诚需要对国家内部的所有群体都忠诚，这一事实很少被指出。我们在第25章中指出，体制内的爱国者，即超级爱国的民族主义者，往往是一个彻底的偏执者。灌输排他性的忠诚（无论是对国家、学校、兄弟会还是家庭）是一种宣传偏见的方法。可以让孩子看到，忠诚是同心的，大的可以包含小的，并不意味着排斥。

关于理论的最后总结

造成歧视和偏见的是社会结构还是人格结构？我们给出的答案是两者都是。为了更加精确，我们可以说，我们所说的歧视通常与流行的社会制度密切相连的共同文化习俗有关，而"偏见"这个词特别指的是特定人格的态度结构。

虽然这种澄清是有帮助的，但我们认识到，这两种情况同时存在，构成了它的组成部分。我们再次强调，分析歧视和偏见需要采取多种方法。在第13章中，我们介绍了来自历史、社会文化和情境分析，以及社会化、个性动力、心理学方面的分析，最后，也是最重要的，是针对真实群体差异方面的分析。为了理解偏见及其产生条件，所有这些层面的调查结果都必须被考虑到。要做到这一点并不容易，但别无他法。

从广义上讲，补救方案有两种类型：一是强调社会结构变化的方案（如立法、住房改革、行政命令）；二是强调个人结构变化的方案（跨文化教育、儿童培训、劝诫）。但在实践中，这些方案其实是环环相扣的。因此，为了使跨文化教育有效，可能需要改变学校系统，或者改进大众传媒的做法，这将影响受众的态度和传播系统本身的政策。虽然社会科学现在能够比较成功地预测各种单项方案的结果，但它也能够建议采用多元化的方法。那些希望改善群体关系的人最好采用多管齐下的方式。

本书的目的是使读者相信，这个问题确实是多方面的。同样，它也旨在提供一个完备的方案，使读者能够记住影响歧视和偏见的许多因素。最后，它试图对每个主要因素进行足够深入的分析，以便为未来的理论和补救实践的发展打好坚实的基础。

尽管我们的目标有些宏大，但我们知道，我们所讲述的内容在未来需要许多修正，以及扩展。人类行为科学目前仍处于发展的初级阶段。但是，尽管我们在门槛上跌跌撞撞，我们仍然相信进步是可以看到的，未来的进展是有保证的。

关于价值观的最后总结

我们如何解释开明人士对偏见问题以及整个人类非理性行为问题的日益关注？

（这种关注的证明在于研究、理论和补救工作的不断增加）答案在于20世纪极权主义对民主价值观的威胁。西方世界认为民主意识形态源于犹太教—基督教伦理，并被许多国家的政治信条所强化，它本身会逐渐遍布世界，这是一个迷惑人心的错误。这一情况并没有发生。人类暴露了自己的弱点：失业、饥饿、不安全、战争的后果使人们成为煽动者的猎物，他们毫无顾忌地把民主理想变成了废墟。

我们现在意识到，民主给人格带来了沉重的负担，有时甚至令人无法承受。成熟的民主人士必须拥有各种美德和能力：有对原因和结果进行理性思考的能力，有对民族群体及其特征进行适当区分的能力，有将自由给予他人的意愿，以及建设性地利用自由的能力。所有这些品质都很难实现和保持。人们更容易屈服于过度简化和教条主义，否定民主社会中固有的模糊性，要求明确性，进而"逃避自由"。

对人类行为中的非理性和不成熟因素的客观研究将帮助我们抵制它们，这是民主信仰的一部分。可以肯定的是，无论是纳粹德国，还是任何其他极权主义国家，都不允许科学家研究非理性的心理学。禁止对舆论、精神分析、谣言、蛊惑、宣传、偏见进行研究，除非这些研究是为了实行地缘政治对人的剥削而秘密进行的。然而，在民主自由国家，对非理性的研究已经加速，因为我们的信仰仍然认为，如果彻底理解了社会和人格中造成倒退、民族中心主义和仇恨的力量，就可以控制它们。

少数人可能会争辩说，非理性的行为，包括偏见，是一件好事。我们引用了一些作家，他们中有些甚至是西方文化背景的，也持这种观点。他们说，紧张是生命的本质；存在就是奋斗，生存就是征服。自然是严酷的，人是严酷的，与偏见作斗争就是取悦弱小的种族。这种观点，有时被称为社会达尔文主义，在一定程度上被接受了。但它既不常见，也不符合民主的伦理观，因为民主的伦理观设想了人类不同群体间平等的正义和机会。本书探索了民族冲突与偏见的根源并寻求解决方案，这些努力是在民主价值导向的支撑下进行的。科学家和其他人一样，也会受到他们自己的个人价值观所驱使。

价值观对科学领域的影响体现在两方面。首先，它促使科学家（或学生）进行并维持他的调查。其次，它指导他们做最后的努力，将发现应用于他们认为是理想的社会政策。价值观不会进入，因此也不会扭曲科学工作的以下基本阶段。（1）它不影响对问题的识别或定义。在第1章中我们明确指出，偏见是一个既定的心理事实，就像歧视是一个既定的社会事实一样。无论科学家是支持还是反对偏见和歧视，都不能改变这个事实。偏见不是"自由派知识分子的发明"。它只是精神生活的一个方面，可以像其他任何方面一样被客观地研究。（2）价值观并不进入科学观察、实验或事实收集的过程。（极少数情况下，当这种情况发生时，调查者的偏见会被发现并受到指责）。（3）价值观不进入科学规律的概括过程（当然，在人们认为一般规律的形成是可取的意义上除外）。科学家如果歪曲他的数据，或者得出毫无根据的概括，对他没有好处。如果他这样做，他就否定了他将科学应用于改善人类关系的最高价值。（4）价值观并没有进入沟通结果和理论的过程。除非有明确的无偏见的交流，否则就不可能有实验的复制，也不可能邀请创造一个累积的科学，从长远来看，实现最终的价值。

总结一下。本书和它所报告的研究符合作者本人的价值观，与其他持有民主意识形态的人一样，同样，本书的写作也是希望所提出的事实和理论能够有助于改善群体之间的紧张关系。同时，本书是人类知识现阶段所允许的范围内的准确、客观的科学作品。

书的最后还想提及价值观问题的最后一个方面。虽然我们的目标是减少紧张，增加宽容和友好，但我们还是对处理文化和少数群体的合理的长期性的政策不太清楚。将所有群体同化是否一个美好的理想？还是我们应该努力保持多样性和文化多元性？例如，美国印第安人应该保留自己的生活方式，还是应该通过移民和通婚逐渐失去自己本来的身份，进入美国的大熔炉？那些来自欧洲的众多移民群体，还有东方人、墨西哥人和黑人又该如何抉择呢？

那些赞成同化（一种价值判断）的人指出，当群体完全融合时，就不再有任何可见的或心理上的偏见基础了。特别是人口中受教育程度较低的部分，他们无法理解外国的行事方式，似乎只有群体的同质化，才能令他们放弃偏见。对他们来说，统一意味着服从。

另外，那些赞成文化多元化的人认为，民族群体抛弃他们独特的、丰富多彩的方式时，是一种巨大的损失（也是一种价值判断）：近东的美食，意大利人对歌剧的热爱，东方的圣人哲学，墨西哥人的艺术，美国印第安人的部落传说。当所有这些都被保存下来时，对整个国家都会有意义和价值，并防止了在一个由广告、罐头食品和电视为主导的文化中出现单一化和标准化。然而，的确至少有一个受到偏见的大群体，即美国黑人，他们几乎不能说有独特的文化，而在这种情况下，文化多元论者对同质化最理想的结果并不十分确定。

那么，在这场争论中，应该持有什么样的价值观呢？这个问题可能看起来遥远且不真实，因为最终的解决方案可能不在我们的控制之下。然而，在某些情况下，我们现在的选择是重要的。联邦政府对美国印第安人的政策就是一个例子。最近，官方的态度似乎已经从鼓励文化多元化转变为支持同化。政府的态度很重要，因为它指导着日常的政策，并迅速影响到相关人员的生活。

虽然我们不能假设能解决这个问题，但我们可以指出一个似乎合理的民主准则。对于那些希望同化的人来说，我们不应该在他们的道路上设置人为的障碍；对于那些希望保持种族完整性的人来说，他们的努力应该得到宽容和赞赏。如果实行这样的宽容政策，部分意大利人、墨西哥人、犹太人和有色人种无疑会在大熔炉中失去自我；其他人，至少在可预见的未来，将保持独立和可识别性。民主要求，只要这种发展不侵犯他人的安全和合理权利，就应该允许人类个性在其发展过程中不受人为力量或障碍的影响。通过这种方式，国家将至少在未来很长一段时间内实现理想的"多样性中的统一"。遥远的未来到底会怎样，我们还无法预料。

总的来说，美国一直是民主的坚定捍卫者，尽管它在许多方面的实践中有所欠缺。摆在我们面前的问题是，宽容的进步是否会继续下去，或者是否会像世界上许多地区一样，出现致命的倒退。整个世界都在观察，人类关系中的民主理想是否可行，公民们是否能够学会不以牺牲同伴的利益为代价，而是与他们一起寻求自己的福利和发展？人类目前尚不清楚这个问题的答案，但希望它的回答是肯定的。

参考文献

（1）关于行动项目的补充解释，读者可参阅 G. Saenger, *The Social Psychology of Prejudice: Achieving Intercultural Understanding and Cooperation in a Democracy*, New York: Harper, 1953,

Chapters 11-16.

（2）在这些领域近年来评估型研究的代表有：H. W. Riecken, *The Volunteer Work-camp: A Psychological Evaluation*, Cambridge: Addison-Wesley, 1952; E. Powers & Helen Witmer, *An Experiment in the Prevention of Delinquency*, New York: Columbia Univ. Press, 1952; L. G. Wispe, Evaluating section teaching methods in the introductory course, *Journal of Educational Research*, 1951, 45, 161-186。

（3）在一项涉及很多社区的调查中，有研究者报告说否定是最常见的情况。G. Watson. *Action for Unity*. New York: Harper, 1947.

（4）*The Role of the American Council on Race Relations*. Chicago: American Council on Race Relations, Report, 1950, 5, 1-4.

（5）参照 T. R. Vallance, Methodology in propaganda research, *Psychological Bulletin*, 1951, 48, 32-61。

（6）T. M. Newcomb. *Social Psychology*. New York: Dryden Press, 1950, 233.

（7）参照 G. W. Allport &B. M. Kramer, Some roots of prejudice, *Journal of Psychology*,1946, 22, 9-39.

（8）C. I. Hovland, et al. *Experiments in Mass Communication*. Princeton: Princeton Univ. Press, 1949, 46-50.

（9）respond to anti-prejudice propaganda. *Journal of Psychology*, 1947, 23, 15-25. E. Cooper & MAarie Jahoda. The evasion of propaganda: how prejudiced people.

（10）引自 P. R. Frothingham,*Edward Everett, Orator and Statesman*, Boston: Houghton Mifflin, 1925, 299。

（11）T. Brameld. *Minority Problems in the Public Schools*. New York: Harper, 1946.